气象灾害丛书

暴雨洪涝

丁一汇　张建云　等　编著

气象出版社
China Meteorological Press

内容提要

本书包括中国暴雨和中国洪涝两个大部分，暴雨部分主要介绍了中国暴雨和雨季的关系，暴雨的时空分布特征，影响中国暴雨产生的物理条件，大尺度环流条件和天气系统，暴雨灾害的监测、预警、影响评估及历史重大暴雨个例分析；洪涝部分对洪涝灾害的定义、标准、发生发展规律、影响评估等内容进行了详细阐述，并对历史重大洪涝灾害进行了介绍。本书内容丰富充实，不仅全方位地对有关暴雨和洪涝的基本知识进行了介绍，而且对涉及到的原因、机理等理论知识进行了深入浅出的剖析，更重要的是其涵盖了至今最新的科研结果。

本书作为一本高级科普读物，不仅适合决策者和一般公众阅读，而且适合各类气象专业技术人员的教学和研究参考用书。

图书在版编目(CIP)数据

暴雨洪涝/丁一汇，张建云等编著. —北京：气象出版社，2009.3
(气象灾害丛书)
ISBN 978-7-5029-4700-2

Ⅰ.暴… Ⅱ.①丁… ②张… Ⅲ.暴雨洪水—气象灾害—灾害防治 Ⅳ.P333.2

中国版本图书馆 CIP 数据核字(2009)第 025690 号

Baoyu Honglao
暴雨洪涝
丁一汇 张建云 等编著

出版发行：气象出版社
地　　址：北京市海淀区中关村南大街 46 号　　**邮政编码：**100081
总 编 室：010-68407112　　**发 行 部：**010-68409198
网　　址：http://www.cmp.cma.gov.cn　　**E-mail：**qxcbs@263.net
总 策 划：陈云峰　成秀虎
责任编辑：俞卫平　　**终　　审：**章澄昌
封面设计：燕彤　　**责任技编：**吴庭芳
印　　刷：北京中新伟业印刷有限公司
开　　本：700 mm×1000 mm　1/16　　**印　　张：**19
字　　数：341 千字
版　　次：2009 年 4 月第 1 版　　**印　　次：**2009 年 4 月第 1 次印刷
印　　数：1～6000　　**定　　价：**44.00 元

《暴雨洪涝》分册编写人员

主　编　丁一汇　张建云

撰稿人　王遵娅　沈国昌　姚惠明　刘九夫
　　　　贺瑞敏　宋亚芳　张　锦

序

据世界气象组织统计，全球气象灾害占自然灾害的86%。我国幅员辽阔，东部位于东亚季风区，西部地处内陆，地形地貌多样，加之青藏高原大地形作用，影响我国的天气和气候系统复杂，我国成为世界上受气象灾害影响最为严重的国家之一。我国气象灾害具有灾害种类多，影响范围广，发生频率高，持续时间长，且时空分布不均匀等特点，平均每年造成的经济损失占全部自然灾害损失的70%以上。随着全球气候变暖，一些极端天气气候事件发生的频率越来越高，强度越来越大，对经济社会发展和人民福祉安康的威胁也日益加剧。近十几年来，我国每年受台风、暴雨、冰雹、寒潮、大风、暴风雪、沙尘暴、雷暴、浓雾、干旱、洪涝、高温等气象灾害和森林草原火灾、山体滑坡、泥石流、山洪、病虫害等气象次生和衍生灾害影响的人口达4亿人次，造成的经济损失平均达2000多亿元。2008年，我国南方出现的历史罕见低温雨雪冰冻灾害，以及“5·12”汶川大地震发生后气象衍生灾害给地震灾区造成的严重人员伤亡和财产损失，都说明进一步加强气象防灾减灾工作的极端重要性和紧迫性。

党中央国务院和地方各级党委政府对气象防灾减灾工作高度重视。“强化防灾减灾”和“加强应对气候变化能力建设”首次写入党的十七大报告。胡锦涛总书记在2008年“两院”院士大会上强调，“我们必须把自然灾害预报、防灾减灾工作作为事关经济社会发展全局的一项重大工作进一步抓紧抓好”。在中央政治局第六次集体学习时，胡锦涛总书记再次强调，“要提高应对极端气象灾害综合监测预警能力、抵御能力和减灾能力”。国务院已经分别就加强气象灾害防御、应对气候变化工作做出重大部署。在2008年全国重大气象服务总结表彰大会上，回良玉副总理指出，“强化防灾减灾工作，是党的十七大的战略部署。气象防灾减灾，关系千家万户安康，关系社会和谐稳定，关系经济发展全局。气象工作从来没有像今天这样受到各级党政领导的高度重视，从来没有像今天这样受到社会各界的高度关切，从来没有像今天这样受到广大人民群众的高度关心，从来没有像今天这样受到国际社会的高度关注。这既给气象工作带来很大的机遇，也带来很大的挑战；既面临很大压力，也赋予很大动力，应该说为提高气象工作水平创造了良好条件”。

我们一定要十分珍惜当前气象事业发展的好环境，紧紧抓住气象事业发展的难得机遇，深入贯彻落实科学发展观，牢固树立“公共气象、安全气象、资源气象”的发展理念，始终把防御和减轻气象灾害、切实提高灾害性天气预报预测准确率作为提升气象服务水平的首要任务。面对国家和经济社会发展对加强气象防灾减灾工作的迫切需求，推进防灾减灾工作快速发展，做到“预防为主，防治结合”，很有必要编写一套《气象灾害丛书》，从不同视角吸收科学、社会以及管理各方面的研究成果，就气象灾害的发生、发展、监测、预报和预防措施，普及防灾减灾知识，提高防灾减灾的效益，为我国防灾减灾事业、构建社会主义和谐社会做出贡献。

2003年中国气象局组织编写出版了《全球变化热门话题丛书》，主要立足宣传和普及天气、气候与气候变化所带来的各方面影响以及适应、减缓和应对的措施。这套书的出版引起了很大反响，拥有广大的读者群。《气象灾害丛书》是继《全球变化热门话题丛书》之后，中国气象局组织了有关部委、中科院和高校的气象业务科研人员及相关行业领域的灾害研究专家，编写的又一套全面阐述当今国内外气象灾害监测、预警与防御方面最新技术成果、最新发展动态的科学普及读物。《气象灾害丛书》分21分册，在内容上开放地吸收了不同部门、不同地区和不同行业在气象灾害和防御方面的研究成果，体现了丛书的系统性、多学科交叉性和新颖性。这对于进一步提高社会公众对气象灾害的科学认识，进一步强化减灾防灾意识，指导各级部门和人民群众提高防灾减灾能力、有效地为各行业从业人员和防灾减灾决策者提供参考和建议都具有重要意义。同时，根据我国和全球安全减灾应急体系建设这一大学科的要求，“安全减灾应急体系”共有100多部应写作的书籍，《气象灾害丛书》的出版为逐步完善这一科学体系做出了贡献。

在本套丛书即将出版之际，谨向来自气象、农业、生态、水文、地质、城乡建设、交通、空间物理等多方面的作者、专家以及工作人员表示诚挚的感谢！感谢他们参与科学普及工作的高度热忱以及辛勤工作。

郑国光

编著者的话

通过两年的努力，《气象灾害丛书》终于编写完毕。丛书由 21 册组成，每一册主要介绍一个重要的灾种，整个丛书基本上将绝大部分气象以及相关的衍生灾害都作了介绍，因而是一套关于气象灾害的系统性丛书。参加此丛书编写的专家有 200 位左右，他们来自中国气象局、中国科学院、林业部和有关高等院校等部门。他们在所编写的领域中不但具有丰硕的研究成果，而且也具有丰富的实践经验，因而，丛书无论是从内容的选材，还是从描述和写作方式等方面都能保证其准确性和适用性。编写组在编写过程中先后召开了六次编写工作会议，各分册主编和撰稿人以高度负责的态度和使命感热烈研讨，认真听取意见和修改，使各册编写水平不断提高，从而保证了丛书的质量。另外，值得提及的是，丛书交稿之前，又请了 46 位国内著名的院士、专家和学者进行了评审。专家们一致认为，《气象灾害丛书》是一套十分有用、有益和十分必要的防灾减灾丛书。它的出版有助于政府、社会各部门和人民群众对气象灾害有一个全面、深入的了解与认识，必将大大提高全民的防灾减灾意识。丛书的内容丰富、全面、系统、新颖，基本上反映了国内外气象灾害的监测、预警和防御方面的最新研究成果和发展动态，可以作为各有关部门指导防灾减灾工作的科学依据。

在丛书包括的 21 个灾种中，除干旱、暴雨洪涝、台风、寒潮、低温冷害、冰雪等过去常见的气象灾害外，丛书还包括了近一二十年新出现的或日益受到重视的新灾种，如霾、生态气象灾害、城市气象灾害、交通气象灾害、大气成分灾害、山地灾害、空间气象灾害等。这些灾害对于我国迅速发展的国民经济已越来越显示出它的重大影响。把这些灾害包括在丛书中不但是必要的，而且也是迫切的。另外，通过编写这些书，对这些灾种作系统性总结，对今后的研究进展也有推动作用。

为了让读者对每一种灾害都获得系统而正确的科学知识以及了解目前最

新的防灾减灾技术、能力和水平，编写组要求每一册书都要做到：(1) 对灾害的观测事实要做全面、正确和实事求是的介绍，主要依据近50年的观测结果。在此基础上概括出该灾种的主要特征和演变过程；(2) 对灾害的成因，要根据大多数研究成果做科学的说明和解释，在表达上要深入浅出，文字浅显易懂，避免太过专业化的用语和用词；(3) 对于灾害影响的评估要客观，尽可能有代表性与定量化；(4) 灾害的监测和预警部分在内容上要反映目前的水平和能力，以及新的成就。同时要加强实用性，使防灾减灾部门和人员读后真正有所受益和启发；(5) 对每一灾种，都编写出近50年（有些近百年）国内重大灾害事件的年表，简略描述出所选重大灾害事件发生的时间、地点、影响程度和可能原因。这个重大灾害年表对实际工作会有重要参考价值。

在丛书编写过程中，所有编写者亲历了1月发生在我国南方罕见的低温雨雪冰冻灾害和“5·12”汶川大地震。在全国可歌可泣的抗灾救灾精神的感召下，全体编写人员激发了更高的热情，从防大灾、防巨灾的观念重新审视了原来的编写内容，充分认识到防灾减灾任务的重要性、迫切性和复杂性。并谨以此丛书作为对我国防灾减灾事业的微薄贡献。

丛书编写办公室与编写组专家密切配合，从多方面保证了编写组工作的顺利完成，在此也表示衷心感谢。另外，由于这是一套科普丛书，受篇幅所限，各册文中所引文献未全部列入主要参考文献表中，敬请相关作者谅解。

编写组长　丁一汇

2008年10月21日于北京

前言

暴雨洪涝是气象灾害中最严重、最常发生的灾害之一，对于我国这样一个季风国家，尤其如此。季风的爆发、活跃与中断及其与冷空气的相互作用都会显著地影响暴雨的发生和持续。其中，持续性大暴雨是我国暴雨的主要特点，无论从持续时间、降水强度和总量上都是同一气候区的暴雨所不能比拟的。因而它们造成的洪涝十分严重，这在我国的灾害史上屡见不鲜。由于暴雨与洪涝密不可分，所以，本书由气象和水文两方面的专家共同撰写，内容几乎涵盖了暴雨与洪涝中的主要问题，读者可以从中较全面地了解这方面的基本知识、主要问题和重大历史暴雨洪涝个例。

在写作过程中，两部分已做了多次协调，但即使如此，仍会有不一致之处。另外，对于书中所给出的数据，虽经多次校准，也难免有误，敬请读者批评指正。本书由丁一汇和张建云主要编著。在写作过程中，各位撰稿人以十分敬业的精神积极完成所承担的部分，对此我们表示深切的谢意。张锦、宋亚芳和黎晨对本书的文字编辑和图表绘制做了许多工作，在此一并表示感谢。

丁一汇　张建云

2008 年 7 月

目 录

第1章 我国的雨季与暴雨

我国是世界上洪涝灾害频繁而严重的国家之一。洪涝灾害可造成粮食减产，导致巨额的经济损失，破坏土地资源和生态环境，对社会经济和环境具有多方面的影响。洪涝灾害可由很多原因造成，如暴雨、融雪和融冰、风暴潮等。在各种致灾原因中，暴雨是最常见和最具威胁性的。同时，暴雨自身也是危害最严重的气象灾害之一，暴雨天气出现时，多伴随雷电和狂风，常导致平地积水、河道漫溢、农田毁坏、房屋倒塌、雷击建筑物等。

我国面积广大，幅员辽阔，地处欧亚大陆的东岸和太平洋的西岸，同时还受到印度洋的影响，由此在东部和西部形成了显著不同的气候特征。东部地区受季风影响显著，一年之内东亚夏季风的北进南退对东部季风雨带的维持和移动具有重要作用。西部内陆为干燥的大陆性气候。虽然气候特征迥异，但我国的降水都主要集中在夏季，尤其是雨季。雨季不仅是降雨丰沛的时期，也是暴雨发生的集中期和洪水出现的主汛期。

1.1 我国暴雨的定义和分类

我国暴雨具有强度大和持续时间长的特点。气象部门规定：24 小时降水量达 50～99 mm 为暴雨，100～199 mm 为大暴雨，200 mm 及其以上为特大暴雨。

在业务实践中，又可按照发生和影响范围的大小将暴雨划分为：局地暴雨，区域性暴雨，大范围暴雨，特大范围暴雨。局地暴雨历时仅几个小时或几十个小时左右，一般会影响几十至几千平方千米，造成的危害较轻。但当降雨强度极大时，也可造成严重的人员伤亡和财产损失，如 1958 年 8 月新疆库车暴雨、1967 年 5 月内蒙古包头市郊暴雨、1977 年 7 月陕西安塞、延安暴雨、1988 年 7 月浙江绍兴、宁波、台州一带暴雨等。区域性暴雨一般可持续

3～7天，影响范围可达10～20万平方千米或更大，灾情为一般，但有时因降雨强度极强，可能造成区域性的严重暴雨洪涝灾害，如1963年8月海河流域暴雨、1975年8月河南暴雨、1981年7月四川暴雨等。特大范围暴雨历时最长，一般都是多个地区内连续多次暴雨组合，降雨可断断续续地持续1～3个月左右，雨带长时期维持。如1954、1998年长江全流域性地暴雨及1991年江淮及太湖地区的暴雨。

1.2 我国雨季的定义和划分标准

我国地形复杂，气候多样，各地的年总雨量分布得极不均匀。东南沿海地区年总降水量可达2000 mm以上，而西北地区普遍在200 mm以下。总体而言，降水自东南向西北逐渐减少，但各地的降水特点又有明显差异。图1.1表现了我国各地区的降雨量在一年中的变化情况。从图中可以看到两个显著的特征。首先，无论年总降雨量的多寡，我国的降水主要集中在夏季，并且越往西和北，降雨就越集中。所谓雨季，就是指降水集中的时期，因而夏季是我国最主要的雨季发生时期。其次，全国大部地区的年降水表现为单峰型分布，峰值出现在夏季；但华南地区、长江中下游和华西地区的年降水量表现出了多峰型分布，除夏季外，春季和秋季的降水也非常显著，在不同地区造成了雨季的持续。其中，华南地区为典型的双峰型降水，主峰值出现在6月中旬，峰值雨量平均超过50 mm，被称为华南前汛期雨季。随后，雨量迅速减小，并于7月中下旬降到谷值。到8月中旬，降雨会再次活跃而出现次峰值，称为华南后汛期雨季，该雨季主要由热带气旋的活动影响造成。两次降雨峰值之间大约间隔一个月。虽然华南的春雨和主峰值之间并没有出现明显的中断，但该地区的春雨是非常显著的，春季降雨量（3—5月）可占年总雨量的35%，与夏季（6—8月）的38%基本持平。长江中下游的降水在一年中出现了三个峰值，对应的时间依次为：5月中上旬，6月下旬和8月下旬，分别代表了春、夏和秋三个季节的降雨盛期。长江中下游的春雨非常显著，整个春季的降水能占年总降水的32%，且降水在长江三角洲尤其明显，雨量仅略小于夏季峰值。其夏季主峰值为梅雨雨季。而第三峰值同样由台风或季风雨带南退时在长江流域停滞造成，平均雨量较小。华西地区也为双峰雨型，降水的两峰值分别出现在7月初和9月初。两次峰值之间的间隔较短且雨量差别小，降雨次峰值反映出非常显著的秋雨现象，一般认为秋雨由冷空气活动造成，雨量不大，但雨日多。

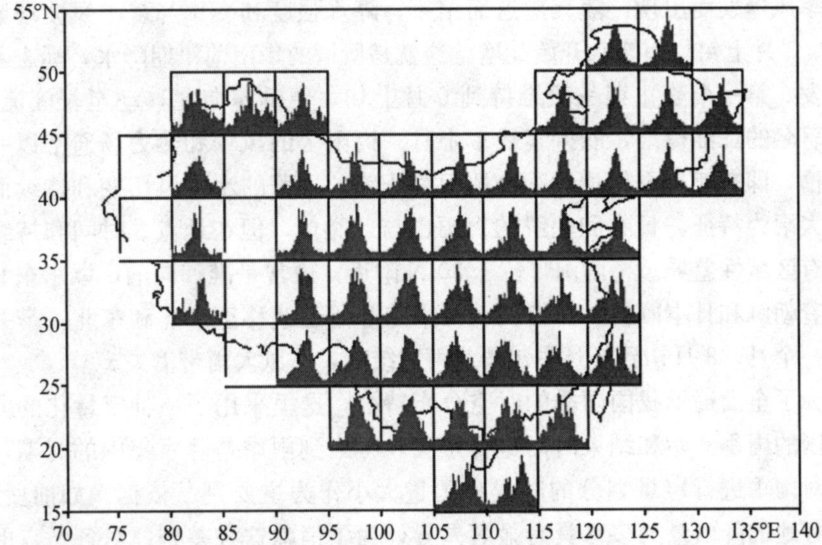

图 1.1　我国各格点（5°×5°）平均气候逐候降水量年变程（王遵娅，丁一汇，2006）

粗略地看，我国的雨季主要集中在夏季，且春季和秋季对某些地区来说也是重要的雨季。但若要详细讨论我国雨季的特征和影响，那么就需要对不同的雨季进行划分。很多学者为此利用各种方法对我国雨季的开始和结束进行了定义。虽然方法各有不同，但总的来说可以分为两大类：定量划分和定性划分。对定量型而言，主要是根据雨量和雨带位置等要素，对雨季的开始和结束日期进行主观判断。如将 4—9 月作为雨季期；根据华南降水的特点，将 4—6 月作为华南雨季等。这种划分带有一定的主观性，由于我国地域宽广，各地的集中降雨期又不尽相同，因此不能确切地反映不同区域的雨季特点。但定性地划分雨季简单易行，直观而容易理解，因而是常用的划分手段。而最近二三十年来，对雨季的研究有一个从定性到定量的变化过程。为了详细了解雨季的时空分布特征，其起始、结束和持续时间等的年际和年代际变化等，必须采用量化的标准来对雨季进行描述。例如，以 5 mm 的气候候平均降雨量作为东亚季风雨季的开始和结束的标准；采用气候相对候降雨量对亚洲季风雨季进行定义；计算降水相对系数来定义我国雨季的开始和结束等。定量划分比较客观、科学，具有说服力，并且能更为细致地表现雨季的特征。

由于我国东部地区受东亚季风影响显著，降雨量丰沛，因而东部雨季历来都是研究者和公众关注的焦点。一般来说，东亚夏季风以阶段性的而非连续的方式进行季节推进和撤退，北进经历了两次突然北跳和三次静止阶段。

而东亚季节雨带的推进和撤退与夏季风前沿相当一致。我国东部雨带一般随着夏季风爆发而出现，随其撤退而结束，降水强度和变率与夏季风波动紧密相关。5月上旬华南降水开始陡增，这就是所谓的华南前汛期降水，标志着季风爆发。第一个静止期一般维持到6月上旬，便迅速向北移动至长江流域，形成著名的江淮梅雨，能持续约1个月。梅雨区的风场和热力场通常以一个低压槽，即东亚夏季风槽，一个地面静止锋，显著的水平风切变和持续而频繁的大雨为特征。日本和朝鲜的梅雨也与此类似，但在地点、时间和持续期上具有区域性差异。梅雨雨带位于30°N附近，通常是准纬向的，以东东北走向朝着朝鲜和日本倾斜。雨带从7月中旬开始迅速移至华北和东北一带并停留约一个月。8月初到8月中旬华北雨季结束，季风大雨带消失。

为了全面揭示我国雨季的时空分布特征，这里采用了一种定量化的方法对全国的雨季开始和结束时间进行定义。考虑到雨季是降水集中的时期，因而在对雨季进行定量划分的时候将雨量大小作为主要判断依据。如前所述，我国各地的降雨量的多寡具有显著差异，为了消除这种差别，对各站点的气候逐候降雨量按以下公式进行了标准化：

$$y_i = \frac{2(x_i - x_{\min})}{x_{\max} - x_{\min}} - 1,$$

其中，x_i 是第 i 候的气候逐候降雨量，y_i 是标准化以后的值，$x_{\max}$ 和 $x_{\min}$ 分别是气候逐候降雨量时间序列中的最大和最小值。因此，所有的标准化值都落到［−1,1］区间内，使得不同地区的降雨量可以在同一水平上进行比较。将各站第一个标准化值≥0.5的候定义为该站主雨季的开始候，而最后一个≥0.5的候之后一候作为主雨季结束候。从0.5在各站所对应的绝对降雨量看（图1.2），其在东部季风区能达到30～40 mm/候，该量值与一般所认为的深对流降水标准6 mm/d比较一致。另外，0.5所对应的雨量值在我国西部地区也能达到年均候降水量的2～3倍，比较符合雨季降雨集中且强度大的要求。根据该定义，主雨季主要反映了我国降水主峰值的特征，也就是夏雨季的体现。在前面已经提到，我国的降水受不同的大气环流和天气系统影响，除主雨季外，在长江中下游、华南和华西地区还出现了明显的次峰值，峰值雨量比较大，能达到25 mm以上，并且出现的时段也较稳定，体现了春雨季和秋雨季的维持。本文取标准化雨量值0作为这些地区春雨和秋雨季的划分标准。这样我国的雨季就包括主雨季（夏季雨季）、春雨季和秋雨季，可以全面反映雨季的特征。

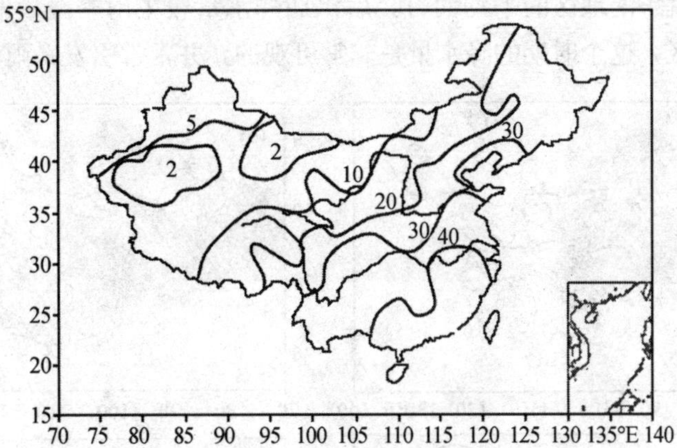

图 1.2　标准化雨量值 0.5 所对应的各站的雨量值分布，单位：mm/候（王遵娅，丁一汇，2008）

1.3　我国雨季的开始和结束

根据上面的定义，可以明确我国各地区主雨季开始、盛期和结束的日期，主雨季持续时间，主雨季雨量的多寡等。图 1.3 就很好地反映了我国主雨季的这些特征。从图上可以看到，我国东部雨季最早于 22 候（4 月 16—20 日）在华南中部爆发。这个阶段一般被称为“江南春雨期”，主要由北方冷空气与南方暖湿气流在南岭一带形成的锋面降水造成，一般认为这不属于东亚季风雨季的范畴，但它是我国著名的雨季。随着时间的推移，长江以南的大部地区陆续进入雨季，并于 32—34 候（6 月 5—19 日）出现降水的峰值。这个时期被称为“华南前汛期盛期”，被看做是东亚夏季风自南向北推进的第一阶段。从长江以南地区气候平均的逐日降水序列看，该区域的降水自 1 月到 6 月呈现出逐渐增多的变化形态，期间没有出现明显的中断过程。也就是说，从气候的观点看，在江南春雨期和华南前汛期盛期之间是没有显著分界点的，伴随雨量的逐步增大，江南春雨期自然过渡至华南前汛期盛期，然而两个阶段的降水性质却发生了质的改变，从副热带降水变为了季风降水。华南前汛期降水从 6 月底开始陆续减弱，华南的主雨季也相应结束。整个主雨季持续 12 候左右，华南中东部地区雨季持续时间较短，仅 4 候；中南部地区主雨季较长，有 10—14 候。主雨季降水占年总雨量的 20%～40%。实际上，主雨季结束之后，华南降水迅速减小，全区平均于 38 候（7 月 5—9 日）达到降水的最小值。之后，降水出现再次活跃，于 45 候（8 月 16—20 日）达到次降水峰值并迅速减少。这个降水再次活跃的过程被称为“华南后汛期”，主要由热带气旋降水造成。就华南地区的平均而言，后汛期降水量较主雨季雨量偏小；然而在东南沿海地区，这个时期的降水量是非常可观的，并常常引发暴雨洪涝灾害。

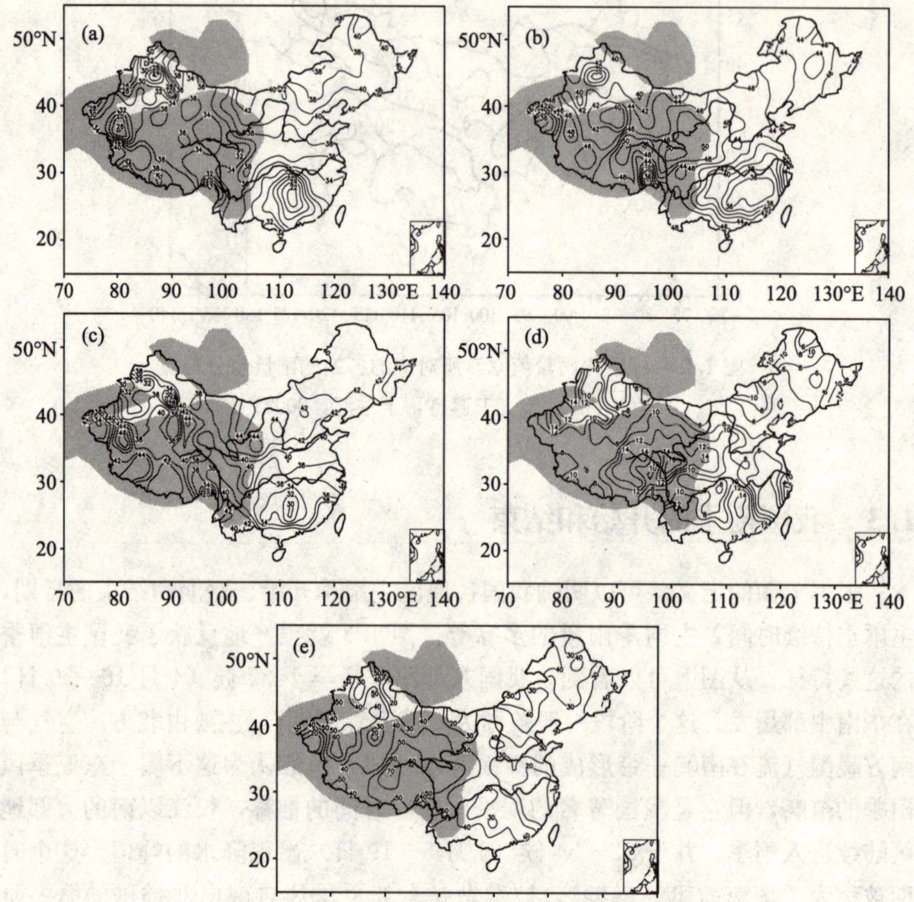

图 1.3　我国主雨季的爆发日期（a）、结束日期（b）、峰值日期（c）、雨季长度（d）和雨季雨量占年总雨量的百分比（e），阴影区为高于 1500 m 的地形（王遵娅，丁一汇，2008）

从 33 候到 36 候（6 月 10—29 日），长江中下游地区的主雨季开始，这就是著名的梅雨雨季。并且，这也是东亚夏季风自南向北推进的第二阶段。其在华南地区持续一段时间后，北跳于此并维持。该雨季于 36—38 候（6 月 20 日—7 月 9 日）达到盛期，降水量达全年最大。长江梅雨雨季于 36—40 候（6 月 25 日—7 月 19 日）结束。该雨季持续时间短，仅约 6 候，但降水集中，雨季雨量占年总雨量的 20%～30%。长江中下游地区的降水是非常有特点的，除主雨季显著外，春雨和秋雨也非常清楚。在该地区气候平均的逐日降水序列上可以发现春雨、主雨季和秋雨之间存在明显的中断，因而形成了3峰型的降水分布。长江中下游地区的春雨于25候（5月1—5日）达到峰值，之后降水大幅减少，于30候（5月31日—6月4日）达到谷值。随后，降水逐渐增多，直到主雨季开始。主雨季结束后，降水出现明显中断并再次活跃，于47候（8月26—31日）达到峰值。该峰值的降水实际也是由热带气旋活动造成的，但雨量较华南地区小。在长江中下游地区，第一峰值的雨量略大于第三峰值雨量。

淮河主雨季在36—38候（6月25日—7月9日）之间开始，于38—40候（7月5—19日）进入主雨季盛期，并于42—44候（7月25日—8月8日）结束。主雨季持续6候左右，雨量占全年总雨量的30%～40%。淮河主雨季与长江中下游主雨季受相同大气系统影响，通常被合称为“江淮梅雨季”。在这段时期内，日本和韩国地区在东亚夏季风影响下，也进入了梅雨期，被分别称为“Baiu”和“Changma”。

华北和东北地区在38—40候（7月5—19日）进入主雨季，于42候（7月25—29日）左右出现降水峰值，44—46候（8月4—18日）主雨季结束。主雨季持续6—8候，雨量占年总雨量的30%～40%。东亚夏季风从江淮地区第二次北跳以后维持于该地区，从而形成了东北和华北的雨季。该雨季降水的特点是：以雷雨和阵性降水为主。华北和东北地区的降水成单峰型分布，主雨季就表现出了降水的最主要特点。

我国东部的主雨季具有明显的区域一致性，呈带状自南向北相继开始，达到盛期，最后结束；而西部的主雨季则表现出了很强的局地性。大体上看，我国西部的西北和东南地区雨季开始早，而东北和西南地区雨季开始晚。主雨季达到盛期的时间分布也表现出了同样的特点。而就主雨季的结束时间看，北部早而南部晚。包括西藏中东部，四川中北部，甘肃南部，陕西等地在内地区的主雨季最晚结束。我国西部主雨季的持续时间较长，大都在10候以上，有的地区甚至达到14候。主雨季的雨量占到全年雨量的40%以上，一些地区甚至达到60%。这也从一个侧面反映出我国西部降水比较集中，干湿季节分明的特点。我国华西地区（包括四川、甘肃南部和陕西等地）的降水具有非常鲜明的特点——秋雨现象显著。从区域平均的气候逐日降水序列了解到，该地区的降水也成明显的双峰形态分布，第一峰值出现在37候（6月30日—7月4日）左右，第二峰值出现在约49候（8月29日—9月2日）。该地区的双峰雨型还表现出了两个峰值之间降水中断较不明显且雨量差别小的特点。一般认为秋雨由冷空气活动造成。

图1.4是我国各主要区域气候平均的逐候降水百分率，即每5天降水量

除以年总降水量的百分率分布。从图上我们可以清楚地看到华南和华西地区的降水双峰型分布，长江中下游地区的降水三峰型分布，以及其余地区的降水单峰型分布。每个地区的主降水峰值都代表了当地主雨季的盛期，而次降水峰值和第三降水峰值还分别代表了当地的其他重要雨季，这在前面已作了详细介绍，这里不再重复。

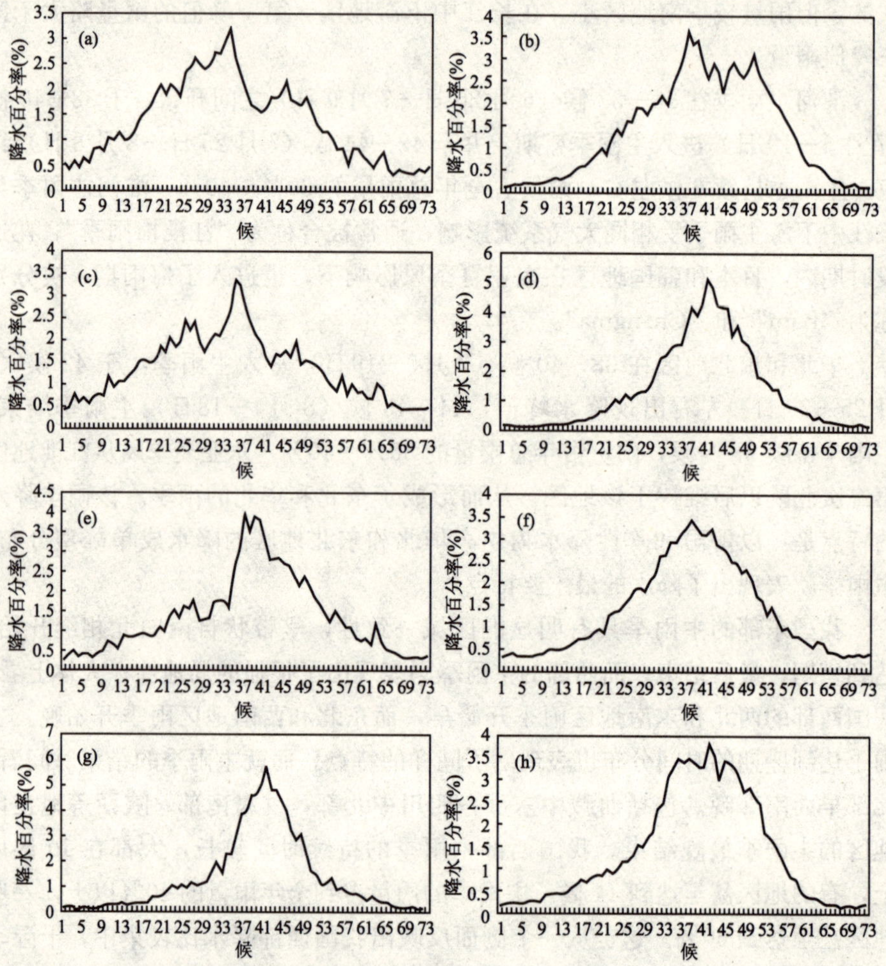

图 1.4　我国各区域气候逐候降水百分率（%）：(a) 华南；(b) 华西；(c) 长江中下游；(d) 东北；(e) 淮河流域；(f) 西北；(g) 华北；(h) 青藏高原（王遵娅，丁一汇，2008）

雨季的持续在一区域内形成了雨带。图 1.5 是雨带的推进形势示意图，细实线表示逐候标准化雨量大值区的大致位置。在我国东部地区有三个季节性大雨带，或称为东亚夏季风雨带，分别位于长江以南地区、长江中下游和华北至东北一带，其维持期依次为 20—34 候（4 月 6 日—6 月 19 日），35—

39候（6月20日—7月14日）和40—44候（7月15日—8月8日），对应着华南前汛期雨季、江淮梅雨期和北方雨季。从细实线分布的疏密程度还可看出这三个雨带在自南向北的移动过程中具有明显的跳跃性。相反，西部的雨区是自北向南推进，而且并没有形成阶段性的大雨带。西部雨带在约44候以后减弱，并向自黄河河套至青藏高原东南部一带缩小，最后在高原东部，四川东部和甘肃、陕西南部一带减弱直至消失。东西部雨带的推进形势似以黄河和长江上游一带为圆心作逆时针旋转。

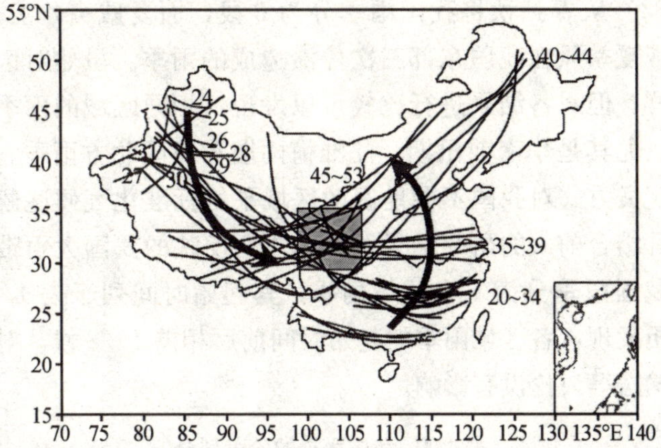

图1.5　我国主雨季雨带的推进形势图（单位：候）

图中细实线表示逐候标准化雨量大值区的大致位置，粗黑箭头表示雨带推进方向，方框区表示我国东西部雨带以此为中心做逆时针旋转（王遵娅，丁一汇，2008）

1.4　我国雨季的环流和水汽特征

我国雨带的推进和稳定表现出明显的阶段性。这种阶段性持续稳定和跳跃是由东亚夏季风的环流特征和热力学性质决定的，是东亚行星锋区和东亚季风相互作用的结果和表现。雨带的推进是迅速的，甚至是跳跃性的。推进到新的位置后，即进入相对稳定的雨季期。雨带可以控制一个地区，则在该区域内雨季的开始和结束时间是比较相近的。因此，可以将我国雨季按阶段划分为不同的区域雨季。以前已有很多研究讨论过我国的区域雨季，一些主要结果显示在表1.1中。

从表1.1可以看到，由于定义方式的差异，造成各个研究对我国雨季的划分是不同的，起始时间可相差数候；并且着眼点也有差异，有的仅考虑夏季雨季而有的考虑了从春到秋的各段雨季。丁一汇（1994）认为从4月中旬开始我国南方就开始受到夏季风的影响，被称为“副热带西南季风”。该季风持续到6月上旬，西太平洋副热带高压出现了第一次北跳，华南盛行“热带西南季风”。并且，从4月中旬开始，华南的降水就迅速增加，进入前夏雨季，雨季期为21到34候。6月4候左右，伴随西太平洋副热带高压的第一次北跳，夏季风推进到江淮地区，江淮梅雨季开始，维持时期为34—39候。在西太平洋副热带高压和ITCZ第二次北跳以后的7月中旬到8月底，华南在副热带高压南边界东南气流的影响下进入华南后汛期，雨季期为39—48候。朱乾根等（1982）从春到秋将我国雨季分为6段，而夏威夷，王斌等（2002）仅考虑了东亚夏季风在我国东部三次停滞造成的雨季。虽然对区域雨季的划分不完全一样，但对各结果进行比较可以发现，相同区域的雨季起始时间是基本一致的，尤其是华南前汛期、江淮梅雨期和我国北方雨季。本文采用第二节的雨季定义方式对我国不同地区的区域平均标准化气候逐候降雨量序列进行判断，并结合前人的研究结果及图1.4所反映的我国大雨带停滞的地区和时期，将我国雨季分为6个区域雨季，其起始时间列于表1.1中。并且，通过对比分析发现，各区域雨季的起始时间前后相差1—2候，对后面的大气环流和水汽输送等讨论没有影响。

表1.1　我国雨季的阶段划分

	江南春雨期	华南前汛期	江淮梅雨期	东北和华北雨季	华南后汛期	华西秋雨期
Ding[35]	21—34候		34—39候	40—44候	39—48候	
朱等[1]	18—26候	27—32候	33—38候	40—47候	40—47候	52—56候
Wang等[20]		29—36候	32—38候	39—44候		
本文	21—27候	27—33候	33—39候	39—45候	42—48候	50—56候

在江南春雨期，大雨带主要位于23°～28°N之间的长江以南地区。此时东亚夏季风环流尚未建立，西南暖湿气流偏弱而中高纬西风气流偏强。西太平洋副热带高压脊线的平均位置在20°N以南（图1.6a）。在华南前汛期，大雨带控制整个华南地区，尤其是东南沿海一带的降水大幅增加。西太平洋副热带高压明显增强，脊线维持在20°N左右。在这个阶段，中高纬的冷空气活动有所减弱，而从孟加拉湾、中南半岛到南海地区的西风气流明显增强（图1.6b）。江淮梅雨期呈现出典型的东亚夏季风环流型，越赤道气流和西南暖湿气流强盛，西太平洋副热带高压西伸北跳，脊线位于23°N左右，西北—东南向的季风槽主要位于孟加拉湾北端到菲律宾一带。此时，全国的降水陆续进入盛期（图1.6c）；在东北和华北雨季期，西太平洋副热带高压再次北跳，脊线移至28°N左右，季风槽也相应略有北移。此时，强盛的西南暖湿气

流向北伸展至东北和华北一带，带来该地丰沛的降水（图 1.6d）。华南后汛期，西太平洋副热带高压脊线维持在 30°N 附近，但已明显东撤。同时，季风槽出现了明显的南退，其上不断产生的气旋环流系统造成了华南沿海降水的再次活跃，而全国其余大部地区的降水都显著减弱了（图 1.6e）。到华西秋雨期，西太平洋副热带高压进一步东撤南退，强度也显著减弱，季风槽位置南移，越赤道气流和从孟加拉湾到南海地区的西风气流都大大减弱，显示了东亚夏季风明显的减弱南退。同时，在中高纬地区出现了较强的西北气流，表明冷空气的活动开始加强（图 1.6f）。

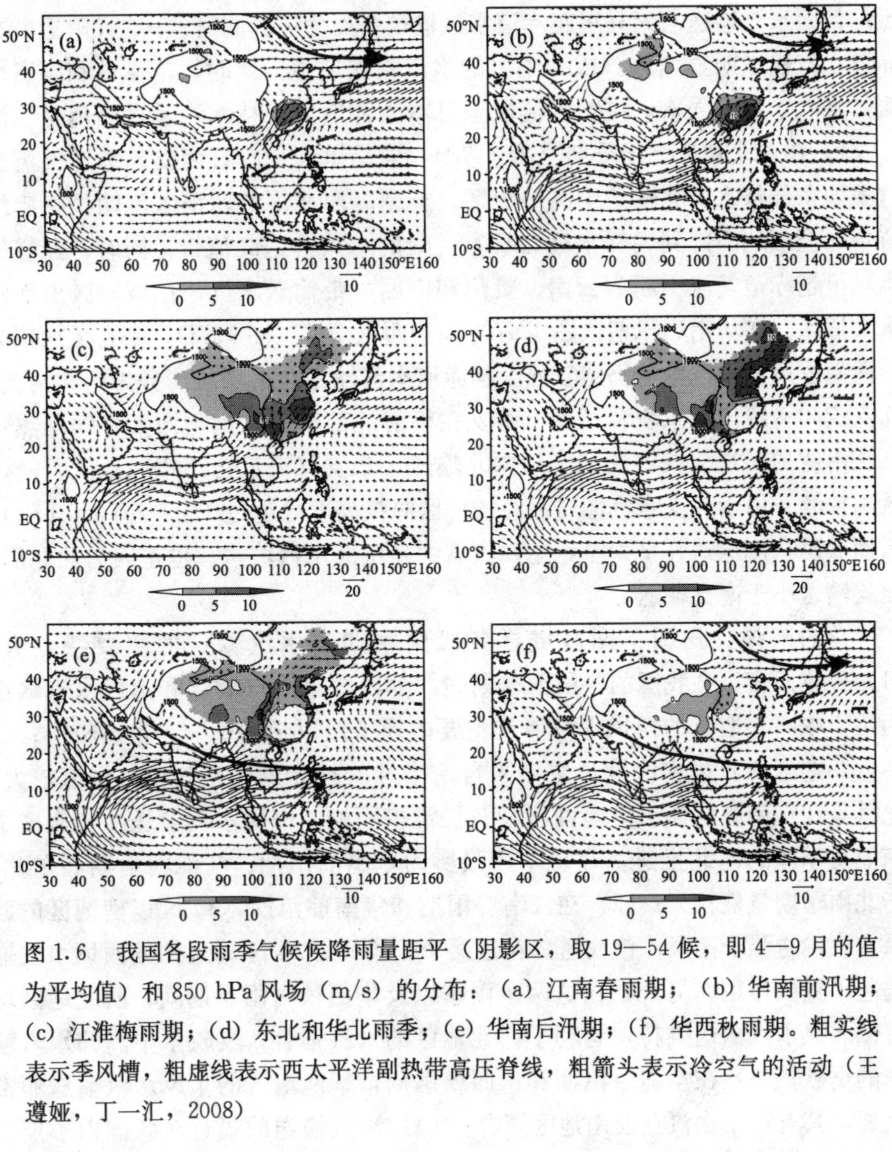

图 1.6　我国各段雨季气候候降雨量距平（阴影区，取 19—54 候，即 4—9 月的值为平均值）和 850 hPa 风场（m/s）的分布：(a) 江南春雨期；(b) 华南前汛期；(c) 江淮梅雨期；(d) 东北和华北雨季；(e) 华南后汛期；(f) 华西秋雨期。粗实线表示季风槽，粗虚线表示西太平洋副热带高压脊线，粗箭头表示冷空气的活动（王遵娅，丁一汇，2008）

图1.7显示了从各阶段雨季气候平均的垂直积分（地面～300 hPa）水汽输送通量分布。可以看到，在江南春雨期，索马里越赤道气流较弱，主要的水汽输送来源有两支（图1.7a），一是25°N附近的西风水汽输送，二是西太平洋副热带高压西北侧的西南水汽输送。两支水汽汇合于华南地区，在华南南部形成大的水汽输送中心。华南前汛期主要有三支水汽输送通道。除前一阶段的两支外，索马里越赤道水汽输送显著增强。三支水汽输送汇合于华南至日本南部洋面地区（图1.7b）。在江淮梅雨期，同样也主要有三支气流在进行水汽输送，但其与华南前汛期的情况有较大差异。在该雨季期间，25°N附近的偏西水汽输送与索马里越赤道水汽输送合而为一；同时，105°E附近的越赤道水汽输送明显增强，成为主要的水汽输送通道。此时，越赤道和副高西侧的水汽输送均强盛，在长江流域至日本南部地区维持水汽输送高值带（图1.7c）。在东北和华北雨季期（图1.7d），索马里和105°E两支越赤道气流通过我国东部将水汽北输到中高纬地区，与副高西北侧的西南水汽输送一起维持华北至东北南部到朝鲜半岛和日本一带的水汽输送高值带。同时，强盛的索马里越赤道气流不断为云南、贵州和广西一带输送水汽，在该地区出现降水大值区。在华南后汛期（图1.7e）和华西秋雨期（图1.7f），来自孟加拉湾的西南季风和水汽输送仍然较强。越赤道水汽输送在孟加拉湾分为南北两支，北支流向青藏高原东侧和云南，南支在南海北部转向东南与西太平洋副热带高压南侧的偏东水汽输送汇合后向北输送，二支气流汇合于华西地区，使得秋雨持续。由于北支水汽输送流经的地区海拔高度已超过1500 m（850 hPa），因而低层水汽输送几乎为零，主要依靠中高层的水汽输送。也正因为此原因，北支输送小于南支输送。

总的来说，我国不同区域在各段雨季期间水汽输送的主要特点有：（1）整体而言，在我国的各段雨季期间，都以西风水汽输送和南风水汽输送为主。中高纬地区的西风水汽输送主要体现了西风带的影响，量值较小；而中低纬地区的西风水汽输送主要来自南半球的越赤道偏西气流，量值较大，尤其是在江南春雨期、华南前汛期及江淮梅雨期。南风水汽输送主要表现了东亚夏季风的向北推进，在夏季风强盛的华南前汛期、江淮梅雨期和东北、华北雨季期量值较大；（2）在江南春雨期和华南前汛期，30°N以南地区的西风水汽输送强于南风水汽输送。在这两个雨季中，25°N附近的偏西风水汽输送起了重要作用。另外，在这两个雨季以及华西秋雨雨季期间，西北地区均有偏北风水汽输送维持，有利于西北地区的水汽辐合，反映了中高纬水汽输送的贡献；（3）在华南后汛期和华西秋雨期，华南地区的东风水汽输送非常重要，其有利于水汽在西南地区辐合；（4）水汽输送的辐合对我国雨季期间降水的产生具有重要的作用。并且，水汽输送辐合辐散的量值随时间的变化与降水量随时间的变化具有很好的一致性，当其达到峰值时降水量也达到峰值。因而，相应于华南、长江中下游和华西地区的降水多峰型，这些区域水汽输送辐合辐散的量值也呈多峰型分布。

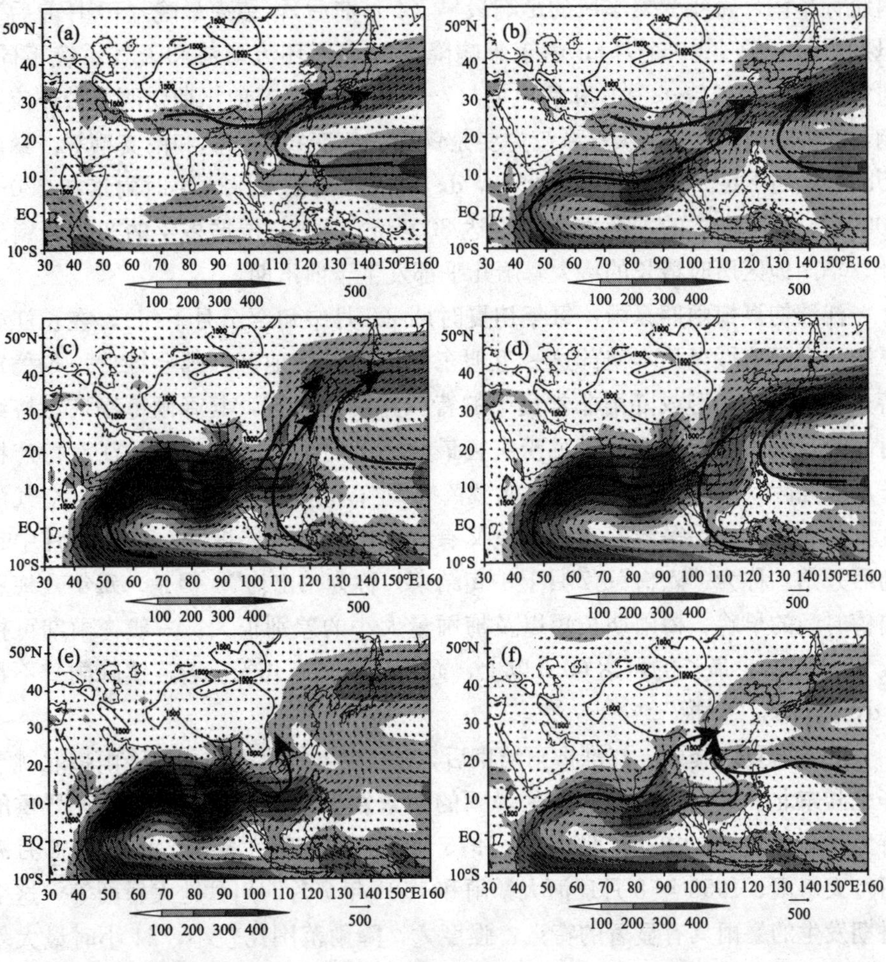

图 1.7　我国各段雨季气候平均的垂直积分（地面～300 hPa）水汽输送（kg/（m·s））：(a) 江南春雨期；(b) 华南前汛期；(c) 江淮梅雨期；(d) 东北和华北雨季；(e) 华南后汛期；(f) 华西秋雨期（王遵娅，丁一汇，2008）

1.5　区域性暴雨概况

雨季是我国暴雨发生的主要时期。我国东部地区在东亚夏季风的影响下，有季节性大雨带维持并推进；西部地区也具有显著的干季和雨季。在区域雨季期内，形成了独特的区域性暴雨，各自具有显著的特点。总的来说，我国主要有以下一些区域性暴雨：华南前汛期暴雨、江淮梅雨期暴雨、北方盛夏期暴雨、华南后汛期暴雨、华西秋雨季暴雨、西北暴雨等。

华南前汛期暴雨：我国大陆的广东、广西、福建和湖南、江西南部和海南统称华南，每年受夏季风的影响最早（4 月前后），结束最晚（10 月前后），汛期最长（约 4～9 个月），由于影响降雨的大气环流形势和天气系统不同，通常有前汛期（4—6 月）和后汛期（7—9 月）之分。前汛期受西风带环流影响，产生降雨和暴雨的天气系统主要是锋面、切变线、低涡和南支槽等。暴雨历时最短的不足 1 d，长的可达 5～7 d。暴雨强度很大，24 小时雨量在 200～400 mm 是很平常的，特大暴雨可达 800 mm 以上。根据多年的实测资料统计，华南地区历时最长的特大暴雨几乎都发生于前汛期。

江淮初夏梅雨期暴雨：每年初夏时期（6 月中旬至 7 月下旬），在长江中下游、淮河流域至日本南部这一近似东西向的带状地区，都会维持一条稳定持久的降雨带，形成降雨非常集中的特殊连阴雨天气，其降雨范围广，持续时间长，暴雨过程频繁，是洪涝灾害最集中的时期。因此时正是江南特产梅子成熟之际，故称“江淮梅雨”或“黄梅雨”；又因梅雨期气温较高，空气湿度大，衣物、食品等容易霉烂，故又有“霉雨”之说。梅雨一般在 6 月中旬前后开始，称为“入梅”；7 月上中旬结束，称为“出梅”。但是，每年入梅和出梅时间的早晚、梅雨期长短以及梅雨量大小的差别很大。一般梅雨期可持续 25 d 左右，最长的可达 60 d 以上，而最短的只有几天。若连续降雨日不足 6 d，则称为“空梅”。

北方盛夏期暴雨：江淮梅雨结束后，7 月中下旬我国的主要降雨带北跳至华北和东北一带，造成这些地区暴雨的频繁发生。很多影响大、致灾严重的特大暴雨都发生在这一时期，如：1975 年 8 月河南特大暴雨、1963 年 8 月海河特大暴雨、1953 年 8 月辽河大暴雨和 1981 年 7 月四川盆地大暴雨等。这个时期发生的暴雨具有显著的特点：强度大，降雨范围比较小，24 小时最大暴雨量一般可达 300～400 mm，在山地迎风坡甚至可达 2000 mm 以上。

华南后汛期暴雨：这一阶段的暴雨主要由热带气旋造成，而受影响的主要区域为我国东南沿海一带。热带气旋暴雨是造成我国沿海地区洪涝灾害和风暴潮灾害的重要因素。根据 1951—2000 年的统计资料，每年影响我国的热带气旋平均为 15.5 个。且影响我国的热带气旋主要在西北太平洋（包括我国南海地区）上生成。热带气旋是最强的暴雨天气系统，我国很多特大暴雨都是由热带气旋或受其影响造成的，如 1967 年 10 月，台湾省新寮地区受热带气旋影响，1 天的暴雨量就达 1672 mm。并且，热带气旋深入内陆以后也会产生暴雨，导致严重灾害。1975 年 8 月河南林庄特大暴雨的一个重要原因就是台风影响，暴雨雨量达 1060.3 mm。

华西秋雨季暴雨：每年 9—10 月，影响我国东部地区的夏季风向南撤退，大陆地区陆续进入秋季，降雨明显减少。但在我国西南部，包括陕西、甘肃南部、云南、贵州、四川西部、汉江上游和长江三峡地区在内的华西地区，出现了第二个降雨集中期，称为“华西秋雨期”。此间也会出现暴雨，暴雨中心位于四川东北部大巴山一带，降雨范围大，持续时间长，而降雨强度一般。

西北暴雨：西北地区多数地方年降雨量少，日降雨量达到 50 mm 的机会也很少，特别是新疆，80％的测站从未出现过日雨量 50 mm 以上降水。因而，按日雨量计算，西北很难达到通常定义的暴雨或特大暴雨的标准，暴雨极少。但实际上，由于西北地区容易出现相对较强的短历时暴雨，因而经常发生暴雨危害，会引起地面径流沿坡沟地形迅速下泻，汇集成局地洪水和泥石流。因而，西北各省区都根据各自的经验重新划定对当地有影响的强降水日雨量作为暴雨标准。西北地区大到暴雨（日雨量≥25 mm）降水频数自东南和西北两方面向中间减少，新疆东部最少，并且有向山脉附近集中的趋势，但山区暴雨并不向山顶集中。

第2章 我国暴雨的气候特点

2.1 我国暴雨的主要特征与世界暴雨特征的比较

表 2.1 是 1931 年以来我国重大暴雨事件一览表，由该表和其他许多相关的研究可以概括出我国暴雨的四个重要特征。

(1) 暴雨主要集中发生在 5—8 月汛期期间。这主要是因为我国夏季的降水和暴雨深受来自印度洋和西太平洋夏季风的影响。我国大范围的雨季一般开始于夏季风的爆发（华南要早一些）而结束于夏季风的撤退。降雨强度和变化与夏季风脉动密切相关。例如华北京津冀地区大暴雨日集中出现在 7 月下旬和 8 月上旬，即 7 下 8 上，占全年降水量的 66%（华北暴雨编写组，1992)。这时东亚夏季风达到最北的位置。在长江流域中上游地区，6—8 月的暴雨占总频数的 71%，而高峰期集中在 6 月中下旬到 7 月上旬，以及 8 月下半月到 9 月上旬（秋雨）（彭广等，2003；赵明明等，1996）。

(2) 暴雨强度大，极值高。如果与相同气候区中的其他国家相比，我国的暴雨强度是很大的，不同时间长度的暴雨极值都很高。如 5 分钟的暴雨极值是 53.1 mm（陕西梅桐沟，1971 年 7 月 1 日），1 小时暴雨极值是 198.3 mm（河南林庄，1975 年 8 月 5 日），24 小时降水极值是 1248 mm（台湾地区，1963 年 9 月 10 日），虽然这些值并没有打破 1870 mm/（24 h）的世界记录（西南印度洋，留尼汪），但比类似气候区（如美国）的记录要大得多。如美国的 24 小时降水极值是 983 mm（佛罗里达州）。在我国 24 小时出现大于或接近 1000 mm 的暴雨过程并不少见，在过去 75 年中（1931—2006 年)，至少有 5 次，并且主要发生在 1960—1980 年之间。无论是热带或中纬度地区都可出现这样强的暴雨。其中一个非常奇特的暴雨个例发生在 1977 年 8 月 1—2 日的西北毛乌素沙漠地区，8 小时内（从午夜到凌晨）一个巨大的雷暴群在不到 900 km^2小面积地区下了 1050 mm 的降水。我国 3 天累积降水量是2749 mm，略低于世界记录（3240 mm）。

在北方，强降水过程，如一次降水过程的24小时降水量在200～300 mm以上，对于降水区年降水量（旱涝状况）和水资源管理具有重要意义。根据1951—1980年资料求得的华北各气象站一日最大降水量与年平均年降水量的比值可见（华北暴雨编写组，1992），华北大部分地区在0.20以上，占年降水量的五分之一以上。特别是太行山东侧，燕山南侧，山东半岛，以及河套南侧的沙漠地区，可达0.40以上。也就是说一日的暴雨雨量几乎降了全年的降水量的二分之一。这与南方地区比值普遍小于0.20的情况不同。由于降水在时间上的高度不均匀，在我国的北方易发生干旱和局地洪涝，因而北方的暴雨预报对于干旱和洪涝的防御以及水资源的利用具有十分重要的意义。

（3）暴雨持续时间长。我国暴雨持续的时间从几小时到63 d，有人认为1896年的梅雨达到了65 d。主要暴雨长度是2 d到一周。在表2.1的63个个例中，绝大多数暴雨个例都持续在3 d以上。暴雨的持续性是我国暴雨的一个明显特征，无论是华北，长江流域和华南暴雨都有明显的持续性。对于华北半湿润气候区（华北平原），在阻塞型大尺度天气形势下，暴雨可持续2～3 d以上，造成持续性特大暴雨过程，1963年8月1—10日的海河流域持续特大暴雨与1958年7月15—18日黄河中游大暴雨就是两个明显的暴雨个例。因而其持续天数并不比南方暴雨短。根据长江流域1965—1992年6—9月173次暴雨过程的统计，每次过程的平均日数为3.2 d（赵明明等，1996），绝大多数暴雨过程持续2～4 d。85%的暴雨过程持续日数为2～5 d，6 d以上的也占总暴雨过程的14%。华南前汛期暴雨也有明显的持续性，尤其是华南南部的广东沿海地区，平均可持续2～4 d（华南前汛期暴雨编写组，1986；周秀骥等，2003）。超过5 d的暴雨过程也不少见，如1977年5月26—31日共6天陆丰县白石门水库连续性大暴雨，总雨量达1461 mm。

（4）暴雨区的范围大。我国暴雨区的大小如第1章所述一般划分为四类（西北暴雨编写组，1992；郑秀雅等，1992），局地暴雨，区域性暴雨，大范围暴雨和特大范围暴雨，它们影响的范围依地区和暴雨强度差异而不同。根据各地区四类暴雨的统计，在北方（华北，东北，西北）以局地暴雨频数为最多，如东北地区，一般可达71%～88%，尤其是在西北地区，大多数暴雨都是局地性的或小范围的。日雨量大于50 mm的暴雨，面积大于1万 km^2 每年平均只有1～2次。西北西部，局地性更强。在北方特大范围暴雨出现的次数为10%以下。在半干旱区，当有明显的天气尺度系统影响时，特大暴雨的面积一般不超过4万 km^2，其中100 mm以上的面积为数百到数千平方千米。在华北的半湿润气候区，特大暴雨的面积可达10～20万 km^2。雨带多呈南北向或西南—东北向，其面积接近长江流域的暴雨区面积。长江流域的暴雨区面积在全国是最大的，雨带多呈东西走向。1954 年和 1998 年特大持续性暴雨仅 600 mm 以上的雨量区就覆盖了长江流域的绝大部分地区，面积在几十万平方千米，1991 年的江淮流域特大暴雨面积也达十几万平方千米。因而江淮流域的暴雨区不但范围大，持续时间长，而且强度大，是世界上位于副热带季风区著名的暴雨区之一。在华南，暴雨区以区域性暴雨居多，特大范围暴雨也不少见，它们主要由冷锋和热带系统（如台风或热带低压）造成。

表 2.1　过去近 75 年（1931—2006 年）我国的主要暴雨过程（按时间顺序排列）

序号	省区市	地点	出现时间	最大降水（mm）			主要降水系统
			年．月．日	24 小时	3 天	总降水量	
1	华中多省，山西	黄河中游	1933.8.6—9	400	无	600～800	2 个高空槽
2	华中多省	长江中下游	1931.7	无	无	800	6 个低压扰动
3	湖北和湖南	五峰	1935.7.3—8	无	无	1200	低涡
4	江西	东乡	1953.8.17	499	533	533	Nina 台风
5	华中多省	江淮流域	1954.6—7	无	无	2000	8～9 个低压扰动
6	浙江	市岭	1956.8.1—12	564	688	688	Wanda 台风
7	福建	风巢	1956.9.18—19	593	871	871	Freda 台风
8	河南	垣曲	1958.7.14—19	367	无	500	高空槽和冷锋
9	广西	老虎滩	1960.7.11	634	1036	1036	涡和高压槽
10	江苏	赵桥	1960.8.3—4	653	934	934	Shirley 台风
11	辽宁	黑谷	1962.8.7—8	657	794	794	由 Opal 台风变性生成的温带气旋
12	河北	獐么	1963.8.1	950	1458	1680 或 2050	西南涡
13	台湾	百新	1963.9.10	1248	1684	1634	Glona 台风
14	山西	阳泉	1966.8.22—24	无	800	800	Tess 台风的残余
15	台湾	新寮	1967.10.17—19	1672	2749	2749	Carla 台风北部的东风波扰动
16	江淮地区	安徽界首	1972.6.20—7.5	440	无	630	低涡

续表

序号	省区市	地点	出现时间 年．月．日	最大降水（mm） 24小时	 3天	 总降水量	主要降水系统
17	北京	枣树林	1972.7.26—28	479	518	518	Rita台风
18	广东	台山	1973.5.24	850	无	1268	切变线
19	北京	北京	1973.7.1—2	169	200	200	西南涡
20	华中多省	长江中游	1973.6.17—29	无	无	718	切变线和梅雨锋
21	山东	石埠子	1974.8.12	499	572	572	Lucy 台风北部的切变线
22	河南	林庄	1975.8.5—7	1060	1629	1631	减弱的 Nina台风
23	湖北	都镇湾	1975.8.9	629	629	629	Nina台风
24	安徽	自耒	1975.8.15—17	539	809	809	Ora台风
25	广西	陆丰	1977.5.26—31	844	无	1461	冷锋
26	陕西	安塞	1977.7.5—6	400	400	400	两个高空槽
27	陕西和内蒙古	毛乌素沙漠	1977.8.1	1050	1050	1050	切变线和高空冷锋
28	上海	塘桥	1977.8.12	581	592	592	Amy台风以北的中尺度云团
29	北京	上甸子	1976.7.23	358	358	358	局地暴雨
30	江南、华南	奉新	1977.6.13—15	463	无	无	
31	广西	桂林	1978.5.18—21	227	453	453	冷空气与高空槽
32	陕西、四川	雍和，安康	1983.7.28—8.1	244	603	603	
33	江淮流域	湖南太平镇	1980.7.30—8.4	无	无	748	梅雨锋
34	四川93个县市	新都县，广元上寺	1981.7.9—14	300	419	无	副高位置偏北，西伸，冷空气路径偏西
35	四川	旺苍	1981.8.12—24	213	无	437	同上
36	广东南岭	清远	1982.5.9—14	641	无	825	切变线，静止锋
37	江南地区	武汉	1982.6.19—22	299	396	422	

续表

序号	省区市	地点	出现时间 年．月．日	最大降水（mm） 24小时	3天	总降水量	主要降水系统
38	四川盆地，黄河、江淮流域	陆浑，石锅镇	1982.7.15—8.15	652	无	无	南亚季风弱，副高偏南，冷空气活动频繁
39	湖北，河南	南召县，商城县	1986.6—7	539	无	无	
40	河南，安徽	商城县	1987.7.5—6	527	无	无	
41	华北，西北东部	山东乐陵县	1988.7.18—19	510	510	510	西风带经向环流发展，冷空气强，季风强
42	四川	武胜县	1989.7.8—9	298	503	503	梅雨带北抬
43	河南，河北	辉县南寨乡，完县	1989.7.13—25	563	无	无	
44	江淮流域	安徽，江苏，河南，湖北，四川，江西	1991.6—7	362	421	>900	副高强，中高纬阻塞形势，梅雨暴雨
45	华南、江南南部	广西	1994.6.11—6.17	242	400	913	静止锋、切变线，9403号台风、高空低槽、低涡
46	广东、广西、湖南、云南	博白	1994.7.14—24	312	无	1157	ITCZ过程
47	华中、华北、东北	湖北阳新县	1994.7.11—12	541	582	582	9406号台风减弱的低气压
48	江南地区	江西铜鼓县	1995.6.23—7.6	289	无	500	梅雨强
49	河南、河北、京津地区	井陉县	1996.8.2—5	413	无	670	9606号台风外围云系、低层暖切变
50	长江中下游、华南	江西崇仁、弋阳	1998.6.11—27	297	无	1026	厄尔尼诺事件，副高强，持续性梅雨暴雨
51	长江中下游	重庆，江西，湖北，安徽，浙江	1998.7.20—31	339	458	911	副高南落、东退，持续性梅雨暴雨
52	黄淮，华北中南部	陕西、山西、山东诸城	1998.7—8	648	无	无	
53	嫩江流域	黑龙江、内蒙古、吉林	1998.6—8	186	无	796	冷涡

续表

序号	省区市	地点	出现时间	最大降水（mm）			主要降水系统
			年．月．日	24小时	3天	总降水量	
54	长江中下游	浙江、苏南、皖南、江西	1999.6月中旬—7月初。6.22—27	245	289	700	梅雨锋，副高异常
55	四川、云南	四川夹江	1999.8.8	267	无	无	
56	山东、河北	山东高密市	1999.8.9—13	521	909	909	
57	海南	屯昌	2000.10.11—16	579	无	832	冷空气和热低压
58	广东、广西	阳江	2001.6.2—13	605	无	1269	
59	淮河流域	安徽	2003.6—7	无	无	600	梅雨锋与低涡
60	四川	达县	2004.9.3—5	202	391	391	
61	黑龙江	沙兰镇	2005.6.10	200	200	200	局地强对流天气
62	广东	龙门	2005.6.17—25	421	无	1300	锋面雨带
63	广东，广西	梧州、梅州	2006.6.1—10	271	无	无	

注："无"表示无记录或无统计

由上面的讨论可见，我国暴雨的特点是降水有明显的集中期，暴雨的强度大，持续时间长，并且范围很大，尤其以梅雨期江淮暴雨区面积最大。

我国的暴雨强度同世界极值相比较，短时期的暴雨（几分钟到半小时）以及长时期的暴雨（3天～数月年），都比世界上的极值要低。1小时到1天的暴雨比世界暴雨极值要稍低一些。世界上和我国的24小时暴雨极值均由热带气旋或台风引起，但我国暴雨的极值与同纬度的美国相比，则都明显偏高。并且暴雨区的持续性和面积都大大地超过同属副热带湿润气候区的美国。美国的暴雨主要由强对流性降水引起，它们常常可造成突发性洪水，并且以局地性暴雨为主。应该指出，在美国夏季最多见的灾害性天气是强风暴天气，以龙卷风、冰雹、强风等为主，暴雨并不是最多见的灾害性天气。而在我国，夏季暴雨，尤其是持续性暴雨是主要的天气灾害之一。这种差别的原因有两个方面（薛秋芳，1996）：一是大地形的不同，二是大气环流的季节变化差异。首先我们分析大地形影响的差异。暴雨的发展主要与低层暖湿空气团有关，从对我国暴雨成因的分析和研究中可知，青藏高原的存在为低层暖湿空气团在我国中东部的活动提供了有利条件，季风的活动可使暴雨区水汽得以集中和使湿层增厚。龙卷则不同，它是一种强风暴天气，强风暴的发展与中上层干冷空气团有关，两者温差可达到13℃，因而上层冷平流与低层暖湿空气的叠置对强风暴的爆发有很重要的影响（彭广等，2003）。美国多龙卷活动与其地形有密切关系，落基山是北美的主要山脉，它对北美及其邻近地区的天气和气候有重要影响。落基山以西为美国的西部山地，不仅多山，还多沙漠，因而来自太平洋的低层（500 hPa）西风经过落基山时有很大一部分爬越山脉，在背风面一方面由于空气下沉，造成绝热增温，使得那里空气变得非常干燥；另一方面由于西北和西南气流辐合而在美国沿38°N形成强急流，强风暴经常出现在高空急流轴的下方；而墨西哥湾暖流，温暖湿润，在美国中部平原地区，冷暖气流均可长驱直入，这样由于干湿对比异常明显，势必形成像龙卷那样的强风暴天气，有时也可产生暴雨，但不像我国暴雨天气那么频繁和持续。我国虽也有龙卷发生，但不像美国那样每年出现近千个。青藏高原的作用则不同。无论是长江流域的梅雨还是黄河流域的暴雨，都与夏季风气流的活动有关，但季风气流受到西藏高原的阻挡，绕过高原从东侧集中流入我国，带来了丰富的水汽。因此从大尺度方面来说，如果没有青藏高原，则不存在大尺度梅雨带和黄河流域大范围暴雨区。从天气尺度看，由于地形的存在，使西风槽加强南伸，冷平流更强，因而也有利于冷暖空气交汇。湿舌是低层水汽辐合所造成的，它是对流层下部的一条暖湿空气带，也是一条高静力能量舌，它之所以能在高原南侧向北伸展到达长江中上游或黄河中游地区，也是因高原的阻挡作用所致，并且在南海和中南半岛也有大量水汽的加入。因此青藏高原对东亚大气环流和我国暴雨天气有很大的影响。

大气环流季节变化的差异主要反映在两个方面，一是夏季亚洲沿岸的东亚大槽从冬季的位置向西移到90°～100°E贝加尔湖地区，它使槽区和槽后冷空气不断的侵入东亚地区并与东亚夏季风交汇；而位于美洲东岸（70°W附近）的大槽则冬夏之间无明显位置变化，并且美国夏季风的影响远不及亚洲东海岸明显，北美季风主要位于美国的中西部，所以落基山以东的美国中东部地区不像东亚具有强烈的冷暖空气交汇和相互作用的条件。另一方面，西太平洋副热带高压的季节变化是制约东亚大气环流变化、进而是制约我国暴雨区的重要成员之一，副高脊的季节变化与我国主要雨带的活动、雨季的出现有密切的关系，其西北侧的西南气流是向暴雨区输送水汽的重要通道，而其南侧的东风带是热带降水系统活跃的地区，因此它的位置的季节变动决定了我国主要雨带的分布，尤其是长江和黄河流域降水的分布。而美国大西洋地区的副热带高压带（如百慕大高压）没有这种明显的作用。

2.2 我国暴雨的地理分布

图 2.1 是 1931—2006 年近 75 年 24 小时降水量大于 200 mm 的强暴雨分布。其主要特征与陶诗言等（1979）的结果相同。可以发现所有这些雨带分布在三个带中：华南、长江流域和华北。此外，也有少数一些暴雨出现在沿岸地区，主要是由台风引起的。在以上三个主要暴雨带之间暴雨出现很少，这种情况与锋区很少在这些地区停滞以及主要环流系统突然的北跳有关。更重要的，暴雨的这种特征分布表明，暴雨与起源或移动过青藏高原的天气系统的频率有关。例如，华南的前汛期暴雨主要由在高原以南通过的南支西风带中的扰动引起。长江流域的暴雨经常是由来自高原的低涡和切边线引起的。但当高空锋区北移时，这些低空涡旋常改变它们的移动路径，由向东变成向北或东北移动，以此造成华北，甚至西北的暴雨。

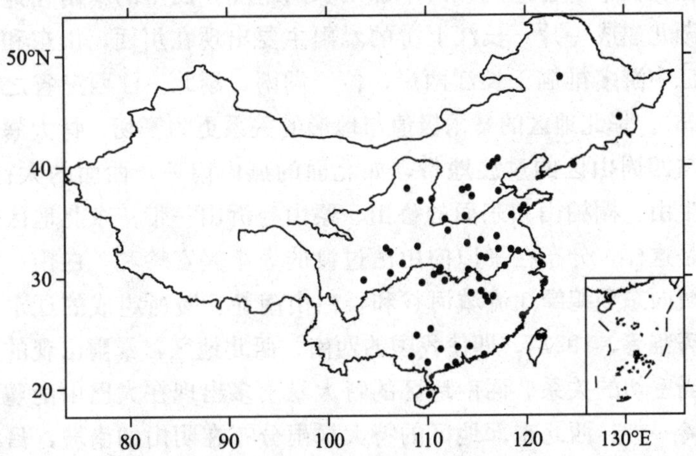

图 2.1　1931—2006 年 24 小时降水大于 200 mm 降水点分布
（宋亚芳提供，2007，根据陶诗言等（1979）的工作增补）

由图 2.1 还可以看到大暴雨的发生地点与我国的大地形也有密切关系。从辽东半岛南部起，沿着燕山、阴山经河套、关中、四川到云贵，在这条界线以南、以东地区都容易出现大暴雨。这反映了我国大地形对夏季西南季风和东南季风气流的抬升作用。在这种暴雨大致由东南向西北减少的趋势下，在东部地区存在着有两条明显的暴雨带。第一条暴雨带自辽东半岛经山东半岛、浙闽到两广的沿海地区，降水量在 300～400 mm，不少点降水量达 800 mm以上。第二条暴雨带位于平原与山脉的过渡地带，北自努鲁儿虎山和燕山，向南经太行山、伏牛山、大巴山、巫山到武陵山、雪峰山等山脉的迎风坡，其降水量也在300～400 mm以上，个别地方甚至接近或超过1000 mm。对于不同地区，地形在区域或局地暴雨形成中也起着重要作用。华南的暴雨出现在十万大山、云开大山和南岭的迎风坡。东南沿海暴雨则分布在东南丘陵、武夷山脉的迎风一侧。在华南有两个大降水带（彭广等，2003），一个在武夷山至南岭山脉，另一个则在广东沿海，在这两个大降水带上，整个华南大陆部分，有6个暴雨中心，即武夷山区、粤中山区（清远—佛冈）、桂东北山区（桂林）、粤东沿海（海陆丰地区）、粤西沿海（阳江—恩平—江门）、北部湾沿海（东兴—钦州）。这些暴雨中心都与大尺度地形背景下的局地地形有关。常常是在暖湿气流的迎风坡，并且在局地地形条件有利于冷空气扩散南下并与暖湿空气交汇之处。沿海暴雨中心的暴雨量比内陆各暴雨中心大，这表明沿海山脉对暴雨的形成更为有利。在长江中下游地区，尤其是安徽和两湖盆地的特大暴雨多出现在盆地四周的雪峰山、武夷山、巫山、大别山等的迎风坡。在长江中上游地区，因中部山脉的阻隔，四川的暴雨在地域上很少和湖南、湖北建成一片。长江上游的暴雨主要出现在川西，川东和鄂西之间很少。长江中游多徘徊于长江两岸，位于湖南，湖北，江西三省之间（赵明明等，1996）。华北地区的暴雨极值与地形的关系更为密切，特大暴雨出现在华北平原与四周山区的过渡地带，如北面的燕山南麓，西面的太行山东坡，南面的伏牛山、桐柏山和东面的鲁山、蒙山与沂山一带；东北地区的特大暴雨分布也是这样，分布在平原向山区过渡的大小兴安岭和长白山一带，尤其是辽河流域向东到鸭绿江流域河谷和长白山南麓丘陵所组成的辽宁省大部分地区（郑秀雅等，1992）。即使我国的西南、西北地区，暴雨出现的地区与地形也有相当密切的关系。西南地区的特大暴雨多出现在大巴山南麓、邛崃山东侧和苗岭一带；西北东部地区的特大暴雨分布在阴山的南坡，吕梁山的西坡及贺兰山、六盘山和祁连山一带；西北西部，大于等于25 mm的暴雨和雨日高频区都在天山附近，暴雨表现明显的向天山集中的趋势，中心最大值在巴伦台（西北暴雨编写组，1992）。但值得指出，山区暴雨并不向山顶集中，除天山外，西北的祁连山、贺兰山、六盘山和秦岭最多雨日出现在海拔最高测站，而最多暴雨日都出现在山腰或山麓测站。西北山区暴雨高频区偏向山腰或浅山区的现象与我国南方暴雨日数随海拔升高而增加的观测事实有所不同。这种差异与山脉高度、水汽垂直分布以及地形对降水的作用不同有密切关系。西藏地区的暴雨多出现在雅鲁藏布江河谷。台湾的特大暴雨多分布在台湾山脉的迎风坡；海南岛的特大暴雨多分布在五指山的迎风一侧。我国具有最大的24小时降水量的新寮、林庄、獐么等地区无一不与地形密切相关。

由暴雨引起的我国洪涝分布图与图 2.1 的分布十分相似（史培军，2003）。在 20 世纪和本世纪初，我国遭遇的严重洪灾主要有 1931，1935，1954，1963，1975，1991，1998 和 2003 年。它们都与大暴雨或持续性特大暴雨密切相关。我国有 5 个易受洪涝灾害的地区：(1) 华南（每 3 年平均 1～2 次），尤其是在广东沿海和广西壮族自治区北部，包括珠江流域；(2) 湖南和江西省北部（每年 2～3 次）；(3) 长江中下游和华东沿海（每 2～3 年一次）；(4) 淮河流域、黄河和海河流域（每 2～3 年一次）；(5) 东北东部的松花江和辽河流域。因而绝大部分我国东部的暴雨是造成我国七大江河流域洪涝的主要原因。在我国西部，暴雨事件和相关的洪涝事件要少得多，严重程度和造成的损失轻得多。

我国年暴雨日数分布（图 2.2）特征与暴雨强度分布特征基本相似（丁一汇等，2007）。其趋势也是自东南向西北减少，具有明显的地域性。从辽东半岛沿着燕山、太行山、伏牛山、大巴山到巫山一线以东的海河、淮河和长江中下游及东南沿海等地区是我国暴雨出现较多的地区，年暴雨日数在 2 d以上，其中东南丘陵及两广地区暴雨最多，全年暴雨日数在 4 d以上。其特点也是东南多、西北少；沿海多、内陆少；迎风坡多、背风坡少，与洪涝灾害的地区分布特点基本上是一致的。广东大部、广西东北部和南部、湖南和江西两省北部等地也是全国多暴雨地区，相应也是容易发生洪涝的地区。

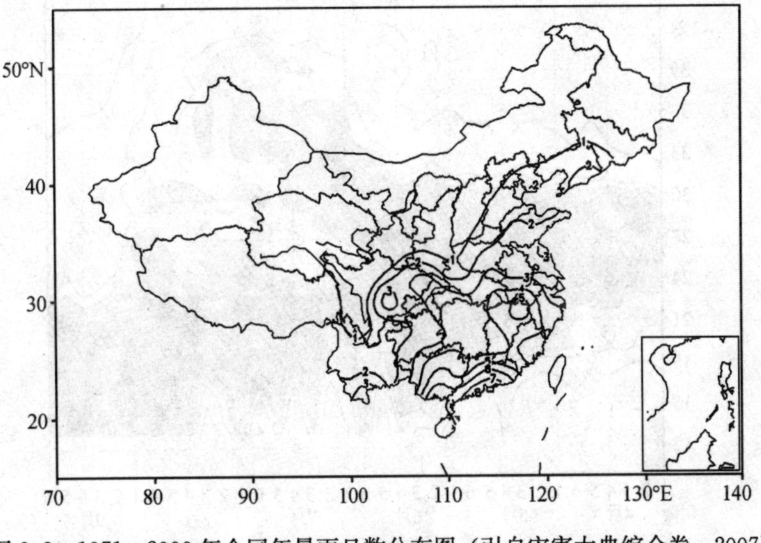

图 2.2　1971—2000 年全国年暴雨日数分布图（引自灾害大典综合卷，2007）

2.3　我国暴雨不同时间尺度的变化

暴雨的发生受到不同时间尺度因子的影响，因而表现出不同时间尺度的变化，概括起来，有五种变化：年变化与季节变化，年际变化，年代际变化以及日变化，另外，暴雨的发生还具有低频的季节内时间尺度的变化。以下将对这些变化做一简略说明。

（1）年变化和季节变化

我国大部分地区的降水集中在夏半年（4—9 月），冬半年一般很少出现暴雨，随着季节的推移和东亚季风的季节进程，我国的降水最集中的地带或季节雨带从晚春到盛夏不断向北移动（图 2.3）。从 4 月到 6 月上半月，大陆上的主要降雨地带徘徊在南岭以南地区，这时候就是华南前汛期暴雨时期。在 6 月下半月，随着夏季风的加强与北推，最多降雨区域便移至长江流域。7 月上半月，最多降雨地带位于长江流域和淮河之间。6 月下半月和 7 月上半月，正是长江中下游和淮河流域的梅雨暴雨期。到了 7 月下旬，最多降雨地带便移至黄河以北。这时候长江流域进入伏旱季节。8 月中旬以后雨带迅速的南退和减弱，以后随着冬季风的建立，大陆上雨带便向南撤退到华南和南海北部地区，上述雨带的季节推进基本上决定了我国暴雨发生的季节变化。

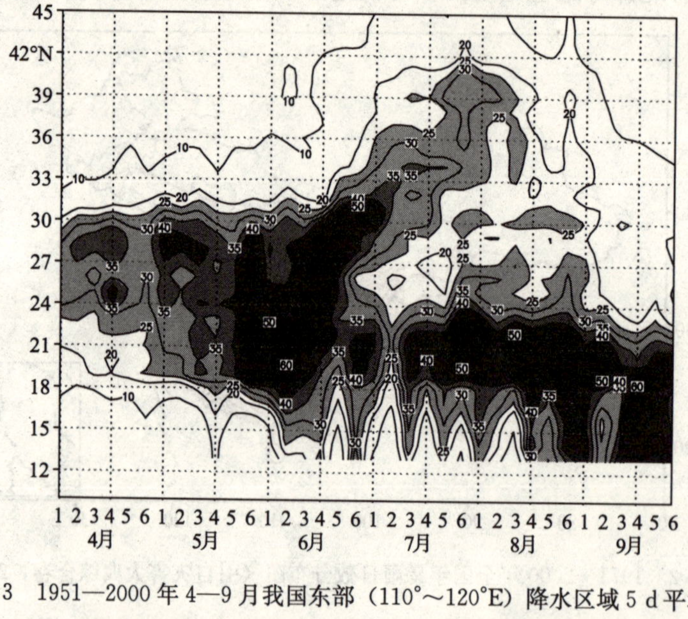

图 2.3　1951—2000 年 4—9 月我国东部（110°～120°E）降水区域 5 d 平均的纬度—时间剖面图。大雨区（>25 mm），用阴影表示，单位：mm

华南前汛期是一年中华南最重要的雨季，降水集中带常常形成暴雨，4—6月的降水量至少占全年降水的一半以上，以5月最高，6月居中，4月最小。华南的两广各地年平均暴雨日达7～15 d，大暴雨日（日降水量>100 mm）可达1～5 d（西北暴雨编写组，1992）。华南不仅暴雨多，而且强度大，从区域范围看，华南是暴雨强度最大的地区。据不完全统计，广东近40年，日雨量超过700 mm的记录有18次，其中超出800 mm的记录有6次，最大值达到915 mm（1987年5月5日，陆丰双沛）。

长江流域的暴雨主要发生在4—10月，但以夏季6—8月出现较多。春秋雨季暴雨较少，但春季要略大于秋季。根据1965—1992年长江流域区域性和持续性暴雨过程的统计（史凤苓等，1996）。在173次暴雨过程中（暴雨日561 d），只发生在长江上游的暴雨为20次（暴雨日为47 d），只发生在下游的暴雨为80次（暴雨日为232 d），在长江全流域出现的暴雨为73次（暴雨日为282 d）。因而长江流域的暴雨主要发生在中下游地区，占总暴雨次数的62%。长江流域暴雨平均持续日数为3.2 d，绝大多数为2～5 d，占86%，6 d以上的仅占暴雨过程的14%。对于长江中上游暴雨频次的季节变化可以进一步划分为几个阶段。对于长江中下游可有4个阶段：第一个阶段，从4月初到6月初为暴雨逐渐增多阶段，对应于长江中游的春雨阶段；第2阶段从6月初到7月12日为暴雨相对集中阶段，对应于该区的梅雨时期；第3阶段从7月13日到9月第3候为暴雨突然减少阶段，对应于该区的伏秋干旱期，7月13日前后这次突变在长江中游具有特别重要的意义，它与西太平洋副热带高压第二次北跳，停滞在长江流域的梅雨锋系及其相应的季风雨带向北移动的季节变化相一致，此时长江中下游梅雨结束（史凤苓等，1996）。第4阶段从9月第4候到10月底为少暴雨阶段，对应于该区的秋高气爽期。长江上游大致划分为3个阶段；第1阶段从4月初到6月下旬前期为少暴雨阶段；第2阶段从6月下旬前期到9月第3候为暴雨集中阶段；第3阶段从9月14日到10月底为少暴雨阶段。

华北暴雨集中出现在盛夏。根据20年（1951—1980年）资料统计（华北暴雨编写组，1992），7—8月的暴雨日数占全年的85.7%。其中京津冀的大暴雨日数多集中在7月下旬到8月上旬，占全年的66%，而山西省在7—8月各旬大暴雨日的站次数比较均匀，“7下8上”的大暴雨日只占全年的39%。东北地区的暴雨也集中在7—8月，其中以7月为最多，在有些年份暴雨可发生在4—6月和9—10月。西北地区的暴雨大多发生在相对多雨的时段里，对于西北东部大到暴雨（≥25 mm）日数的逐日分布与雨量分布类型相似，多数地方都是单峰型，7—8月最多。对于100 mm以上的暴雨，70%出现在7

月。对于西北西部，雨量较大的暴雨（日雨量≥10 mm）主要发生在6—8月，以6月为最多，约占全年暴雨的70%，如新疆的暴雨的盛期就出现在6月（西北暴雨编写组，1992），7月或8月是暴雨和大降水出现较少的时期。

（2）季节内变化

季节内变化是指10～90 d时间尺度的低频变化，其中以10～25 d与30～60 d周期为主要模态。10 d以下的变化为高频的天气尺度变化。在我国的主要降水季节（4—9月）中可以观测到明显的季节内变化。暴雨经常出现在湿期（多降水位相）。根据叶愈源和杨仁平（1996）对我国降水变率的波谱分析，在52年中（1951—2003年），从东北、华北到黄河中游和青藏高原东部地区，上节所述的气候季节循环分量的方差占总方差的50%以上，甚至可达70%，表明这些地区降水的最主要特征是年循环。我国西北地区的气候高频分量占比重较大，其方差贡献普遍在65%左右。图2.4a是气候季节内振荡方差百分比的分布（丁一汇和王遵娅，2007），可以看到，气候季节内振荡在江淮流域到华南一带最显著，其解释方差在20%以上。尤其在长江入海口地区，可达30%。图2.4b显示了我国降水低频分量的主周期分布。可见，我国降水气候低频振荡主要以10～30 d和30～60 d周期为主。30～60 d周期振荡在长江中下游一带最显著。在华南除了30～60 d振荡外，10～30 d振荡也很明显，在华北和西北地区10～30 d振荡十分明显。

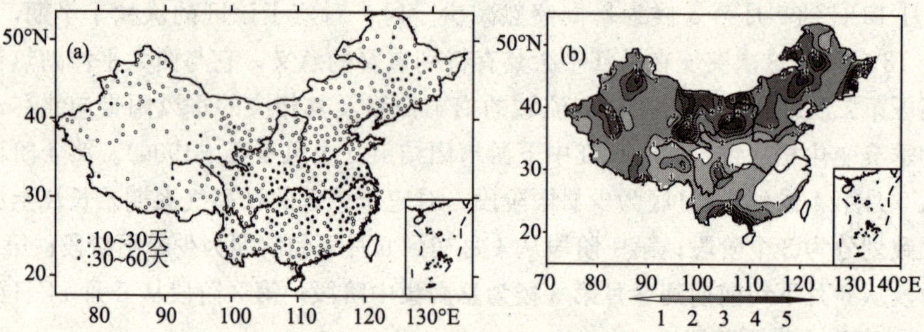

图2.4　我国各站4—9月气候（1951—2003年）
逐日降水时间序列气候季节内分量的方差贡献百分比分布（%）(a)
和主周期分布（b）（丁一汇和王遵娅，2007）

为了进一步了解气候季节内振荡（CISO）对降水的调制作用，可对我国东部气候季节内降水时间序列（10～90天滤波）的传播特征进行分析（丁一汇和王遵娅，2007）。如图2.5所示，从4—9月，10～90天气候季节内振荡表现出了三次明显的振荡并北传的特征，其中第二次振荡最为强烈，且北传范围最大，能达到45°N左右。在该过程中，共出现了3个大值中心，其持续的时段分别是Ⅱ、Ⅲ和Ⅳ，恰好分别对应于华南前汛期、江淮梅雨、东北和华北雨季。而且长江梅雨期的振荡最强，其与淮河雨季之间的过渡也很清楚。第一次振荡的时段为4月初到5月中旬（Ⅰ段），大值中心位于27°N左右，与江南春雨相对应。而第三次振荡（Ⅴ段）对应于华南后汛期，从8月上旬持续到9月上旬，其间还有时间尺度更短的振荡出现。第一次和第三次振荡也随时间向北传播，但仅能达到35°N附近。很明显，低频雨带的分布和推进与气候雨带的移动同步一致。通过对比未滤波和高频的情况，可以发现CISO对我国东部雨季的强度有明显的调制作用，主要表现在三个地区和时段：（1）4月初到5月中旬的江南到华北地区（25°～40°N），CISO的调制使得降雨强度增大；（2）6月初到8月中旬的整个东部地区，降雨都在CISO的调制下增强。最明显的是6月中旬到7月下旬，CISO的调制使得长江中下游地区出现了一个降水中心。这表明CISO对长江中下游梅雨季的形成和加强起到了非常重要的作用；（3）CISO的调制使华南雨季在6月中到7月中出现中断，并且使7月中旬以后长江以南的秋雨明显增强。另一方面，在滤除CISO分量之后，将气候的逐候降雨量时间序列进行区域平均发现，所有区域的曲线都是形成单峰的年循环，且其上还叠加了高频振荡。也就是说，在CISO滤除之后，并不再出现双峰或三峰的降雨分布形态，则CISO对降水除了具有加强降水振幅的作用外，还使雨季出现活跃—中断—再活跃的循环变化，它可能是制约季节性雨带爆发、活跃、减弱及再活跃的一种内部机制。进一步分析表明，30～60 d周期是气候季节内振荡的一个主要分量。

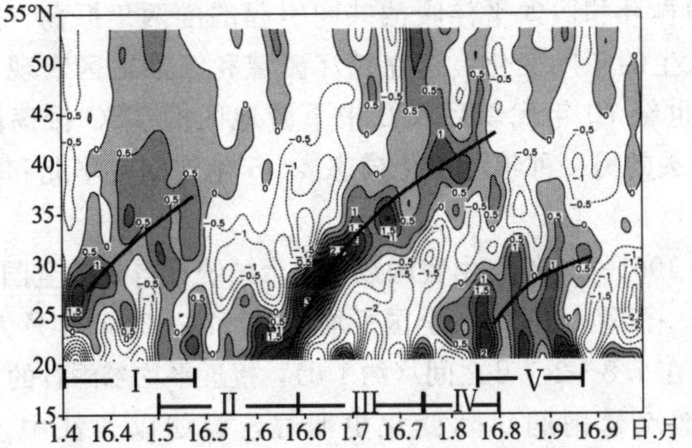

图2.5　10～90 d滤波，即气候季节内振荡（CISO）纬度-时间剖面图（剖面是对110°～120°E平均）（丁一汇和王遵娅，2007）

根据1959—1991年长江中上游地区4—10月暴雨日站点累积序列的功率谱分析，40～60 d的季节内振荡是很明显的，其中长江中游以42 d为主，长江上游以 62 d 为主。在我国的多次持续性大暴雨过程中，季节内振荡起着重要的作用。如 1991 年的江淮特大暴雨曾出现三个明显的强暴雨时段（见第 6 章），它具有明显的准 25 d 振荡特征（丁一汇，1993；陆尔和丁一汇，1996）。1998 年长江全流域三次特大暴雨则受到 30～60 d 振荡的影响（Ding 等，2004）。1994 年 6—7 月的华南特大暴雨也受到季节内振荡（30～60 d）的明显影响。

（3）年际变化

我国暴雨发生的时间，地点和持续长度具有明显的年际变化。在有些年份暴雨频发，强度大，持续时间长，在大范围地区形成严重的洪涝灾害，如 1954 年和 1998 年在长江全流域，1991 年在江淮流域等。而在另一些年份，暴雨出现较少，或以局地与区域性，短历程暴雨为主。江淮地区的梅雨及其暴雨具有十分明显的年变化，上述持续性特大暴雨是发生在某些年的梅雨季。暴雨的年际变化受到许多因子的影响，其中最直接的原因是亚洲大气环流，尤其是阻塞形势和副热带高压以及季风年变化的影响。作为年际变化的外强迫因子，ENSO 事件和高原积雪的年际变化也是重要的影响因子。尤其是在 El Nino 年（厄尔尼诺年）的次年，我国的主要雨区偏于长江和长江以南，暴雨易发生在我国的南方，1998 年特大暴雨是一个最明显的例子，它发生在 1997—1998 年强 El Nino 事件的次年。研究表明，El Nino 事件影响我国的降水和暴雨主要通过冬春季发展的菲律宾以东海面异常反气旋实现的。这个反气旋可以影响东亚季风的爆发的时间（厄尔尼诺偏晚）与强度（减弱）。另外，由 ENSO 循环和西太平洋暖池共同引起的准两年振荡（TBO）也会影响我国暴雨发生的年际变化，这在长江流域和江淮地区表现最明显。不少人研究了 20 世纪 70 年代以后长江中下游地区的 TBO 振荡问题。此外与 ENSO 事件有关的另一种年际变化模态 4～6 年周期在华北和江淮流域也很明显。

图 2.6 是 1961—2000 年由我国数百个台站统计得到的全国平均暴雨日数历年变化（丁一汇等，2007），全国平均值（1971—2000 年）为 2.1 d，其年际变化的幅度在 1.8～2.7 d 之间（约 1 d），接近平均暴雨日的 50%。对于不同的地区和地点暴雨的年际变化更明显，譬如以长江中上游为例，从 1959—1991年 33 年的资料分析看暴雨总数的年际变化很明显，而且中游的变幅要大于上游。频次出现最多的年份中游达 10 次，上游为 5 次（年平均中游为 3.8 次，上游为 2.1 次），最少的年份都为 0 次（赵明明等，1996）。一般多频率年都对应于涝年或大涝年，少频年多是旱年或大旱年。暴雨持续性分析表明，在长江上游的暴雨年际变化持续性很强（叶愈源等，1996），而长江

中游暴雨年际变化持续性很差，对前者同一种暴雨年型至少要持续 2 a 以上，其中多暴雨型可持续 3 a 或其以上，最长持续 6 a（1979—1984 年）。对于后者，两种年雨型单独出现或连续两年出现的年份共 20 a 占 60%，这说明 2～3 年的准两年振荡在年际变化中比较明显。这种情况对于长江下游地区也是如此（国家气候中心，1998）。另外根据暴雨频次时间序列的最大熵谱分析，前述的两种年际变化周期都是存在的。上游地区具有 6 a 和 2.5 a 周期，中游地区具有5 a和 2.5 a 周期，但中游的 2.5 a 周期没有上游显著，但总体上看长江全流域都存在着 2～3 a 的 TBO 振荡的影响。这表明热带海洋的作用对长江流域的降水和暴雨的影响是明显的。对于华北地区暴雨日数的年际变化也很明显。以北京单站为例（华北暴雨编写组，1992），从 1940—1990 年的 50 a 中，逐年的暴雨日数变化范围是 0～6 d，其中 10 a 是全年无暴雨日，另有 10 a 的年暴雨日数则为 4～6 d。最大 24 h 点雨量的年际变差分析表明，华北平原，内蒙古中部地区都在 60%以上，河套以南的沙漠地区高达 80%以上，均明显超过长江流域和华南地区。对于东北地区的暴雨年际变化存在着 2～3 a，5 a，7 a与 9 a 的周期（郑秀雅等，1992）。上述结果也再一次表明 ENSO 和 TBO 的主要模态对我国整个东部地区暴雨的影响。

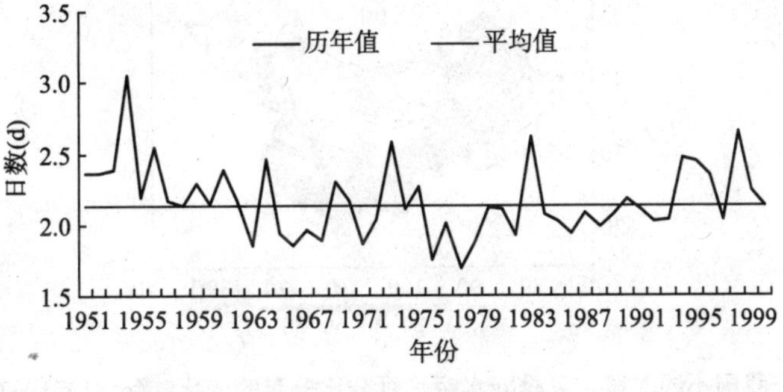

图 2.6　1961—2000 年全国平均暴雨日数变化曲线（丁一汇等，2007）

（4）年代际变化

根据最近的研究（施雅风等，2003；Ding 等，2007），在最近 50 多年中我国的降水型发生了年代际变化。我国的西部地区，尤其是西北西部，降水从 20 世纪 80 年代中由偏少转为偏多，而在我国东部，夏季降水的分布分别在 1978 年和 1992 年发生了两次突变，主要多雨带在 1951—1978 年期间位于华北地区（图 2.7a），以后在 1979—1991 年间移到长江流域（图 2.7b），1992 年以后又进一步移到长江以南。我国夏季多雨带在近 50 a 中连续地向南移动反映了 70～80 a 周期的年代际变化。其结果是我国东部的夏季雨型由 20 世纪 70 年代末以前的南旱北涝型转为目前的南涝北旱型。由图 2.7b 和

图 2.7c可见，暴雨区主要发生的位置在 1978 年前后有不同，1978 年前，华北和东北偏多，之后移向长江和华南地区。根据丁一汇（Ding 等，2007）的分析，这种年代际变化是由于亚洲和东亚夏季风减弱的结果，而这种季风的减弱是热带中东太平洋海表温度和青藏高原冬春积雪年代际增加共同造成的。由于多雨带的南移，我国暴雨发生频率的统计也表明（图 2.10）。近 20 a 暴雨主要出现在长江流域以及华南地区。另外，由该图还可以看到，西北西部地区暴雨发生的频率也呈现相当的增加。

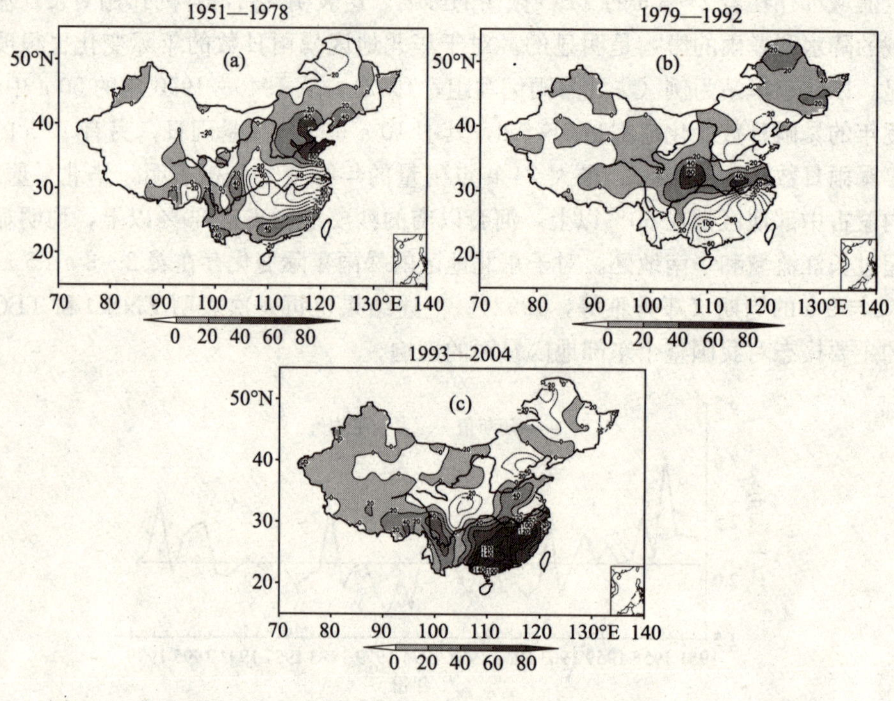

图 2.7　我国不同时段，夏季降水距平百分比分布的变化：(a) 1951—1978 年；(b) 1979—1992 年；(c) 1993—2004 年。阴影区为主要雨带，单位：%（Ding 等，2007）

上述年代际变化在各地暴雨的统计中皆有反映，对于长江流域上游地区，发现 1959—1978 年为少暴雨阶段，1979—1991 年为多暴雨阶段，而对长江中游，1956—1968 年为少暴雨阶段，1969—1991 年为多暴雨阶段。至于由少暴雨阶段转变为多暴雨阶段，上游比中游要滞后 10 a。对于华北地区，20 世纪 40 年代有 16 个暴雨日，其中 4 a 无暴雨日。而 50 年代是年年有暴雨日，共有 33 个暴雨日，到 60 年代、70 年代和 80 年代，年暴雨日数连续偏少，每 10 年的暴雨日数分别为 21，19 和 18 d。这种年代尺度的变化反映了前述我国东部多雨带的南移与年代际变化。在东北地区，也揭示出暴雨日具有 10～13 年与 17～21 a 周期，并且 20 世纪 80 年代后期出现暴雨日下降的趋势。

（5）日变化

我国暴雨日变化的最主要特征是暴雨的夜发性，著名的有“巴山夜雨”和洞庭湖畔的“潇湘夜雨”。但“夜雨”不限于这些地区，而是在全国有相当多的地区都有夜雨。“夜雨”是指夜间到清晨这一阶段雨量有明显增大的现象，并出现一个主要的峰值。各地区造成“夜雨”的原因不完全相同，但由于云区顶部长波辐射冷却的作用而使雨区的大气层结变得更不稳定可能是一个共同的原因。

根据华南4—6月的部分资料，也证实华南有相当多的地方存在着这种现象（华南前汛期暴雨编写组，1986），降水量最大值常出现在23时到次日早晨5时（地方时）这一时段。另外，在上午10时到下午14时也会出现另一降水峰值。这个昼峰和夜峰共同组成了暴雨日变化双峰特征的主要演变。利用1小时的降水资料或时次更密的降水资料，不难得到这种日变化曲线。对于长江中上游地区绝大部分台站（94%），暴雨日降水量峰值均出现在夜间（陈淑明，1996）。长江上游地区出现的时间比长江中游偏早，雨量偏大，雅安、宜宾、宜昌等雨峰出现在23时前后，而常德、岳阳、九江雨峰出现在07时前后，总体上看长江上游暴雨日降水最大雨量出现在23—04时，而中游出现在03—08时。夜间雨量明显大于昼间雨量，长江中上游地区夜雨比昼雨占日降雨总量的百分比要高14.2%，如雅安，夜雨量平均为94.1 mm，昼雨量只有47.1 mm。宜宾的夜雨量为100.6 mm，而白天雨量仅有41.1 mm。另外，夜间暴雨分布范围广。长江上游夜暴雨分布范围比中游大11%，强夜暴雨的分布范围是中游的2倍。地形对于暴雨的日变化有重要影响。山地暴雨日变化幅度大，平原较小。这在长江上游尤为突出，例如雅安、宜宾其降水量日较差分别达7.3 mm与11.1 mm，而中游地段的两湖平原，如常德、岳阳、九江等地，降水量日较差只有3～4 mm。

对于华北地区，降水的日变化与长江流域和华南不完全相同。对于1小时大于10 mm的暴雨，平原（如北京）地区在下午和夜间发生的气候概率较大，主雨峰在15—19时前后出现。但在山区（如张家口），雨峰出现在傍晚17—18时。沿海地区，虽然夜雨较多，但雨峰也主要出现在傍晚17时前后。根据河南省气象局的研究，对于黄河中游，暴雨多出现在夜间，降水集中在下半夜，暴雨量夜间比白天多9.0%～13%。夜间比昼间分布更广。对于西北地区暴雨的日变化有夜雨，昼雨和双峰型三种情况，从大范围平均看，夜雨占优势，雨峰主要发生在以傍晚前后或后半夜为中心的时段。因而夜间半日雨量大于白天半日雨量，夜间半夜发生暴雨的机会也比较多。例如新疆维吾尔自治区境内，61%测站的夜间半日雨量大于白天半日雨量（张家宝和邓子风，1987），强度强。宁夏回族自治区的测站暴雨59%发生在夜间。甘肃省雨量大于40 mm的过程，其夜间半日雨量约占日雨量的70%。另外持续性降雨过程的暴雨与特大暴雨大多出现在夜间半日，如1977年6月10日甘肃金昌暴雨过程，雨量为159.4 mm，最大雨量出现在10日20时到11时02时，6小时雨量为108 mm，占日雨量（129.5 mm）的83%。

2.4　全球气候变化对我国暴雨的影响

暴雨是一种极端天气事件，从发生的概率看，一般是小的。全球气候变化对暴雨发生频率和强度的影响问题是目前十分关注的一个重要问题，尤其是对于防灾减灾部门。气候变化可能影响暴雨的物理依据有两点：气候变暖使地表和大气的温度增加，根据克拉珀龙－克劳修斯方程，饱和比湿增加，因而空气可承载的最大水汽量增加，这有利于降水量增加。一般情况下，温度每上升1 K，可使大气的水汽含量增加7%，降水增加也可达到同样的量值（目前降水的实际观测增加量只有1%～3%）；另一方面气候变暖后，海表和海洋温度增加，这加大了蒸发量，从而使水循环加速，引起各地区降水量与降水强度更快的重新分配。有些地区降雨日数大大减少，无雨的时段大大延长，使干旱更易发生。而且较高的温度将导致蒸发的增加，减少地表可用水分，这又引起干旱的加剧。而对于降水增加的地区，有更多的对流活动和雷暴天气发生，从而有更多的暴雨发生。研究还表明，即使有些地区总降水量不变，但是小雨日数减少了，大雨日会增加。因而，气候变暖将会导致在不同地区发生更频繁、更强的暴雨/洪涝和干旱。但是在实际应用中，对于每场暴雨必须作具体的分析。

图2.8是全球1951—2003年大雨日的变化趋势分布（%）。可以看到，主要在北半球中高纬度地区，大雨日有明显的增加趋势。这里也是降水总量增加最明显的地区。大雨日距平变化时间序列表明，从20世纪80年中以后大雨日具有明显的正距平变化，这种全球明显的变暖的时期是一致的。如果考虑一下全球干旱区的变化（图2.9），也可以发现随着气候变暖，干旱化趋势上升，20世纪80年代以后干旱化明显加剧。图2.8与图2.9反映了气候变暖对全球大雨/暴雨与干旱再分布与发生频率的可能影响。

由图2.6可以看到我国暴雨日发生的分布。从20世纪80年代以来，全国暴雨日有逐渐增加的趋势，这与全球的情况十分接近。另外，从最近的研究（Zhai和Pan，2003）指出，我国的极端降水平均强度和极端降水值都有增强的趋势，极端降水事件增多，尤其是在20世纪90年代，极端降水量比例

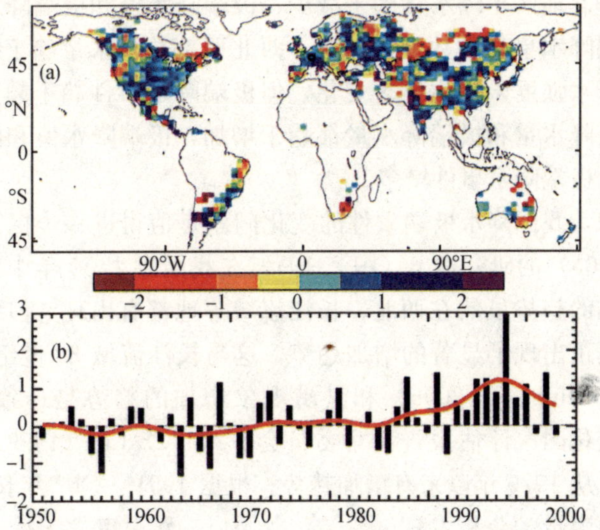

图 2.8　全球 1951—2003 年大雨日的变化趋势分布：
（a）1951—2003 年大雨日的变化趋势（%/10 a）；
（b）大雨日距平变化时间序列（%）（IPCC 第四次评估报告，2004）

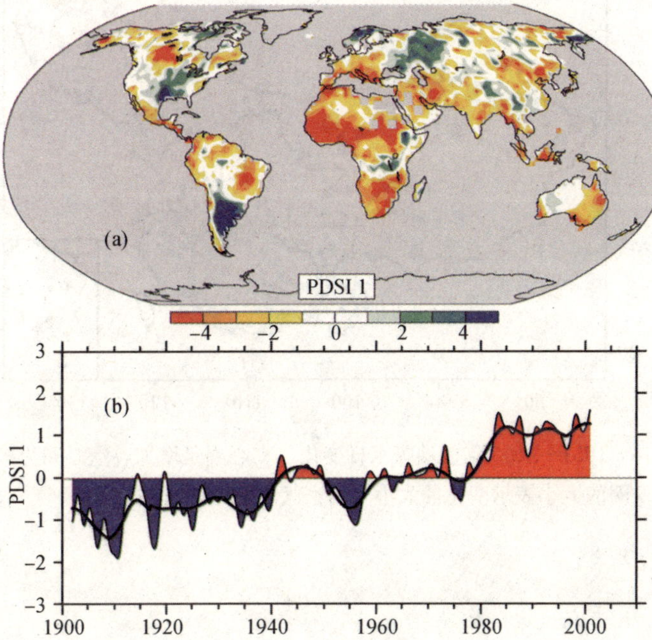

图 2.9　1900—2002 年 Palmer 干旱指数（PDSI）的分布（a）
和时间变化（b）（IPCC 第四次评估报告，2007）

趋于增大。华北地区年降水量趋于减少，极端降水值和极端降水平均强度趋于减弱，极端降水事件频数显著减少。西北西部总降水量趋于增多，极端降水值和极端降水强度未发生显著变化，但极端降水事件趋于频繁。长江及长江以南地区年降水量和极端降水量都趋于增加，极端降水值和降水事件强度都有所加强，极端降水事件增多。

由此看来，我国降水极端事件的变化问题是值得进一步探讨的。Zhai 和 Zhang 等（2005）的研究指出（图 2.10），在我国过去 50 年中，下半年极端降水事件增加的趋势虽然在西北、长江流域等地都有出现，但只有在长江中下游地区才真正出现了显著的增加趋势，这与长江流域 20 世纪 80 年代以来降水量增加（Ming 等，2006）和洪涝现象增加的趋势是一致的（Ren 等，2004；气候变化国家评估报告编写委员会，2007）。Lin（1999）也指出，长江流域暴雨日从 1970 年以来有增加趋势。根据 1951—2002 年长江流域 30 个站暴雨日和暴雨量的分析发现（Su 等，2004），暴雨事件无论是频率和强度在大多数台站（80%）都是增加趋势，1992 年可能是一个突变点。在 1990 年的平均暴雨日比过去增加约 0.4 d，暴雨量增加 39 mm/a。

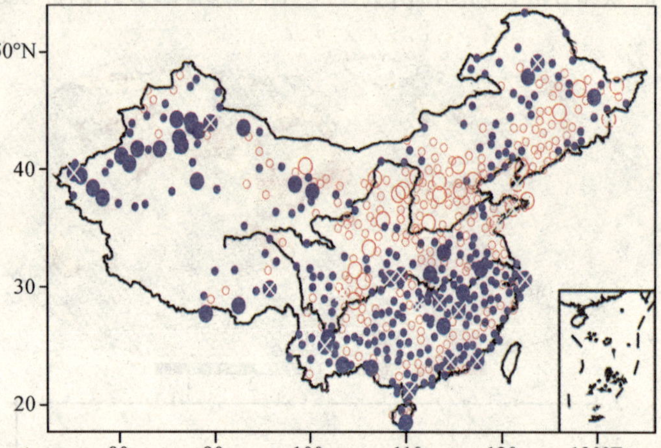

图 2.10　1951—2000 年极端降水日变化，实心圈是增加，空心圈为减少，圈的大小表示变化的大小（国家气候变化评估报告，2006）

第3章 我国暴雨发生的大尺度环流条件和天气系统

3.1 影响我国暴雨的主要环流系统和环流型

大范围暴雨是出现在一定的大尺度环流形势下，对于移动性暴雨，考虑其周围环流形势未来1～2 d的变化就可以了，但对2 d以上的持续性暴雨必须考虑更大范围行星尺度环流未来3～5 d或更长时期的变化与调整。行星尺度环流还决定大范围雨区出现的范围和决定暴雨区的水汽来源或水汽通道。因而当大尺度环流形势促使冷空气不断在某个地区交绥，并使得引起暴雨的天气尺度系统或中间尺度系统发展，从而使得某地区出现强而持续的垂直运动和水汽输送等条件，就给暴雨甚至持续性暴雨提供了有利条件。

我国的大范围暴雨不少是发生在中纬环流型出现明显调整的时期，即大形势从纬向流型变到经向流型，或者从经向流型变到纬向流型的时期。此外，我国的一些特大暴雨不仅决定于中高纬环流形势的演变，还与低纬环流有密切关系。暴雨常常是低纬和中高纬环流相互作用的产物。因而，从大形势条件看，暴雨的发生同中高纬度和低纬度的大形势特点都有关系。

对我国暴雨有影响大尺度环流系统包括三个纬度带，这与过去华北和东北的研究者提出的“三带”环流及其相互作用一致。其中西风带环流以长波系统或阻塞系统为主，这类系统移动缓慢，变化比较小，使得中高纬度的环流形势在一定时期内保持相对稳定，从而使得引起暴雨的天气尺度系统会在同一地区多次出现、或者造成天气尺度系统出现停滞。有时候当长波系统出现强烈发展时，造成经向度很大的大尺度形势，这时北方的冷空气能达到较低的纬度，暖空气达到很北的纬度，同时较低纬度的气旋性系统（如西南涡、台风）明显向北方移动，在这种大形势下，暴雨最强烈。关于西风带环流的详细讨论将在3.4节进行，读者也可参看张庆云等（1998）的工作。

副热带系统同我国暴雨关系最密切，尤其是西太平洋副热带高压的进退、维持和强度变化。暴雨出现在西太平洋副热带高压的西北侧。副热带高压从春到夏，从南向北推进，我国的主要降水带也一起向北移。近二十余年来，人们也注意 100 hPa 青藏高原上的高压位置同暴雨的关系，这两个系统的季节位移同大气环流的季节性变化有密切关系。图 3.1 是我国历年各月副热带高压脊线的平均位置图和相应的我国东部的雨带位置分布（陶诗言等，1980）。冬季西太平洋高压脊线在 20°N 以南，雨带位置在华南沿海一带。春季低纬度的暖湿空气开始活跃，雨带移到南岭附近（25°～27°N），华南雨季开始。初夏（6 月中旬—7 月上旬）副热带高压出现第一次北跳，脊线位于 20°～25°N，雨带移到江淮流域，这时长江流域梅雨开始。7 月中旬，副热带高压出现第二次北跳，脊线在 30°N 附近，雨带中心移到黄河流域以北，华北和东北雨季开始。8 月下旬副热带高压脊线又开始撤退，雨带也开始南退。9 月上旬退回到 20°N，10 月上旬到达 20°N 以南。由上可见，副热带高压脊线的进退时间和雨带的进退时间恰好一致。雨带大约位于 500 hPa 副热带高压脊线北面 8～10 个纬度和 100 hPa 青藏高压脊线的北侧处。副热带高压脊线位置的异常对于我国暴雨发生的地区有重要影响。当高压脊线偏北时，东亚地区从高纬到低纬表现为明显的“－ ＋ －”500 hPa 高度经向距平分布，即西伯利亚到远东地区是负距平，长江以北到黄海—日本地区是正距平，为副热带高压位置，25°N 以南为负距平，这时我国降水为南北多中间少的分布，暴雨多发生于华北与东北及华南。从我国的降水与副热带高压脊线位置相关图上看（国家气候中心，1998），长江流域为明显的负相关，黄河流域以北和华南地区为正相关。当副热带高压脊线偏南时，东亚地区从高纬到低纬表现为明显的“＋ － ＋”距平分布，我国降水为南北少中间多的分布型，长江流域多雨。

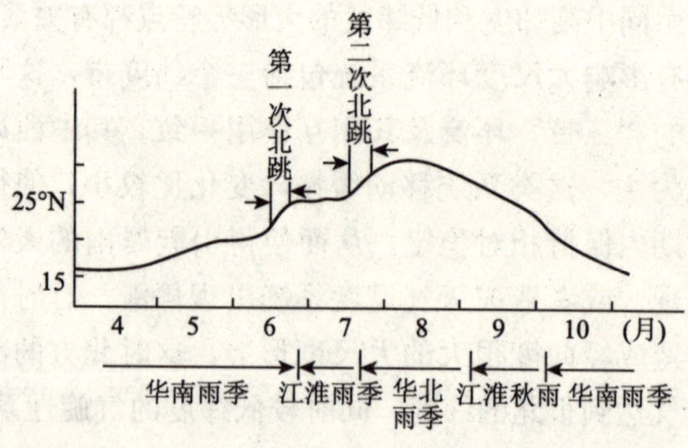

图 3.1　我国历年各月副热带高压脊线的平均位置和相应的东部雨带位置分布（陶诗言等，1980）

在暴雨的大形势分型中，副热带高压的位置常常是主要的根据。这是因为副热带高压的位置决定了从海上来的水汽通道。暴雨区的水汽常常是沿着副热带高压西侧的南风或副热带高压西南侧的东南风输送过来的。尤其当副热带高压西北侧或南侧低空有偏南风出现时，水汽的输送更强。对流层上部青藏高压的活动对暴雨影响也很显著，当它向东移动时，会与副热带高压打通，能阻挡台风或西南涡北上，造成台风或西南涡停滞或少动。

热带环流系统是暴雨的主要水汽来源。在大陆上一次大暴雨中不少是出现在热带系统或季风气流向北推进的时期。尤其是盛夏，华北的暴雨常常出现在热带辐合区和台风北上的时期。热带辐合区位置向北移动时，副热带高压也向北移。孟加拉湾风暴或低压同我国西南的地区的暴雨关系最密切，孟加拉湾低气压能将大量水汽输送到我国西南地区。在 3.3 节中将专门讨论这些问题。

暴雨的大形势分型所根据的标准，各人不一，大多数人以副热带高压的位置和强度作为一个重要的依据。上面讲过，副热带高压脊线的位置同暴雨区关系很密切，在暴雨环流型划分时必须首先考虑。另一方面西风带流型的划分是第二个依据。西风带环流型可分成纬向型和经向型两类。在本章的大形势分型中，也是根据上述两个依据。有时候在分型中还考虑了低纬流型的特征。

我国大暴雨的大形势可分为四类：第一类是稳定的经向型。在这种流型中，西风带以经向环流为主，长波系统移动缓慢或停滞少动。副热带高压也比较稳定，但位置偏北。在这种大形势下中低纬系统容易相互作用。稳定经向型的暴雨常常是最严重的，我国历史上一些有名的特大暴雨都发生在这种环流之下。第二类是稳定纬向型。这时西风带环流 35°～55°N 盛行纬向环流，短波槽活动较多，副热带高压也比较稳定，常呈带状。第三类是中低纬相互作用型暴雨，它有三个明显的特点：（1）中纬度长波有明显的增幅，并位于我国东部，经向度很大；（2）热带季风处于活跃期，赤道辐合带（ITCZ）向北推进，其中由台风或热带低压生成，并与中纬波动发生作用；（3）冷空气在增幅的长波之后大范围向南侵袭，在西南、华南、华东沿海与热带系统和季风气流强烈作用，产生持续性大暴雨。第四类是过渡型，主要特征是副热带高压位置不稳定。在暴雨过程中常出现副热带高压的明显进退。西风带环流是移动性的系统，降水时间比较短，在这类形势下暴雨的强度不如一、二、三类大。

图 3.2 是一、二、三类我国大暴雨的环流形势概略图。这是从许多大暴雨和特大暴雨或持续性暴雨个例研究中得到的（见表 2.1 中的个例）。经向型持续性大暴雨的环流型（图 3.2a）的主要特点是中高纬度系统发展的经向度

很大，暴雨区呈南北向伸展。在暴雨区周围为高空高压所包围，即贝加尔湖高压、日本海高压、青藏高压和华南高压，青藏高压和贝加尔湖高压位于同一经线上。这几个高压系统都很稳定。在日本海高压和青藏高压中间是一条南北向低压带，这种形势很有利于西南低涡北上，低涡常沿着南北向切变线北上。冷空气由乌拉尔大槽分裂东移的短波槽携带，沿青藏高压脊前流入低槽区。另一股冷空气在贝加尔湖脊前沿极地路径南下。低空偏东急流和偏南急流共同输送水汽。华南地区的副热带高压的存在有利于南海的水汽向北输送。同时在日本海高压同华南高压之间形成横切变线。这种持续性雨带主要是南北向的，从我国西南地区向北延伸到华北地区。

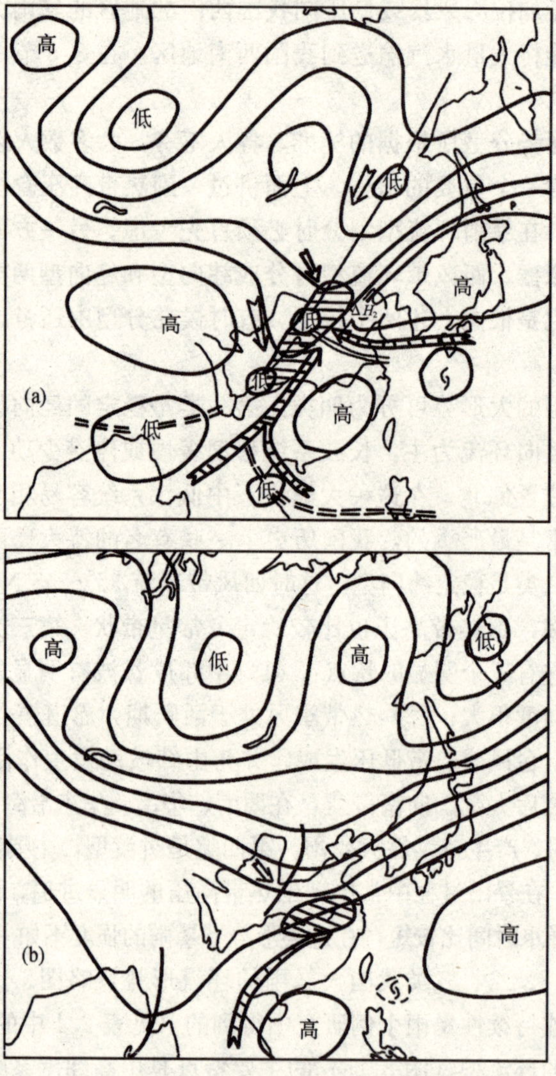

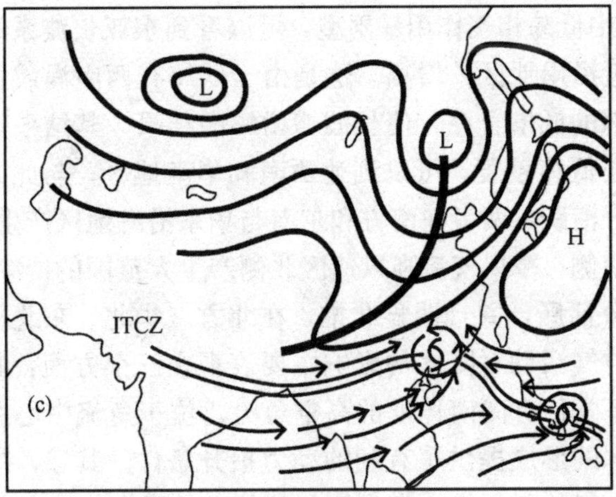

图 3.2 (a) 经向型持续性大暴雨环流型；(b) 纬向型持续性大暴雨环流型；(c) 中低纬相互作用暴雨型（陶诗言等，1980）

图 3.2b 是纬向环流下持续型暴雨的环流型。乌拉尔和雅库茨克附近各有一强高压脊或阻塞高压，在西伯利亚是一宽广的低压槽，形成两脊一槽的环流场，从此槽中分裂出冷空气进入北疆，以后向东南方输送，经河西走廊或柴达木盆地到长江流域，这时连续性暴雨的冷空气来源。西北槽是携带冷空气南下的主要天气系统，由于热带高压西伸，并且位置稳定，这类西北槽在东移过程中蜕变成东西向切变线，切边线稳定在长江流域。在一次连续暴雨期间，往往有几次西北低槽南下的过程。根据 1959—1973 年长江中下游 19 次连续暴雨统计，其中仅有 3 次是由一个西北低槽转成切变线后一直维持到暴雨结束，其余 16 次都是由 2～4 个西北低槽的相继东移不断补充维持的。每一次西北槽都使切变线上的降水增加。一个西北低槽的活动可造成 2～5 d 的降水过程。有人认为乌拉尔山阻塞高压并不是形成连续暴雨的必要条件，在湖北省一些连续性暴雨分析中，并没有乌拉尔阻塞高压存在（18 次中只有 13 次出现阻塞高压，1964 年 6 月下旬连续暴雨达 7 d，并没有阻塞高压出现）。一般来说，阻塞高压的作用在于使系统稳定，使冷空气比较稳定地从西北向东南输送。即使没有乌拉尔阻塞高压，只要具备冷空气不断由西北向东南输送的条件，也可以发生连续性暴雨，这是此型暴雨的第一个特征。第二个特征是副热带高压相对稳定，这时副热带高压西侧的西南气流表现出明显的北推和加强，不断地向暴雨区输送暖湿空气，如在孟加拉湾同时有热带低压，这可使暖湿空气输送加强。冷暖空气不断在江淮流域交绥形成持续性暴雨。第三个特征是在雅库茨克或鄂霍茨克海高纬区要有稳定的阻塞高压，使得东亚西风带分支，其南支位置偏南，可维持在江淮地区。

图 3.2c 是中低纬相互作用暴雨型，可以看到东亚长波系统迅速调整和在我国东部（接近沿岸地区）增幅。这是由于低纬有西南涡或台风北上与原位于贝加尔湖以南的低槽合并，使长波槽增幅的结果，其结果是导致了盛夏大范围强冷空气向低纬侵袭。可以到达西南和华南地区；与此同时，暖湿的西南季风气流十分活跃，两者在南方和东南与华东沿海地区产生强烈相互作用，结果在冷空气南侧，季风气流强风速区北侧产生大范围的持续性对流性暴雨。由于夏季风十分活跃，并且明显北推，在北方（华北、东北）也可产生强烈的暴雨。强冷空气活动对降水的影响主要表现在三个方面：其一，中高层冷空气的迅速南下常伴有向南伸展的高空急流，位于急流中心左前方的次级环流上升支为降水的形成提供了有利的动力抬升条件。其二，冷空气向南推进极大地增强了大气的斜压性，有利于斜压扰动的发展。冷空气迅速南下造成对流有效位能释放，从而形成大范围的对流活动。另外，中高层干冷空气的平流也是暴雨区位势不稳定得以重建并产生持续性强降水的重要原因。

2004 年 7 月盛夏期间我国西南和华南的一次持续大暴雨过程就是在一个福建登陆的台风影响下，东亚长波槽迅速增幅，从而导致强冷空气大范围爆发情况下产生的。这时亚洲夏季风正处于活跃阶段，所产生的暴雨区从西南—华南向东北方向延伸到东北东部地区，出现了大范围近一个月的强降水期，降水量大多超过 200 mm，其中有 5 次强降水过程。最大降水量在西南地区东部，超过了 450 mm。关于这个例子的详细分析参看第 7 章。

3.2 造成区域暴雨的主要环流型

我国暴雨的分布有明显的地区性。首先西北地区暴雨发生的频率和强度比东部季风区要少和弱得多。在东部地区，主要又集中在四个地区：4—6 月我国暴雨出现在南岭以南，这是华南前汛期暴雨区，6 月中旬—7 月中旬暴雨出现在江淮流域，这是江淮梅雨期，7 月中旬—8 月中下旬，暴雨主要出现在华北和东北地区，7 月中下旬都是这两个地区暴雨最频发的时期。但造成这两个地区暴雨的环流型有一定差别，所以这里仍分作两个区讨论。从我国东部区域暴雨区发生的时间看，它与东亚夏季风的季节北推有十分密切的关系。最近鲍名研究了我国局地持续性暴雨和区域持续型暴雨的大尺度环流型，对于后者得到了 4 种环流型：渤海辽西型，北方经向型，南方锋面型（包括江淮、江南、华南）和华南低压型（鲍名，2007）。

1. 华南前汛期暴雨环流型

华南前汛期是我国每年出现的第一个雨季，它是发生东亚大气环流发生季节性调整或冬到夏的过渡期之中。这时西太平洋副热带高压北移，脊线位于15°～20°N范围。夏季风开始不断增强，从4月底到5月中旬，其势力不断北推，并在5月第四候前后在南海和华南爆发。大量的热带暖湿空气源源不断地输送到华南地区，增强了华南前汛期降水，并使汛期达到盛期，华南大多数暴雨都是发生在南海季风爆发之后。这时，南支西风带（20°N纬度带）的环流形势也发生了明显变化，即从4月开始，在孟加拉湾地区（100°E附近）有一低槽新生，振幅不断增大，这反映了春季孟加拉湾地区南支槽的活跃，并向印缅槽的转变。它的加强对华南前汛期暴雨水汽输送和上升运动的产生具有重要意义。

另一方面，随着春季夏初的到来，冷空气活动逐渐减弱，但仍可保持相当的强度侵袭华南地区，大多表现为冷锋的南下。在上述冷暖空气相互作用下，在华南形成了前汛期季节型雨带，暴雨主要发生在这条雨带上。但应该指出，暴雨区往往不出现在锋区或锋后，特别是强暴雨，多位于锋前暖空气一侧，因而华南暖区暴雨成为华南暴雨最显著的特点（华南前汛期暴雨编写组，1986）。根据1977—1979年统计，暖区的降水可比锋后或锋上的降水大3～5倍。这种暴雨活动是与辐合线或切变线引起的强对流活动有关，暴雨强度大而集中，如有强季风气流存在，可造成多次暴雨雨峰，且伴有明显的雷暴活动，反映出明显的中尺度对流系统的活动特征。

鲍名（2007）中将华南前汛期的暴雨环流型分成三种，即两脊一槽型，两槽一脊型和多波型。张庆云等（1998）将产生暴雨的天气型式分成四类：锋面低槽型，锋际低空急流型，锋面低空急流型和低涡锋面型。这种分类的差别在于前者依赖于东亚大尺度环流系统，而后者主要依据东亚天气系统。我们把两者结合起来，重新给出了产生华南暴雨的两种主要环流型，仍然沿用鲍名（2007）采用的名称，即两脊一槽型和两槽一脊型（图3.3a，b）。另外根据南海季风试验的结果，另外补充了一个季风爆发型（图3.3c）。两脊一槽型的特征是乌拉尔山以东的西伯利亚西部和亚洲东岸的中高纬地区为高压脊，其间贝加尔湖地区为低槽。沿着乌拉尔山以东的高压脊前不断有冷空气自北冰洋南下，使贝加尔湖切断低压发生一次又一次的替换，在长波槽替换过程中，原来的长波槽蜕变为短波槽，引导冷空气南下。这时副热带高压西环的平均脊位于15°N以南。南支槽与副热带高压的稳定维持把大量的暖湿空气输送到华南地区上空，与北方频繁南下的冷空气相交绥，为华南地区的暴雨提供了有利的环流条件。在这个环流型中，孟加拉湾低槽十分明显，槽前急流可以向华南输送水汽，并在槽前产生大范围上升运动。这种环流型由于中低纬和环流的经向度发展明显，有强烈的冷暖空气相互作用，可以产生很强的暴雨，1977 年 5 月 27 日—6 月 1 日广东海丰和陆丰地区的 1461 mm 大暴雨（24 小时降水量为 884 mm）就是发生在这种环流形势下。在这种环流形势下，低空和地面有明显的冷锋和冷空气侵入华南，冷锋可以到华南沿岸。暴雨主要出现在低槽前与锋面附近。有时在锋前暖区中可出现低空急流，这将更有利于暴雨的发生。两槽一脊型特征是中亚地区为脊，乌拉尔山以东的西伯利亚西部和亚洲东岸为低槽。亚洲东海岸的低槽可南伸到 25°N 以南地区，槽后冷空气可从山东半岛沿海扩散南下，从东路侵入华南地区(图 3.3b)。副热带高压脊稳定在 15°～20°N 之间，我国华南沿海一带西南季风活跃，与低层冷空气可形成切变线，如果切变线上有低涡发展则可造成很强的暴雨，一般在冷锋前暖区中有低空急流发展。西南低空急流活动频繁。图 3.3c 是季风爆发型华南暴雨环流型。可以看到冷锋扩展到华南沿岸或南海北部，并逐渐变性为静止锋和切变线，有人也认为它是一种季风槽。西太平洋副热带高压明显东撤，从孟加拉湾到中印半岛和南海为大范围热带西南季风气流控制。在华南沿海和南海北部的准静止锋上可不断有中尺度对流系统产生，并带来强烈的对流性降水。

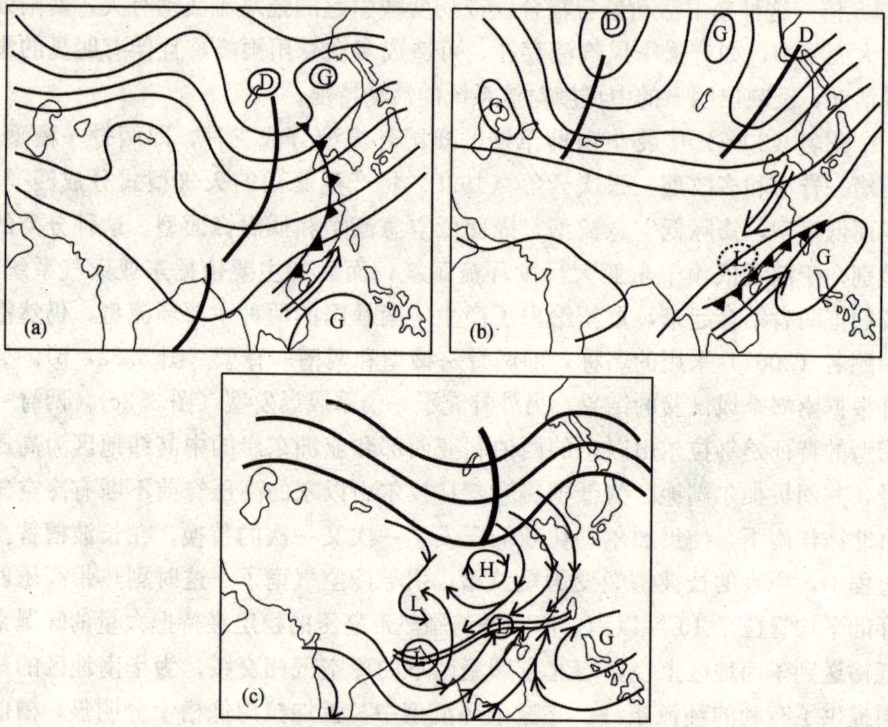

图 3.3　造成华南前汛期暴雨的主要环流型：(a) 两脊一槽型；(b) 两槽一脊型（根据鲍名（2007）与陶诗言等（1980）的工作重绘）

2. 江淮梅雨期环流型

每年6月中旬到7月上中旬（1971—2000年梅雨期平均时期为6月17日—7月8日）。我国长江中下游维持一条稳定持久的雨带，这段时期被称为梅雨季节。梅雨季是东亚初夏时重要的雨季，它不仅发生在我国的江淮流域，也发生在日本的中西部和朝鲜半岛南部。梅雨季节的主要天气系统是梅雨锋以及沿梅雨锋东移的低涡。要使梅雨锋持续稳定地位于江淮地区或者连续不断更替必须有一定的大尺度环流条件。图3.4东亚梅雨时期的环流—云区概念模式图，可以看到，西太平洋副热带高压、鄂霍茨克地区的阻塞高压和贝加尔湖地区的冷低压是重要的环流系统。另外，500 hPa上有南北两支强风速带（高空西风急流）分别沿青藏高原南北移到梅雨区。其中短波槽和南北短波槽连接形成的耦合槽是造成梅雨的重要高空系统。它们受东侧副高的阻挡，移速减慢，其南部（尾部）逐渐趋于纬向，形成准东西向的槽线和梅雨锋以及相应的云区。

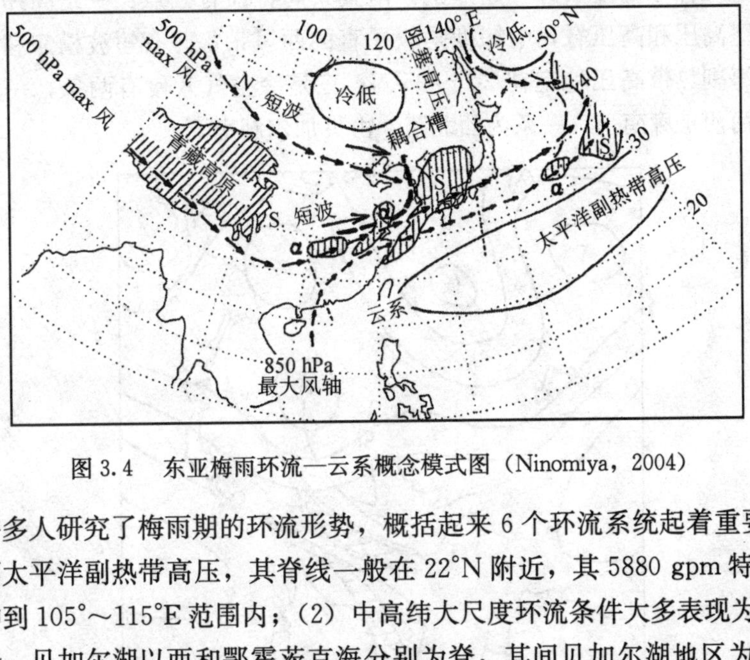

图3.4　东亚梅雨环流—云系概念模式图（Ninomiya，2004）

许多人研究了梅雨期的环流形势，概括起来6个环流系统起着重要作用：(1) 西太平洋副热带高压，其脊线一般在22°N附近，其5880 gpm特征线明显西伸到105°～115°E范围内；(2) 中高纬大尺度环流条件大多表现为两脊一槽形势。贝加尔湖以西和鄂霍茨克海分别为脊，其间贝加尔湖地区为冷涡和宽槽，冷空气不断分裂南下；(3) 东亚夏季风具有明显地北推和加强。来自印度和西太平洋的热带季风在南海地区汇合，然后转为经向风北上到江淮地区。这时孟加拉湾地区经常有一稳定低槽存在；(4) 在长江以南地区经常存在着明显的偏南低空急流；(5) 南亚高气压控制着我国东部大陆地区，在梅雨区维持着强而稳定地疏散气流；(6) 西南涡常在高原东侧形成，可造成长江上游暴雨，如在高空槽或高空急流引导下，可沿江淮切变线和梅雨锋东移，常造成江淮全流域大暴雨。

图 3.5 是梅雨期环流型（陶诗言等，1980）。在 50°～70°N 雅库茨克—鄂霍茨克海地区是一强大的阻塞高压。在乌拉尔山地区也是一阻塞高压和高压脊，其间是一宽广的低压槽。中纬度西风带环流较平直。副热带高压脊线稳定在 22°～23°N，有时可到 25°N 附近。在贝加尔湖西侧的大低压槽里不断有冷空气南下，一支冷空气由这个槽底经我国河西走廊南下，另一支从贝加尔湖分裂南下，暖湿空气来自孟加拉湾和南海地区，两者交绥于江淮流域，形成持续性梅雨天气。梅雨也可发生在其他环流型下，其差别主要在高纬阻塞高压的配置。如贝加尔湖西北方常有稳定的阻塞高压和高压脊，我国东北低压槽底部可西伸到江淮地区，冷空气从贝加尔湖沿东北低压后部南下，此时副热带高压脊可在 25°N。另外还有一种情形，在乌拉尔山以西，贝加尔湖以西，鄂霍茨克海分别有闭合高压存在，冷空气从河西和贝加尔湖侵入长江流域。上述几种环流型虽有一定差别，但其共同特征有三点：一是高纬都为稳定的阻塞高压和高压脊，中纬度是较平直的西风带，并有短波槽东移；二是我国沿海副热带高压稳定在 20°～25°N；三是冷空气入侵有两条，一条是西路，经河西走廊南下，一条为西北路，由贝加尔湖南下。

图 3.5　梅雨期环流型（陶诗言等，1980）

江淮气旋的环流形势与梅雨形势（图 3.6）有相似之处，高纬也是两脊一槽的形势。中纬度是平直西风气流，由短波槽向东南移，可以引导北方冷空气南下。当槽移至江淮地区，如果槽前有明显暖平流，则在槽前产生减压，形成江淮气旋。另外当有小槽从青藏高原西侧东移过来，移到高压东侧，由北方冷空气并入，槽易发展加深，在槽前有气旋形成。

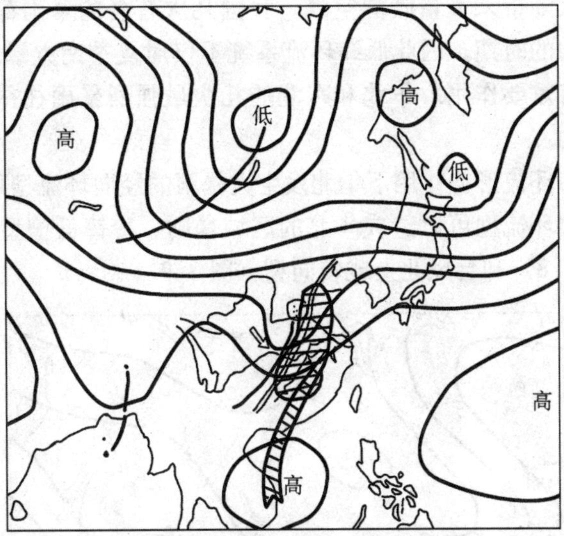

图 3.6　江淮气旋型（陶诗言等，1980）

江淮切变线型的环流形势特征是（图略）上游乌拉尔山地区是一个稳定的阻塞高压或长波脊，下游是宽槽，槽底是平直环流。西风气流中一个个小槽往东移动。副热带高压西伸北抬，轴线呈东西向，较稳定，西侧有强暖湿的西南气流。东移的小槽受副热带高压阻挡逐渐转变成东西向切变线（冷切变线）。地面有明显的冷锋过程。依副热带高压脊线位置，切变线和冷暖空气交绥区位于江淮地区和黄淮地区。如果形势稳定，这种过程可以重复几次，造成较长时期的暴雨。

3. 华北暴雨环流型

影响华北地区暴雨的环流系统主要有三种：(1) 中高纬度环流系统。主要形成两槽一脊环流型，即贝加尔湖高压脊或阻塞高压和西西伯利亚—巴尔喀什湖低槽与太平洋中部槽。这种环流形势下不断有冷空气从巴尔喀什湖的短波槽形成东移，影响华北或在华北南下。如果受到东侧日本海域黄渤海高压或副热带高压的阻挡，低槽冷锋常减速或停滞，暴雨会明显加强。(2) 副热带高压和青藏高压，副热带高压北跳后，如能稳定在日本海—黄渤海地区，形成东高西低形势，有利于华北暴雨的形成。如华北或东北有移动性高压脊东移，与副热热带高压反气旋打通，形成东南—西北走向的负倾斜或倒“V”形高压脊时，华北发生较持续大范围大暴雨的可能性很大。(3) 热带环流系统。不少大暴雨是发生在中、低纬度天气系统出现相互作用的时期。这时中纬度的流型从纬向环流转变成经向环流，我国大陆上出现高空槽加深、冷空气南下，同时在低纬度地区热带辐合区北上或者有其他热带系统北上。热带系统的北上给大陆带来大量暖湿空气。我国几次有名的暴雨都发生在中低纬度系统出现碰头的时期。因此低纬环流系统不仅对夏季南方暴雨起重要作用，对北方暴雨也有重要作用。华北和东北的几次最强烈暴雨往往都是由北上的热带系统造成的。

关于中低纬环流形势作用下华北发生大暴雨的经向环流型可参看图 3.2a。此外，还有三种环流型可以造成华北的区域暴雨：冷锋低槽型（图 3.7），暖切变线型（图 3.8）和台风北上或转向型（图 3.9）。

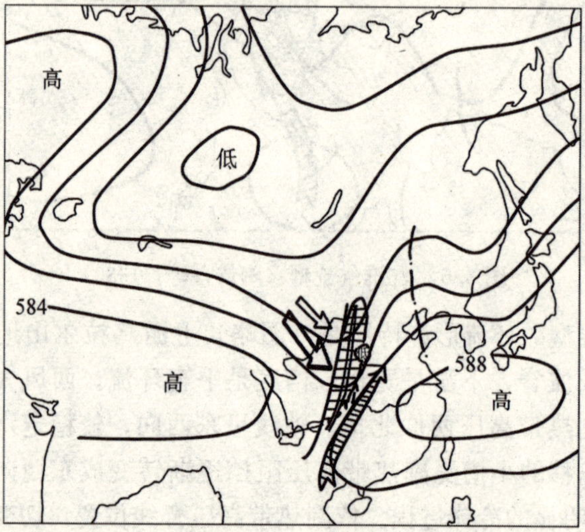

图 3.7　低槽冷锋型（陶诗言等，1980）

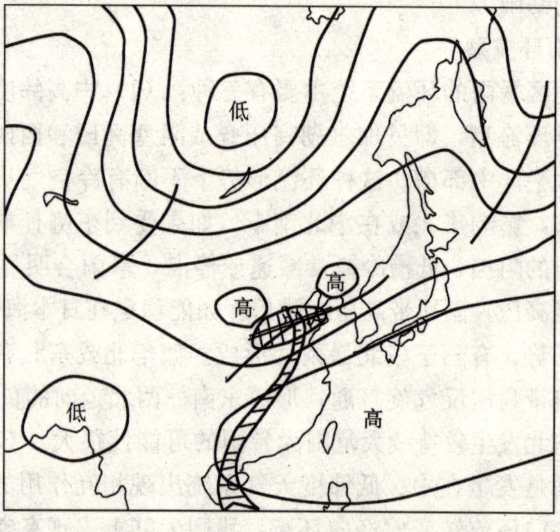

图 3.8　暖切变线型（陶诗言等，1980）

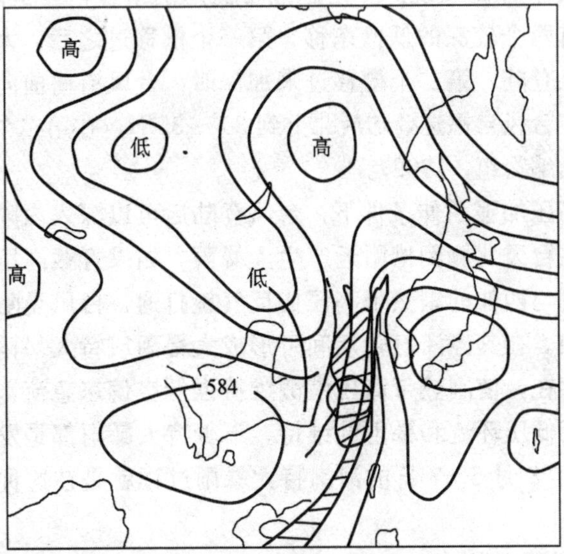

图 3.9 台风北上或转向型（陶诗言，1980）

冷锋低槽型的特征是，在前苏联欧洲部分为稳定的阻塞高压或长波脊，乌拉尔山以东到贝加尔湖是低压槽区。造成降水的天气系统是自乌拉尔山东侧大槽中分出的短波槽，并在东移中加深。可造成西北地区的降水。当高空槽移至 100°～105°E 时，华北地区为小高压脊控制，降水不易向东扩展。冷锋低槽能否影响华北决定于小高压脊是否能迅速东撤。如小高压脊维持，则低槽减弱北缩，如小高压脊迅速东撤，则会造成华北一次过程。如果低槽有西北涡或西南涡配合，暴雨加强。

暖切变线型暴雨环流的特征是：高纬地区为两脊一槽型。西风带主要在 50°N 以北。中纬度冷槽活动弱，在华北和东北地区有槽后小高压。副热带高压脊线稳定在 25°N 附近。在华北高压和副热带高压之间形成横切变线，以后副热带高压连续北抬，因而这种暖切变线是发生在副热带高压北上的形势下。黄河流域和河北地区的暴雨常出现在这种形势下。另外一种切变线与冷涡有关，这种形势的主要特征是东高西低。东高西低形势的建立在于我国东北地区到朝鲜半岛高压脊的稳定。位于华北或内蒙古的冷涡分别叫华北冷涡或东蒙冷涡，暴雨主要出现在冷暖切变线和低涡组成的“三合点”附近。

台风北上或转向型暴雨的环流特征有不同的类型，一般情况下是雅库茨克为阻塞高压，并且和位于日本上空的副热带高压环流叠加，形成稳定的经向高压带。在 115°E 附近是一深槽，台风沿高空槽前北上。冷空气从槽后侵入台风环流西部。高原上空是反气旋，这是苏鲁沿海大暴雨的环流型。在预报中应着眼于两个环流系统：一是副热带高压的演变，一是西风槽的东移。一般西风带可有两个较深的低槽东移，第一个槽移过之后，太平洋副热带高压脊西伸使台风登陆，第二个槽移过来加深时，台风沿槽前向北移动同时副热带高压东撤。台风自福建登陆后北上到30°～35°N，在第二个西风槽前转向出海（华北暴雨编写组，1992）。

在副热带高压加强西伸条件下，台风登陆后可以深入内陆。此时如与西风槽碰头，则在台风北侧倒槽附近产生大暴雨。如果青藏高压或河西高压东移，在台风北侧与西伸的副热带高压成反气旋打通，台风受阻于高压带之南不能北上或转向。在其停滞打转期间可形成大暴雨或特大暴雨。由于海上另有台风或低压存在，使副热带高压南侧维持强低空偏东急流，从海上输送大量水汽，有利于低压环流和暴雨的维持。不少特大暴雨都是发生在这种环流型之下，1975 年 8 月 5—7 日的河南特大暴雨过程就是在这种环流形势下发生的。

4. 东北暴雨环流型

东北地区虽然地处中高纬度，主要受西风带环流影响，但对于东北地区的夏季暴雨，中低纬环流系统相互作用的观点也是十分重要的，尤其是对大范围大暴雨和特大暴雨几乎没有不受低纬环流系统直接或间接影响的。不少研究都指出了这一点（郑秀雅等，1992），并且把这种相互作用简称为“三带”（西风带、副热带和热带）环流系统相互作用。在这个过程中，西南季风和东南季风以及北上的台风起着重要作用，它们可以向东北地区输送大量的暖湿空气。与华北暴雨的情况类似，副热带高压的西伸北跳（脊线在28°N以北，副高中心在28°～30°N，125°～150°E），并与从北路或西路移来的西风带大陆高压合并形成“混体高压”或倒“V”形脊（即负倾斜脊）有利于东北大暴雨的形成。对西风带环流系统，东北地区正位于110°E附近的夏季平均长波槽槽前，而在其北侧或东北侧的东亚沿岸（从雅库茨克到鄂霍茨克海）为阻塞高压控制，其西南侧盛行东风和东北风，也可向东北输送充沛的水汽和凉爽的气流。在鄂霍茨克海西南方，当有冷槽东移加深发展受阻时，常常形成切断低涡，也有的是从贝加尔湖和蒙古地区移入东北地区的低涡（统称为东北冷涡）。这种情况下，东北地区可形成持久的局地暴雨或强对流性天气。图 3.10 是东北冷涡型或东北低压型暴雨环流形势图。在鄂霍茨克海—雅库茨克是稳定的阻塞高压，它对东北低压或冷涡的形成是一个关键系统，它的稳定又受下游低槽加深的影响。当此阻塞高压以西在贝加尔湖地区有冷槽东移进入东北地区时，可受阻加深或切断形成东北低压或低涡。由于鄂霍茨克海阻塞高压稳定，冷低压停滞少动，暴雨持续时间长，如果鄂霍茨克海是一大低压，且很稳定，东北低压不会发展，而东移并入其中。在日本东南部海上的副热带高压中心与北面阻塞高压同相叠加，对阻挡东北低压东移也起明显作用。另外，当西西伯利亚有阻塞形势时，在贝加尔湖地区常能切断出冷涡，这种冷涡以后经蒙古进入我国东北，受东面暖脊阻挡也能形成东北冷涡。东北低压或冷涡给东北地区、华北北部造成暴雨或雷阵雨。如果低涡偏西，中心在内蒙古东部或华北北部时，主要暴雨区也移到华北。

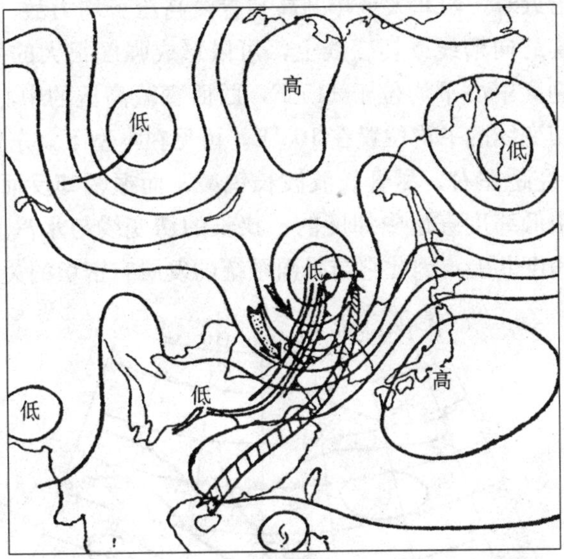

图 3.10　东北低压或冷涡型（陶诗言等，1980）

另外关于北上台风或低涡（如西南涡或变性台风低压涡旋）在东北引起大暴雨的环流形势基本上类似于图 3.9 的环流形势，这里就不再给出环流型图。

5. 西北暴雨环流型

西北地区的暴雨形成条件在西部和东部并不完全一样。西部地区（如新疆地区）主要取决西风带环流系统，如低槽冷锋（中亚低槽）和低涡环流系统，而东部（陕甘地区）与西太平洋高压有明显的关系。研究表明，副热带高压的西伸北移是东高西低型暴雨形成的有利条件。由于下游的阻挡作用，西风槽前的西南风与副热带高压前的偏南风相汇合，造成冷暖空气的持续交绥作用，可以形成明显的强暴雨。图 3.11 是这种西北东部最常见的一种暴雨环流形势。其主要环流特点是“东高西低”，即 500 hPa 西北太平洋副热带高压西伸到我国大陆。5880 gpm 等高线到达 110°E 附近，副高脊线位于 25°～30°N，青藏高原为长波槽控制，西北地区东部处于副热带湿区云带影响下。与这条云带对应，有一支较强的西南气流，从高原东部吹向西北地区东部，它与 700 hPa 偏南气流重叠的地区常产生暴雨。这种形势下，新疆北部、河西走廊等地是西风带冷槽影响区，常引导冷空气东移，到高原东北侧与南来暖湿空气相遇，形成大范围雨带。暴雨位于大范围雨带中。青藏高压（或南亚高压）的活动也是影响西北地区暴雨的一个重要环流系统。它的东西振荡是影响暴雨的一种环流背景。西北地区的暴雨也可发生在副热带高压西移与青藏高压对峙情况下。在 7 月底到 8 月初，副热带高压极盛期，副高脊线达到 30°～35°N 附近时，西北太平洋副高与青藏高压势均力敌，形成对峙状态。在两高之间的南北向槽线或切变线上，可以形成强度很大的暴雨。在这类环流型下，东面副高中心平均位于 115°E，西面青藏高压的中心平均位于 90°E 附近，低槽和切变线的平均位置在 103°E。可见在本型下，东亚副热带长波的波长仅为 30 个经距左右。尽管长波波长锐减，而振幅却反而有明显的增加。因而形成一个由低纬度直达中纬度的、狭长的切变线与水汽通道，所以热带系统可以从低纬度北上，因此它与暴雨系统的发展有密切的关系。

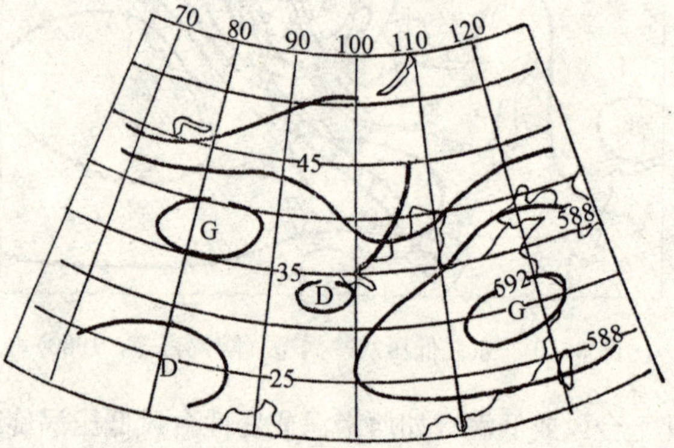

图 3.11　副高北侧的西南气流型暴雨示意图（陶诗言等，1980）

3.3　亚洲夏季风对我国暴雨形成的影响

影响我国暴雨的亚洲夏季风主要有三个来源：一是来自印度洋的南亚西南季风，它经过索马里地区、阿拉伯海、印度半岛、中印半岛，经南海北上到达我国，也可以从孟加拉湾北部经从我国西南地区进入我国；二是来自南半球澳大利亚的冷空气经 90°～120°E 到达中印半岛—南海地区，此后进入我国（主要是华南），影响我国的暴雨；三是来自西太平洋的东南季风，它可以与前两支气流或其中一支气流在南海汇合，转向北上影响我国，也可以直接随副热带高压或热带系统（如台风或 ITCZ）的北上影响我国，这多发生在 7—8 月我国北方地区。因而分析上述三支气流演变及其强度变化对于了解和预测我国暴雨的发生具有十分重要的意义。

根据国内外关于亚洲季风对我国降水和暴雨的影响研究，可以把亚洲或东亚夏季风的作用概括成5个方面：(1) 夏季风的季节进退基本上决定了暴雨发生的季节分布（地区和时期）；(2) 季风强度的变化与脉动决定了某一时段降水与暴雨区的位置与旱涝事件的发生；(3) 夏季风是直接或间接输送水汽的系统，可源源不断为暴雨区提供水汽来源；(4) 夏季风的低频振荡（例如季节内振荡）和季风气流中的扰动（如热带气旋、热带低压、热带波、ITCZ等）多是强对流天气系统，能产生较强的上升运动，尤其当这类系统发展或注入新的能量时（如冷空气侵入增加斜压性），上升运动明显加强；(5) 暖湿的夏季风气流从低层北上时所造成的暖湿平流，使气层位势不稳定和湿层增加，有利于暴雨区对流活动的爆发和持续，使雨量和雨强明显加大。以下对于上述5个方面做简略的说明。

在东亚和我国，雨季一般随着南海（SCS）夏季风的爆发而到来并达到盛期，随其撤退而结束，这就是为什么近年来南海夏季风研究已经成为亚洲夏季风和气候变化领域的焦点问题的原因。东亚主要雨带随着夏季风的发展和北推阶段性地从低纬度向中、高纬度移动，随后夏季风迅速南撤，从而导致东亚及我国主要雨季的结束。在这一过程中，季风到达的早晚，其向北传播速度的快慢以及强度的变化均对季节雨带的时空分布和旱涝的出现产生直接影响。

当夏季风北进时，其前沿和季风雨带相应的从低纬移至高纬，在此过程中季风雨带和季风前沿一样也经历了三个静止阶段和两次突然北跳。最显著的特征是18°N和25°N之间的季风爆发，其标志为5月上旬开始的降水陡增，这就是所谓的华南、香港和台湾的前汛期降水。这种特有的现象有许多研究者都做过研究。过去在20世纪80年代以前，曾强调跨赤道气流对华南暴雨的重要作用（鲍名，2007），认为华南前汛期暴雨的盛期是从南海越赤道气流在华南沿海建立时开始的。但最近十几年，由于澳大利亚—南海地区出现了跨赤道气流的年代际减弱，其对华南暴雨的作用可能也有所减弱。主雨带的第一个静止期一般持续到6月上旬，其后迅速移至长江流域。第二个静止阶段使江淮梅雨开始，其时间跨度平均近一个月（6月中旬—7月10日）。梅雨区的风场和热力场通常以一个低压槽（所谓的东亚夏季季风槽）、一个弱的地面静止锋、显著水平切变和持续暴雨频繁发生为特征。日本梅雨（Baiu）和朝鲜（Changma）的发生也与此类似，但在地点、时间和持续期上具有一定的区域性差异。

雨带从7月中旬开始迅速移至华北，8月进一步移至夏季风的最北端位置东北地区。雨带的静止阶段使雨季在华北和东北持续停留约一个月。8月初到

8月中旬华北雨季结束，季风主要雨带消失。8月底到9月初雨带又移回华南，此时我国东部大部分地区处于干期。在7月上旬后我国的雨季有一个中断期，以后雨季逐渐恢复。注意从7月中旬开始，第二个雨季控制了华南，和华南前汛期雨季相隔大约20天或一个月，这个雨季主要由台风、ITCZ和季风气流中其他热带扰动引起，一般称华南后汛期。10月初前后，华东雨季开始结束并迅速转变为冬季风盛行时的干季。

夏季风的强度变化和短期脉动对于我国降水和暴雨有重要影响。根据1961—1998年夏季风强度和爆发早晚与我国东部旱涝关系的统计结果（表3.1），华北8次涝年中，7次是发生在东亚夏季偏强与正常条件下。在14次干旱年中，有13年发生在弱和正常季风年。对于江淮流域，15次涝年无例外地发生在弱（10年）和正常年（5年），对11个干旱年无例外地对应于强（6年）和正常（5年）夏季风年。在上述统计中，共有10个强季风年，在华北和黄河中下游共出现了9年涝年和正常年，而江淮流域则完全对应于旱年（6年）和正常年（4年）。

表3.1　东亚夏季风强度和我国旱涝的统计关系

（根据1961—1998年资料，何春和丁一汇，2004）

地区	降水分类	研究个例数	东亚季风强度		
			强	正常	弱
华北和黄河中下游	涝	8	3	4	1
	正常	16	6	7	3
	旱	14	1	7	6
江淮流域	涝	15	0	5	10
	正常	12	4	8	0
	旱	11	6	5	0

另一方面，在10个弱季风年，华北和黄河中下游有9年是旱年（6年）和正常年（3）年，而江淮流域完全对应于涝年。由上可见，弱夏季风年华北和黄河中下游易出现干旱，而江淮流域易出现涝，强季风年则反之。因而夏季风的强度与我国东部地区的旱涝分布有密切的关系。国家气候中心的研究也指出，当南海季风爆发日期偏晚、南亚夏季风和东亚夏季风同时偏弱时，夏季东亚地区500 hPa位势高度场上从高纬到低纬都表现为“＋ － ＋”的环流型，意味着西太平洋副高位置偏南。1979—1998年资料的统计表明，南海季风爆发日期偏晚时，对应夏季（6—8月）副高正常偏南的概率为0.89，南亚季风偏弱时，对应盛夏（7—8月）副高正常偏北的概率为0.73。

夏季风的短期脉动与我国暴雨有很直接的关系，大多数暴雨个例分析表明，当夏季风（南风或西南风）加强时，常常对应暴雨的峰值出现。1991年的 3 场大暴雨就对应长江以南 3 次西南季风的加强时期，暴雨的间歇期常常对应于季风脉动的衰退或减弱期。图 3.12 是华南前汛期暴雨与偏南季风强度之间的关系。可以看到，夏季风在华南沿海建立以后，当有强的偏南季风出现时（风速≥12 m/s），这个地区就伴有一次大雨到暴雨过程。特别是 6 月 10 日以来，这段时间共出现 4 次风速≥12 m/s，每日暴雨中心的日最大雨量都接近或超过 150 mm。可见，来自东南亚和南海的季风与华南前汛期暴雨的关系十分密切，它是前汛期暴雨的一个重要的环流系统。

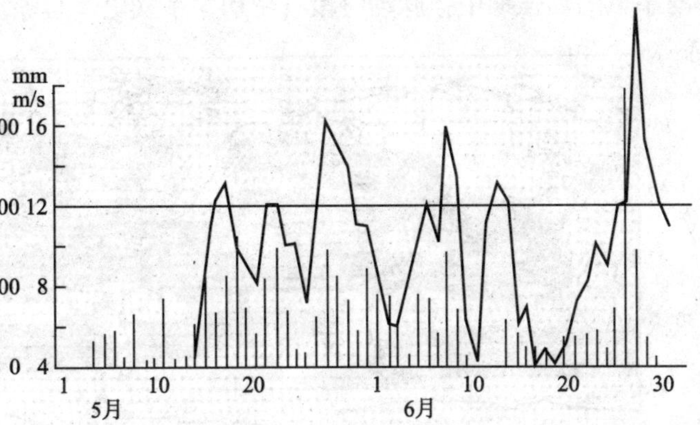

图 3.12　1978 年 5 月中旬到 6 月底东方站 1000 m 以下最大风速和珠江口以西沿海逐日最大雨量，曲线为风速（m/s），直线为雨量（mm）（黄士松，1986）

亚洲夏季风是我国暴雨的主要水汽来源，尤其是持续性大暴雨，季风的水汽输送起着关键的作用。例如 1991 年长江流域和 2003 年淮河流域持续性特大暴雨都是发生在西南和东南季风异常活跃的时期，来自印度洋和西北太平洋的水汽源源不断地输送到江淮流域的暴雨区。除了暴雨个例外，从气候平均也清楚地说明了夏季风水汽输送的重要性。图 3.13 是多年平均的亚洲—太平洋季风区夏季水汽输送图，以及季风水汽输送与其他副热带和西风带水汽输送的比较。夏季风爆发之后（5 月初—5 月中旬），建立了从印度洋经索马里地区—阿拉伯海—印度半岛—孟加拉湾—中印半岛—南海—东亚（包括我国）的水汽通道（图 3.13a）。另外，西太平洋的东南季风水汽通道也随着建立起来，它们在我国东部地区汇合共同影响我国的降水和暴雨。季风的水汽输送远大于西风带的水汽输送和副热带（主要是南支槽）的水汽输送（图 3.13b）。应该指出，我国大陆地区虽然西南季风的水汽输送是主要的，但在 7、8 月份东南季风的直接水汽输送也十分重要，尤其是在移向大陆的台风或 ITCZ 与副热带高压相互作用的情况下，由其南侧或西侧形成的东南气流不但宽广、深厚（厚度可达 700 hPa 以上），而且风速可达低空急流的强度（此处定义为>16 m/s，见华北暴雨组，1992)，它也是由低纬向中高纬输送水汽的一条重要通道，这对华北和东北的暴雨尤为重要。

季风的季节内低频振荡（ISO）也是季风影响我国东部暴雨发生的方面之一。它使暴雨主要发生在 ISO（10～25 d 或 30～60 d 振荡）活跃和湿位相阶段。这在我国的多次持续性大暴雨中都可以观测到 ISO 对暴雨发生时段的调制作用（如 1991 年 3 次暴雨期，1998 年 3 次暴雨期等，参看第 7 章）。1994 年 6—7 月华南大范围的强暴雨有两次暴雨期，它们与 30～60 d 振荡传播到暴雨区有关，与季风的加强期中强脉动时段有密切关系（史学丽等，2000）。

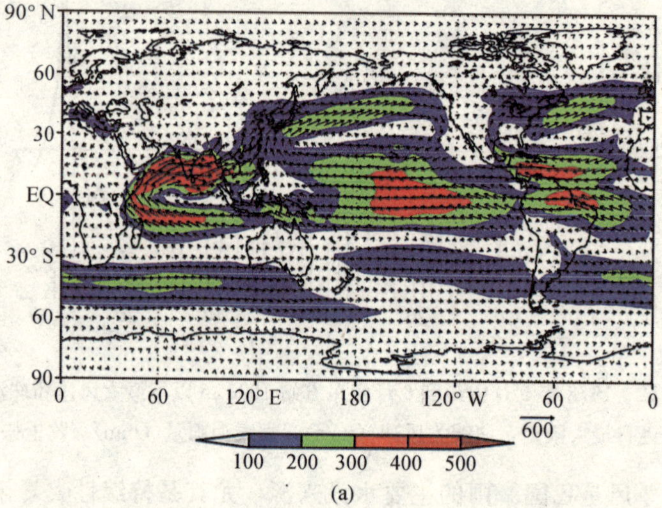

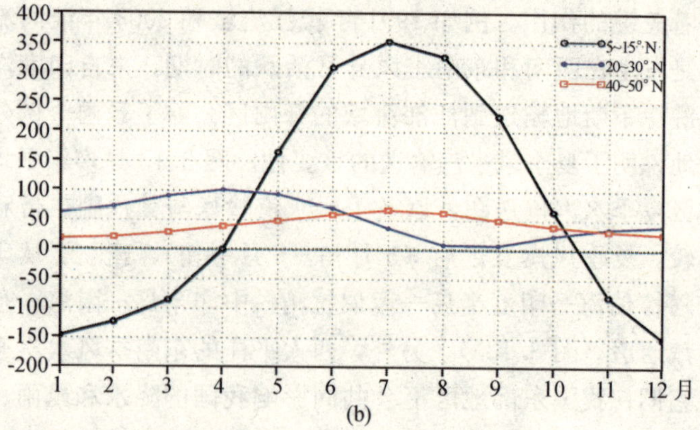

图 3.13 (a) 亚洲季风区夏季（6—8 月）气候平均（1951—2005 年）的水汽输送（水汽通量$\frac{1}{8}$ vq 从地面到 300 hPa 的积分）分布图。单位：kg/（m·s）。阴影区代表强水汽通量区（>100 个单位）；(b) 沿着 90°E 不同纬度带纬向水汽通量的年变化（周晓霞、丁一汇、王盘兴，2007）

3.4 中纬度环流系统对我国暴雨的影响

中纬度环流系统对暴雨的形成有三个方面的作用：(1) 中高纬地区形成一定的有利环流形势，使中纬西风扰动或风暴活动具有优势的路径和活动区。因而中纬度环流型的特征分布在很大程度上决定了暴雨区的发生地区；(2) 中纬度环流是冷空气的主要源区，在适当环流形势下，可导致冷空气不断地向南或向东爆发，与其相伴随的低槽冷锋是形成暴雨的主要天气系统之一；当它与暖空气相遇时，可形成强烈的辐合和暖湿空气抬升，它们是形成暴雨的主要天气系统之一；因而中纬度环流系统是形成暴雨区上升运动，触发暴雨发生并得以维持的主要机制之一；(3) 由中纬度高空环流系统所产生的高空（500 hPa 以上）冷干空气平流或来自平流层的高位涡空气，当南下到低层的暖湿空气层之上时，可形成强位势不稳定层结以及气柱的伸长与辐合，从而有利于强对流的爆发，这是不少我国突发性暴雨形成的一个条件。以下首先讨论有利于我国暴雨尤其江淮地区暴雨发生的欧亚中纬环流系统，其次进一步阐述与中纬环流系统有密切关系的高空冷空气和中低冷空气对暴雨的作用。

欧亚中高环流系统经常形成 3 种环流型：两脊一槽型（双阻型），两槽一脊型（单阻型）和平直（纬向）环流型。前两种环流型与我国暴雨的发生有密切关系，平直环流型一般不会形成大范围暴雨。在前两种经向环流型中，阻塞高压的发展是一个关键。对于两脊一槽型在乌拉尔山和鄂霍茨克海地区为阻塞高压区，其间在贝加尔湖地区是低槽区，形成了“＋ － ＋”的纬向高度场分布，在这种环流分布中，鄂霍茨克海阻高的发展尤其关键。在这种条件下，可导致中纬西风带分支，经向度加大，西风扰动和锋区南压，从而形成从高纬到低纬副高偏西偏南的“＋ － ＋”经向高度距平环流型。这是江淮地区暴雨（包括梅雨）发生的主要环流型。因而纬向和经向都呈“＋ － ＋”高度距平分布是这个环流型的主要特征。其中阻塞形势的建立又是一个关键，它是导致中纬度西风带分支，南支锋区南压，西太平洋副高位置偏南的一个前提条件。这种形势有利于我国主要雨带和暴雨区位置偏南，位于江淮地区或华南。前面已经指出，华南前汛期暴雨也常常是发生两脊一槽的环流形势下，不同之处，华南前汛期暴雨同时还受到青藏高原以南南支槽系统的影响。

两槽一脊环流型与两脊一槽环流型正好相反，鄂霍茨克海地区和乌拉尔山地区为低压槽，贝加尔湖地区为阻塞高压时，形成从乌拉尔山到鄂霍茨克海地区“－ ＋ －”的纬向高度距平分布。与此相应，由于鄂霍茨克地区无阻塞形势发展，副热带高压偏北，从高纬到低纬常形成“－ ＋ －”的经向高度距平型。环流的经向度减小。这种情况下，西风带环流的冷空气可从两路影响江淮流域和华北北部—东北南部的暴雨区。对于西路，乌拉尔山低槽中的冷空气可从新疆沿河西走廊侵入华北和江淮地区，而东路冷空气在鄂霍茨克海—东亚沿岸低槽后部以超极地路径从北方沿山东半岛扩散南下侵入长江流域和华南。

国内外的研究都强调了高层干冷空气的侵入对强对流系统的爆发和暴雨形成的重要性（斯公望，1990）。干冷空气来源于中高纬度的中高层，当亚洲北部有阻塞高压发展，维持和崩溃时，或者阻塞高压南侧的低涡加强向东、向南移动时，其南侧的干冷空气可向南、向下到达华北和江淮流域地区，通过与北上和暖湿气流交汇和增强气层的位势不稳定，使得暴雨发展，尤其是干冷空气的下沉在暖湿气流上方形成干层，可造成很强的位势不稳定。一旦干层被抬升或破坏，则可产生突发性强对流和暴雨。导致干冷空气在中高层南侵的直接环流系统是高空冷涡和高空低槽，因位置不同它们可以是东北冷涡、华北冷涡和西北冷涡，这些冷涡都可导致槽后冷干空气南下，这种“上冷下暖”和“上干下湿”层结为强对流和暴雨的发生提供了热力条件，同时冷涡槽前的强上升运动提供了动力条件。因而冷涡的环流形势是预报强对流天气和相应的突发性暴雨的主要环流背景条件之一。另一方面，强斜压的高空低槽也是导致干冷空气南下影响华北对流性暴雨的主要系统之一，槽后高层不断有干冷空气叠加在低层暖湿空气层之下。同时槽前正涡度平流所产生的强上升运动也为暴雨提供了非常有利的热力和动力条件。

在不少大暴雨的个例分析中，都可发现弱冷空气从中低层侵入暴雨区，并且是多沿东北—西南路径在偏东风引导下影响暴雨区。低层弱冷空气对暴雨的作用不可低估。它的作用表现为几个方面：（1）浅薄的冷空气堆可以形成冷垫，强迫抬升暖湿气流；（2）当冷空气从低层向南扩散时，可形成与北上的西南气流或变性冷空气回流之间的低层切变线或增强低层的斜压锋区，在湿不稳定大气中使对流爆发形成中尺度对流系统；（3）低层弱的干冷空气与南来的潮湿空气可形成“干线”或露点锋，它是对流发展和暴雨形成的一种触发机制。这种情况不但在美国的西南部和南部常可观测到，在我国的长江流域也经常可见到。

3.5　高低空急流与我国暴雨的关系

高空急流是对流层上部（200～100 hPa 层）集中的强风速带，在中高纬度为西风急流，低纬为热带东风急流。过去的许多研究表明，高空急流与降水之间有密切的关系。但并不是说，高空急流的出现和来临，一定对应着某地区暴雨的发生。观测表明，高空急流并不是一种围绕地球的均匀气流，一般它的很强的风速集中在一些急流风速最大中心或急流带中，急流带之间风速较弱。这些急流带沿急流轴一个个向下游传播，由于急流带前进速度比风速要小得多，因而当空气穿过急流带时，在上风方速度就会增大（急流入口区），在下风方速度会减小（急流出口区）。图 3.14a 是 200 hPa 西风急流中心的等风速线和风向量分布示意图，它大致可代表东亚和西太平洋冬季西风急流的一般情况。

不计黏性项，$\mathrm{d}u/\mathrm{d}t$ 的运动方程为：

$$\frac{\mathrm{d}u}{\mathrm{d}t} = f(v - v_g) = fv_{ag} \tag{3.1}$$

式中 v_g 是地转风的经向分量。在线 AA' 以左，$\mathrm{d}u/\mathrm{d}t$ 明显为正，即在急流入口区，当空气质点向中心移动时不断加速，因而有 $(v-v_g)>0$ 或 $v_{ag}>0$ 这表明所有在入口区运动的气块会得到向左偏（看向下游）的非地转风分量。结果在急流北侧产生高空辐合，急流南侧产生高空辐散，进而北侧出现下沉气流，南侧出现上升气流。相应，低层大气会随之发生质量调整，产生与高层相反的辐散辐合区和北风，从而形成正交于急流轴的次级垂直环流，也即在急流入口区存在一直接的力管环流（图 3.14b）。在线 AA' 和 BB' 之间，风向量的方向与等风速线方向一致，$\mathrm{d}u/\mathrm{d}t$ 近于零，$(v-v_g)$ 或 v_{ag} 近于等于零，即气块的运动不再发生偏转。在 BB' 线之右，$\mathrm{d}u/\mathrm{d}t$ 为负值，即空气块向下游运动时是不断减弱的，则有 $(v-v_g)<0$ 或 $v_{ag}<0$，即空气块的运动向右偏转，这导致在急流的出口区产生一间接环流（图 3.14c）。根据东亚和西太平洋实际资料计算出的入口区和出口区的垂直环流，基本上也是这种情况（斯公望，1990）。由于在实际情况下温度场和风场配置可有多种情况，相应的急流入口区与出口区的次级环流圈会有一定变化（Martin，2006；Uccellini，1979）。总的趋势是冷平流时下沉运动区南移，更接近急流轴；暖平流则相反，上升运动区更接近急流轴。但急流中心总的垂直运动图像并无根本改变。总之，在东亚地区，当西风急流中心由西向沿急流轴或随高空槽东传播时，降水或暴雨区主要位于急流入口区右侧和出口区左侧，这里是明显的上升运动区。根据国内气象工作者的统计结果（如郑秀雅等，1992，对东北辽宁地区），78%的暴雨个例受高空急流的影响，并且区域性大暴雨和特大暴雨均位于急流中心右后侧（入口区右侧），面积大，而发生在急流中心左前侧（出口区左侧）的暴雨范围较小，而在急流中心的右前侧暴雨的范围和强度都比较小。江淮地区的暴雨也主要出现在

西风高空急流中心入口区右侧的上升运动区。

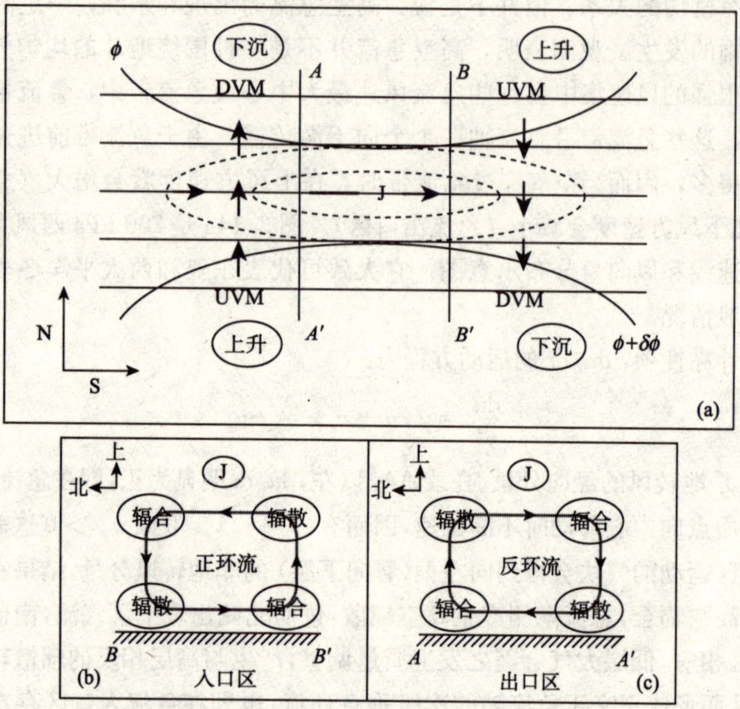

图 3.14　理想情况下高空急流中心附近的非地转风、散度分布及二级环流示意图。(a) 取自 Martin，2006。(a) 平面图；(b) 入口区垂直剖面；(c) 出口区垂直剖面。(a) 图中实箭头为地转风 $\boldsymbol{V}_g$；粗实箭头为非地转风 $\boldsymbol{V}_{ag}$；实线为等位势线 Φ；虚线为等风速线；细实线为等位温线 θ；AA' 为急流中心的中线，其左（上游）为入口区，右（下游）为出口区（斯公望，1990）

在长江以南地区情况不完全一样，它既受到高空西风急流的影响，也受到东风急流中心的影响（图 3.15a）。根据公式（3.1），在急流入口区，$\mathrm{d}u/\mathrm{d}t<0$，因而 $(v-v_g)<0$ 或 $v_{ag}<0$，即在急流入口区运动的气块会得到左偏（看向下游，或向西）的非地转分量（北风）。结果在急流轴北侧出现上升气流，南侧出现下沉气流，形成入口区南侧下沉北侧上升的间接环流图。在出口区情况相反。由图 3.15 可见，与热带东风急流相应的主要降水区位于入口区右侧，即孟加拉湾—中印半岛—长江以南地区。如果西风急流中心入口区右侧的上升区与热带东风急流中心入口区右侧的上升区相连或重合。则可产生大范围的强暴雨，或形成南北相邻的两条雨带，这在南方暴雨分析中应特别注意。有时把南亚高压东侧的气流疏散区看做是暴雨发生的有利地区，从上面的分析看，这并不一定合理。

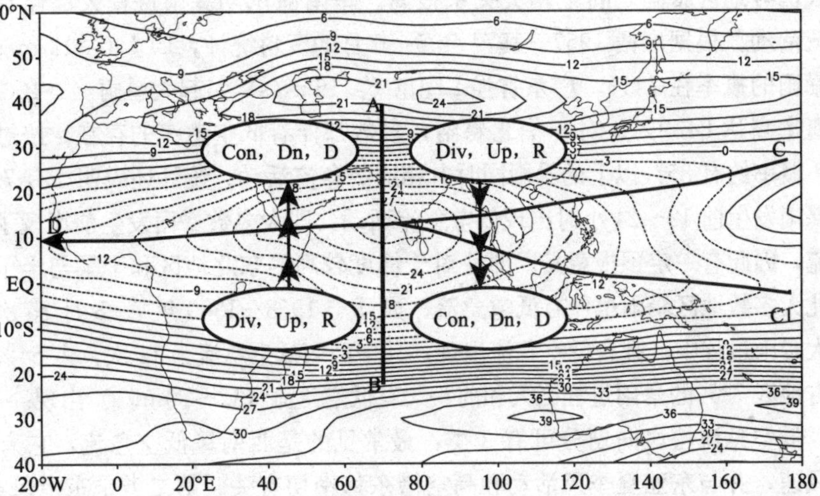

(a)

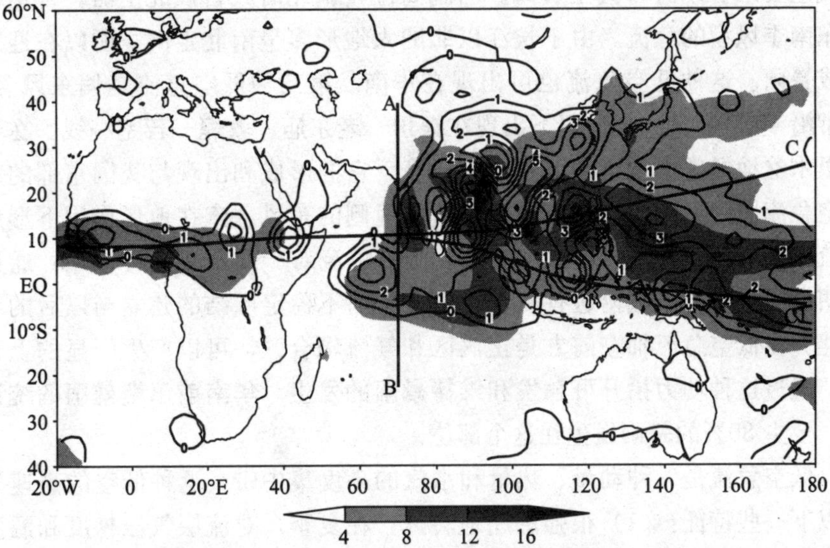

(b)

图 3.15 （a）亚非季风区夏季平均（1958—2002 年）的热带东风急流（150—100 hPa平均风速）。虚线是东风，实线是西风。CD 和 CID 是急流轴，AB 是入口区（右）和出口区（左）的分界线。Div 是辐散，Con 是辐合；Up 是上升运动，Dn 是下沉运动，R 是降水区，D 是干旱区。单位：$m \cdot s^{-1}$；(b) 同 (a)，但是对降水与散度分布（实线等值线，单位 $10^{-6} s^{-1}$），阴影区：$\geqslant 9$ $mm \cdot d^{-1}$（陈桦等，2007）

低空急流（LLJ）是位于 1.5～3 km 层中风速最大值在 12 或 16 m/s 以上的强风速带。它被认为是为中纬度暴雨和强风暴提供热量、水汽和动量最重要的机制，因而与暴雨的形成和维持有密切的关系。许多统计结果表明，LLJ

与我国各地区暴雨之间正相关关系很高。华南前汛期暴雨过程大都伴有低空急流活动。根据广西 1957—1974 年 5—6 月的资料统计，LLJ（≥12 m/s）引起暴雨的概率在 74%，广东省强 LLJ（（≥16 m/s）引起大暴雨（>100 mm）的概率高达 84.2%。对于华北暴雨，多数都伴有低空急流的存在。按过程统计，概率约有 85%以上的暴雨同时有相应的急流活动。统计还表明，有 78.7%的暴雨发生前 12～24 小时出现低空急流活动，即大多数暴雨发生前出现了低空急流，因此有一定预报意义。即使对于纬度较高的东北地区和干旱与半干旱的西北大多数地区暴雨也伴有低空急流。如辽宁 1958—1980 年 7—8 月 25 次区域性大暴雨过程中，都有低空急流出现，其中西南低空急流为 16 次，占 64%。内蒙古地区 72%的暴雨过程当天和前一天有低空急流（12～20 m/s）出现。

低空急流按风向划分可有 3 类：最常见的是西南风低空急流，它有很强的风速，并与东亚夏季风活动和高空槽东移密切有关。第二类是东南风急流。气流主要来自东海，甚至黄海。当副高位置偏北时或台风北上时，常出现这种东南季风型的急流。由于长江以北的大地形多呈南北走向，所以在迎风面形成暴雨。这种低空急流也可出现在华南。第三种低空急流是偏东风急流。它常沿 40°N 在 700 hPa 以下出现在银川—老东庙—敦煌—若羌一线。在新疆塔里木盆地经常出现这种偏东低空急流。它的形成和出现与我国东部的东南低空急流原因不同，它与中纬低层高压南侧的东风急流在地形作用下形成的回流有关（西北预报员称“东灌”）。低空急流对于暴雨有两种作用：通过低层明显的热量与水汽输送有利于暴雨发生前不稳定层结的建立与以后的不断重建。在低空急流轴左前方是正涡区和气流辐合区，可以产生明显的上升运动，通过这种动力抬升可触发和维持暴雨的发生。华南前汛期暴雨的统计表明，至少 80%的暴雨发生在这个部位。

低空急流是一种动量、热量和水汽的高度集中带，这种低空的高速气流有以下一些特征：(1) 很强的超地转风，在夏季，对流层气压梯度和温度梯度都很小，这种温压结构所造成的热成风不足以维持急流轴以下很强的风切变。一般情形下，实际风速超过地转风 20%以上，最大超地转强度达该层风速的 40%，这种超地转风的特性与暴雨的发生有密切关系；(2) 低空急流有明显的日变化：低层风速一般在日落时开始增大，而到凌晨日出之前达到最大值，这时风的垂直切变也最大，急流结构最清楚。图 3.16 是位于急流轴上的汉口站的风速变化图（孙淑清，1980），在 7 月 2—4 日，每天都有一个最大风速中心出现，出现的时间是 02—08 时之间，最小值则出现在 08—20 时之间，急流在夜间加强的现象常被用来解释雷暴和暴雨出现在夜间的观测事实，即所谓暴雨的夜发性；(3) 小的 Ri 数分布。在低空急流区内，里查森数

(Ri) 往往很小，甚至为负值，这种情况有利于对流或中尺度天气的发展；(4) 强风速中心的传播：人们认为沿 LLJ 轴传播的中尺度风速脉动或风速最大值（V_{max}）甚至比低空急流本身更为重要，这种情况很类似于高空急流中心的急流带。在一次暴雨过程中，可以观测到几个风速最大值中心沿急流轴向下游传播，每一个风速最大值几乎由一垂直环流圈伴随，风速最大值前部为上升运动，后部为下沉运动，随着风速最大值的传播，热量和水汽的中尺度最大值也沿急流轴传播。因而低空急流主要是以中尺度扰动的形式向暴雨区输送动量、热量和水汽。

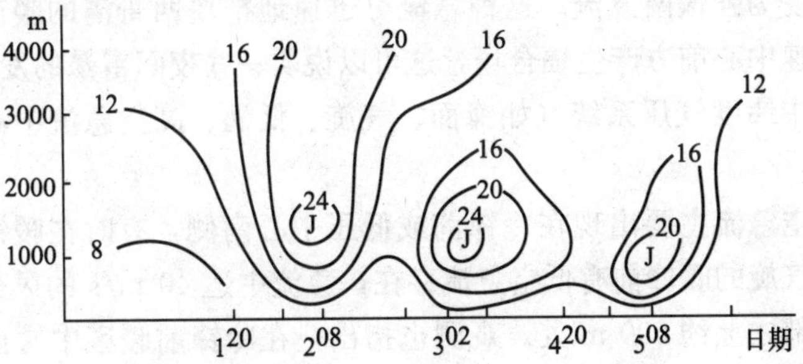

图 3.16　汉口站 1972 年 7 月 1—4 日风速日变化图（单位：m/s）（陶诗言，1980）

低空急流大致分 4 类，它们的特征和生成原因不完全相同，我们分别说明它们形成的主要原因：

(1) 大尺度低空急流或强风速带

在东非沿岸存在着一支大尺度低空急流，这支低空急流叫索马里急流（参见第 4 章），它沿非洲东岸从赤道以南流向赤道以北，即在马达加斯加岛以北流过，沿非洲东岸转向北和东北，在阿拉伯海达到 15～20 m/s 的风速。索马里低空急流没有明显的日变化，它是一种潮湿的南来气流，在 3 km 以上有暖干的空气，这支急流的轴心位置在 1.5 km 高度。索马里低空急流的形成一方面与东非山脉的障碍作用有关，另一方面也与气压系统的强迫有关。索马里低空急流实际上是亚洲夏季风环流的一支，这支急流通过阿拉伯海、印度半岛、孟加拉湾一直到达中印半岛和南海地区，最后常以西南风低空急流的形式影响我国的降水和暴雨。因而了解与亚洲夏季风有关的大尺度低空急流的生成、发展、传播和脉动对于认识我国大暴雨尤其是持续特大暴雨的形成是十分重要的。

在美国落基山以东也常常出现大尺度低空急流，这种急流的高度很低，其上限离地面约 1～1.5 km，平均最大风速高度在 800 m。低空急流的风速值很强，平均为 27 m/s，有时高达 30～40 m/s，急流的水平宽度为300～400 km，急流两侧的侧向切变约为 $0.4\times10^{-4}s^{-1}$。这种急流主要出现在冬夏，并且有明显的日变化，一般夜间加强，并多伴有逆温层出现。这种急流存在的时间也长，且有准稳态的特征。它的出现也常与夜间逆温层的生成有关，但急流确切的生成原因目前还不清楚，可能与大尺度地形的动力作用及地球对行星边界层阻力的振荡有关。Wexler 曾指出，这种低空急流的出现机制可能与美洲大陆对湾流的影响相似。如北美大陆对大西洋洋流的反气旋环流起着西界的作用相似，落基山对明显发展和西进的大西洋百慕大高压环流也起着西界的作用，高压边缘的浅层东风气流在接近山脉障碍时被迫转向北，结果在落基山以东转变为强偏南急流。这种急流可迅速地把墨西哥湾的暖湿空气带向北，并在风速中心前方产生辐合场，这可以说明一些夜间雷暴的发生发展。

(2) 与中纬度气压系统（如锋面、气旋、低涡、高空急流中心等）有关的低空急流

这种低空急流主要出现在冷锋前或低压中心南侧，有时在暖锋前。曾观测到在锢囚气旋的暖锋前有低空急流存在，急流中达 40 m/s 的风速出现在深厚暖锋区底部之上约 600 m 处。观测也指出，在冷锋前暖区中常出现一致暖湿的气流带，这就是所谓的暖输送带，许多对流系统或雨团就发生在这支输送带下方。输送带内的空气来自较低的纬度，有时来自副热带高压反气旋北侧。在向北流动中在暖区中通过边界层中小尺度混合而变得愈来愈暖湿。这种输送带的风速有时可以达到很高的强度而成为低空急流。在美国也观测到低空急流可以发展以响应天气尺度或次天气尺度过程，尤其是通过对美国大平原上背风气旋的生成的响应。统计表明，每个站约 60%的急流日，可以发现有冷锋或低压中心位于该站以西 560 km 内，而这些天中又有一半左右，锋面过境是出现在以后 12 小时，最近的研究又指出大平原上有组织的 LLJ 经常与背风面低槽背风气旋生成或锋面过境有关，这种锋面又与更北方的一个气旋有关。

冬半年美国南部低空急流形成与气压系统的发展有关。前期在得克萨斯州和科罗拉多州间的高原地区，有反气旋生成，以后出现南风，当对流层下部出现绝热增暖和暖平流时，反气旋结束。这是因高空风仍是西风，所以在落基山背风面气压开始下降。这导致在得克萨斯州西北及其邻近地区有南风加强，因而科罗拉多的气压下降可看做是低空急流的直接原因，以后南风在 20 小时内向墨西哥湾扩展。在低空急流上方，有下沉逆温存在，沿着这支急流潮湿的空气进入低空急流，并且急流入口区移到墨西哥沿岸，这种潮湿的热带空气起源于墨西哥湾的附近地区，实际上它是上次寒潮极地冷空气迅速变性而成的。在一个发展的低空急流中，常常在得克萨斯南部可观测到风速次最大值。最后当一条新的极锋从西北抵近时，低空急流离开此区。由上面

的过程可见，这种低空急流的发展过程与天气尺度过程是密切相关的。在我国，也经常观测到类似的天气尺度急流的发展，例如当低涡发展时（如西南低涡），在其与副高西缘地区由于气压梯度力增加，经常可观测到有南风急流形成，并随低涡的东移而东移。当高空槽逼近副热带高压时，如果经向度加大，并移速减慢，在槽前也可形成低空急流。

这些事实都表明：除了地形因子之外，高低空天气系统的发展是引起 LLJ 发展的一个重要因子。

天气尺度的低空急流尺度大，常达千余千米，基本上是处于地转平衡中，并且日变化很小，白天和夜间强度基本相同。

(3) 中尺度急流

这种低空急流出现在 900～600 hPa，主要与急流的对流活动或暴雨有关。急流一般在暴雨带南侧通过。这种急流是中尺度的，常常表现为大尺度急流带中的强风速中心，其日变化不明显。梅雨锋上的有些低空急流，即属于这种急流，一般认为这种急流是暴雨或对流活动的结果，通过动量下传使低空急流中心附近的风速达到超地转的，而以上的风速是次地转的，其结果在急流中心高度以下实测风的垂直切变（正切变）大于地转风垂直切变（力管项）$\left(\frac{\partial v}{\partial z}>\frac{\partial v_g}{\partial z}\right)$,急流中心高度之上垂直切变（负切变）小于地转风垂直切变$\left(\frac{\partial v}{\partial z}<\frac{\partial v_g}{\partial z}\right)$，这种不平衡的状态将产生力管环流。上方的环流圈，在急流中心之下产生水平轴的正环流，急流轴右侧下沉，左侧上升，而急流轴上方右侧上升，左侧下沉，结果下沉气流会变得暖干，而上升气流会变得冷湿。急流附近的实际湿度场分布证明了这种环流圈的存在。另外，根据急流附近垂直切变的变化也可推出温度场的特征，在急流轴以上，由于是负切变（风速减小），据热成风关系应有 $\frac{\partial T}{\partial y}>0$，即气温向北增加，在急流轴以下，反之气温向南增加，观测分析也证明这种温度场分布确实是存在的。综合上面温度和湿度场分析，在急流轴左侧是最有利于暴雨的维持（下方暖湿，上方是干冷）。

上述力管环流是一种中尺度反环流。它是运动场和质量场不平衡所造成。其中运动场起主要作用。也即一旦由于某种条件产生不平衡出现超出的动量，就会产生反环流以调整质量场来适应运动场。而大尺度运动场正相反，是以质量场变化为主，以后由运动场向质量场调整。这点也是中尺度急流与大尺度急流在动力学上不同的方面之一。

(4) 边界层低空急流

大气边界层内水平风的垂直分布常常在几百米到 1000 m 的高度出现一个

显著的极大值，可达 12～20 m/s，水平尺度较天气尺度小，约在 500 km 以下，风向一般偏南（鲍名，2007），这就是边界层急流（斯公望，1990）。这种边界层低空急流对飞机的起飞和着陆，对污染物的输送和对强天气的发生等都有重要的影响。

边界层低空急流一般在夜间发展和日出后消失。Blackadar 曾用边界层混合过程的日变化强迫引起的惯性振荡来解释这种急流的日变化。白天地面受太阳加热使大气变得不稳定，湍流边界层中的混合作用加强，边界层的气流动量受湍流耗散使风速减小，由原来的地转平衡变成次地转；日落以后，地面开始辐射降温，近地面开始形成逆温层，边界层变得稳定，湍流混合减小，于是白天处于次地转状态的边界层开始向地转风调整而加速，气流加速可以超过平衡状态而变成超地转。故在日出之前，边界层急流发展到其最大强度。在夜间，由于气流加速，并有超地转的成分，空气有偏向于低压的运动分量（急流轴左侧），因而增加了边界层的质量和水汽辐合，这是暴雨和强雷暴发展和加强的极有利条件。美国大平原区域夜间雷暴发生最频繁与此现象有关。

我国华南前汛期和长江中、下游初夏时期存在着一支边界层急流。最大风速可出现在 600 m 高度。这支急流的风速有明显的日变化，白天风速减小，夜间逆温形成时，风速增加（斯公望，1990）。这类边界层低空急流出现在副热带高压脊线北侧与西南倒槽南侧之间的区域内。在急流区内有很强的水汽输送和辐散、辐合。急流轴还因地形的起伏而有波状的起伏，表明急流的特征与地形密切相关。

边界层急流的这些特点对暴雨系统发展有利。据统计，暴雨时段内有 50%以上的水汽集中在边界层内，因而边界层内由于急流所造成的辐合构成了暖湿空气的强烈抬升，因此几乎每次边界层急流都伴有暴雨过程。

在许多暴雨个例中高空急流和低空急流会同时出现，当它们的垂直环流圈（主要是上升运动区）相互耦合时，对暴雨会产生重要的影响。其中有两种情况，一种是高空急流达到一定强度时，可以在急流出口区诱生出偏南的低空急流（黄安雨等，1982）。根据高空急流次级环流理论，在急流出口区，存在着一个右侧下沉和左侧上升的间接环流，高空的非地转风是北风，而低层的回流是南风，在科氏力作用下，它可演变成西南气流，只要急流中心足够强，低层诱生的偏南气流可以达到一定的强度而形成低空急流或成为低空急流的重要部分。这个事实说明高空与低空急流是相互耦合的，而不是分离的。上述由高空急流诱生出的低空急流及其与高空急流的耦合过程在中纬度地区经常可以观测到，它对气旋的发生以及有组织强对流系统和暴雨的形成是一个重要因子。另一种高低空急流耦合的情况出现在高空急流的入口区右侧。这常在东亚梅雨期观测到。当西南低空急流移近高空急流入口区右侧的上升运动区时，低空急流左前方的上升运动区可以与高空急流入口区右侧的上升运动区相叠加，形成强上升运动，暴雨经常出现在这个耦合的强上升区中。图 3.17a 是梅雨期高低空急流耦合及其与暴雨关系的概略图。图 3.17b 是黄淮流域持续性暴雨时期高低空急流耦合对暴雨作用的示意图，可以看到暴雨发生在高空急流入口区右侧和低空急流北方（左前方）的上升运动耦合区。陈久康和丁治英（1996）的分析指出，高低空急流的耦合可以与台风环流相耦合。使台风倒槽及其东侧的低空急流与北面高空急流激发的低空急流和倒槽连接造成了台风倒槽的突然北伸和低空偏南低空急流的突然被推进，使暖湿空气一直输送到高空急流入口区右侧辐散区下方，造成台风远距离暴雨。

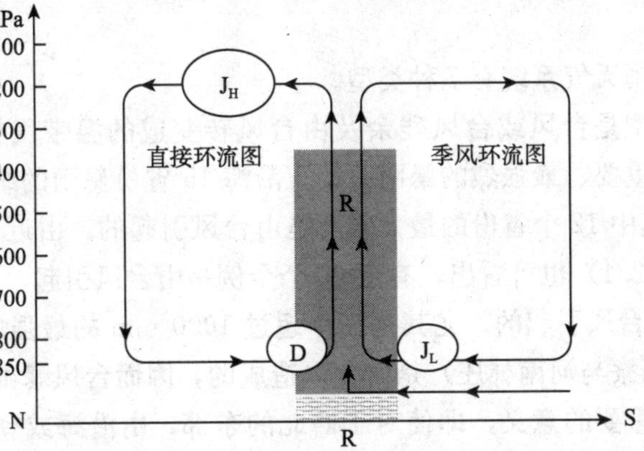

(a)

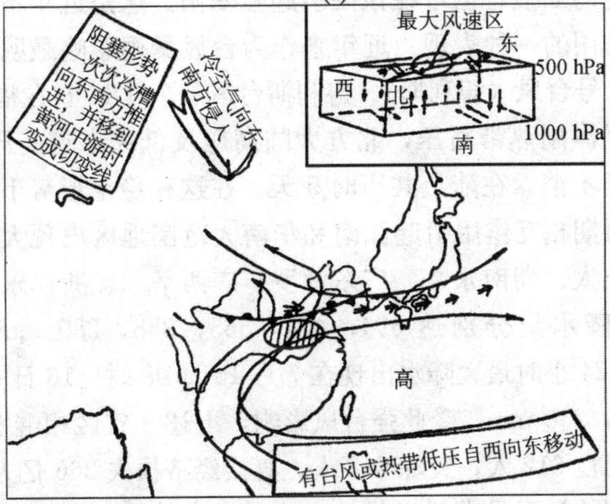

(b)

图 3.17 （a）梅雨时期高空急流与低空急流垂直环流耦合的概略图。J：高空或低空急流；R：暴雨区；（b）黄淮流域持续性暴雨时期高低空急流的耦合及其与暴雨关系的示意图（陶诗言等，1980）。阴影区是暴雨区。右上角小图说明高空急流入口区和出口区的次级环流分布

3.6 造成暴雨的天气系统

根据我国降水和暴雨气候学和个例的研究，对于造成暴雨的天气系统已经有比较清楚的了解，尤其是天气尺度（1000～3000 km）和次天气尺度系统（300～1000 km）。对于直接造成暴雨的中小尺度天气系统，近20年来也有了更清楚的认识，这是通过几次中尺度暴雨试验和利用卫星、雷达和加密观测网资料的详细个例分析得到的。国际上对于中小尺度系统的研究获得了迅速的发展，这对我们深入认识强对流和暴雨发生发展的过程与机理也有很大的借鉴作用。

我国的暴雨天气系统有7种类型。

第一种类型是台风或台风残余及由台风转变成的温带气旋引起的暴雨。台风是我国最重要、最强烈的暴雨系统。沿海15省份暴雨的统计表明（蔡则怡，1977），其中12个省份的最大暴雨是由台风引起的。由近70年我国特大暴雨个例（表2.1）也可看出，有近20个个例是由台风引起，即占总共63个例的31%是由台风引起的。尤其是三个超过1000 mm的最强的24小时暴雨（台湾百新和新寮与河南林庄）是由台风造成的，因而台风暴雨对于我国东部降水具有非常重要的意义，即使对于西北的东部，由沿海或登陆台风造成的偏东风水汽输送的加强，也可在该区引起强暴雨。这是近年不少研究者强调的台风远距离作用的一种表现。近年来作为台风暴雨影响最明显的一个例子是2006年0604号台风（碧利斯）。碧利斯台风于7月14日在福建省霞浦县登陆后，受西太平洋副热带高压，北方大陆高压及低纬赤道高压的共同包围，使低压环流持续不消，在陆上共历时5天。在这种稳定形势下，碧利斯与热带西南季风长时期相互作用引起江南和华南大范围地区出现大暴雨或特大暴雨，其中福建长太、湖南永兴、广东博罗、广西平禾、浙江永嘉、江西龙南等站的4天总降水量分别达594，474，565，358，289 mm（张恒德等，2007）。前四站24小时最大降水出现在7月15日08时—16日08时，依次为358，216，223，250 mm。受此强台风影响，上述6省区相继发生严重洪涝，山洪等，因灾死亡612人，失踪208人，直接经济损失266亿人民币。

第二种类型的暴雨是由低涡或与这些低涡有关的切变线引起的。这包括西南涡、西北涡以及切变线上的中低层涡旋。它们一般是次天气尺度系统，并且常常并不发展和加深成温带气旋。它们常常沿切变线或锋面连续出现和东移，造成持续性大暴雨。人们经常观测到（尤其是在梅雨季）一系列涡旋，有时可达5个或6个由西藏高压东部沿纬向或西南—东北向的切变线东移，造成长期的降水天气。例如1954年6月和7月的长江暴雨即由8个或9个低压扰动引起，其中大部分起源于高原，以后东移过长江流域。类似地，1931年7月初，长江洪水也是由5～6个这样的低涡引起。1935年7月的另一次长江洪水也是由2个低压扰动引起。1999年的6月下旬到7月上旬的强梅雨期暴雨，也是由三个低涡的东移造成。如果低涡在经向环流影响下，也可向北移动，给北方带来大暴雨。

第三种类型的暴雨天气系统是低槽冷锋（高空槽和相应的冷锋）造成。这种系统的影响广泛、频繁，值得注意。而当低槽冷锋东移受阻而减速时，可以造成长期的暴雨期。

第四种类型的暴雨天气系统是高空冷涡。它主要影响东北和华北地区，由于高空温度较低，而当低层加热时常常造成很强的对流不稳定性，形成局地性强突发性暴雨和冰雹，雷暴大风天气。高空冷涡维持的时间较长，短者1～2 d，长者可达2～3周。

第五种类型是温带气旋，因地区而异可有江淮气旋，黄河气旋，华北气旋，蒙古气旋，它们可以造成大范围的强降水和暴雨天气。气旋的发展是这类暴雨发生预报的关键。目前有不少方法可以用于气旋发展和相关暴雨的预报。挪威学派的气旋发展理论和高空槽或长波系统的涡度与温度平流理论是两种重要方法。

第六种类型是热带系统（如东风波、赤道辐合带（ITCZ）、季风低压或涡旋）北退或西进造成的暴雨，这多发生在华南和江南当副高位置有明显北移的时期。1994年6—7月华南（广东，广西）出现的特大暴雨就是由热带波和ITCZ北上并与冷空气相互作用引起。2005年8月19—20日在广东出现的一次暴雨是在南海季风低压北上情况下产生的。这次暴雨在深圳引起24小时达240 mm的强降水量（蒋建莹等，2007）。2005年5月21—22日也有一次热带系统北上引起了华南大暴雨（赵玉春等，2007），广东的台山和新会24小时总降水量分别达232 mm和239 mm，6小时降水量达到164 mm（台山），东莞的1小时降水强度达到54 mm。

第七种类型的暴雨是地方性的雷暴群，它们在有利的大尺度或地形天气条件下可强烈发展，甚至重复出现，造成突发性暴雨和洪水。2005年6月10日发生在东北呼兰县的一次山区强暴雨就是一例。

中尺度天气系统是直接造成暴雨的天气系统，它们是许多国内外暴雨和强对流外场试验计划的焦点，但专门的中尺度观测网都是布置在特别地区和时段。常规的气象观测网一般很难观测到中尺度天气系统的详细发生发展过程。这是目前暴雨预报的一个难点。中尺度天气系统种类很多，从降水的特性划分一般有两类，一是降水区主要呈带状或线状的中尺度雨带。后面将要说明，它一般是由斜升的对流活动造成，也可以由对流单体呈线状排列而成（如飑线）；另一类中尺度系统主要是一些强对流系统，尺度小一些的（一般在几十千米以下）称为对流单体（多单体，超级单体等）或局地强风暴，它具有激烈的对流活动，有很强的降水率，但一般降水时间较短，只几个小时，同时伴有冰雹，大风出现。这种对流单体是形成对流性暴雨的基本单位。但是应该指出，对流单体或局地强风暴与主要造成强烈的突发性暴雨的雨暴单体还有一定差别。关于造成冰雹，大风和暴雨的局地强风暴或对流单体的描述可参看高等天气学（丁一汇，2005），这里只给出图 3.18 以说明它们的区别。

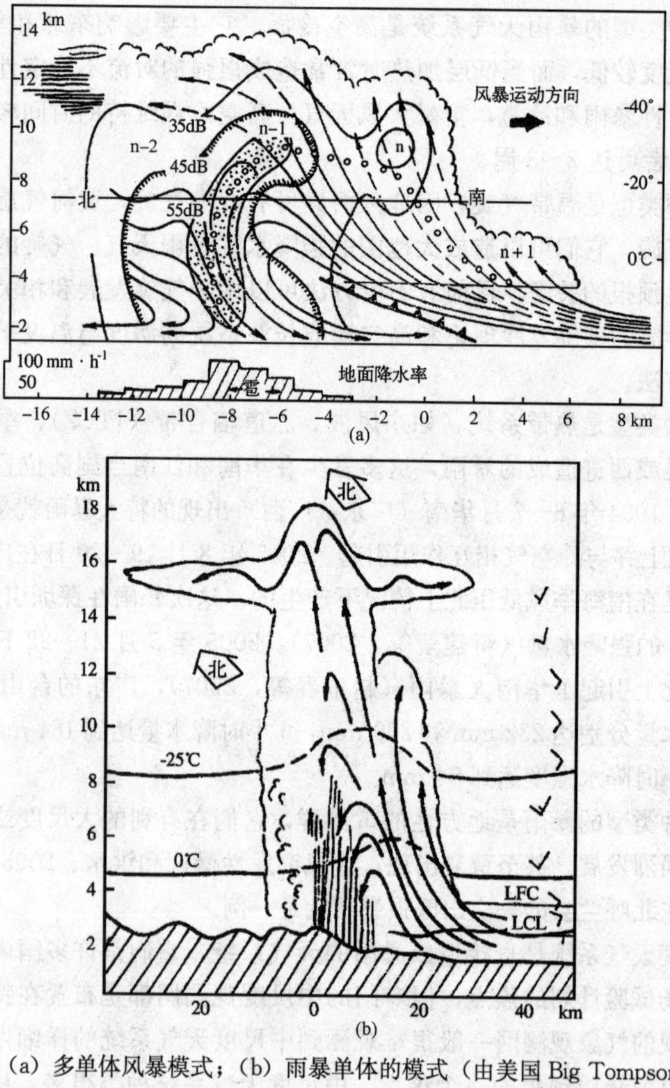

图 3.18　(a) 多单体风暴模式；(b) 雨暴单体的模式（由美国 Big Tompson 大暴雨分析得到），图中给出了 LCL，LFC，环境风，0℃层高度和−25℃高度（丁一汇，2005）

雷暴单体整个也可以认为是一种中尺度系统。可以看到低层强的流入（~1.4 km厚的平均混合比为~14.8 g·kg^{-1}）造成了在风暴区有强的水汽流入，在接近落基山时，风暴的流入抬升到抬升凝结高度LCL以上（约2.5 km），上升气流很强，并向西倾斜，这可使大雨滴由上升气流之后部落出，从而使系统保持准稳态。液态水从云的下部大量落下，这可以增强云上部的上升气流的速度，同时抑制上升气流的过冷水区内的冰雹增长。这种暴雨内没有大量雹存在的事实表明，暖雨过程在产生风暴降水中起重要作用。云内较高的0℃层（5.8 km）、−25℃等温线和较低的云底（2.5 km）都说明在一深厚层次中（3~7 km厚）云碰并过程在起作用。没有大量的雹和云内强风切变，这可以抑制有组织对流尺度下沉气流的发展，从而增加风暴的降水效率。因为下沉气流环流通过下沉空气中的蒸发冷却会消耗大量的降水，这点是上述的雨暴模式与前面所述的强风暴模式很不相同。因而冷的流出也不足够强以向东扩展去启动新单体的产生。这致使这种雨暴能准静止几小时，造成突发性洪水。因而不存在强下沉气流也是造成暴雨的积雨云单体的一个明显特征。

在一定的天气尺度或中尺度系统作用下，对流单体可以不断的合并，组织成更大尺度的中尺度对流系统（MCS）。MCS的尺度常常可以达到200~2000 km，十分有组织，是一种α中尺度的对流系统，所以有时又简称为α中尺度对流系统（M αCS）。它有近于椭圆形外形和平滑的边界，在卫星云图上看表现为高亮度的完整对流云团。MCS也包括中尺度对流复合体（MCC），它是产生暴雨的一种主要中尺度对流系统。这种系统得到了国内外广泛的研究。许多的研究揭示MCS在我国十分经常地发生。它们是春夏造成我国暴雨的主要对流系统，尤其是对突发性暴雨。MCS主要发生在西南地区，以及华南前汛期，江淮梅雨和华北雨季的降水地区。在梅雨季，MCS也是日本的一种主要中尺度暴雨系统。MCS发生的有利地区是西太平洋副热带高压的西北边缘，该处有冷暖气流经常和强烈地交汇。有时在华南和华东，当地面有强烈加热和层结不稳定时，也经常出现MCS。

我国MCS的水平尺度通常与北美的观测到的MCS水平尺度相近，但前者的椭圆率要小于0.7，并且由卫星红外云图确定的冷云顶维持时间要短。MCS通常是由两个或更多个对流单体合并而成，如果不断地有新单体合并到MCS中，它可维持很长的生命期（十几小时到1天左右）。MCS的云顶温度很低，在其形成阶段可低到−80℃以下。随着MCS的发展，MCS冷云区面积可不断扩展。根据Miller和Fritch与Laing和Fritch分别在1991年与1997年利用卫星云图的统计结果，在西南涡的活跃地区是MCS和MCC发生频率很高的地区。图 3.19 是一个西南涡中产生的 MCS 云顶温度分布的演变过程（石定朴等，1996），可以看到这个 MCS 是通过 A，B，C 对流单体连续地增长和合并演变而成。这些单体合并在一起并迅速发展时，冷云顶温度低达 −70～−80℃。MCS 也产生在衰减台风或登陆台风的残余地区。

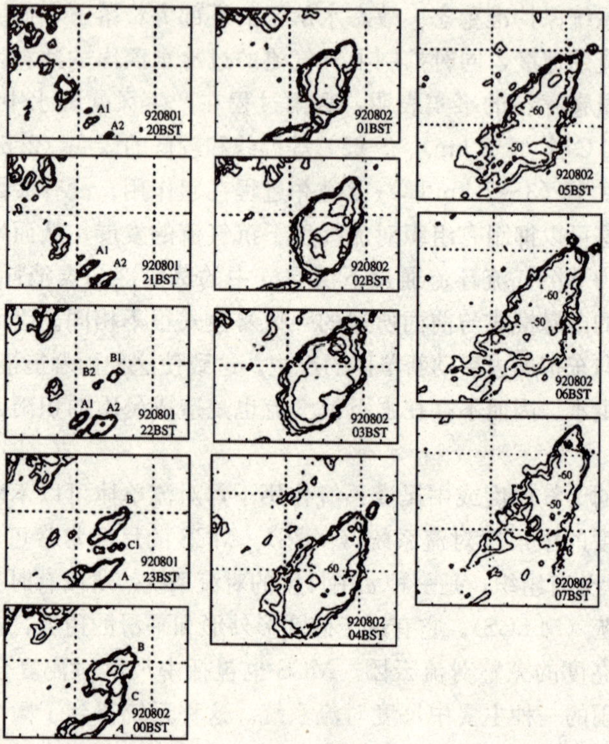

图 3.19　产生在一西南涡中的 MCS 云顶黑体温度分布（实线等值线）演变图。1992 年 8 月 1 日（20:00 北京时（BT））到 2 日（07:00BT），图中格距（虚线）是 20 km，A，B，C 是三个对流单体。单位：℃。（石定朴等，1996）

2002 年 8 月 5 日是一个明显的例子。这时一个热带低压移入上海地区，造成了该地区一场突发性特大暴雨，日降水量为 294 mm，主要在 12 小时降下的降水量为 284 mm。1 小时降水量达 75.4 mm，打破该地区过去 50 年的历史记录。这次突发性暴雨/洪水事件是由登陆上海地区的热带低压内的中尺度热带云团直接造成。由于从热带海洋带来极丰富的水汽输送，这个中尺度对流云团的生命期在陆地上维持很长时间（Yang 等，2003）。当台风登陆北上到华北地区时，在这种衰减台风中的 MCS 也可引起极强的暴雨，1996 年 8 月 3—5 日是一个明显的例子，它在河北省带来了超过 450 mm 总量的大范围降水，某些地区甚至达到了 616 和 620 mm 的降水量，引起了多个水库的垮坝，经济损失很大。这场暴雨是由β中尺度对流单体演变而来的两个α中尺度对流云团引起，其云顶亮温达到了－62℃。

前面已经指出，MCC在20世纪80年代和90年代初得到了广泛的研究。国外学者认为MCC只在我国的西南地区存在，主要形成在西南涡中。但是根据我国学者的观测和研究，MCC不限于这个地区，它也发生在其他许多地区，在春末夏初，MCC可发生在华南（项续康和江吉喜，1995），其生命期平均在18小时左右，比北美的10小时左右要长。MCC一般初生在傍晚前后，到夜间可进一步增长呈成熟的MCC，第二天早晨消亡。冷云区的面积（<-52℃）平均为$1.4\times10^5 km^2$，比北美略小（$2\times10^5\sim3\times10^5 km^2$）。最低冷云顶温度一般在－86℃。云区的平均椭圆率≥0.6，比北美的（≥0.7）略小。大多数MCC是向东南移动的，与700～500 hPa平均风向近乎一致。形成MCC的对流单体一般发生于地形的背风面，以后在热带和中纬度天气系统作用下发展成MCC。MCC的生命史可划分为四个阶段：生成，发展，成熟和衰亡阶段。在生成和发展阶段，降水量较小，以强对流天气为主，暴雨主要出现在MCC成熟阶段，降水强度一般可达30～50 mm/h。因而MCC是华南和长江流域的一种重要暴雨中尺度系统。

随着人们对造成暴雨中尺度系统认识的提高，越来越多的研究和外场中尺度试验强调β中尺度对流系统的重要性。由于这种系统在空间与时间上居于中尺度的中间部位，它与α中和γ中尺度系统有明显的相互作用，因而必须进一步考虑多尺度相互作用问题。关于α中尺度系统，不少人曾根据卫星、雷达以及外场观测试验资料进行了研究（倪允琪和周秀骥，2004），这里不再详述。

第4章 我国暴雨形成的物理条件

4.1 暴雨发生的基本条件

暴雨一般发生在中小尺度天气系统中，其时间尺度从几十分钟到十几小时，空间尺度从几千米到几百千米，而形成暴雨的中小尺度系统又是处于天气尺度系统内，两者通常有着密切的关系。因而上两类天气系统的集合系统称为降水系统。在具体讨论暴雨形成的物理条件之前，有必要对降水系统的一般特征和形成的物理条件做一简略说明。降水系统根据观测现象可以分为对流性和层状性两类，前者主要表现为比较狭窄的单体或带状阵雨，雷暴和强降水（雨暴），从物理上它的运动可以是静力平衡的，也可以是非静力平衡的，它具有强烈的湍流热量和动量垂直输送。层状降水系统的范围比较宽广、稳定，主要发生在锋区具有强暖平流的部分，尤其是暖锋的前缘和冷锋的前缘与静止锋区。形成层状降水的气流运动总是静力平衡的，并且其热量和动量的垂直通量比较弱。但应该指出，上两种类型的降水系统在一定条件下是可以转化的，许多降水系统在其初生、发展和强盛期是对流性的，但在其衰减阶段，则演变为层状性的，有些系统在整个生命期中是混合性的，既有对流性降水区又有层状降水区，飑线就是一个明显的例子。

降水系统中降水的形成和强度主要与6个条件有密切的关系：（1）水汽分布和供应；（2）上升运动；（3）层结稳定度和中尺度不稳定性；（4）风的垂直切变；（5）云的微物理过程；（6）地形。除了（6）在本章4.5节专门讨论外，以下将讨论（1）～（5）物理条件对降水的作用，并特别指出要形成强降水或暴雨，对于上述（1）～（5）物理条件还需要满足什么特殊要求。

（1）水汽分布和供应

为了使暴雨得以发生、发展和维持，必须有丰富的水汽供应，计算表明仅仅依靠降水区气柱内所含的水分是不够的，即使气柱中所含的水汽全部降下也只能达到50～70 mm的降水量。但是暴雨的降水量，尤其是大暴雨或特大暴雨的降水率十分强，每小时可达100 mm，因而必须有外界水汽向暴雨区迅速地集中和不断地供应。根据雷暴云底的水汽辐合可以估算产生暴雨的一个孤立强雷暴为供应暴雨水汽所要求的水平区域，它大致是风暴本身所扫过的面积的3倍，因而一个孤立的大雷暴是从很远的地方吸取水汽。而在水平和垂直方向上呈均匀分布的一个气团只能产生一定数量的对流风暴和暴雨区。如果所产出的暴雨面积大而十分强烈（如突发性强暴雨），从水汽的供应观点，它必须从周围很大范围收集水汽，因而在其周围相当距离内不大可能有另外的强暴雨区出现。这表明强雷暴和相关的暴雨区发生发展的个数是受到其周围环境湿度场的分布限制的。对于持久性的暴雨，要求水汽有源源不断的输送，以补充暴雨发生不断耗损的水汽量，这种水汽输送，需要特别有效的机制能在较短时间内在更大范围内为暴雨区收集所必需的水汽量。计算表明，持续性暴雨要求的水汽辐合区是相当大的，应达到暴雨区本身面积的10倍以上，即供应水汽的地区比水汽集中区（水汽汇）要大一个量级（丁一汇，2005)。如1998夏季长江持续性特大暴雨的水汽供应区，达到整个亚洲—西太平洋季风区。在持续性大暴雨发生时，经常存在一支天气尺度的低空急流，它可以将暴雨区外围的水汽迅速向暴雨区集中，供应暴雨所需要的"燃料"(陶诗言等，1980)。

根据许多暴雨和强风暴系统个例的研究，水汽的辐合主要由低层水汽通量辐合造成，尤其是800 hPa以下的边界层占有很大的比重，可以达到二分之一以上。低层水汽辐合经常可造成一条明显的湿舌，这在中低层天气图分析中常常看到。它有5个重要的特征：1）湿舌实际上在对流层下部的一条狭窄的暖湿空气带，也是一条高静力能量舌。它不但可以对暴雨区供应充足的水汽，而且在建立对流不稳定层结中也起着重要作用。这在本节（3）中将要详细说明。因而湿舌的存在可以看做是强风暴和暴雨发展的一个必要条件。2）湿舌的形成一般是用水汽的平流过程来解释的，在暴雨前期，随着低空西南或偏南气流加强，出现明显的向北水汽输送，水汽含量增加，结果使暖湿空气带或湿舌不断向北伸展。如果其上有逆温层，湿空气可在其向下向北扩展，尤其低空急流的建立对湿舌的形成和向北发展起着非常重要的作用。随着湿舌的建立，湿层的厚度也在增加，并且在更高的层次上形成湿舌。这种情况不能用平流作用来说明，而与大尺度上升运动和对流垂直输送有关。3）在大范围湿舌中湿度的分布是不均匀的，而具有明显的中尺度结构，反映了中尺度对流扰动的作用。4）湿舌的宽度与暴雨区的垂直运动场和降水带有一定关系。由数值试验中得到，湿舌越宽造成的垂直运动场和降水带越宽，降水总量越大，但上升运动最大值小。这是由于湿舌越宽，所能释放的位势不稳定能量将越多，所产生的对流区和降水区越大。5）湿舌（高能舌）与北侧或西侧的干区形成明显的湿度对比，形成干锋或露点锋，国外称干线。从天气尺度看，有人称能量锋或 Ω－高能舌。它们是强对流或强暴雨的一种触发机制，因为围绕这种干线，存在着一支垂直环流，上升支在湿空气区，下沉支在干区。在副热带海洋气团或副热带高压的西界常常可观测到非常狭窄的湿度过渡区，由于辐合的南风或西南气流区与湿度梯度大值区（或能量锋区）一致，故它是雷暴与暴雨形成的有利地区，东亚的梅雨锋是一个明显的例子。

（2）上升运动

降水是发生在空气的上升运动区，地面或低层的空气只有通过抬升才能达到饱和，从而产生凝结，降落下来成为降水。根据凝结函数 $F(\mathrm{d}q_s/\mathrm{d}p)$ 和垂直运动($\omega=\mathrm{d}p/\mathrm{d}t$)，可以计算饱和空气柱的降水强度：$I=\frac{-1}{g}\int F\omega\,\mathrm{d}p$，由此式可见，$I$ 值的大小取决于凝结函数 F 和上升运动 ω。在各高度上饱和空气的凝结函数是温度的函数，温度越高，单位质量饱和空气上升 1 hPa 所凝结的水汽量越大，在暴雨季节，气温高，F 的值是较大的。大气上升运动对降水强度的重要性决定于它的量值，而后者又取决于是什么尺度系统中的上升运动。对于天气尺度而言（如锋区、温带气旋、高空槽前部、副热带高压边缘等）上升速度只有 10^0 cm/s。由这种上升速度引起的降水量约为 10^0～10^1 mm/24 h。因此只靠大尺度系统中的上升运动不能引起暴雨，事实上也很少观测到上千千米的暴雨区，在水平尺度为 100～300 km 的中尺度系统中（如中尺度辐合线、飑线、中尺度低压等）上升速度比大尺度系统中的上升速度大一个量级，达到 10^1 cm/s。由这种上升运动引起的降水量大约为 10^1 mm/h，达到了暴雨的强度。对于积云尺度的小尺度系统，由于其上升速度可达 10^2 cm/s，其所造成的降水强度约 10^2 mm/h，达到了大暴雨的量级。因而在不同尺度的天气系统中，同暴雨直接有关系的是中、小尺度上升运动，因而中小尺度系统是直接造成暴雨的天气系统。但大尺度的上升运动为中小尺度上升运动的形成和增强提供了必要的环流背景和环境条件，因而大尺度上升运动的存在是暴雨发生发展的先决条件。

（3）层结稳定度和中尺度不稳定性

对流性暴雨是一种热对流现象。大气中有两种类型的对流：垂直对流和倾斜对流。它们形成的暴雨系统形态有明显差别，前者多形成暴雨雨团、强风暴单体、中尺度对流复合体（MCC）、中尺度对流系统（MCS）等，后者主要形成与锋区有关的对流雨带。垂直对流和倾斜对流在物理条件上不完全相同，前者主要依靠大气的层结稳定度，后者除层结稳定度条件外，还必须考虑动力不稳定条件。

我们首先说明垂直对流发生的大气层结条件。在气象中，一般用两种方法判断大气层结的不稳定性，一种是气块法，一种是气层法，它们有密切的联系，但物理意义不同。气块法考察的是一个空气微团在受到外力抬升后的稳定度状况。它主要由上升空气微团与环境的密度差引起，所以又称浮力不稳定。当空气微团的密度小于环境空气的密度时，它受到向上的浮力，这时扰动的气块就会离开原来的位置，在浮力的作用下加速向上运动，从而发生浮力不稳定。但是在实际大气中，被抬升的空气块是否能达到浮力不稳定，还决定于其所含水汽的多少。所以其不稳定判据叫条件不稳定。图4.1清楚地说明条件不稳定判据的意义（Wallace和Hobbs，2006），设抬升气块的干绝热递减率和湿绝热递减率分别为γ_d与γ_m。环境大气的温度递减率为γ，它位于γ_d与γ_m之间。设一个空气块由平衡高度O点被抬升，由于空气未饱和，它将沿干绝热递减率γ_d上升和冷却，直到达到抬升凝结高度（LCL）A点。在这一点空气块饱和，如果抬升力足够强可进一步将此气块抬升，但此时是沿γ_m上升和冷却（AB线段），只要空气块内的水汽足够多，抬升足够强，可使此气块沿AB线（湿绝热递减率γ_m）到达B点。注意在B点以下，气块比周围大气的温度低，密度大，它需要消耗自身的内能和潜热能，如果在到达B点之前外界抬升力消失，则气块将回到它的平衡位置O点。如果抬升力能够把气块继续抬升到B点以上，则气块温度将高于环境大气而得到正浮力，在这种情况下，即使没有外界抬升力，气块也会继续上升，因此B点被称作自由对流高度（FCL）。它一方面取决于环境大气温度递减率γ的大小，同时又取决于上升气块内的水汽含量。因而对于$\gamma_m < \gamma < \gamma_d$的气层，垂直对流翻转（或浮力对流）将发生在强迫的抬升力（或垂

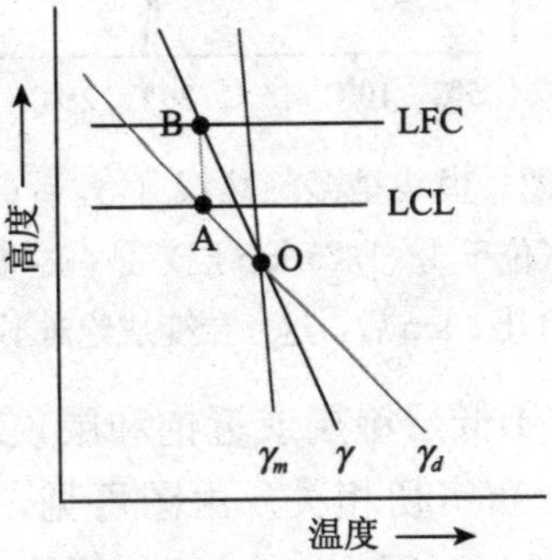

图4.1　条件不稳定（$\gamma_m < \gamma < \gamma_d$）示意图。$\gamma_d$，$\gamma_m$与$\gamma$分别是气块的干绝热递减率，气块的湿绝热递减率和环境空气的温度递减率。*LCL*和*FCL*分别是抬升凝结高度和自由对流高度

直运动）能把气块抬升到自由对流高度以上的条件下。这样一种大气对于对流而言是条件不稳定的。这就是条件不稳定判据 $\gamma_m < \gamma < \gamma_d$ 的由来。

在实际工作中，条件不稳定程度通常用便于计算的一些指数来度量，例如抬升指数，肖瓦特指数以及总指数，但是较为准确的度量是直接计算一代表性垂直上升气块所具有的浮力能量 B（又称对流有效位能 CAPE）

$$B = g\int \frac{\theta(Z) - \bar{\theta}(Z)}{\theta(Z)}\mathrm{d}z$$

上式中 $\theta(Z)$ 是代表湿绝热上升地面气块的位温，$\bar{\theta}(Z)$ 是环境位温剖面，积分是从 FCL 高度，即抬升气块比环境空气暖的垂直层中进行的。这相当于计算热力学图表上的正面积区。B 的量值可达 4500 m^2/s^2，但在中等对流不稳定时，B 一般在 1500～2500 m^2/s^2。

仅考虑气块的条件不稳定是不够的，因为它不能表征大范围对流活动或暴雨的连续发生或爆发，在这种情况下，经常可以在暴雨爆发前观测到逆温层或干层的存在。它位于低层的暖湿层之上，从条件不稳定判据看，它是稳定的，但只要有足够强的上升运动，可使整层被抬升，使抬升后的空气层中的空气达到不稳定，从而实现大范围迅速的失稳。图 4.2 说明了这种情况（Martin，2006）。

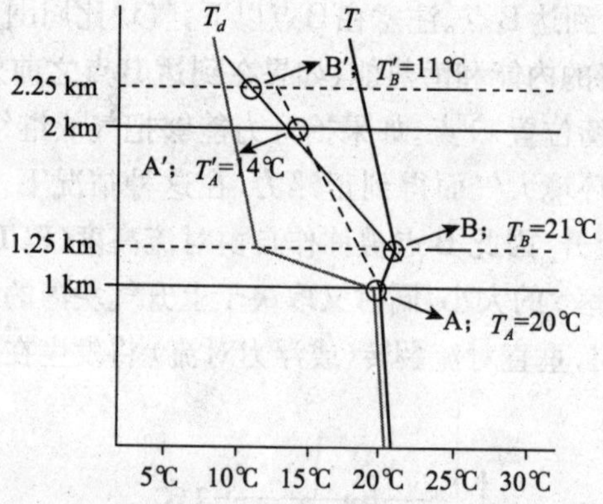

图 4.2　对流不稳定示意图。虚线是湿绝热线（$\gamma_m = 6$℃/km），实线是干绝热线（$\gamma_d = 9.8$℃/km）。层 AB（位于 1～1.25 km 层）是一逆温层，气块 A 是饱和的，而气块 B 是干的，在整层被抬升 1 km 后，这一层变成绝对不稳定层结（Martin，2006）

它代表一个逆温层位于低层湿层或近饱和层顶之上，它表明气块不稳定的潜力也与水汽的垂直分布密切相关。由图可见，露点在穿过逆温层（AB 层）时随高度迅速减小（1～1.25 km 中）。如果这一层被抬升，假定向上抬升 1 km 高度，这时位于 A 高度的空气块沿 γ_m 上升并冷却（虚线），而 B 高度的气块将沿 γ_d 上升和冷却（细实线），前者可迅速达到 LCL，而后者将通过一深厚层次才能达到 LCL。随着逆温层整体被抬升，由于其顶部比底部降温冷得更快（A 降温 6℃，B 降温 10℃），则在被抬升 1 km 后，原条件稳定的逆温层变成具有很大的温度递减率气层，其 γ 值明显大于 γ_m，从而使整个气层处于条件不稳定，或迅速失稳的状况下。这种情况说明，即使整个温度廓线或温度层结开始是绝对稳定的，但只要有足够的抬升就可以使这一稳定层变成条件不稳定或绝对不稳定。这种整层的不稳定层结称为对流不稳定或潜在不稳定。其判据是在此层内有 $\partial\theta_e/\partial z<0$ 或 $\partial\theta_e/\partial p>0$（$\theta_e$ 是相当位温）。经常可以观测到（尤其是热带和季风地区），在整个大范围地区 θ_e 随高度明显减小，这通常发生在暖湿的混合层之上有一干冷或干暖层的大气层结时，但深对流和暴雨爆发的地区只占大范围对流不稳定区的百分之几面积，在这个地区存在着强烈的上升运动使对流不稳定迅速地释放。因而对流或潜在不稳定地区是否能出现强对流或暴雨，关键是在此区内是否存在足够强的上升运动。

当大气处于层结稳定状态时，虽然在垂直方向上不能有对流的强烈发展，但在一定条件下，可以发展斜升气流，这种不稳定机制叫做对称不稳定(SI)。它是中纬度地区中尺度雨带与雨团形成的主要不稳定机制。前面已经指出，由斜升上升气流形成的中尺度雨带多发生在锋面附近和锋前暖区中。观测表明，中纬度斜升气流是我国降水（包括降雪）和暴雨系统的一种重要特征。根据过去许梓秀等对京津冀地区 33 次冷锋降水过程的研究，有 31 次在冷锋前部暖区中有中尺度雨带活动，其中与锋面平行类占全部暖区雨带的 50%。计算表明，这类雨带形成和发展的一种可能机制就是条件对称不稳定(SI)。因而对称不稳定是锋面附近暴雨和强对流发展的重要机制。它解释了静力稳定大气中强对流天气和暴雨发生的可能原因。实际上对称不稳定是大气中垂直方向上的静力稳定度和水平方向上的惯性稳定度相结合而产生的一种大气在倾斜方向运动的稳定度判据。干空气和湿润大气静力稳定度（如对流不稳定）的判据上述已做了说明，它们分别为 $\partial\theta/\partial p\leqslant 0$（干空气）和 $\partial\theta_e/\partial p\leqslant 0$（湿空气）（稳定与中性），以及 $\partial\theta/\partial p>0$ 和 $\partial\theta_e/\partial p>0$（不稳定）。对称不稳定的关键是惯性稳定度。所谓惯性稳定度是指在一个平衡的（如地转平衡）风与气压场中，当气块受外力作用，偏离了它原来的位置时，如果气块能在扰动之后再回到原来的平衡位置，则此大气是惯性稳定的，否则是不稳定的。首先根据图 4.3 说明 SI 的物理意义（Ray，1986）。图中给出了平均位温场 $\bar{\theta}$ 和平均向东的绝对动量场 $\overline{M}=\bar{u}-fy$ 线（$\bar{u}$ 是平均纬向风，f 是科氏参数）。在 $y-z$ 平面中，沿纬向气压梯度力为零，无摩擦的运动方程，在地转动量近似下化为 $\frac{\mathrm{d}u_g}{\mathrm{d}t}-fv=0$，则有 $\frac{\mathrm{d}}{\mathrm{d}t}(u_g-fy)=0$，即 $M_g=u_g-fy$ 守恒，M_g 即为地转绝对动量。它与M是一样的。一般情况下，在北半球$\bar{\theta}$和$\overline{M}$两个量都随高度增加向北减小，在这种情况下，对于静力稳定度而言，大气是稳定的($\partial\theta/\partial z>0$或$\partial\theta/\partial p<0$)，对于南北运动的惯性稳定度而言，是惯性稳定的($\partial M/\partial y<0$)，因而单独从静力稳定性和惯性稳定性来考察，大气都是稳定的。如果给出如图4.3的$\bar{\theta}$和$\overline{M}$分布，即$\overline{M}$线的坡度小于$\bar{\theta}$线的坡度，再考察空气块或流管的运动情况就不一样了。设位于1处的一个空气块移向2处，它的$\bar{\theta}$值将比其环境高，而$\overline{M}$值比环境值低，因而气块从浮力效应或静力稳定度看具有正的浮力，将向上运动，从惯性稳定性看，风速是次地转的，将发生惯性不稳定，气块将继续向北运动(由无摩擦经向运动方程$\frac{\mathrm{d}v}{\mathrm{d}t}=f(u_g-u)$，如果是次地转风，有$u_g-u>0$，则$\mathrm{d}v/\mathrm{d}t>0$，出现南风加速，空气块向北运动；如是超地转的，$u_g-u<0$，$\mathrm{d}v/\mathrm{d}t<0$，出现北风加速，趋于使气块再回到南面)。在这两种不稳定性作用下，其合成的运动将向上、向北加速运动，从而偏离原来的位置，沿一倾斜面不断的斜升。由图4.3可知，只要$\bar{\theta}$线比$\overline{M}$线更陡，就会产生对称不稳定，即

$$\left|\frac{\partial z}{\partial y}\right|_{\bar{\theta}}>\left|\frac{\partial z}{\partial g}\right|_{\overline{M}} \text{不稳定；}$$

$$\left|\frac{\partial z}{\partial y}\right|_{\bar{\theta}}<\left|\frac{\partial z}{\partial g}\right|_{\overline{M}} \text{稳定} \tag{4.1}$$

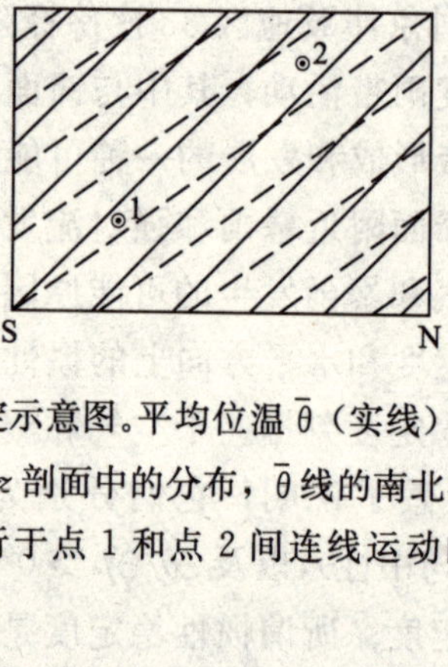

图4.3　对称不稳定示意图。平均位温$\bar{\theta}$（实线）和平均绝对角动量$\overline{M}=\bar{u}-fy$线在$y-z$剖面中的分布，$\bar{\theta}$线的南北波度大于$\overline{M}$线的南北坡度，沿着或平行于点1和点2间连线运动的气块是不稳定的(*Ray*,1986)

等$\bar{\theta}$与等$\overline{M}$线的坡度分别可写成它们的水平和垂直梯度，经过不太复杂的数学变换，可得到SI稳定性条件为

$$\frac{N^2}{\left(\frac{\partial u}{\partial z}\right)^2}\left(1-\frac{\partial\bar{u}/\partial y}{f}\right)>1 \tag{4.2}$$

式中左边的第一个分数是理查森数（Ri），如果忽略水平切变的作用（$\partial\bar{u}/\partial y=0$)，则SI稳定性判据是$Ri>1$，它与湍流发生的判据一致，这是一个十分近似

的条件。不少研究者根据不同的条件与波段，求出了 SI 的判据，这里不再介绍。当对称稳定的大气由于潜热释放的作用变为对称不稳定时，则称这种大气是条件对称不稳定（CSI），或者可以说，当大气对于斜升大气是对称稳定的，但对饱和斜升大气是对称不稳定的，则此种大气是条件对称不稳定的，其判据（充要条件）是湿球位涡<0。

（4）风的垂直切变

许多国外学者研究了风垂直切变对局地强风暴的影响，并进行了比较全面的总结（丁一汇，2005；陶诗言等，1980）。但风垂直切变对暴雨系统的影响研究并不多，大多数研究都是直接针对强风暴的。由于强风暴也是引起暴雨，尤其是突发性暴雨的主要天气系统，因而讨论垂直切变对风暴的影响也是十分必要的。概括起来，风的垂直切变对强风暴有 5 个方面的作用：1）在切变环境中使上升气流倾斜，这使上升气流中形成的降水质点能够脱离出上升气流，而不致会因拖带作用而减弱上升气流的浮力。2）当边界层空气被吸入到强风暴的上升运动中时，由垂直切变$\frac{\partial u}{\partial z}$产生的水平轴涡度可以不断地产生倾斜，并最后转化为垂直轴的涡度。这是使强风暴具有强烈旋转特征的一个十分重要的机制。3）可以增强中层干冷空气的吸入，加强风暴中的下沉气流和低层冷空气外流，以后通过强迫抬升使流入的暖湿空气更强烈地上升，从而加强对流。4）造成一定的散度分布，有利于风暴在顺切变处不断再生，使雷暴向前传播。5）能产生流体动力学压力，在风暴右侧有利于新的对流单体生成和增长。风垂直切变是对流性风暴动力学中的一个重要因子，它在很大程度上决定着风暴的类型、强度和组织状况。如果风垂直切变弱（Bluestein，1993），则只能形成普通对流单体，当低层切变增大时，有利于形成一系列普通单体，它们可构成多单体风暴，只有当垂直切变很强时，才能形成超级单体雹暴、飑线等，因而强切变环流对于对流性风暴的背景发展是至关紧要的，对于暴雨的发展，环境风的垂直切变比强风暴要弱得多，它一般是发生在中等或较弱的风切变环境中。这是与对流性强风暴不同的地方。我们对暴雨分析发现，风速垂直切变一般都小于 $3\times10^{-3}\,s^{-1}$。如 1975 年 8 月河南特大暴雨时 1 km 至 12 km 的垂直切变仅为 $1.3\times10^{-3}\,s^{-1}$，而在大气边界层内有一支低空急流，约位于 1 km 的高度，在这高度以下风速垂直切变可达 $20\sim30\times10^{-3}\,s^{-1}$，这一支低空急流保证了大量水汽和不稳定能量输送和供应。停滞性暴雨的凝结加热，热力作用和动量混合使中高空垂直切变减小。另外，在暴雨中垂直切变不能太大。在积雨云中如果垂直切变很大，对流层上部风速甚强，大量的水滴会随风吹走，对形成暴雨不利。

(5) 云的微物理过程

由于地形和不同尺度天气系统或云系之间的相互作用，可以形成自然的播撒过程，从而使降水增强，形成暴雨。关于地形对不同高度云系播撒过程的影响将在本章第 4.5 节中详细说明，这里只简略地阐述积雨云对层状云的播撒过程及其引起的降水增幅作用（武田乔男，2005）。图 4.4 是说明这种自然播撒对降水增幅作用的示意图。由于地形的作用，在山前形成大范围层状云，其中有许多小雨滴，如果积雨云由海上或其他地区移入到这片层状云区，可以形成积雨云与层状云共存的混合云系，两种云系不同大小的雨滴将发生明显的相互作用而产生播撒过程。积雨云中前部流入的强上升气流将携带其中的大雨滴向上，通过 0℃层后转化为冰晶或雪晶，也有一部分成为过冷水滴，由于冰面的饱和水汽压小于水滴表面的饱和水汽压，积雨云中的水汽将凝华到冰晶上，使冰晶增长，由于积云雨上部的水汽减少，过冷水滴将蒸发以补充水汽，结果发生由过冷水滴向冰晶的迅速转化（这种不稳定也被称为胶性不稳定）。通过这种方式增长的大冰晶一部分随上升气流被带到云砧区，在那里下落，通过零度层后变成大水滴，以后又落入到低空的层状云层内，捕获在此层悬浮的大量小水滴而增长，最后下落到地面成为强降水。积雨云上面的另一部分冰晶则随后面的下沉气流直接落入层状云中，通过碰并过程迅速增长到大雨滴，也使地面降水增加，这种混合云不但在沿海地区山区迎风面可以观测到，在梅雨期，台风季也经常可以观测到，它使降水增幅形成暴雨。

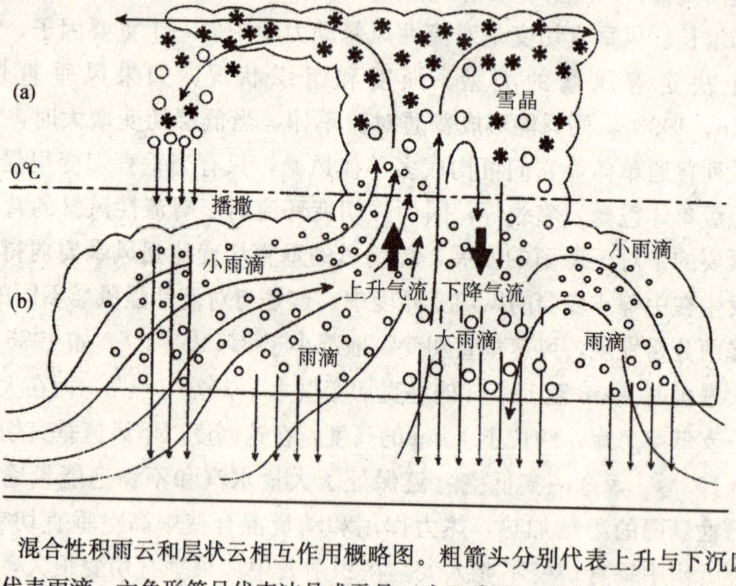

图 4.4　混合性积雨云和层状云相互作用概略图。粗箭头分别代表上升与下沉区，空白圆圈代表雨滴，六角形符号代表冰晶或雪晶（武田乔男，2005）

4.2 持久大暴雨发生的物理条件

持久性暴雨（24 小时以上）的出现要求有使暴雨持续的机制存在。24 小时内下 200～300 mm 的暴雨多数是由几个中尺度暴雨系统造成的，每个中尺度系统中包含有几个小尺度的积雨云单体、单体群和超级单体。是什么条件使得在某地区接二连三地有中尺度扰动生成，或者使某个中尺度系统在该区域内维持很久而不消亡呢？这与大尺度风场、湿度场和层结稳定度情况有关，可概括为下列 4 个方面（陶诗言等，1980）：

（1）大形势稳定　在大形势稳定的条件下，经常在二个天气尺度的降水系统相遇时，他们的移速减慢或者停滞少动。这样在这相遇的地区维持着提供中尺度上升运动的背景，使得在这地区内有多次中尺度降水系统发生或者有某个中尺度系统持久地存在着。分析表明（丁一汇，2005），在持续大暴雨发生前或发生中，行星尺度长波系统或夏季风环流一般会经历一次明显的调整过程，以后表现出异常的稳定性，持续性大暴雨即出现在长波系统稳定的时期。另一方面，持续性大暴雨的发生实际上是大尺度环流出现异常状态的一种表现，因而当暴雨发生时有关的长波系统的位置和强度必然对平均条件呈现明显的偏离。分析大尺度环流的稳定性与异常性条件是认识持久性大暴雨发生原因的前提。

（2）大范围、持续的水汽输送与辐合　持久性的暴雨要求天气尺度系统有源源不断的水汽输送，以补充暴雨发生所造成气柱内的水汽损耗。实际上，持续性的暴雨发生时，经常存在一支天气尺度的低空急流，它将暴雨区外围的水汽从大范围地区迅速向暴雨区集中。我国持久性大暴雨的水汽输送主要与夏季风的水汽密切有关，其主要来源是中印半岛和南海地区，孟加拉地区的水汽输送也起着重要作用，尤其是对于西南地区的暴雨。在 7、8 月盛夏时期，来自西太平洋副高南侧的偏东风水汽输送十分重要，尤其对北方的暴雨。在南北向的大地形（如太行山、伏牛山等）作用下，偏东风水汽输送可在迎风产生很强的持续性水汽辐合，使暴雨能获得源源不断的水汽供应。

（3）对流不稳定能量的释放和重建　强对流的发生需要有不稳定层结，一旦强对流发生后，大气中的不稳定能量就迅速释放，层结趋于中性，使对流不能进一步得到发展，要使暴雨持久，就要求在暴雨区有位势不稳定层结不断重建的机制。位势不稳定层结建立的型式是多种多样的。对暴雨过程来说，低空的非常暖湿的空气的流入是很重要的。对流层中上部冷干空气的侵入并不完全必要，一般弱的冷平流较为有利，而强的冷干平流对暴雨并不有利。有时只有低空的暖湿平流即使没有高空的冷干平流也可以重建位势不稳定层结。在天气尺度低空急流的左前方，一方面引起暴雨区水汽的输送和辐合，同时也促进对流不稳定能量的重建。除了平流作用外，我国持续性大暴雨个例的计算表明，暴雨间歇期间地表的感热与潜热通量对于重建位势不稳定也有重要的作用（丁一汇等，1997）。

(4) 季节内低频振荡的作用　在我国的多次特大暴雨过程中，都可以发现季节内（ISO）振荡的作用，主要表现为10～25 d与30～60 d周期的振荡。这种低频振荡主要反映东亚或亚洲夏季风的低频活动，另一方面也反映了中高纬冷空气的活动。季节内振荡可以决定一场持久性特大暴雨的阶段性暴雨过程，例如1991年和1998年两次江淮地区持续性特大暴雨都出现了3场强暴雨集中期；1994年华南特大暴雨出现了两次暴雨期（史学丽和丁一汇，2000），它们都是季节内低频振荡（主要是10～25 d与30～60 d振荡）影响的结果（陆尔和丁一汇，1996；Ding等，2004），因此它体现了暴雨在同一地区的重现性，从而使暴雨期十分持久。

4.3 突发性暴雨发生的物理条件

突发性暴雨是在短时间内（几十分钟到几小时）在某一局部地区突然发生的很强的集中性暴雨事件。由于它的特点是暴雨的雨强很大，且地区集中，则主要由强对流系统（如积雨云单体或中尺度对流系统）造成。但这还不够，还需要具备下述一个或几个条件才能形成强烈的突发性暴雨：(1) 在有利的天气尺度条件下，如下层有强暖湿空气供应有数个积雨云团依次发生，而迅速地向同一地点集中和合并，结果能产生很强的雨强和雨峰；(2) 发展的积雨云团在较稳定的天气尺度突发性暴雨系统气流作用下，依次沿同一路径和同一方向移过同一地区，每个积雨云团都具有强降水和雨峰，并表现为带状降雨区，可以在突发时间内观测到多次雨峰出现。上两种积雨云团活动方式，不论是积雨云团的合并还是多积雨云团通过同一路径，都可引起强烈的突发性暴雨与洪水；(3) 大气层具有很强的不稳定性（如CAPE值可达4500 m^2/s^2，这是大气中上层的冷平流和低层的暖湿空气平流造成。而且还具有使不稳定释放的触发机制（如低空辐合区、重力波、密度流、地形等)；(4) 在地形的影响或阻挡下，移入的移动性积雨云团或雨带变成停滞性，并由于地形的增幅作用使雨量迅速增大，形成很强的雨峰，这种情况经常发生在沿岸地形区域和山区的迎风坡。

突发性暴雨在我国许多地区经常可以观测到，如2004年7月10日和12

日在北京和上海分别发生的两次突发性暴雨事件，以及2005年6月10日在黑龙江沙兰镇发生的局地强对流暴雨，在几小时内其降雨量达200 mm，造成了严重的人员伤亡。在美国，由于气候条件与我国不同，更经常出现突发性暴雨，例如1970年代美国出现的几场著名特大暴雨基本上都属于突发性暴雨（丁一汇，2005），1976年7月31日—8月2日在美国落基山东侧科罗拉多州大汤姆逊峡谷地区出现了一场大暴雨，造成了破坏性洪水（Maddox等，1978），暴雨区的南北狭长带沿落基山东坡分布，最大降水量达300 mm，主要出现在8月1日0030—0430 GMT的4小时中（GMT减6小时为地方时）。在1972年6月9—10日一次类似的暴雨过程出现在拉皮特城，最大降水量达400 mm（Maddox等，1978），主要降雨发生在0400 GMT，也造成了破坏性、突发性洪水，另外在1978年8月2日在得克萨斯州的Hill Country发生了一次突发性洪水（Caracena和Fritsch，1983），24小时的总降水量达790 mm。根据研究，这3场强突发性洪水的发生具有下述几个条件：（1）可以观测不同的天气系统或要素均有明显的相互作用，结果使暴雨的中尺度系统集中发生，并停滞在同一地区，从而产生很强的降水；（2）在暴雨区上空环境风场使暴雨雨团能停留在山区2—4小时使其东南侧不断再生和发展的新单体移向西北并合并到原来存在的暴雨雨团中，在短时间内形成一准静止的中尺度强降水系统，造成大暴雨；（3）大尺度条件如存在倒一V型脊和短波槽（可产生强上升气流）和大气层结十分有利（如湿层深厚，并被干层或逆温层盖住，不稳定性很大，源源不断的水汽供应等）

美国西部地区是突发性暴雨和洪水的多发区，主要发生在7月和8月，这与西南地区季风湿空气北推有明显关系，根据这个地区61次突发性暴雨的研究（Maddox等，1980），其共同的天气和物理条件可概括如下：（1）暴雨及突发性洪水主要与对流性降水密切相关；（2）对流性风暴发生在地面高露点区；（3）存在深厚湿层；（4）云层上下的风垂直切变弱到中等程度；（5）对流风暴或单体重复形成并移过同一地区；（6）对流性风暴由一移动性高空槽启动和集中；（7）暴雨区出现在大尺度高空脊附近。这些条件对于我国突发性暴雨的发生也基本适用。

4.4 暴雨的反馈作用和突然增强的机制

强对流天气是在几种尺度天气系统相互作用的情况下发生的。造成强对流的中小尺度天气系统是在有利的大尺度环流条件下发生发展的，这是大尺度环流系统对强对流的制约作用，但是对流一旦发生，反过来又常常会影响大尺度气象要素场的分布，这种作用叫强对流或中小尺度系统的反馈作用。反馈作用是通过中小尺度系统中的强对流活动进行的，它们对动量、热量和水汽的垂直输送作用强。这种强烈的对流输送过程能影响或改变原有风场、湿度场、温度场和大气层结等，形成新的大尺度气象场，而新的大尺度气象场对对流的进一步发展有两种作用：一是增强作用，这种反馈叫正反馈；一是减弱作用，这种反馈叫负反馈。一次强对流活动要维持较长时间，正反馈过程应占优势，这使得对流活动更加强烈。因而研究对流活动的反馈作用是了解中尺度对流系统维持的一个重要方面。上述对流活动的制约和反馈作用可用图 4.5 表示。可以看到对流活动与大尺度环境间的相互作用关系（丁一汇等，1978；Ninomiya，1971）。中小尺度对流发生后，积云对流向上输送感热和潜热，使对流区上空增暖，出现暖心。例如在“758”强暴雨区上空（1975 年 8 月 5—7 日发生在河南的大暴雨，见后）600～200 hPa 有明显的增暖。同样，在强飑线上空也有明显的增暖。

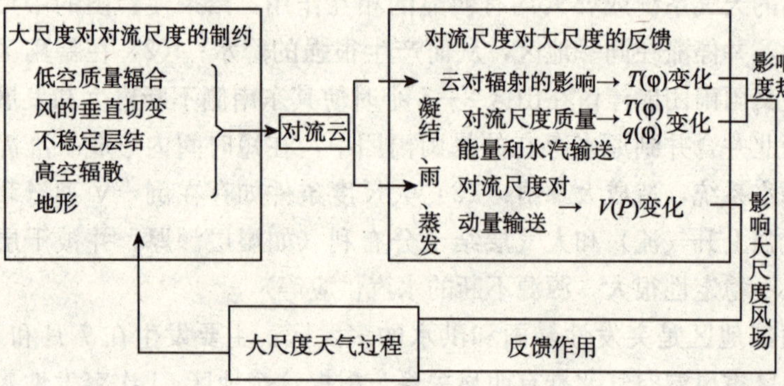

图 4.5　对流活动对大尺度环境间的相互作用（陶诗言等由“758”大暴雨研究得到）

有人计算了飑线对天气尺度环境的水汽和热力结构的影响，这种作用是作为余项计算出来的。考虑厚 50 hPa，10 km 为边长的体积内的热量收支。“—”表示该体积内的平均量，“′”表示偏差，视热源 Q_1 和视水汽汇 Q_2 分别表示为

$$Q_1=\frac{\partial\bar{\theta}}{\partial t}+\nabla\cdot\bar{\boldsymbol{V}}\,\bar{\theta}+\frac{\partial\,\bar{\omega}\bar{\theta}}{\partial p} \tag{4.3}$$

$$Q_2=-L\left(\frac{\partial q}{\partial t}+\nabla\cdot\bar{\boldsymbol{V}}\bar{q}\right)+\frac{\partial\,\overline{\dot{\omega}q}}{\partial p} \tag{4.4}$$

根据热量和水汽连续方程，Q_1 和 Q_2 与热量和水汽的对流垂直输送有密切关系

$$Q_1=\frac{L}{cp}\left(\frac{p_0}{p}\right)^k(\bar{C}-\bar{e})-\frac{\partial\,\overline{\omega'\theta'}}{\partial p} \tag{4.5}$$

$$Q_2 = (\overline{C} - \overline{e}) - \frac{\partial \overline{\omega' q'}}{\partial p} \tag{4.6}$$

式中，L：潜热；C：凝结率；e：蒸发率；忽略辐射和水平涡动通量，$\frac{\partial \overline{\omega'\theta'}}{\partial p}$，$\frac{\partial \overline{\omega' q'}}{\partial p}$ 代表由次网格尺度对流造成的热量和水汽的垂直输送。$\frac{\partial \bar{\theta}}{\partial t}$ 与 $\frac{\partial \bar{q}}{\partial t}$ 项不能忽略，对时间积分

$$[Q_1] = \frac{1}{t_2 - t_1}\int_{t_1}^{t_2}\left[\frac{\partial \bar{\theta}}{\partial t} + \nabla \cdot \boldsymbol{V}\bar{\theta} + \frac{\partial \overline{\omega\theta}}{\partial p}\right]\mathrm{d}t \tag{4.7}$$

$$[Q_2] = \frac{1}{t_2 - t_1}\int_{t_1}^{t_2}\left[\frac{\partial \bar{q}}{\partial t} + \nabla \cdot \boldsymbol{V}\bar{q} + \frac{\partial \overline{q\theta}}{\partial p}\right]\mathrm{d}t \tag{4.8}$$

计算结果表明，峰值位于强中尺度上升和强降雨区，在飑线中心周围600～300 hPa 层中加热率是 5 K/h，最大值在 8 K/h，在 700 hPa 还有第二个最大值：5 K/h，因而在飑线的成熟阶段，对流活动对飑线中心地区的加热作用是造成 5～8 K/h 增温的主要因子，这是一个很可观的数值。[Q_2] 分布是从地面随高度增加，700 hPa 达到峰值，为 8 g/（kg·h），再向上迅速减小。

凝结潜热释放使空气增温，加大气块浮力和空气上升运动。根据方程的计算，潜热项的贡献最大，可达总的 50％～80％，这表明潜热的增温作用非常重要。高空增暖使等压面抬升，形成高压脊和高压环流，并引起高空质量外流，结果在强对流区上空形成明显的辐散气流。当高空辐散流场强烈发展时，在高空（如在 250～150 hPa 层中）可发展出一个单独的反气旋环流。高空出流的加强，使负涡度增加，当达到一定量值后可产生惯性不稳定，使暴雨区高空空气迅速外流，导致地面气压明显降低，有利于低空低压系统的加强与维持，这使对流和暴雨进一步增加或增幅或使暴雨突然增强。随着高空暖区的出现，在强对流区以北水平梯度增加，据热成风关系高空风加强，结果在对流区以北，建立一强风速带，这支强风速带可加速对流区上空的高空出流及把对流区和周围空气中多余的热量带走，增加对流区层结的位势不稳定和对流区的垂直环流。在对流区，强烈的对流活动引起温度、水汽和风速的垂直分布发生变化，其结果使温度和湿度（由 θ_{se} 表示）及风速在垂直方面上的分布趋于均匀化。对流发生后，中上层切变明显减小，但低空急流加强，这是上下动量混合的结果。这是由于高空风速大，动量大，下传后使低空风速加大，因而中尺度低空急流常常是对流活动的结果。

由上面可见，中尺度对流活动对于天气尺度的反馈作用常常是很明显的，尤其是在频繁的较长时期的对流活动出现时。只要这种反馈是正反馈就可使中尺度系统得到不断发展。但是大中尺度相互作用过程中，负反馈作用的因

子也常常相应发展，当其作用大于正反馈作用因子时，或大形势有了改变时，系统就会停止发展，或趋于减弱，系统的相互作用过程也就变得不明显。

4.5 地形对我国暴雨的增幅作用

暴雨与地形有密切关系。夏季，我国各地大到暴雨日频数分布和雨量分布都受到不同尺度的地形影响，我国的大尺度地形总体上呈东低西高其间有东西向山脉（燕山、南岭等），因而在夏季盛行东南季风和西南季风时，潮湿空气受地形抬升，暴雨日数最多的地区大多位于山脉的东侧或南侧的迎风坡，如太行山、伏牛山、大别山、武夷山和燕山与南岭山地等。对于区域或局地尺度的暴雨，其雨量分布也与地形有密切关系，例如北京地处华北平原的北部，它的北部是燕山山脉，西部是大行山脉的北端，两大山系在北京西北部相交，东南部是平原，由于地形的影响，夏季暴雨出现次数最多的是在西部和北坡山坡上，这里是低层偏南风或偏东风的迎风面，气流有明显的抬升作用和地形引起的切变辐合线。

地形对暴雨的作用主要有 3 个方面：

(1) 地形对过山的气流有动力抬升和辐合作用。近地面地形的上升速度由 $\mathbf{V}_s \cdot \nabla z$ 可以算出，以后再根据经验关系求出垂直分布，据此可以算出由地形抬升造成的降水（$R=\frac{1}{g}\int F\omega \mathrm{d}p$，$F$ 是凝结函数）。一些特殊的地形如喇叭口状地形对气流有明显的辐合作用，使气流在这里汇合，从而形成强迫抬升，这种作用也可增强暴雨。许多强暴雨点都往往与这种地形有关。如 1975 年 8 月 5—7 日河南省驻马店板桥水库出现的特大暴雨（1631 mm）（丁一汇，1978）和 1963 年 8 月上旬河北省獐么出现的特大暴雨以及 1971 年 9 月 9 —11 日发生在日本纪伊半岛的一次大暴雨都是地形对降水增幅的典型例子（武田乔男，2005）（图 4.6）。在 48 小时内，位于暴雨中心的尾鹫降水量在 1000 mm 以上，纪伊半岛（名古屋附近）的山脉呈西南—东北向，当半岛东南洋面有低压或台风存在时，其北侧的东南风可把潮湿的空气和积雨云吹向沿岸迎风坡，并停滞在该处，从而造成强烈的暴雨。

地形引起的上升运动随高度逐渐减小，到了某一高度上升速度便等于零，再向上在迎风坡方向地形波引起的垂直运动变成下沉运动。设 H 是地形上升速度变成零的高度，则地形对降水的增幅作用大小与 H 的大小有关。H 大时，上升运动层厚，对流发展强，降水就大（陶诗言等，1980）。我国的几次著名特大暴雨的雨量分布都与具有相当高度的大尺度山脉有密切关

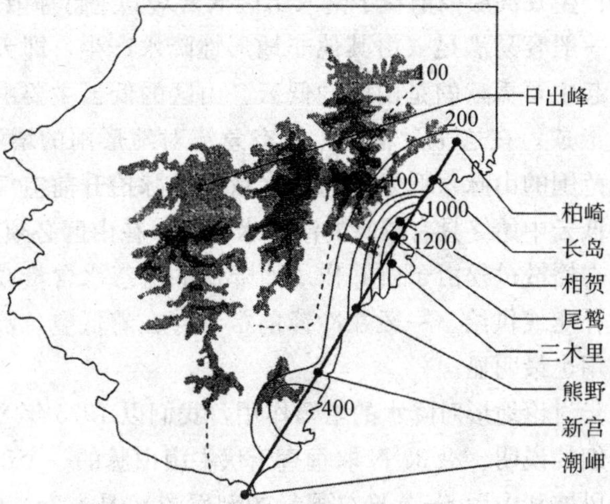

图 4.6　1991 年 9 月 9 日 0300—11 日 0300LST 在纪伊半岛（名古屋附近）形成的地形性特大暴雨的总雨量分布，阴影区是山区，等值线是等雨量线，单位：mm（武田乔男，2005）

系。如 1975 年 8 月上旬的河南特大暴雨和 1963 年 8 月上旬河北特大暴雨分别与太行山和伏牛山有密切关系，其雨量廓线与地形廓线有很好的对应关系，在山地迎风坡雨量达到最大，背风坡雨量迅速减弱，有时背风坡的雨量仅是迎风面的十分之一。另外，山坡抬升气流的大小与风向是否正交于山坡方向有很大的关系，所以在一个山区盛行风向的不同可以出现不同的暴雨落区。

（2）地形对中小尺度系统的影响。地形在一定的气流或条件下会生成中小尺度涡旋或切变线。当这种系统移出或加强时，可以造成暴雨。另外在山区，在一定气流条件下常常产生静止的中尺度辐合区，当有中小尺度系统移到山区时常可导致这些系统有强烈的发展或组织成强烈的风暴，从而造成更严重的天气。

（3）除了上述地形的机械作用外，地形能通过播撒作用影响中小尺度系统内的造雨过程。这种作用也叫地形对降水的增幅作用。至于这种通过云微物理过程产生的地形对降水增幅作用的物理过程目前还没有完全弄清楚。但不论何种天气形势下要造成地形雨必须有两个条件：第一需要有播撒的质点。它们可以是在中层增长以后融化的冰粒也可以是中层小水滴在低层潮湿空气中的水滴碰并后增长的大水滴。第二是在山区要有低云存在。这些低云中包含有许多小水滴，它们都是由于扰动气流的上升部分较弱而没有足够时间增长到降水水滴的大小。

地形雨是产生在高层播散粒子落入山区低云对其进行播散或碰并的时候。由于播散粒子一般容易满足（由其他非地形性降水产生，即天气系统降水），因而对地形雨起主要贡献的是山区的低云。山区的低云主要由正交于山脉的低空潮湿气流形成。在这个过程中，低空急流对地形雨的增强有重要作用。对于一定垂直范围的山脉，低云中的含水量与山脉抬升前空气的相对湿度有关。为了维持低云中始终具有较高的液态水含量，在山区必须有强低空急流，这样使低云中在播散过程由于碰并作用而降低的液态水含量或减少的小水滴能得到迅速的补充或供给。一般在冷锋前常常存在着低空急流，因而在锋前地形的增幅作用也最明显。

为了进一步讨论地形对降水的增幅作用，我们以 1975 年 8 月上旬河南大暴雨为例做详细的说明。沿 33°N 取垂直于伏牛山山脉的一个剖面，作出山前平原、山脉迎风坡和山后 5—7 日总雨量的剖面图（图 4.7a）。在山脉迎风坡的林庄雨量最大，达 1600 mm，山前平原地区雨量在 400～600 mm，山后雨量 200～400 mm。山脉迎风坡比山前平原雨量大 3～4 倍，比山后雨量大 4～8 倍。山前的驻马店距山脉迎风坡的林庄仅三十几千米，雨量相差非常悬殊，说明地形对降水的增幅作用是非常明显的。但是林庄比驻马店雨量大 3 倍，并不完全是地形的影响，它还和天气系统的位置，特别是中尺度辐合区的位置有密切的关系。为此，我们尽量选择这些剖面上的站散度值相近时，来比较它们的雨量。图 4.7b 是 7 日 19 时地面中尺度散度场，这时从平舆到南阳基本上都是处于一个东西向的辐合区中，特别是山前平原地区的汝南、驻马店与林庄的散度值基本相同，驻马店甚至比林庄更接近辐合中心。在 19 时前后各取一小时，作 18—20 时沿这一剖面的雨量曲线（图 4.7c）看出林庄的雨量仍然比驻马店的雨量大 2/3。因此，在板桥水库附近，地形的增幅系数可以达到 1.7 甚至更大。

在这次暴雨中，地形对降水的增幅作用，除了机械作用外，积雨云在有利地形地区得到强烈发展并和层状云相叠加的过程也是使降水增幅的重要机制，图 4.8a 为积雨云的发展情况，图 4.8b 为相应的流场及云团（或雨团）分布，图 4.8c 为与之相对应的 1 小时雨量图。在降雨最强的时候，流场是强烈辐合的，不同来向的积雨云向辐合中心汇集。地形的作用在于使积雨云发展得更为强烈并更能在同一地区持续。并且积雨云与层状云同时出现于暴雨区，通过云中微物理过程可进一步使降水增强。没有这种过程，单纯由地形机械作用造成的降水可能没有那么强烈。

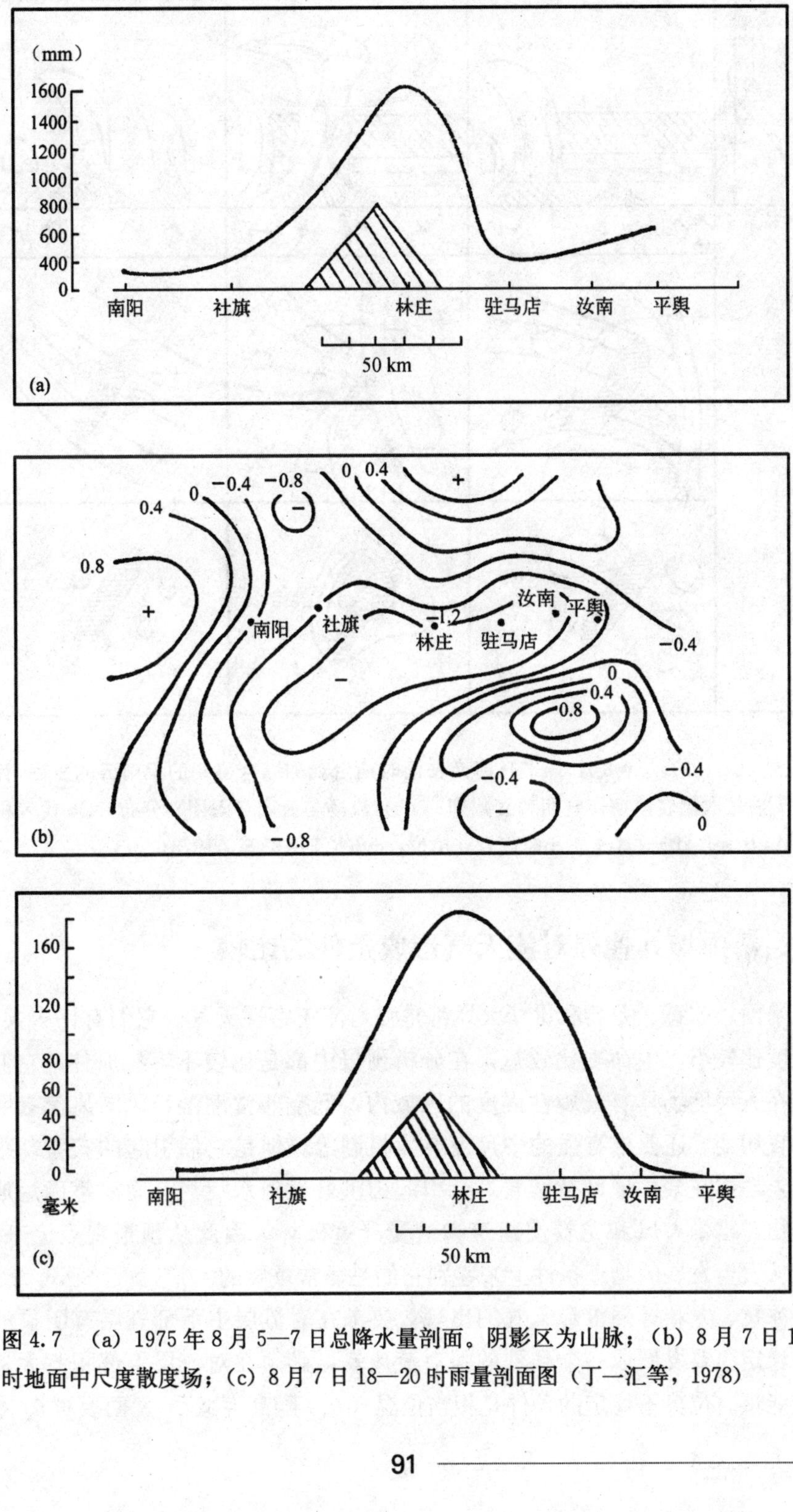

图 4.7 (a) 1975 年 8 月 5—7 日总降水量剖面。阴影区为山脉；(b) 8 月 7 日 19 时地面中尺度散度场；(c) 8 月 7 日 18—20 时雨量剖面图（丁一汇等，1978）

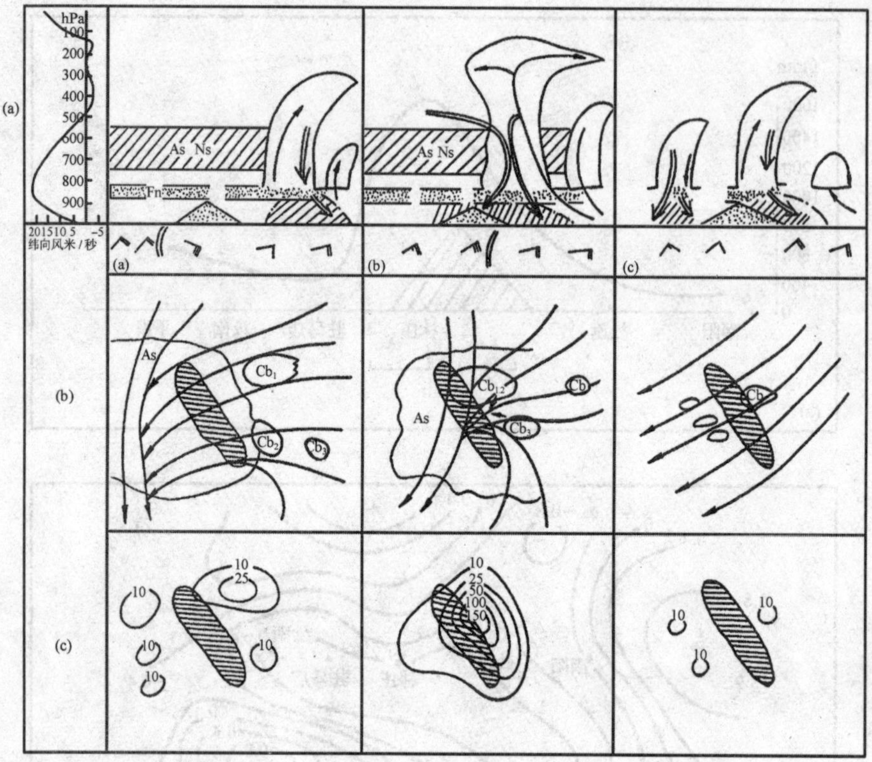

图 4.8 (a)：1975 年 8 月 5—7 日河南暴雨时期由观测综合得到的积雨云的发展情况；由左到右依次代表前期，盛期和衰减期；(b) 流场与云团（雨团）分布，Cb 代表积雨云，As 代表层状云；(c) 1 小时雨量。单位：mm（丁一汇等，1978）

4.6 暴雨与其他强对流天气形成条件的比较

暴雨、冰雹、龙卷和雷暴大风都是强对流灾害性天气。它们有许多共性，如尺度比较小、生命史比较短，在分析预报中都是比较不容易抓住，它们都出现在大尺度场具有气旋性涡度的区域内，低空非常潮湿，风向风速有明显的垂直切变，还要求有强的中尺度触发机制等。但是它们引起的灾害却很不一样，暴雨在某一地区持续着，会引起山洪暴发河水泛滥。而冰雹砸烂成片农作物，雷暴大风和龙卷使建筑物遭受严重破坏。因此从预报观点上来看，如何从发生发展的物理条件上来鉴别它们是非常重要的。

冰雹、龙卷等强雷暴天气的出现，要求在对流层中下部气层有明显的位势不稳定。要发展成一个猛烈的强对流风暴，必须在对流层下部积蓄大量不稳定能量。位势不稳定的条件是相当位温（θ_{se}）随高度减小。暴雨要求 θ_{se} 本身值较大，这主要反映对高温高湿的条件要求较高，而对位势不稳定条件就不如冰雹等强雷暴天气要求高。

在强雷暴天气中要求湿层较薄，低空很暖而潮湿，中层非常干燥。在对流层下层出现一个或两个以上明显的稳定层或逆温层，这个层次把低空比较暖湿的空气同中上层比较干燥的空气分隔开，起一个“盖子”的作用，这个逆温层的“盖子”愈强，雷暴天气也愈强烈。但在暴雨中要求湿层很厚，要求对流层特别是中下层都很潮湿。850 和 500 hPa 的气层有微弱的位势不稳定或近于中性。因此层结不稳定并不是暴雨的主要特点，但在强雷暴天气中，在 700 和 500 hPa 的气层内，有非常干燥的空气侵入雷暴区，它关系到强对流的发展和地面雷暴大风的强弱。

在强雷暴天气中要求有强的风向风速垂直切变。近地面层为弱的偏东风，上层为西风带，西风风速随高度迅速增大，一般我国雷暴形成时垂直切变达 $3\times10^{-3}\sim6\times10^{-3}\,s^{-1}$。风向风速垂直切变越大，积雨云中的上升和下沉气流越能演变成有组织的、两股对峙的、倾斜的上升和下沉气流，而不是纷乱的，上下翻动的气流，并且可以不断促使新的雷暴发生。这种条件下，对流最猛烈，并使雷暴自身向下游传播，生命时间维持也比较久，容易形成猛烈的强对流风暴，因此强雷暴预报中风的垂直切变是一个重要的指标。在暴雨天气中，整个对流层内垂直切变并不大。如 1975 年 8 月河南暴雨 1 km 至 12 km 的垂直切变仅为 $1.3\times10^{-3}\,s^{-1}$。另外，前面已经指出，在暴雨中垂直切变不能太大。在积雨云中如果垂直切变很大，对流层上部风速甚强，大量的水滴会随风吹走，对形成暴雨不利。我们对暴雨分析发现风速垂直切变都小于$3\times10^{-3}\,s^{-1}$。

上述暴雨与其他强对流天气的差异，是针对持久性（几小时－24 小时）暴雨说的。在局地雷暴中，位势不稳定甚强，风速垂直切变甚强，在几分钟或半小时内可以出现很强的降水，但这种降水是不能持久的。

丁一汇等曾比较许多暴雨和强对流风暴个例物理条件的差别（丁一汇等，1981），得到了与陶诗言等（1980）相近的结果。在强风暴情况下，在近地面附近经常存在着逆温层或等温层，而在暴雨情况下，无逆温层存在，在 700 hPa以上，强风暴的温度比暴雨情况下低得多，400 hPa 温差达 8℃。因而，由于在强风暴情况下，中上层有冷平流，其 7 km 以下的温度递减率比暴雨情况的大 1～3℃/km。强风暴的位势不稳定层较深厚，自由对流高度较高，这意味着需要更强的启动机制来使强风暴发生。但是一旦强风暴爆发，它们的发展比暴雨更激烈，更迅速。水汽含量和输送项差别也很大。例如对暴雨，地面到 300 hPa 的水汽水平辐合为强风暴时的 3 倍。暴雨发生时风垂直切变一般比强风暴小。比较其他的量如 T_{d850}，T_{d500}，T_{850}，T_{500}，θ_{se850}，θ_{se500} 可以得到：暴雨的发展主要与低层暖湿空气团有关。而强风暴的发展与中上层干冷空气团有关，两者温差可达 13℃，因而上层冷平流以及与低层暖湿空气的叠置对强风暴的爆发具有很重要的影响。

4.7 暴雨形成条件的诊断分析

暴雨是由中小尺度天气系统直接造成的，但它的发生发展是多尺度环流和天气系统相互作用的结果，因而暴雨形成是一个十分复杂的问题，通过前面暴雨物理条件的分析，对于暴雨形成的诊断分析可以从 8 个方面考虑：

（1）考察大尺度行星环流变化

首先考察大尺度行星环流的变化，确定在起始时刻和前期环流形势属于哪一种暴雨的环流型。尤其是 2 天以上的暴雨，行星环流分布具有十分重要的作用，不但要分析欧亚中高纬环流是否会出现有利于暴雨的环流型（如对长江流域的暴雨是否会出现两脊一槽的环流型；东亚地区是否会出现高—低—高的经向环流异常分布），同时还要分析亚洲或东亚夏季风活动的情况（如是否处于活跃期，其季节内振荡的演变如何等）以及副热带高压的变化（如副高是否西伸，北跳，并形成东阻型（下游阻挡）形势）。要特别关注行星尺度环流的稳定性和出现大范围调整的可能性。只有大尺度行星环流的演变分析清楚了，才能掌握暴雨发生的背景和可能性。长波稳定性指数（见第 3 章）的计算对于诊断大尺环流的演变是十分有用的。

（2）识别和追踪降水天气系统的演变

降水天气系统如锋面、气旋、高空槽，台风、高空冷涡等虽不是直接造成暴雨的天气系统，但它们是影响中小尺度天气系统活动与造成不稳定层结的主要系统。追踪它们的移动速度、结构和强度变化以及与其他环流系统的相互作用对于确定暴雨区的潜在发生地区和强度是十分重要的。如对降水系统的移动变化，可考察是否会受到下游系统的阻挡而变成停滞，主要移动方向与引导气流的偏离有多大等。对于降水系统的结构主要是分析降水系统内主要气流的分布，尤其是主要上升气流的位置（所谓暖输送带）。这需要进行等熵分析得到等熵面的相对气流分布。降水天气系统强度演变的分析有多种方法，关键是考察所关注的降水天气系统在未来是减弱还是加强，尤其考虑是否会有突然或爆发性发展（如气旋发展，强烈的锋生，台风的迅速变性为温带气旋，高空冷涡的向下伸展等），位涡分析是一个重要的方法，位涡是一个将热力和动力作用结合的物理量，可综合反映降水天气系统和相关暴雨的形成和发展条件。在 P 坐标下忽略 ω（垂直速度）的水平变化，干位涡的表达式为：

$$PV \approx -g(\zeta+f)\frac{\partial\theta}{\partial p}+g\left(\frac{\partial v}{\partial p}\frac{\partial\theta}{\partial x}-\frac{\partial u}{\partial p}\frac{\partial\theta}{\partial y}\right) \tag{4.9}$$

式中 g 是重力加速度，ζ 是相对涡度，f 是地转涡度，θ 是位温，u，v 是风的纬向与经向分量。(4.9) 式的右侧第一项是正压项，第二项是斜压项，一般来说，斜压部分对于位涡的贡献很小。诊断分析表明，当 $PV>0$，大气对称稳定，$PV<0$，大气对称不稳定，降水系统有可能发展。相关的强降水总是位于干位涡比较小的地区。由于降水系统中有大范围饱和空气区，最好用湿位涡（MPV）分析。它有类似于（4.9）式的表达式：

$$MPV \approx -g(\zeta+f)\frac{\partial\theta_e}{\partial p}+g\left(\frac{\partial v}{\partial p}\frac{\partial\theta_e}{\partial x}-\frac{\partial u}{\partial p}\frac{\partial\theta_e}{\partial y}\right) \tag{4.10}$$

式中 θ_e 是相当位温。诊断分析表明，如 $MPV>0$，大气是湿对称稳定，$MPV<0$，大气是湿对称不稳定，降水系统可能发展，相关的强降水总是位于湿位涡负中心暖气流一侧。详细的位涡分析请参看文献（Martin，2006；丁一汇和沈新勇，2006）。

（3）高低空急流的耦合分析

在第 3 章中，阐述了高低空急流次级环流耦合对于天气系统发展和降水增强的作用。关于低空急流对暴雨的作用过去已有清楚的认识，但对高空急流（西风带副热带急流和东风急流）及其与低空急流耦合对暴雨的作用认识不够。降水天气系统及相关暴雨区的发展经常出现在高空气流入口区右侧或出口区左侧以及低空急流左侧，由于低空急流常常是由于高空急流诱生的，所以它们之间的耦合（主要在西风急流中心出口区）对于诊断降水天气系统的发展是很重要的。在华南地区，有时会受到热带东风急流的影响，在其入口区右侧是上升运动的地区，它对暴雨有明显的增加作用，这在分析长江以南的暴雨个例时需要加以注意。

（4）暴雨触发条件的分析

暴雨的发生需要触发条件，它的作用是能够产生最大的抬升力，使气块的垂直位移足够大以能够到达自由对流高度（FCL）。能够起到暴雨触发作用的天气系统可以是天气尺度系统或中尺度系统，由于中尺度系统具有更强的上升运动，其触发作用更有效。中尺度触发过程可以分成 3 种条件（Jhohson 和 Emapes，2003）：局地条件、平流条件和动力条件。局地条件有边界层环流、地形作用等，平流条件有各种辐合线如冷锋，阵风锋，海风、湖风，干线（或露点锋），以及多种边界线的交叉点如锋面相遇，海风与盛行风相遇，弧云线与其他边界相互作用等；动力条件有重力流、重力波、边界层水平对流滚轴云等。触发条件的分析有时是困难的，借助于地面的分析以及卫星云图与雷达回波图可以识别一些中尺度触发条件。例如根据卫星云图可以发现在早晨云区的边界最易在午后引起雷暴活动和对流性降水。

（5）上升运动区的诊断

垂直运动的分布与暴雨或强对流区有明显的关系，它不仅是暴雨的一种触发机制，而且是暴雨持续的必要条件。暴雨区一定是位于上升运动区，但不一定是与上升运动最大中心一致。诊断垂直运动的最简单方法是直接用连续方程计算垂直运动（丁一汇，1989），但根据这种方法无法分辨是什么原因引起的上升运动，为此可以用 ω 方程进行诊断。在 ω 方程中，涡度平流和温度平流都是主要的强迫函数，它们的垂直变化或水平分布都可以产生明显的上升运动，一般认为 500 hPa 或 300 hPa 强的正涡度平流和对流层下部的暖平流更为重要，对于中纬度天气尺度运动，可以用准地转 ω 方程，但对副热带与热带地区（10°N 以北）最好用完全的 ω 方程。除了 ω 方程外，Q 向量也常用来诊断垂直运动分布。

（6）水汽辐合和湿层变化的计算和分析

对于持续性暴雨，大范围水汽通量与水汽辐合的计算尤为重要，它可以确定水汽的来源与可能的暴雨区，暴雨区一般与整层（地面－300 hPa）水汽辐合区及其演变有很好的对应关系，并且随着水汽输送和辐合的加强，可以分析暴雨区湿层的变化，湿层的增厚是暴雨发生的一个重要先兆条件。对于大范围水汽辐合的计算也可用水汽通量流函数和水汽通量势函数计算，它们分别可表示水汽的来源和辐合情况。

θ_{se} 或 θ_e 图的分析对于了解湿层的变化与气团温度的状况很有用处（陶诗言等，1980）。暴雨和强对流天气出现在高温高湿区域，对暴雨来说，还要求湿层很厚。θ_{se} 是个同时表征温度和湿度的参数。要注意 850、700 和 500 hPa 等线高值区重叠区域，等（$\theta_{se500}-\theta_{se850}$）线表示层结的位势不稳定，如果（$\theta_{se500}-\theta_{se850}$）负值区与 θ_{se500}，θ_{se700}，θ_{se850} 高值区重合，这就是高温、高湿位势不稳定的区域，这个区域对暴雨生成最有利。

在 850 hPa 上等 θ_{se} 线的分布还能表示锋的位置，在夏季在 850 hPa 上等温线分布很稀疏，不容易确定锋的位置，而 850 hPa 等 θ_{se} 线密集的区域常常是锋的位置所在，并且 850 hPa 锋的位置常常沿着某一特定的 θ_{se} 线，根据这条 θ_{se} 线的移动，可追踪锋的移动。

在日本作暴雨预报时，很注意 850 hPa θ_{se} 高值区的 θ_{se} 数值，他们发现夏季 $\theta_{se850}<320$ K 代表极地气团，$\theta_{se850}>330$ K 代表热带海洋气团（TM），$\theta_{se850}>340$ K 代表赤道气团（E），而日本的暴雨都是发生在 TM 和 E 气团之中。

这个数值对我国东部地区，大体上也适用。在日本的暴雨预报中，还有一条经验是：当 850 hPa 和 500 hPa 的 θ_{se} 达到 337 K 以上，同时从数值预报图看出，在未来 12 小时内，如果这个 θ_{se} 高值区是个上升区域，则在这个区域中，未来 12 小时出现大于 50 mm 的大雨可能性甚大。至于稳定度指标并不关键。暴雨可能出现在 $\theta_{se500}-\theta_{se850}$ 负值区或正值区。前者称作不稳定性大雨，后者称作稳定性大雨。而 θ_{se850}，θ_{se500} 同时达到 337 K 以上是个临界条件。

(7) 大气层稳定度分析

表征大气层稳定度的参数有很多，如 K 指数、肖沃特指数、总指数、理查森数、CAPE 等，根据这些指数的计算值可以判断强对流天气和暴雨发生的可能性，但是仅计算不稳定指数是不够的，尽可能利用静力稳定度方程分析平流过程对大气层结稳定度的影响，如果只考虑温度场对大气稳定度 $\left(\frac{\partial T}{\partial p}\right)$ 的影响，其公式为：

$$\frac{\partial}{\partial t}\left(\frac{\partial T}{\partial p}\right)=-\frac{\partial}{\partial p}\left[V\cdot\nabla T+\omega\left(\frac{\partial T}{\partial p}-\frac{R}{c_p}\frac{T}{p}\right)\right]+\frac{\partial}{\partial p}\left(\frac{DT}{\mathrm{d}T}\right) \tag{4.11}$$

如果考虑温度平流和水汽平流，则大气稳定度 $\left(-\frac{\partial\theta_e}{\partial p}\right)$ 的方程为：

$$\frac{\partial}{\partial t}\left(-\frac{\partial\theta_e}{\partial p}\right)=\frac{\partial}{\partial p}\left[V\cdot\nabla\theta_e+\omega\frac{\partial\theta_e}{\partial p}\right]+\frac{\partial}{\partial p}\left(\frac{\mathrm{d}\theta_e}{\mathrm{d}t}\right) \tag{4.12}$$

上两式中右边第一项即为温度平流和温度与水汽平流的垂直差异项，上下层的平流差异愈大，层结的变化愈大。

前面已经指出，位势不稳定层结的建立和重建主要取决于高低层水汽和热量平流的差异，即高层冷平流，或干空气平流，低层是暖平流或湿空气平流，或中低层比上层增暖更明显。要造成明显的平流差异应具备两个条件，即要有明显的垂直切变和明显的水汽和温度差异（即差异大）。例如美国中西部是强风暴经常爆发的地区，在这时对流层上部和下部不同的平流过程是建立不稳定的主要因子。当高空槽从西面接近时，在大平原上南风加强，并且由于地形的作用在落基山以东常有气旋生成，这也使南风加强，结果使暖湿空气从墨西哥湾迅速地向北平流，形成湿舌，相应在高空有偏北或西北冷空气平流其上或由西南或南面有干暖空气平流其上，并有下沉运动，这使逆温层加强，建立强位势不稳定层结。

在不同的天气形势下平流过程对于暴雨和强雷暴的发生是一个重要条件，有时平流过程以水汽平流的贡献为主，有时以温度平流的贡献为主。平流过程不但可使大气层结变得不稳定，还可形成风垂直切变以及建立逆温层。例如有些雷暴是发生在高空冷中心（冷涡或冷槽相对应）与低空暖脊或暖舌相叠加的地区，有些出现在高空冷中心与低空湿舌相叠加的地区。在位势不稳定建立过程中低空急流起着重要作用，它可以迅速带来暖湿空气，并且在其前方有强水汽辐合，在边界层中造成显著增暖增湿。在这种情况下，以前的稳定层结区，往往只需要12小时就可转变为极不稳定的层结。另外当热带湿空气迅速从低层向北推进时，在近地面层能形成越来越湿的热带空气层，这时也能迅速地建立起不稳定层来。例如1974年6月17日影响南京的飑线出现前，500 hPa明显降温。15日20时到17日08时从－3.9℃降至－6.7℃。而700 hPa是暖脊，造成增温。另外1974年4月12日常德地区飑线出现前地面ΔT_{24}＝＋4℃，而600 hPa以上ΔT_{24}＝－18℃并且变得干燥。

在有些情况下平流不是造成位势不稳定的主要原因，而是以地面加热为主，这常出现在夏季长期由热带海洋气团控制的地区或雨后比较湿润的地区。例如1977年6月28日下午在长沙飑线出现前，由于前期下雨，整层非常潮湿，$T-T_d$很小。但下午地面强烈增温，08－15时，增湿（水汽压）结果造成了明显的位势不稳定层结，形成飑线。

为了了解单站的大气稳定度，有时在热力学图表上分析几个代表性台站的探空曲线以了解大气稳定度状况也是很有用的。

(8) 中尺度不稳定分析

中尺度不稳定中最重要的是对称不稳定（SI），如对饱和空气可用条件对称不稳定分析（CSI）。根据SI或CSI分析可以确定中尺度雨带可能发生的地区与层次。这在前面已做了说明。

根据上面8个方面的分析，可以给出暴雨区各个物理量和影响系统的综合概括，从这个概括中可一目了然地看出影响天气系统和各种物理因子对所分析暴雨的作用。

第5章 暴雨灾害的影响和评估

5.1 暴雨洪涝灾情分析

我国各主要江河流域是洪涝灾害发生的集中地区，而这些地区的洪水又大多由一场或数场的大暴雨造成，如1954年，1991年，1998年，2003年等。长江流域和淮河流域等地都发生了非常严重的暴雨洪涝灾害，给国民经济和人民财产安全造成了巨大损失。下面我们就以江淮流域为例，介绍几次大的暴雨洪涝所造成的巨大灾害情况以及说明暴雨与洪水灾害的密切关联。

1954年长江中下游和淮河流域发生了19世纪以来全流域最大的洪水。当年长江中下游地区雨季开始早，洞庭湖和鄱阳湖水系自4月就开始出现大雨和暴雨，进入汛期。华南的西江向北到到长江南岸的大部分地区5月降水超过300 mm，鄱阳湖水系、钱塘江上游的雨量在500～700 mm。洪水也比一般年份早，5月下旬乌江、嘉陵江和岷江相继出现洪峰，城陵矶以下水位迅速上涨，江、河、湖泊前期水位较高。6月长江流域大部分地区降水超过200 mm，全流域降水都比常年同期高。长江上游的金沙江、岷江、乌江连续出现洪水。洞庭湖、鄱阳湖水系也不断发生洪水，入江水量剧增。九江、汉口分别在6月16、26日超过警戒水位，长江中下游汛期全面紧张。7月，强降水中心向北扩大，达到淮河流域以北，强降水中心位于淮河流域，降水超过600 mm，比常年同期偏多300 mm。8月主要雨区在四川盆地和汉水流域，降水量在200 mm以上，最大降雨中心位于岷江和沱江中下游，降水值超过300 mm，比常年偏多100 mm。异常长的梅雨期使长江全流域和淮河流域夏季降水都超过800 mm，比常年同期偏多300 mm，江淮流域的降水甚至超过1000 mm，比常年同期偏多500 mm。在整个6—8月，长江上游降水距平百分率高达

20%，中下游为76.5%。6月长江中下游及其以南地区的部分站点暴雨日数高达5天，暴雨雨量占6月总降水量的50%以上，部分地区超过60%，充分说明了暴雨的强度大。7月，暴雨区向西南和东北方向扩展，长江上游部分地区暴雨的比例高达50%以上，比多年平均暴雨所占的比例超过20%。发生在江淮流域的此次洪水，使干堤决口60多处，湘、鄂、赣、皖、苏5省有123个县受灾，江汉平原和岳阳、黄石、九江、安庆、芜湖等城市受淹，4755万 hm^2 农田受淹，受灾人口达1888万，死亡3万余人，损坏房屋427.6万间，京广铁路100天不能通车。

1991年6月中旬前期淮河干流西侧及以南地区连降暴雨，王家坝、颍上、寿县、蚌埠一带出现了300 mm以上的强降水，使得江淮流域的江、河、湖泊水位暴涨，流量加大，造成严重的洪涝灾害。6月13日王家坝闸前水位上升到27.17 m，6月14日水位上升到29 m。6月底至7月3日，连续四场强降水从上游开始迅速向下游扩展，使已饱和的河、湖、库容量增加近 $2.5\times10^{10}m^3$ 来水。当上游和淮南山区形成的洪峰向中游推进时，7月5—6日在中下游沿淮地区出现了一次强降水，强降雨中心先出现在上游，随后向中下游扩展，中游平原地区形成峰上叠峰，水上加雨，使淮河中游水位居高不下。

1998年夏季，我国主要的三大流域：珠江、长江、嫩江和松花江流域出现了大范围洪涝灾害，长江流域更是出现了继1954年以后的最大一次全流域特大洪水。1997年11月到1998年3月我国淮河以南大部分地区降水在400 mm以上，强降水主要出现在江西中北部、浙江西部、福建西部、湖南东北部及安徽西南部，较常年降水偏多100%～150%。其中江西的南昌、贵溪、上饶、宜春降水量都在1000 mm以上，是20世纪50年代以来同期最大降水。初春我国南方的异常多雨使许多江河、湖泊在汛期之前就到达较高的水位。5月8—15日，降水主要集中在江淮流域。6月和7月长江中下游出现了两段梅雨期。6月降雨主要在江南地区，降水中心位于湖南东部、江西和浙江西部地区，降水量超过600 mm，比常年同期多300 mm以上。该月长江全流域的降水都比常年同期偏多。其中6月12—28日是长江中下游的第一段梅雨期。在此时段内，华南普降连续性暴雨到大暴雨。6月12—17日降水主要在广西北部和南部的钦州。6月18—26日降水集中在广东恩平到阳春一带，其中恩平良西水库和阳春7天降水量分别达1521 mm和1271 mm。受持续性大暴雨的影响，鄱阳湖、洞庭湖水系发生洪水，两湖洪水汇入长江干流，致使长江中下游监利以下水位迅速上涨。九江、汉口水位6月中旬开始猛涨，分别于6月25、28日超过警戒水位。7月，长江全流域降水仍比常年偏多，其中长江上游的金沙江和长江中游的鄱阳湖水系洪涝最严重。7 月 2 日长江第一次洪峰通过湖北省宜昌市，城陵矶水位接近 1996 年出现的历史最高水位。7 月上中旬长江中下游的梅雨中断，水位下降，但长江上游出现了中到大雨，7 月 18 日长江第二次洪峰通过宜昌。7 月下旬第二段梅雨开始，长江中游出现了第二次持续性强暴雨，加剧了长江水位的迅猛上涨。7 月 25 日长江上游的第三次洪峰通过宜昌，来自洞庭湖、鄱阳湖水系的洪水与长江上游来的洪水相遇，雨洪叠加，长江中游的水位继续上涨，九江、汉口分别在 7 月 26、27 日超过历史最高水位，长江中下游水位普遍高于 1954 年。8 月以来，长江上游的四川、重庆等地降水频繁，致使洪峰迭起，8 月 7、12、15、25 和 31 日在长江上游出现了 5 次洪峰。这 5 次洪峰维持了长江中游的高水位，长江干流异常高水位以下河段 8 月份一直持续超过或接近历史最高水位。高水位使长江中游多次出现险情，8 月 3 日湖北嘉鱼出现溃堤，8 月 7 日江西九江出现溃堤。在此次洪灾中，长江干堤出现各类险情 9000 多处，松花江干堤出现各类险情 6000 多处。全国有 29 个省、市、自治区遭受了不同程度的洪涝灾害。江西、湖南、湖北、黑龙江、内蒙古、吉林等省、自治区受灾最重。据统计，当年全国农田受灾面积 2229 万 hm^2，成灾面积 1378 万 hm^2，死亡 4150 人，受灾人口达 2.3 亿之多，倒塌房屋 685 万间，直接经济损失 2551 亿元。全国有 800 多万群众，36.24 万解放军和武警官兵参加了抗洪抢险。

2003 年 6 月 20 日—7 月 9 日，受强对流天气影响，淮河流域的安徽、江苏、河南等省的部分地区出现大暴雨，淮北及江淮东部的降雨量超过了 400 mm。长时间持续强降雨导致淮河安徽段出现 1991 年以来的最大洪水。6 月 21 日，我国主要降水带从华南、江南南部北跳到淮河流域，并在此地区持续长达 30 天之久。6 月 21 日—7 月 22 日，淮河流域共出现了 7 次强降水过程，降水总量一般有 200～500 m，其中安徽北部、江苏中北部达 500～700 mm。安徽北部、河南东南部、江苏北部等地降水总量普遍比常年同期偏多 1～2 倍，局地偏多 2～3 倍。在整个 6—7 月，淮河流域的暴雨日数（含大暴雨）为 3～8 天，多于常年平均值 1～2 倍。流域内大部分地区下了大暴雨，其中部分地区出现 2 次以上，如河南新县在 6 月 30 日，7 月 8 日和 6 月 22 日发生了三次大暴雨，降水总量为 378.8 mm，安徽太和于 6 月 29 日和 7 月 3 日发生两次暴雨，降水总量为 363 mm，其中 7 月 3—4 日 24 小时的降雨量为 249.3 mm，接近特大暴雨量级。受降雨影响，当年淮河干支流先后出现了三次明显的洪水过程。第一次洪水过程发生于 6 月底到 7 月上旬，淮河干流河段水位全线超过警戒水位 0.13～3.02 m，淮河干流王家坝以下河段最大流量全线超过 1991 年最大流量。7 月中旬，淮河干流发生第二次洪水过程，息县以下河段水位超过警戒水位 0.55～3.35 m，其中正阳关至淮南河段水位超历时最高水位 0.15～0.49 m。淮河干流润河集至鲁台子河段最大流量均超过 1991 年最大流量。7 月下旬，淮河干流发生第三次洪水过程，息县至鲁台子河段水位超过警戒水位 0.16～2.36 m，但均低于保证水位。由于受怀洪新河分洪影响，蚌埠河段洪水提前下泄，淮河干流淮南以下河段没有出现明显的洪峰。据安徽、江苏、河南 3 省民政厅统计，农作物受灾面积 551.5 万 hm^2，成灾 364.3 万 hm^2，绝收 129.9 万 hm^2；受灾人口 6344.5 万人，成灾 4263 万人，231.2 万人被洪水围困，紧急转移安置 219.9 万人，死亡 33 人；倒塌房屋 97.2 万间，损坏房屋 127.7 万间；直接经济损失达 404.4 亿元。

5.2 暴雨灾害成灾因素分析

暴雨的发生主要是受到大气环流和天气、气候系统的影响，是一种自然现象。但暴雨对社会的生产、生活是否造成灾害，则取决于社会经济，人口，防灾抗灾能力等诸多因素，因而暴雨灾害的发生不仅有其自然的原因，而且有其社会和人为因素的影响。能够产生洪涝灾害的暴雨被称为致洪暴雨，这是防灾减灾部门最为关心的。

自然因素主要包括天气和气候影响，地理环境和地势位置等。天气和气候因素是引发暴雨的直接原因，这在前面的章节中已有了详细的介绍。需要指出的是，天气和气候也造成了各地区暴雨时空分布的差异。我国幅员辽阔，南北跨越了 30 多个纬度，东西延伸了 50 多个经度，从南到北形成了包括热带、亚热带、温带和寒带在内的不同气候带，并由此造成了各地区的温度和降水分布的巨大差异。在这样的气候背景之下，我国的暴雨也在整体上呈现出东南部地区频率高，强度大，而西北部地区频率低，强度小的分布特点。在暴雨频发，强度较大的地区，暴雨易于成灾，灾害的危害性也相对较大；相反，在暴雨较少发生而强度较弱的地区，暴雨不易成灾，灾害的损害相对较小。

当暴雨发生以后，地理环境成为影响灾害发生的重要因素。地理环境包括地形、地貌、地理位置和江河分布等。我国面积广大，地形复杂，既有高原和大山，也有平原、盆地和丘陵。不同的地形对暴雨形成灾害的影响是不同的。高原和山地由于其阻挡作用，常常会形成绕流和爬流等，易于引发暴雨。同时，高原和山地在暴雨的作用下，最易诱发滑坡和泥石流等次生灾害。虽然居住在这些地区的人口较稀少，然而一旦强度大或持续时间长的暴雨发生，就容易引发山洪和泥石流等灾害，轻则冲毁公路，阻断交通，重则淹没房屋，伤害人命。一些灾害个例表明，山洪或泥石流的发生在一瞬间都能毁灭整个村庄，造成的人员伤亡是非常惊人的。如 1981 年 7 月 27 日辽东半岛发生了特大暴雨山洪，12 小时最大雨量达 646 mm，盖县、新金两个县城的部分公社和大队遭受了毁灭性的损害，共有 1835 间房屋被冲毁，664 人死亡。

盆地和山间平川地带一般来说地面坡度较大，沿河多为阶梯台地，排水条件较好，洪水浸淹范围有限，不致造成重大灾害。然而，如果遇到高强度，大范围的暴雨，尤其是持续性大暴雨，就容易发生大水没城的严重灾害。并且，盆地和山间平川地区工农业都比较发达，人口增长迅速，与水争地的情况日益严重，加重了这些地区的暴雨灾害脆弱性。如 1983 年 8 月的特大暴雨洪水，使安康城遭遇到毁灭性的灾害，城内除 40 多幢高层楼房完好外，9 万多间平房破坏殆尽，淹死 870 余人，8 万多人受灾。

平原地区由于其地势平坦，面积辽阔，较少发生以冲击性为主的山地灾害，而以漫渍型的涝灾为主。我国的平原集中分布在东部，包括东北平原、华北平原、长江中下游平原和珠江三角洲平原等，在这些平原上分布着我国几条大江河的中下游，如长江、黄河、珠江、淮河、松花江、海河等。由于我国江河的洪水主要来自上、中游的山地和丘陵地区，其进入平原后峰高量大，与河道的泄洪能力之间存在很大矛盾，因此导致了平原的洪涝灾害。洪水泛滥以后，水流扩散，因为平原地势，行洪速度缓慢，一般造成的人员伤亡较少。但平原地区经济发达，人口密集，分布着北京、上海、郑州、长沙、南京、福州、广州等重要的城市和政治经济文化中心，因而一旦发生暴雨或持续性大暴雨，其造成的巨大经济损失和对社会生活的破坏程度不是其他地区所能相比的。可以说，平原优良的自然条件和适宜人类居住及发展的特点也恰恰构成了一个重要的成灾原因。

地形走势对暴雨成灾也具有重要的影响。我国地势西高东低，按海拔高度自西向东形成了三级阶梯：最高一级阶梯为海拔 4000 m 以上的青藏高原，包括了昆仑山、阿尔金山、祁连山、唐古拉山等高大山脉。这一阶梯地处内陆，海拔高峻，气候严寒干燥，降水量稀少，以降雪为主，加之这些地区人烟稀少，因此在这些地区基本不存在暴雨灾害。我国的第二级阶梯主要由各大高原组成，包括内蒙古高原、黄土高原、云贵高原等，也包括了一些大的山系（如天山和秦岭等）和盆地（如四川盆地）。高原和山系会对气流产生阻挡作用而产生暴雨等强烈的降水过程。更重要的是，高原和山地由于其地质特点，如土质疏松、山石裸露等，在暴雨等强降水过程的冲刷之下，很容易发生泥石流和滑坡等，引发巨大的灾害。在大兴安岭、太行山、巫山和雪峰山以东地区为我国的第三阶梯，主要由大平原和丘陵组成，包括东北平原、华北平原和长江中下游平原等。这些地区受季风气候影响显著，降水丰沛，暴雨多发，且由于气候适宜，土壤肥沃等优良的自然条件，成为人口聚居的经济、政治和文化中心地区。暴雨的频发，加之地势平坦，很容易造成洪水和渍涝灾害，对社会和经济造成巨大的损害。

人为因素对暴雨洪涝灾害的影响主要表现在以下方面：(1)破坏森林植被，引发水土流失。森林具有良好的蓄水作用，一方面森林可以截流降水，一般截流量为20%，且枯枝落叶层也能吸收大量水分；另一方面，森林的土壤渗透率高，蓄水性好。据估计，1万亩*森林的蓄水能力相当于一个蓄水量为100万 m^3的水库。森林植被还可防止水土流失，调节气候。然而，随着人口的增加，对森林乱砍滥伐，林区面积逐渐减小。以长江流域为例，建国初期长江上游的森林覆盖率为30%～40%，而到现在，仅为10%左右。森林的破坏，直接导致水土流失，河道泥沙淤积，河床抬高，使得河流及其周边地区的调洪、蓄洪能力减弱，水患成灾。

(2)围湖造田，影响蓄洪能力。筑堤围湖，围江河湖滩造田等，会导致湖泊的数量减少，河流不畅，蓄洪能力大大下降，一旦连续性暴雨出现，大量的降水就汇流入河，造成河水暴涨，泛滥成灾。填湖造田是湖泊萎缩的直接原因，而近年来，在市场经济的推动下，又兴起了围湖建房，进一步加剧了湖泊面积的减少。据专家推算，如湖泊不被大量围填，就可保持较强的蓄洪能力，有些地区即使发生了持续性大暴雨，也可避免暴雨成灾。

(3)侵占河道，流水不畅。人类活动一方面不断破坏生态环境，致使大量泥沙流入河道，抬高河床，流水不畅；另一方面大量侵占耕地，使能够吸纳水分的土地面积不断缩小。一旦发生了大暴雨，河水猛涨，因阻水建筑影响，洪水下泄不畅，就很容易形成破堤、管涌，造成大量损失。例如1998年九江市大堤坝防洪墙决口事件，除防洪墙施工时偷工减料外，诸多违章建筑造成水流不畅，形成漩涡也是原因之一。

(4)防洪设施标准偏低。除黄河防洪标准为60年一遇外，其他大江大河大湖的堤防标准一般只有10～20年一遇，大部分城市防洪标准只有20～30年一遇。一旦遭遇历史罕见洪水发生，则必然酿成大水灾。

(5)大中城市过量抽取地下水，引起地面沉降，加剧了城市洪涝险情。据统计，1949年以来，上海市地面已沉降2.0～2.5 m，苏州、无锡、常州地面平均下沉0.5～0.6 m，这样更加剧了大中城市的洪涝险情。

---

* 1亩=666.6 m^2

5.3 暴雨灾害的社会和经济影响评估

我国是世界上洪涝灾害最严重的国家之一。我国约有三分之二的资产，二分之一的人口，三分之一的耕地分布在受洪涝灾害威胁的区域内。暴雨洪涝灾害对社会和经济的影响十分巨大。每年汛期，暴雨洪涝的发生不但成为中央和地方政府极为关心的灾害，而且也是全国人民共同关注的重大灾害，尤其是在快速发展的经济社会条件下，每一次重大暴雨洪涝灾害都牵动着全国人民的心。

5.3.1 经济损失

暴雨洪涝灾害会对经济和社会产生重大影响。其中，经济损失是可以计量的。通过对暴雨淹没农田造成作物减产甚至绝收，淹没房屋、设备、物资等施舍，迫使工厂、企业和商店等停产停工等造成的损失进行评估，可以将损失量换算为货币量。暴雨洪涝灾害所造成的经济损失是非常巨大的，以1998年长江、松花江、嫩江等发生的全流域性特大洪水为例，全国共有29个省（区、市）受到洪涝灾害的影响，受灾严重的有11个省（区、市）。全国因洪涝灾害受灾人口达1.8亿人（次），成灾1.2亿人（次），因灾害死亡4150人，紧急安置转移1839.3万人，经济损失达2550.9亿元。暴雨洪涝首先会对农业生产造成经济损失。据统计，1950—2000年，我国多年平均受灾面积约为920万hm^2，约占全国播种总面积的6.4%，其中成灾面积约为513万hm^2，约占全国播种总面积的3.6%。近50年我国的洪涝灾害发展具有面积增加和危害加重的趋势，各年代全国平均受灾面积依次为740万hm^2、760万hm^2、540万hm^2、1047万hm^2、1467万hm^2，成灾面积依次为460万hm^2、460万hm^2、233万hm^2、560万hm^2、833万hm^2。我国的洪涝受灾和成灾面积在近50多年明显的增加了。1949—1993年期间，我国粮食总产量平均增长率为3.43%，但如果遇到严重洪涝灾害，粮食总产量的增长率就会出现大幅度的下降，例如1954年遭受大范围水灾，全国农田受灾面积1613.1万hm^2，其中成灾面积1130.5万hm^2，该年粮食增长率为1.61%，远远低于1949—1952年间的平均增长率13.2%；1991年也是洪涝灾害比较严重的年份，全国农田受灾面积2459.6万hm^2，成灾面积1461.1万hm^2，粮食总产量的增长率为−2.45%，也远低于1990年的增长率9.49%。在农业影响中，暴雨洪涝灾害对粮、棉和油料等种植业的影响较大，而对林、牧、渔的影响较小。

暴雨洪涝灾害对交通运输，尤其是铁路运输和公路运输的影响很大，会造成巨大的经济损失和扰乱社会生活。暴雨洪涝灾害对交通运输的影响主要表现在破坏道路，中断运输，甚至引发交通事故，致人伤亡。我国有很多铁路干线都处于洪水的严重威胁之下，其中受洪水威胁的长度有1万多千米，成昆、宝成、兰新、兰青等铁路干线为山洪泥石流的多发区。据统计，近40年中，平均每年因暴雨洪涝导致的列车脱轨、颠覆等重大行车事故约5起，中断行车5天以上的事故累计61次。1981年至1990年全国主要铁路干线平均每年中断行车120余次，停车时间累计1850小时。两条全国南北大动脉的京广和京沪铁路也分别在1958年7月和1963年8月分别中断达2周和1个月以上。我国公路线长，暴雨洪涝的影响范围更大，可遍布全国城乡的各个地区。1963年海河大水，河北省的保定、石家庄和邯郸等7个专区，冲毁公路6700 km，占县级以上公路里程的84%。1985年辽河洪水，辽宁省9条国家级公路有的中断，有的仅能勉强维持通车，20条省级公路有8条中断，228条县级公路有70余条停止通车。山区公路就更为严重地受到山洪和泥石流的危害，川藏、滇藏、川滇、川陕等10余条国家干线频繁受到泥石流的侵袭。尤其是川藏公路，其每年因泥石流滑坡影响而不能全线通车的时间竟可达半年。

水利工程是暴雨洪涝灾害重要的防灾减灾设施，然而大的洪涝灾害对水利设施的破坏也是很严重的。这种破坏主要包括：垮坝，冲毁排、灌渠道，破坏发电设施等。1981年四川发生大洪水，冲毁塘堰14089座，堤防641 km，渠道2576 km，破坏提灌站3401个。1985年发生了辽河大洪灾，辽宁省水毁工程18000余项，堤防决口累计长度1557 km，冲毁排、灌渠道13000 km，泵站300余座，影响灌溉面积30万hm^2，排涝面积44万hm^2。水利工程的破坏一方面使流域内大范围的区域失去防护，直接面临暴雨洪涝灾害的威胁；另一方面直接破坏农业灌溉和生产；并在一定程度上影响区域内发电和供电的顺利进行。

暴雨洪涝灾害还会对工业生产造成不利影响。暴雨洪涝灾害造成的停电、停水、冲毁道路、淹没房屋等都会影响工厂的正常生产活动，从而导致减产或停产。如1960年太子河洪水，造成全市停水停电，交通中断，厂矿被迫停工停产，直接经济损失3亿元，相当于该市全年工业生产值的1/4。1988年广西的洪灾，使柳州市18.8万人受灾，全市90%以上的工厂停产，造成了巨大的经济损失。

5.3.2 社会影响

社会影响一般很难定量估计，但造成的损失也是巨大的。社会影响包括暴雨洪涝造成的人员伤亡、疫病、社会不安定、学校停课等，以及生态环境的改变或破坏等。暴雨洪涝灾害对社会生活的影响首先表现为人员的伤亡。全世界每年在自然灾害中死亡的人数约有3/4是由暴雨洪涝灾害造成的。我国的暴雨洪涝灾害致死人数也相当惊人。据《中国救荒史》和《我国水旱灾害》统计资料，黄河流域的水灾记录可追溯至东周定王五年（公元前602年），长江流域则可至汉高祖三年（公元前185年），到现在都有二千余年的历史。当时的一场大洪水就能造成死伤无数。虽然古籍中对于死亡人数的描写多是“溺死者无算”，“人畜漂没无算”等定性描写，但从20世纪30年代的几次重大涝灾来看，死亡人数是非常惊人的，如1931年发生在全国大范围的涝灾，死亡人数竟达40万。到了现代，由于防灾和减灾措施不断得到完善，因水灾死伤的人数大幅度下降。然而当发生特大洪涝灾害时，影响仍然很大，如1975年河南特大洪水垮坝致死2万余人。

暴雨洪涝灾害除了造成人员的死伤以外，还造成大量灾民流离失所。在我国古代，水灾冲毁田地和房屋，常常造成“夏麦淹没，秋种不得播，百姓嗷嗷，始犹食鱼虾，继则餐树皮草根，乃至同类相食，饿殍遍满沟壑，白骨枕藉原野，至冬群盗四起，民多流亡”。并且一场水灾对社会生活的影响不是短期内可以恢复的，因水灾引发的农民起义屡见不鲜。而到近代，甚至现代，受灾人口仍然数量巨大，尤其是人口较为稠密的我国东部地区。以20世纪的几次大水灾为例，1915年珠江大水造成两广灾民600余万；1939年海河大水造成灾民900余万；1991年江淮大洪水，灾情最严重的淮河、太湖流域共156个县（市）6858万人受灾，房屋倒塌214万间；1998年我国大洪水，更是使1.8亿人（次）受灾，直接经济损失达2550.9亿元。

随着社会的发展，我国的城市快速扩大，集中了大量人口，成为一个地区的政治经济文化中心，并且集中了大部分的工业部门，因而受暴雨洪涝灾害的威胁也非常严重。全国有防洪任务的城市有530座，其中防洪标准超过50年一遇的城市共有93座，约占18%，防洪标准不到20年一遇的为222座，占42%，还有数以千计的县城和较大城镇，防洪标准更低。一旦洪水发生，轻则扰乱社会生活秩序，重则遭遇毁灭性的灾难。如1983年汉江上游发生大洪水，洪水水位高出安康堤1.5 m，安康城最大水深11 m，89600人受灾，淹死800余人。并且，在很多大中城市，灾害的应急系统建设不完善，异常暴雨就直接造成道路和房屋积水，交通瘫痪，甚至车辆和房屋被淹。如2003年7月4日、5日连降暴雨，使南京成了“水城”，市区50多条城市主要道路积水，低洼地区积水深度一度达到0.5～1.2 m。2000多户居民受淹、200多辆车涉水抛锚，多处山体出现小面积滑坡，交通处于混乱状态。

暴雨洪涝灾害对生态环境的破坏是巨大的，也是无法用数字估量的。暴雨洪涝对生态环境的破坏主要表现为水土流失。水土流失一方面会对耕地造成严重的破坏。其带走大量氮、磷、钾等使养分流失，导致土地贫瘠。近50多年以来，全国水土流失毁掉耕地270多万 hm^2，平均每年6.7万 hm^2 以上，土壤流失总量50多亿t，数以亿t的氮、磷、钾等养分流失，减产粮食2000多万千克，造成经济损失在100亿元以上。在江河周围的垦区，富饶的土地易于被泥沙覆盖，导致大片农田被毁。如1938年黄河人为扒口南泛之后，约有100亿t的泥沙带到淮河流域，豫东、皖北及徐淮地区形成了4.5万 m^2 的"黄泛区"，原先的肥沃土地受到毁灭性的破坏。在坡耕地，其受雨水冲刷以后岩石裸露，土地沙化，不能耕作，使可耕地被迫弃耕。1981年7月四川省暴雨洪水，全省受冲刷的坡耕地约667万 hm^2，乐至县全县坡耕地被冲成基岩裸露的光板山。而在低洼地区，如遇暴雨和连阴雨等，常常出现渍害，形成大面积的低产区。并且，洪水泛滥之后，土壤中所含的大部分碱性物质被分解，随着强烈蒸发，大量盐分会被带到地表，使土壤盐碱化。另一方面，水流中泥沙含量增加，导致河流功能衰减、湖泊萎缩和耕地沙化，给江河治理和保持良好的生态环境带来困难。一旦洪水决口泛滥，就会造成泥沙淤塞，对航运、灌溉、发电、行洪、水产养殖和旅游等都有影响，对河道功能的破坏非常严重。另外，暴雨洪涝灾害会对水环境造成污染。洪水泛滥，垃圾、污水、人畜粪便、动物尸体等四处漂移，河流、池塘和井水等都会受到病菌和虫卵的污染。1991年江淮大水之后，无锡市的饮用水中大肠杆菌比洪水前增加了10倍，在某些重灾区的农村，细菌总数比标准饮用水高100倍。并且，在工厂和矿场被淹没以后，一些未经处理的工业废水、工业药剂和有毒重金属等会大量扩散，对环境和人体造成巨大危害。如1981年四川省洪灾，仅据绵阳、内江、南充、重庆、成都和永川6个地市统计，被洪水冲走的有毒和有害物质就达60余种，数量达3550多吨。

另外，水灾之后最易出现疫病流行的情况。泛滥的洪水为各种病菌和蚊虫的繁殖和传播提供了温床，给人民和社会造成更进一步的损害。历史上的大水灾之后，几乎都会有瘟疫伴随，使得死伤人数更多。随着社会发展，科学技术进步以及防灾和减灾能力的增强，洪水造成的人员伤亡和疫病等灾情已经可以得到有效控制。

5.4 减轻暴雨洪涝灾害的对策

暴雨洪涝灾害给人类带来的损失是巨大的。并且随着气候变暖，旱涝灾害的发生有增强之势。为了防灾减灾，将损失降至最低，我们应该采取有效的手段和对策。

第一，要努力提高暴雨预报以及汛期的气候预测准确率。暴雨可以直接成灾，而持续性大暴雨或者是连续的数场暴雨更可以造成洪涝灾害。因此，准确预报暴雨的地点、范围、强度等，以及准确预测洪涝灾害的发生，对于更好地做防汛准备工作，减轻灾害造成的损失是至关重要的。长期以来，国际气象界对气候研究和预测都非常重视，开展了各种研究项目推动其发展，如世界气候研究计划（WCRP），全球能量和水循环试验计划（GEWEX）、气候变率及其可预报性研究计划（CLIVAR）等。我国的气象学者积极参与了这些计划，并从中获益匪浅，取得了不少研究成果。但从目前的情况看，短期气候预测仍然是我国天气气候工作的一个较为薄弱的环节，月、季、年气候预测的科学性、准确性和可靠性还有待进一步提高。“九五”期间我国气象局国家气候中心及有关单位完成了国家科技部重中之重项目《我国短期气候预测系统》的研究。新一代短期气候预测综合业务系统的建设，对洪涝、干旱等气候灾害的预测能力有了较大的提高。

第二，加强对暴雨及暴雨洪涝灾害的研究。要大力推进暴雨天气预报，要充分利用新一代雷达、卫星、闪电定位等监测手段，进一步完善数值天气预报系统，建立和完善以气象信息分析、加工处理为主体的气象灾害预报预警系统，加强上下游联防，全面提高气象灾害预警服务能力和水平。自20世纪70年代以来，世界气象组织和一些国家，地区进行了一系列大规模的国际性观测试验，如“全球气候观测系统计划”、“热带海洋和全球大气计划”、“世界海洋环流试验”、“海水预测国际气候试验”、“国际卫星云气候学计划”等。我国也组织了4个大型的气象科学试验：“南海季风试验”、“淮河流域能量和水循环试验”、“青藏高原地一气系统物理过程及其对全球气候和我国灾害性天气影响的观测和理论研究”、“海峡两岸及邻近地区暴雨试验研究”等。通过这些科学试验，暴雨的天气、气候特征、形成原因及致灾机理等得到了深入的研究和分析。这对推动暴雨及暴雨洪涝灾害的监测、预测和预报等具有十分重大的意义。

第三，提高气象保障服务能力，完善灾害应急响应系统。对于大暴雨这类灾害性天气，强降水过程多从中尺度天气系统中产生。因此，为了更好地防灾减灾，一方面要大力加强对中小尺度天气系统的科学研究，提高对暴雨、大暴雨等灾害性天气的预报能力和业务监测水平；另一方面，要加快中小尺度监测基地的建设和改造，以便更好地发挥作用。在关键地区还要增设新的监测、预警基地，以适应气象决策服务和公众服务的需要，提高气象服务的社会和经济效益。并且，要强化信息采集处理及传递的及时性、准确性，使正确的雨情、水情和灾情能迅速被用于防汛抢险的指挥工作。不仅如此，暴雨洪涝灾害一旦发生，发布突发气象灾害预警信号以及突发气象灾害防御指南。预警信号总体上分为4级，按照灾害的严重性和紧急程度，颜色依次为蓝色、黄色、橙色和红色，分别代表一般、较重、严重和特别严重。气象灾害防御指挥部门要根据气象灾害预报警报信息和防御建议，启动气象灾害应急预案，各级气象灾害相关管理部门据此采取有效的气象灾害应急措施，及时将各类气象灾害预报警报信息、防御指挥命令及防御建议发布到负责气象灾害防御的实施机构，使社区、街道、村（镇）居民及时了解气象灾害信息及防御措施。在应急机构组织指导下，有效防御、合理避灾防灾，安全撤离人员，将气象灾害损失降到最低限度。

第四，及时进行灾害评估。灾情评估是气象灾害预警系统的重要环节，是拟定减灾、抗灾和紧急救援对策的定量依据。一方面，根据可能发生的气象灾害特征，结合灾区的经济密度、人口密度、减灾实力、预测灾害能力等综合指标，建立科学、有效、完整的评价体系，包括评价目标、评价指标、评价模式、评价结构、评价群体等内容，灾前预先估测气象灾害的损失，做出灾前评估。另一方面，根据对受灾范围、人口伤亡程度、健康状况的破坏、被毁生产和生活条件及其他经济损失和环境损失的客观统计，及时开展灾后评价。要建立和发展灾害影响评估模型和风险管理体系，实现灾害影响的定量化评估，为政府、决策部门和公众提供灾害监测、预警信息及减缓灾害影响的技术措施。结合农作物发育期预报等，建立水稻、小麦、玉米、棉花、经济作物和林业、牧业、渔业等的灾害监测评估、预报、预警系统，开展相应的监测评估、预报、警报服务，为农业生产和管理者采取各项防灾减灾措施提供服务。

第五，加强暴雨洪涝灾害防御的工程性措施。当前防洪减灾的主要工程性措施有以下三项：首先是修筑堤防、整治河道，以保证河水能顺利向下游输送。利用防堤约束河水泛滥是防洪的基本手段之一，是一项现实而长期的防洪措施。针对目前防堤防洪标准较低的问题，要根据保证水利设施和生态环境建设的需要，按照全面规划，提高大江、大河、大湖的防洪标准，增加全流域的整体防洪能力。主要江河应达到100年一遇标准，重要城市应达到150～200年一遇标准，次要河流及支流，一般应达到50年一遇的标准。由于气候变暖的影响，不少研究指出，许多大型水库洪水的重现期有明显缩短的趋势，因而提高防洪标准具有明显的现实意义。由于山区植被破坏严重，水土大量流失，有的河、湖、水库淤积，导致过水断面减小，行洪能力降低；

而由于管理不严和有法不依等情况，我国一些河道与湖泊还存在着遭受破坏和侵占的现象。为此，应加大河道、湖泊和山林整治与管理的力度，切实保证江、河、湖的行洪能力。其次是修建水库。我国大多数河流的洪水是由一次或几次集中暴雨形成。洪水涨落快，洪峰流量集中，利用水库调节洪水是十分有效的。水库不仅可以调蓄洪水，减小中下游地区的洪峰流量，并与下游区间的洪水错峰，也可以根据水情、雨情及下游洪水情况互相调度，蓄泻灵活。水库的可靠性强，防洪作用十分显著。如1991年淮河流域的连续大暴雨引发严重洪水，6月30日至7月12日，当淮河干流第二次洪峰进入安徽时，大别山区连降大暴雨，佛子岭、梅山、磨子潭、响洪甸4大水库上游流域平均降雨量达850 mm，累计降雨量46.9亿m^3，水库拦蓄洪水19.9亿m^3，其中梅山、响洪甸水库为淮河干流错峰47小时和83小时，为防汛抗洪起到了重要的作用。针对我国水库目前还存在的一些问题，如我国的七大江河干流仍然缺乏控制性水库工程，水库的防洪调度现代化建设滞后，有的水库年久失修等，应加强水库的管理，科学合理的规划与设计新修水库，进一步提高控制性水库对流域洪水的控制能力。要贯彻开源与节流并重的方针，既要考虑防洪排涝的需要，又要考虑蓄水抗旱的需要，把两者有机结合起来，真正变水害为水利。最后是在重点保护地区附近修建分洪区（或滞洪、蓄洪区），使超过水库、堤防防御能力的洪水有计划地向分滞洪区内输送，以保护下游地区的安全。在遭遇超过河道堤防安全泄量的超标准洪水时，为了解决平原地区河道洪水来量与泄洪能力的矛盾，分洪道和分蓄洪区是必须采取的措施。可以说，分滞洪区是各大流域防洪的最后一道防线。我国分滞洪区的建设是结合我国江河治理，有计划的把沿江河两侧自然调节洪水的湖泊洼地，建设成有控制性可调节洪水的蓄滞洪区，这既可充分有效地发挥其分洪、削洪作用，又可提高湖泊洼地可耕地的利用率。已建的大型分滞洪区在我国的防汛抗洪中发挥了显著的效益。如荆江分洪区在1954年大洪水中先后三次开闸分洪，分洪流量6900 m^3/s，分洪量122.6亿m^3，降低沙市水位0.96 m，减轻了洪水对长江中游主干堤和武汉的威胁。但是，由于管理松懈、人口增长和经济发展，蓄滞洪区和天然湖泊都不同程度地被盲目围垦，侵占开发，成为农村经济的重要产业地带，这就使蓄滞洪运用、洪水调度成了很大的难题，一旦要分洪，会带来很大的经济损失和人口转移问题。因此，分蓄洪区已成为防洪工程体系中较为薄弱的环节，必须加强分蓄洪区的建设和管理，健全法规法案控制应用好分滞蓄洪区，建设良好的分蓄洪区工程体系，对分滞洪区采取梯级化建设和分级管理的模式。

第六，植树造林，治理水土流失，维护生态平衡，改善生态环境。森林可涵养水分，保持土壤不遭雨水冲刷。森林减少以后，其涵养水分的功能减退，一旦大雨来临，大量雨水直下江河，造成江河水位暴涨。并且森林减少还可造成水土流失，泥沙沿河而下，在水势趋缓之后开始淤积而抬高河床，缩小湖面，使行水、蓄水能力变差，防洪能力降低，抵御灾害的空间缩小。并且，泥沙淤积、人工围垦等，是一些湖泊的生态环境受到很大破坏，行洪和蓄洪能力大幅度减少。为此，应大力植树造林，改善江、河、湖的生态环境。坚持走可持续发展的道路。保护生态环境，走可持续发展的道路，只有做到人口、资源、环境协调发展才会使灾害降低到最低的程度，形成良性循环。

第七，增强暴雨洪涝灾害防御的公众意识。气象防灾减灾工作是一项长期的全民工程，各级人民政府及其有关部门要建立气象防灾减灾宣传教育长效机制，将减灾教育纳入公民义务教育体系之中，采取多种形式向社会进行广泛宣传教育；要大力发动群众参与，增强群众防灾避灾躲灾意识，充分利用各种舆论宣传工具，突出大众化、科普化，达到统一思想，提高气象防灾减灾认识的目的。通过宣传教育，使气象灾害易发区、重发区群众，增强气象灾害防御意识，了解和熟悉气象灾害的成因及防御办法和措施效果，规范其行为，尽可能避免人为因素增大灾害的损失，熟悉气象灾害预警信号和各种应急处理办法，以及各类人员在气象灾害防御过程中应尽的职责，熟悉气象灾害发生时的转移路线和方案。通过提高全社会防御气象灾害的意识和能力，可有效防御灾害，减少人员伤亡和损失，达到提高全国气象防灾减灾水平的目的。同时要为社会公众提供多种方式的面对气象灾害发生时应急处理能力的培训，建立气象灾害防御公民防灾素质科普培训基地和气象防灾科普教育网，增强公众防灾减灾意识和公众避险、避灾、自救、互救、应急能力；建立远程气象防灾减灾专业技术培训、演练及教育系统，制定长远的培训计划，提高从事气象灾害防御相关工作人员的专业素质和技能，充分发挥气象灾害监测预警与应急系统的建设效益，防御和减轻气象灾害对国民经济和人民财产所带来的损失。

第6章 暴雨的监测、预报和应急服务系统

气象灾害会对社会和人民的生产、生活造成巨大的破坏，因而必须采取得当的防灾和减灾措施来减轻其影响。最为有力的防灾和减灾措施不仅包括灾前准确的气象预报和及时的预警发布，还要做好灾中的应急响应，以及灾后的损失统计和评估。因此，完善的气象灾害应对服务系统由天气和气候监测网络，短时预报系统和灾害应急服务系统等组成。监测系统是预报的基础，而预报又通过预警系统发布到全社会，从而启动应急响应使相关部门和人民及时采取措施防灾、减灾措施，灾后评估可以反映前面各个环节的效果从而进一步改进和完善气象灾害的应对服务。暴雨易于引发洪涝灾害，其自身也是一种严重的气象灾害，会对社会生产和人民生活产生巨大影响，不仅阻碍社会的发展，不利于社会的稳定，造成巨大的经济损失，而且使人民遭受财产和生命安全的严重威胁，因而历来都是防灾、减灾的重点对象。经过多年的努力，气象部门建立起了一套暴雨监测、预报和应急服务的体系，为减轻暴雨灾害起到了非常重要的作用。应该指出，由于目前监测和预测水平所限，尚存在许多问题和不确定性，因而在暴雨灾害的影响，应对（或适应），减缓等过程中进行风险管理是十分必要的。

6.1 暴雨的监测

暴雨监测是暴雨洪水预报的基础，其过程降水总量、24 小时降水量、甚至 6 小时、1 小时降水量的大小都备受关注。我国目前对暴雨进行监测的最基本手段是气象站、水文站和全国 2 万多个雨量站。由于站点的空间分布不均匀，且不具备时空连续性，在很大程度上影响了监测信息的完备性，因而对暴雨实况的监测具有一定的局限性。随着科学技术的迅猛发展，大气监测手段呈现出多样化的趋势，建立起了包括地基、天基和空基在内的气象探测网

络，使观测数据的时空覆盖率大大增加，实时性显著提高，从而使得暴雨的监测能力得到了很大改善。下面就对一些主要的探测技术进行介绍。

自20世纪80年代以来，世界各国天气雷达的应用取得了突破性的进展。其中，多普勒天气雷达是一种以多普勒效应为基础的探测仪器，不仅可以探测云雨回波强度，由此定量估计暴雨量，而且可以获得暴雨天气系统及其周围大气的风场信息，包括风向、风速和湍流等，由此推测和估算暴雨未来的发展趋势。预报员通过对雷达回波和云的图像、系统移动速度和移动方向等进行分析，及时捕捉到暴雨来临，其发生、发展过程和状态的信息，对于暴雨的预报和预警有着非常重要的作用。在继承了美国天气雷达NEXRAD优点的基础上，并充分吸收了近年来计算机技术和微电子技术的最新成果，我国开发和研制了新一代多普勒天气雷达。其最大探测距离半径为460 km，具有良好的多普勒测速能力，对暴雨、冰雹、龙卷等灾害性天气有很强的监测和预警能力，并包括了灾害性天气的绝大部分的监测和预警内容。过去常规的天气雷达其探测原理是利用云雨目标物对雷达所发射电磁波的散射回波来发现它们，并测定其空间位置、强弱分布、垂直结构等，新一代多普勒天气雷达不仅具有这些功能，还可以利用物理学上的多普勒效应来测定降水粒子的径向运动速度，并通过这种速度信息来推断降水云体的风速分布、风场结构特征、垂直气流速度等。因此新一代多普勒天气雷达具有良好的定量测量回波强度的性能，可以定量估测大范围降水；而且它是智能型的探测系统，除了实时提供各种图像分析的信息外，还具有准实时的对多种灾害性天气的自动识别、追踪等产品。新一代多普勒天气雷达的产品主要有两类，即基本数据产品和导出产品。前者顾名思义，就是不改变雷达获取的基本数据的属性，而仅将这些基本数据的空间分布用不同的坐标形式表现出来。而后者又称为应用产品，包括物理量产品、强天气自动识别和跟踪产品以及风场反演产品。物理量产品是将雷达获取的基本数据处理转化为有特定气象意义的物理量数据和分布图像，包括雨强显示，雨量累积显示，河流流域降水总量等。强天气自动识别产品包括中尺度气旋自动识别，局地暴雨自动识别，龙卷涡旋自动识别等。风暴跟踪信息产品对风暴进行识别、跟踪和预报，是一种应用广泛的产品。为了能更好地监测大范围的降水分布，通常采用多部雷达同时观测，然后将这些雷达的图像拼接起来，以显示大范围地区的降水强度、分布、演变及移动。目前，我国的气象业务雷达网主要由两种雷达构成：常规数字化雷达和新一代多普勒天气雷达。全国拟建新一代天气雷达共158部（图6.1），现已建成110部。另外，随着科学技术的不断发展，天气雷达中还出现了如相控阵多普勒天气雷达，双波长雷达，双（多）基地雷达，机载多参数测雨雷达，TRMM 卫星降水雷达，毫米波天气雷达等新型雷达。

图 6.1　我国新一代天气雷达分布图

风廓线雷达是垂直指向的，具有晴空探测能力的多普勒雷达。气象探空站测量高空风、温度和湿度一般都是通过施放探空气球作为大气流体的示踪物进行探测。由于这种探测方法的时空分辨率较低，且由于高空气流的作用会使气球产生漂移，从而影响探测的精度和可靠性。而风（温）廓线雷达是自动化程度较高的气象探测设备，由计算机控制，自动切换波束指向探测，自动采集数据，自动处理形成产品，自动传送信息，可以明显地提高大气探测数据的精度和时空分辨率，对大气进行连续不间断地全天候观测，提供大气风场和温度廓线。风廓线雷达能够观测与中尺度有关的垂直运动，其最显著的优点是对过境天气系统进行连续的时间和垂直观测，并记录较小尺度特征的信息，因而对预报影响较大的天气过程和局地天气现象很有帮助，是中尺度系统监测和研究的有力工具。边界层风廓线雷达是风廓线雷达的一种，广泛应用于大气边界层空气质量、中尺度天气监测和预报、垂直风切变、湍流等方面的研究，对暴雨的监测和研究也发挥了重要的作用。利用边界层风廓线雷达的测温资料，可监测强对流天气发生前后大气层结稳定度条件及其随时间的演变；其探测到的强信号噪声比和负垂直速度可以反映降水的开始、结束以及降雨的强度；风廓线雷达探测到的垂直速度大小随高度的波动，以及这种波动发展的高度反映了大气中垂直热交换的程度，从而也是判断对流发展强度的一个重要方法。目前，美国和日本等国已经在其国内部署了风廓线雷达组成的业务运行网，并与声雷达结合起来，对大气中的风、温度和湿度进行连续不间断的监测，为天气预报、大气环境监测及大气探测的研究提供高精度的观测数据。我国近年来就风廓线雷达展开了研究和推广工作，研制了新一代的对流层风廓线雷达，这种新型高空气象探测设备采用固态有源相控阵、数字中频接收机和大气虚温等先进技术，能够不间断地连续提供大气水平风场、垂直气流、大气折射率结构常数等气象要素随高度的分布。并且，新一代边界层风廓线雷达也已进入业务考核阶段。

气象卫星携带着各种气象遥感器，能够接收和测量地球及大气的可见光、红外与微波辐射，并将它们转换成电信号传动到地面。地面接收站再将电信号复原绘制成各种云层、地表和海洋的图像（如云图），显示天气变化趋势，是对暴雨等强对流天气系统进行监测、预警和预报等最为常用而又非常有用的手段之一。并且，将气象卫星资料同化后输入到数值预报中，可以明显地提高预报准确率。根据卫星轨道位置的不同，气象卫星可以分为极轨卫星和静止卫星两大类。极轨卫星每天扫过地球表面两次，可以获得全球的气象资料，但对某以地区的观测资料也只能一日两次。静止卫星可以对地球近 1/5 的区域连续进行气象观测，实时将资料送回地面。4 颗均匀分布在赤道上空的静止卫星就能对全球中、低纬地区的气象状况进行连续的监测，但对纬度高于 55 度的地区观测能力较差。到目前为止，美国、前苏联、日本、欧洲、我国和印度等国共发射了 100 多颗气象卫星，利用气象卫星云图资料监测暴雨，虽仅限于半定性半定量的估算，但对暴雨洪涝的防灾和减灾工作起到了很大的作用。卫星云图可以反映暴雨过程的行星尺度和天气尺度特点，尤其是其中的中尺度暴雨云团的活动与演变，解释暴雨过程中天气尺度系统与中尺度系统间的相互作用，可以表明暴雨中心位置、雨区范围以及雨区移动方向。对于雨量站稀少的地区，卫星云图可以弥补降雨信息的不足。同时它可以作为数值天气和气候模式的一种输入资料，帮助确定初始条件，对暴雨天气的预报起到积极作用。卫星云图还可以用作识别大气中正在发生的动力和物理过程。迄今为止，我国已成功发射了 4 颗极轨气象卫星和 3 颗静止气象卫星，形成了较为完整的气象卫星研制、发射、测控和应用体系。图 6.2 就是我国自行研制的业务气象卫星——风云气象卫星，其中风云 1 号为极轨卫星，风云 2 号为静止卫星。运用丰富的卫星气象资料，不仅可以对暴雨实施监测，还能对暴雨雨量进行估计，估算风场，分析云的特性，对云量和云厚进行推算等。图 6.3 是 2007 年 6 月 7 日暴雨云团的卫星监测图像，可以看到贵州南部、湖南西南部和广西上空有强的对流云团发展。它是一种中尺度对流系统（MCSs），有深厚的对流活动，由于达到成熟期，高空向外辐散的卷云十分清楚。这个强对流云团造成贵州、湖南和广西地区出现了暴雨到大暴雨天气。由此可见，气象卫星对暴雨的监测是非常直观而有效的。不仅如此，将气象卫星探测的全球大气状况参数输入数值预报模式，可以改善常规探测资料不足的状况，从而提高模式预报的精度，并延长预报时效。

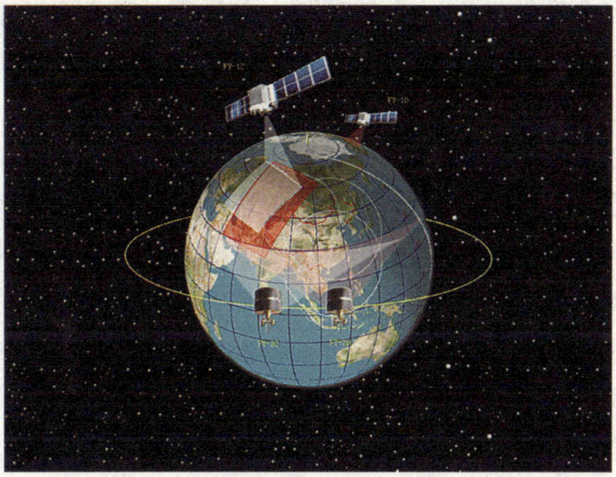

图 6.2　我国的风云 1 号（FY-1）和
风云 2 号（FY-2）卫星（国家卫星气象中心提供）

图 6.3　暴雨云团的卫星图像（国家卫星气象中心提供）

气象站是获取气象资料的常规手段，然而由于常规气象站的分布较稀疏，而且一日之内只有几次定点的观测记录，使得其对暴雨等中尺度天气系统的监测非常有限。而自动气象站能够连续不间断的运行，获取各种高时间分辨率的气象数据，已成为常规气象站观测的有力的补充手段。其可以将风、温、压、湿、降水等气象要素通过机电、光电或电磁转换等变成电信号，然后把电信号转换处理成相关的数字信号，并由存储器对观测数据进行记录，最后由通信电路负责完成观测数据的传输。其具有采集精度高，数据量相对较小，可靠性高，温度性能好，功耗低等优点，可对暴雨的强度，持续时间等进行很好的监测。我国的自动气象站系统研制工作从20世纪90年代末期开始，至今已有2万多个自动站进行业务观测。在暴雨的监测和应急服务中日益发挥着重要作用，但由于其正式进入业务运行时间还不长，需要进一步的发展和完善。

水汽监测在天气预报和气候研究领域占有很重要的地位，一般可以用高空探空直接获得，也可由卫星水汽通道与雷达等手段反演得到。随着GPS技术的发展及其与气象学的交叉融合，使得GPS成为水汽监测的一种先进手段。GPS即全球导航定位系统，是1970—1990年在美国发展起来的一种技术成熟的卫星导航和定位系统，主要由三个部分组成：空间星座、地面监控和用户设备。空间星座由24颗高空GPS卫星组成，保证在全球任何地区、任何时刻都有不少于4颗卫星可供用于观测定位，实现了全球地面连续覆盖，从而确保了全球全天候连续地提供动态目标的三维位置、速度和时间信息。地面监控目前主要由分布在全球的5个地面站组成，其中包括卫星检测站、主控站和信息注入站。根据GPS用户的不同要求，所需的接收设备各异，主要由GPS接收机、数据处理软件、微处理机及其终端设备组成。GPS气象学是应用GPS设备来研究大气科学的一个分支学科。根据GPS接收机的位置，可将GPS遥感技术分为地基和空基两种。地基GPS气象遥感技术是利用地球表面上静止的GPS接收机接收GPS卫星信号，以连续对地球大气参数进行测量。空基GPS气象遥感技术主要利用安置在人造卫星平台上的GPS接收机接收GPS卫星信号，然后采用掩星法对气象参数进行测量。利用实时的高时空密度GPS水汽遥感资料，结合同一时段气象卫星和多普勒天气雷达资料，分析中小尺度天气系统特征，尤其是水汽总量的空间分布与强对流系统演变之间的关系，可以改善中小尺度天气系统的预警能力。将GPS反演的大气水汽含量同化到数值预报中，可明显提高预报准确率。GPS遥感技术可以比较精确地反演大气垂直积分水汽含量或对流层大气水汽总量，即可降水量，具有不受降水影响、时间分辨率高和设备维护简单等优点，因而越来越受到各国气象部门的重视。瑞典早在1993年就开始建立包括24站的地基GPS观测网，日本已于1998年建成了覆盖全国的地基GPS观测网，美国已建成了由200多个GPS接收站组成的全国性探测网，而我国的国家卫星气象中心和北京大学地球物理系也在1995年开展了利用空基GPS信号反演大气参数和利用地基GPS反映大气柱总水汽含量的研究工作。2000年夏季，北京市范围内布设10

个GPS观测点，开始地基GPS的观测试验。目前，GPS遥感探测技术还处于探索和试验阶段，有待进一步的研究和发展以推进其在监测和预测中的应用。

20世纪70年代，在世界气象组织的全球大气研究项目试验中，首次提出了商业飞机自动探测气象资料下传的概念。专业飞机探测分为有人驾驶和无人驾驶两种。在飞机探测发展之初，以有人驾驶飞机探测为主。但随着高新技术的快速发展，无人驾驶飞机成本不断降低，对天气条件的适应性不断增强，在大气探测中占有的比重越来越大。并且，GPS技术的发展为研制微型无人驾驶飞机探空系统提供了更好的条件。微型无人驾驶飞机气象探空系统通过其上搭载的探测设备，可以对特定区域进行风速、风向、温度、湿度、大气压强的连续测量，使用方便灵活、尤其适用于大气科学试验研究、气象保障服务和在人烟稀少的地区进行探测方面。

移动气象监测以其灵活、机动性强的特点，成为暴雨等中尺度灾害性天气监测的重要补充探测手段。移动气象监测系统主要由各种车载监测装备组成，包括车载边界层探测设备，车载快速空气质量检测设备和气体分析仪器，气象传感器，通信系统，计算机高速处理与显示系统等。车载边界层探测设备包括车载测风（温）廓线雷达，超声风速仪，多通道云辐射仪，高分辨率多普勒激光雷达等。车载的快速空气质量检测设备可对一氧化碳、二氧化碳、二氧化硫和臭氧等进行检测分析。气象传感器可对温度、湿度、气压、风速、风向、日照和净辐射等进行探测。利用先进的探测设备，移动气象监测系统可在天气敏感区内对暴雨、冰雹等灾害性天气进行实时的连续监测，提高对局地性强对流天气的监测和识别能力，满足外场科学试验、气象应急系统、大型活动现场的气象服务保障等的要求。这种监测方式可以快速地将实时观测资料反馈到气象部门，从而提高现场气象服务的质量。随着计算机、通信和大气探测技术的快速发展，移动气象监测系统将向着双向高速宽带通信、搭载探测设备多样化的方向发展，不断提供天气预警能力。

40多年前，气象业务数值天气预报几乎完全依赖于常规地面和高空无线探空仪器所提供的观测数据进行，并且这种观测按照天气报告要求每隔数小时才进行一次。经过40多年的努力，人类观测地球系统的能力大大提高，除了常规的地面和探空观测，雷达、卫星、GPS等观测技术使得现在的大部分观测都能在任何时间和任何地点进行。这些进步的取得是与一系列大型科学计划的实施和贡献分不开的，如世界天气监视网计划、世界气候计划（WCP）、全球气候观测系统（GCOS）计划等。2003年在第十四次世界气象大会上设立了THORPEX计划，它是由世界气象组织（WMO）大气科学委员会（CAS）主办，通过与WMO其他技术委员密切合作而开展的一项计划，属于WMO世界天气研究计划（WWRP）的一个组成部分。THORPEX将开展一系列的区域和全球项目，而观测系统研究就是其中的一个重要组成部分。THROPEX观测系统研究将探索可以提高高影响天气预报技能的新观测技术，主要开展以下一些活动：（1）开发和测试布设现场传感器的新系统，这些系统包括平流层气球，有人驾驶和无人驾驶飞机，火箭探空仪，双向无线电探空仪。为取得成功，在开发这些系统的同时还要开展传感器的开发工作。（2）为未来布设机载和卫星设备的原型遥感系统进行外场演示。主要是进行机载辐射仪、扫描雷达和激光雷达的观测，以获得单独遥感廓线和区域平均的遥感廓线。前者要用于与实时的现场探测做对比，而后者可模拟当前和未来的卫星视场。（3）提供观测系统的特征以用于资料同化系统的研发，包括对特定观测系统运行的局限性、误差和各具体观测系统的代表性特征进行描述。这将促进为新的观测系统开发先进资料同化系统的工作。（4）对THORPEX观测系统测试（TOST）、THORPEX区域试验活动（TreCs）和全球试验活动进行后勤服务和资料管理。如：投放现场传感器和在飞机飞行线路上使用激光雷达都需要申请空中交通管制的批准；资料管理将有助于在外场试验活动之后实时获取试验和业务数据集；在系统开发阶段适当解决通信和资料质量问题等。（5）向负责目标观测的后勤保障有关机构提供指导。主要任务是把目标观测系统的试验和业务研究示范性成果提供给国际和国内气象机构，作为全球观测网络适应性计划的参考。适应性计划是一个新的交互式观测与预报计划，它只对预报的天气敏感地区的要素进行观测。适应性计划包括：启动一颗在轨卫星或将其重新定位；为高时间分辨率观测设计卫星扫描的时间表；为进行有关空间密度、频率和信息量的测试工作选定合适的卫星光谱；以及开展无线电探空仪、下投式探空仪、飞机探空仪和浮漂探空仪的适应性布设。通过这个计划，全球的监测、预报和预警能力将进一步得到提高，从而减少和缓解自然灾害和天气的不利影响，并通过改进天气预报实现社会、经济和环境效益。

在暴雨等灾害性天气的监测活动中，探测仪器和探测技术固然重要，但计算机与网络系统作为数据处理和传输，以及产品制作的物理基础，也是必不可少的一环。计算机与网络系统的主要功能是从探测系统收集探测数据，从预报和预测系统收集预警产品；对气象数据进行必要的转换、质量检验；将其通过信息网络系统发送到各类用户以供使用；为天气预警系统的各个模式运算提供充足的运算资源等。简而言之，就是收集、储存、运算和传输。

6.2 暴雨的应急服务系统

根据长期的气象服务经验我们知道，如果公众能够及时得到准确的天气预警信息，就能够及时采取防御措施，从而减少损失。现在，公众和社会各界越来越关注提前几小时甚至几分钟的天气预报预警，尤其是针对暴雨、冰雹和雷雨大风等强对流天气的预警信息。因而气象灾害应急服务系统在防灾和减灾工作中起到了非常积极的作用。

6.2.1 预警信号

在整个气象灾害的应急服务系统中，灾害预警信号的发布是基本而关键的一环。为了规范气象灾害预警信号发布与传播，防御和减轻气象灾害，保护国家和人民生命财产安全，中国气象局制订了《气象灾害预警信号发布与传播办法》。在“办法”中规定，预警信号由名称、图标、标准和防御指南组成，分为台风、暴雨、暴雪、寒潮、大风、沙尘暴、高温、干旱、雷电、冰雹、霜冻、大雾、霾、道路结冰等。预警信号的级别依据气象灾害可能造成的危害程度、紧急程度和发展态势一般划分为4级：Ⅳ级（一般）、Ⅲ级（较重）、Ⅱ级（严重）、Ⅰ级（特别严重），依次用蓝色、黄色、橙色和红色表示，同时以中英文标志。在接收到预警信号之后，气象灾害防御指挥部门要根据气象灾害预报警报信息和防御建议，启动气象灾害应急预案，各级气象灾害相关管理部门据此采取有效的气象灾害应急措施，及时将各类气象灾害预报警报信息、防御指挥命令及防御建议发布到负责气象灾害防御的实施机构，使社区、街道、村（镇）居民及时了解气象灾害信息及防御措施。在应急机构组织指导下，有效防御、合理避灾防灾，安全撤离人员，将气象灾害损失降到最低限度。针对暴雨灾害的应急服务也是遵循以上步骤。天气预警产品发布的主要手段包括电视、手机短信、互联网络、无线电台、警报接收机等。

根据我国气象局制订的《气象灾害预警信号及防御指南》，暴雨预警信号分为4级，分别以蓝色、黄色、橙色和红色表示（图6.4）。

图6.4 暴雨预警信号图标

若12小时内降雨量将达50 mm以上，或者已达50 mm以上且降雨可能持续，则发布暴雨蓝色预警信号。接到此信号，政府及相关部门应按照职责做好防暴雨准备工作；学校、幼儿园采取适当措施，保证学生和幼儿的安全；驾驶人员应当注意道路积水和交通阻塞，确保安全；应检查城市、农田、鱼塘排水系统，做好排涝准备。

若6小时内降雨量将达50 mm以上，或者已达50 mm以上且降雨可能持续，则可发布暴雨黄色预警信号。此时，政府及相关部门按照职责做好防暴雨工作；交通管理部门应当根据路况在强降雨路段采取交通管制措施，在积水路段实行交通引导；应切断低洼地带有危险的室外电源，暂停在空旷地方的户外作业，转移危险地带人员和危房居民到安全场所避雨；应检查城市、农田、鱼塘排水系统，采取必要的排涝措施。

暴雨橙色预警信号的标准为：3小时内降雨量将达50 mm以上，或者已达50 mm以上且降雨可能持续。接到暴雨橙色预警信号，政府及相关部门应按照职责做好防暴雨应急工作；切断有危险的室外电源，暂停户外作业；处于危险地带的单位应当停课、停业，采取专门措施保护已到校学生、幼儿和其他上班人员的安全；做好城市、农田的排涝，注意防范可能引发的山洪、滑坡和泥石流等灾害。

若3小时内降雨量将达100 mm以上，或者已达100 mm以上且降雨可能持续，则发布暴雨红色预警信号。在这种情况下，政府及相关部门应按照职责做好防暴雨应急和抢险工作；停止集会、停课、停业（除特殊行业外）；做好山洪、滑坡和泥石流等灾害的防御和抢险工作。

根据当地的实际情况，一些省、市和地区气象局也制订和发布了切合自身气候、社会和环境等特点的气象灾害预警和防御措施。实践证明，这些预警和预防措施在防灾抗险中起到了积极作用。

6.2.2 气象灾害预警应急预案

灾害的发生会给社会和人民带来巨大的灾难和损失，但如果能在灾害发生的第一时间就快速作出反映，采取适当措施，那么灾害的影响就有可能被控制在最小的程度上。因而，建立一套完善的应急响应制度对防灾减灾是很有必要的。2006年，我国国务院发布了《国家突发公共事件总体应急预案》，其作为全国应急预案体系的总纲，明确了各类突发公共事件分级分类和预案框架体系，规定了国务院应对特别重大突发公共事件的组织体系、工作机制等内容。该预案的发布也标志着我国应急预案框架体系的初步形成。

根据《国家突发公共事件总体应急预案》，我国气象局制订了《重大气象灾害预警应急预案》，对重大气象灾害的应急指挥体系，各有关部门职责，灾害的预防和预警机制，应急预案启动和响应，灾害的后期处置，应急保障等做出了明确规定。该预案将重大气象灾害定义为，由于台风、暴雨、下击暴流、暴雪、雪崩、寒潮、大风、沙尘暴、低温、高温、干旱、雷电、冰雹、霜冻、浓雾、龙卷风等天气气候事件影响，造成或者可能造成人员伤亡、重大财产损失和重大社会影响涉及公共安全的气象灾害。预案指出，各级气象主管机构应当成立重大气象灾害预警应急领导小组，负责与灾害性天气和气候事件有关的监测、预报、预测、评估和决策服务等工作，而水利、农业、环保、广电、电信、交通、财政和综合经济部门等应做好相关的配合协调，信息传播，后勤保障和支持工作。按照灾害性天气气候强度标准和重大气象灾害造成的人员伤亡和财产损失程度，预案确定了4个级别的预警：在某省（区、市）行政区域内，气象主管机构所属气象台站预报预测出现灾害性天气气候过程，其强度达到国务院气象主管机构制定的极大灾害性天气气候标准的，或者地质灾害气象等级达5级、森林（草原）火险气象等级达5级为Ⅰ级预警；而强度达到国务院气象主管机构制定的特大灾害性天气气候标准的，或者地质灾害气象等级达4级、森林（草原）火险等级达4级为Ⅱ级预警；强度达到国务院气象主管机构制定的重大灾害性天气气候标准，或地质灾害气象等级达3级、森林（草原）火险气象等级达3级为Ⅲ级预警；强度达到国务院气象主管机构制定的较大灾害性天气气候标准，或地质灾害气象等级达2级、森林（草原）火险气象等级达2级为Ⅳ级预警。也就是说，从Ⅰ级到Ⅳ级，灾害的强度逐渐减弱。对应于这四级预警，4个不同级别的气象主管机构应启动重大气象灾害预警应急预案，该级别的主要负责人应向本级气象业务单位发布启动内部相关应急程序的命令，并报本级人民政府和上一级气象主管机构。与Ⅰ级到Ⅳ级的预警分别对应的气象主管机构为：国务院气象主管机构、省级气象主管机构、地级气象主管机构和县级气象主管机构。在各级气象主管机构启动重大气象灾害预警应急预案后，各级气象主管机构和其所属气象台站应按以下程序做好应急相应：（1）4级响应：县级气象主管机构发布4级启动命令后，应当启动相应的应急程序。（2）3级响应：地级气象主管机构发布3级启动命令后，地级气象主管机构及其所属气象业务单位和县级气象主管机构应当启动相应的应急程序。（3）2级响应：省级气象主管机构发布2级启动命令后，省级气象主管机构及其所属各气象业务单位和有关地、县两级气象主管机构应当启动相应的应急程序。（4）1级响应：国务院气象主管机构发布1级启动命令后，各级有关气象主管机构及其业务单位应当启动相应的应急程序。另外，预案还对灾害的评估，应急结束，后期处置，应急保障，奖惩措施等进行了详细规定。在该预案的基础上，各级政府联合气象部门，根据本地的气候、环境、经济和人文特征等，制订了符合当地情况的气象灾害预警应急预案，推动了我国气象灾害应急服务体系的完善。在近期的一些重大气象灾害事件中，由于预警应急预案的启动，避免了很多损失和人员的伤亡，表明其在我国防灾减灾事业中的作用已逐步发挥出来。

除此之外，我国气象局还编制了《突发气象灾害预警信号发布试行办法》和《国家核应急气象保障预案》；与卫生部联合制定了《非职业性一氧化碳中毒事件应急预案》和《高温中暑应急预案》等预案或预警办法；并指导31个省级气象局制定了各级各类气象灾害预警应急预案共160余件，内容涉及核扩散、危险化学品（有毒气象）泄漏、森林草原火灾、地质灾害以及海难搜救等相关突发事件。同时，我国气象局还积极组织有针对性的气象应急演练。2006年我国气象局成功组织两次北京奥运气象服务和突发事件应急演练；其他各省级气象部门还针对台风、暴雨、有毒气体泄漏等突发公共事件组织了36次演练。通过这些规章制度的设立，我国应对突发公共事件的水平和气象应急保障能力得到了很大提高，气象应急监测预报能力得到一定加强，气象预警信息覆盖面不断扩大。

6.2.3 气象灾害评估

社会经济影响评估是灾害性天气应急服务的重要环节，是启动灾害应急预案，拟定减灾对策的定量依据。社会经济影响评估主要包括灾前评估和灾后评估两种。所谓灾前评估，也就是气象灾害风险评估。其主要任务是灾前根据可能发生的气象灾害，结合灾区的经济密度、人口密度和抗灾能力等，在灾前预先估测气象灾害的损失，指导启动响应等级的防灾预案，科学合理地开展防灾工作。而灾后评估则是对受灾范围、人口伤亡程度、生产和生活的破坏程度以及潜在的经济损失和环境损失等进行统计、综合和分析，一方面为救灾工作提供科学依据，另一方面是为今后防灾和减灾措施的制定提供科学基础。

那么，究竟应该从哪些方面对气象灾害进行评估呢？自然灾害的三个主要因子为孕灾环境，成灾因素和承灾体，因而从防灾减灾的角度看，灾情评估应围绕这三方面进行。孕灾环境是孕育灾害的自然环境。广义来说，它包括空间、时间和人文社会背景。如生物圈、大气圈、地质构造、社会文明等。对于气象灾害而言，大气状况和异常是孕灾环境中基本的一环。成灾因素是指有可能导致气象灾害的自然和人为因素。自然因素主要是气象事件或天气或气候异常的发生。例如，暴雨引发洪涝；若长期降水量特少或无降水，就会发生干旱；若温度突降，往往会出现低温冷害，在冬季还有可能产生霜冻或凌冻；若温度突然显著升高，形成热浪等。人为因子主要是人类在进行生产活动中，违反自然规律而造成致灾作用增强。例如，毁林开荒种粮，结果是水土流失严重，生态环境遭到破坏，使干旱、暴雨等加剧等。承灾体指可能受到危险因素威胁的人员、财物和生命等。只有当成灾因素对承灾体造成损害的时候才形成灾害。一个地区的承灾体越多，则该地区可能遭受潜在的损失可能也越多，灾害的风险也越大。承灾体的脆弱性指在给定危险地区存在的所有财产由于潜在的危险因素而造成的伤害或损失程度，综合反映了自然灾害的损失程度，一般承灾体的脆弱性越低，灾害损失越小，灾害风险也越小，反之亦然。从社会经济角度看，灾害是可以计量的经济损失，减灾则是尽可能降低各种灾害造成的经济损失。因而灾害评估的主要内容包括直接经济损失和间接经济损失量值的大小。其中，灾害的直接经济损失包括：人员伤亡造成的生命和健康损失、自然资源破坏的损失和相关费用损失、各种社会财富毁灭和生产中断、生活失常造成的损失等。灾害的间接经济损失来自直接经济损失的延伸和滞后效应。

目前，气象部门进行灾害评估主要是根据实时的气象资料和由历史气候资料确定的气象灾害等级，天气与气候预报的结果，同时收集区域内的工农业结构、社会经济情况、人口结构、土地利用状况等，结合两方面的数据进行综合分析，对灾前和灾后都进行评估。

灾前评估主要是对灾害等级进行划分以及开展灾害的风险区划分等。在很长一段时间内，我国各地区和各部门的气象灾害标准存在不统一的现象，因而在使用指标方法划分灾害等级和监测、评估灾害发生和影响时，往往存在很大差异，难以满足各级政府和公众防御气象灾害的需求。为此，气象部门做了大量工作，力图建立一套全国统一的灾害等级和标准。在2006年，国家质量监督检验检疫总局和国家标准化管理委员会批准发布了8项气象国家标准，包括《沙尘暴天气监测规范》、《沙尘暴天气等级》、《气象干旱等级》、《牧区雪灾等级》、《土地荒漠化监测方法》、《冷空气等级》、《江河流域面雨量等级》和《城市火险气象等级》等。这些标准统一规范了全国范围沙尘暴、干旱、土地荒漠化、洪涝、城市火灾、冷空气等气象灾害的监测方法、等级划分原则、等级命名、使用方法，并界定了气象灾害发展不同进程的术语。并且，其他一些气象灾害，如暖冬、寒潮等的国家标准也在研制中。这些国家标准的出台能够客观地反映出各类气象灾害活动的特点和规律，更加贴近我国对灾害性天气预报服务和防灾减灾工作的现实需要，为增强气象预测预报能力、减轻灾害损失提供了有力的技术支撑。为实现气象灾害的规范化、标准化、程序化管理提供了依据。所谓风险区划也就是对某一段时间内频繁发生，强度较强，且影响较大的灾害种类进行空间区域上的划分。一般是通过春、夏、秋、冬各季主导气象灾害的频率分布，构成各季节气象灾害地域组合类型，再依据综合区划分原则，确定出各季综合灾害区这些区。气象灾害风险区划分对提示区域气象灾害的总体规律，指导区域综合防灾减灾规划及区域灾害综合治理提供了依据。目前，我国正在积极进行这方面工作的进行。

灾后评估主要是进行气象灾害的致灾原因、灾情统计、社会影响等分析工作。致灾原因也就是能够引发灾害的气象条件、大气环流特征和环境条件等。对于不同的气象灾害，它的致灾原因是不同的。对于同一种灾害，其致灾原因也是多样而复杂的。对于暴雨而言，其致灾因素就包括以下几个方面：一是外界环境条件，如：地形、地貌、地理位置、地质状况等。一个地区是处于平原还是山区，是位于水源的上游，中游，还是下游，其地理位置高或者低等，都对暴雨是否成灾，其成灾的程度和频率等有重要的影响。随着城市化的进程，暴雨灾害对各大、中城市的破坏越来越厉害。在城市中，如给排水系统的好坏，城市的规划方式等也成为暴雨灾害的重要致灾因素。二是大气环流条件。中小尺度对流系统是暴雨产生的直接原因，但如东亚夏季风的强度，西太平洋副热带高压的强度和位置，中高纬环流的形势等大尺度环流也为暴雨的发生提供了重要的背景条件，因而也是重要的致灾因素。三是承灾地区的脆弱性。气象灾害是否发生，在很大程度上是取决于一个地区对该种灾害的承受能力，也就是脆弱性。只有当气象事件所带来的影响超过了一个地区的承受力，才会发生灾害。而一个地区的成灾能力与当地的人口密度，社会和经济发展状况，建筑物的质量，电力、通讯和交通系统的分布结构，政府的应急响应能力等有着密切的关系。对灾情的统计，主要包括死伤人数，受影响人数，建筑物受损情况（如房屋受损数目等），农田受害面积，农田绝收面积，直接经济损失，间接经济损失等。这都是一些量化的指标，用具体的数据来说明受灾的程度。社会影响则主要描述一些较难用数字来表达的灾害情况，如工厂停产，学校停课，公路、铁路和飞机等交通运输中断，停电，停水等。在这个部分中，也包括一些政府应急决策，医疗队和军队等救助情况的概括。

6.3 暴雨的分析和预报

6.3.1 暴雨预报的思路和分析方法

暴雨预报是雨季或汛期天气预报中最常预报和最常发布的内容之一，但又是最复杂、最困难的预报项目之一。主要的原因有两个：从暴雨发生到维持的原因看，它是时、空多尺度系统相互作用的结果，不在一定的空间和时间范围内对暴雨有关的各方面条件和资料进行全面和综合的分析很难得出正确的预报；其次是从观测系统上，目前它所提供的有关暴雨观测资料和信息主要是针对天气尺度的，而对直接造成暴雨的中小尺度观测并不充分，甚至十分缺乏。卫星、雷达和自动气象站以及风廓线仪的应用在很大程度上弥补了这个缺陷，但不能代替高分辨大气内部气象要素的观测（温、压、湿、风、云、雨等），尤其是暴雨预报需要精细化的观测，没有这些资料是难以得到较准确的预报的。目前天气预报已进入数值预报的时代，普遍的认识是为了提供天气预报的准确率，最根本的途径首先是要提高数值预报的能力，暴雨预报的进展也不例外。但暴雨预报的实践表明，暴雨预报仅依靠数值预报尚有相当困难，尤其是对突发性和持续性暴雨的预报无论在时间上、地点上以及量值上都很难达到社会和公众的需求，例如，中央气象台预报员的统计表明，大雨以上量级的降水预报，预报员的预报比各种数值模式的预报具有更高的技巧。这表明天气预报，尤其是暴雨预报并不能完全依赖数值预报，而同时必须发挥预报员的作用。这就是说通过预报员掌握的天气与气候的理论知识、经验、资料与信息和其他预报方法应对数值预报的结果进行有效的订正，甚至在必要时进行更改，最后确定更可能符合实际的预报结果。同时这种订正过程也能自觉地增强预报的信心和决策能力。实际上这也是过去提出的人—机对话预报方式在近代天气预报的发展。通俗地说，数值预报加预报员订正的半理论半经验方法是天气预报也是暴雨中、短期预报在未来相当长一段时期内的主要预报方法，要达到完全客观化，自动化的时代还要走十分长的路程。尽管如此，数值天气预报仍然是暴雨预报的主要依据。

一个预报员面对暴雨预报他（她）应该建立什么预报思路呢？关键是识别和确认暴雨的影响系统（尤其是高影响的天气系统）及其与未来暴雨发生时间，地点和降雨量的关联。为了达到这个目的，预报员在制作和发布暴雨预报之前应该进行以下 6 个方面的分析：

(1) 了解气候背景和气候预测以及汛期的主要天气系统概念模型，包括不同种类暴雨出现的概率、条件、时段、演变过程、致灾程度等。还要了解当时的月、季、年气候预测结果，包括主要雨带的位置与异常情况，季风活动和台风生成数及登陆状况的展望等。另一方面，要深入理解汛期主要天气系统概念模型，这可帮助预报员建立天气系统与暴雨发生条件和暴雨区的联系，以及天气系统一般的演变过程和特点。这方面知识的储备越多，预报员的思路将会越开阔，对未来预报结果的决策越会感到心中有数。应该指出，这些理论和知识是前人总结或亲身经历的，继承这些宝贵的知识，是一个预报员逐步成长为有经验、有见识的预报员的前提。

（2）根据数值预报的环流形势预报分析可能导致暴雨发生的环流型。因而熟知我国大范围暴雨和区域型暴雨发生的环流型是十分重要的。尤其是对持续性大范围特大暴雨的环流型应有更深入的了解，它也是中、短期暴雨预报的基础。根据数值预报的环流形势预报要仔细分析未来的环流演变是否十分相似于某种暴雨环流型，这包括判断阻塞高压和西风带大槽或冷涡的位置，副热带高压维持，北跳或西进加强，东亚夏季风的强弱脉动和进退等关键环流系统。在这方面，还需要了解高空急流的位置与演变，因为它决定了行星锋区与风暴路径的位置以及高低空急流可能的耦合。

（3）确定和追踪主要影响系统和暴雨区。根据数值预报结果要做到这一点并不困难，但关键是分析它的演变过程以及与其相关的暴雨条件的变化，尤其是对高影响天气系统的分析，如锋生，温带气旋的发展，台风登陆与变性，中尺度对流系统的发展（可产生暴雨、雷暴、大风、冰雹等）。预报员应充分利用数值模式的输出结果进行有重点的分析。如可以考察某种数值模式为什么预报了一个气旋的发展，它所依据的物理条件是什么？因而这个阶段可看做是利用模式输出结果，对主要影响系统和相关暴雨区的诊断，检验与比较（不同模式可能有不同结果）过程。这是一个确定和跟踪预报对象的关键过程。

（4）根据预报员的经验，辅助的统计或动力—统计方法和环流方法以及卫星、雷达、探空等其他资料对数值预报的分析结果进行适当的订正。这个过程也包括必要时利用独立进行的动力和热力学诊断结果，如计算各种动力和层结不稳定指数、温度平流、涡度平流、ω 分布、高低空急流的次级环流以及天气系统发展的方程（位涡方程、Q 向量方程、ω 方程、位势倾向方程，地面气压变化方程等）。统计或动力—统计方法中包括数值预报产品释用方法，过去常用的方法是 MOS 和 PP 方法。目前 MOS 方法有了许多改进，它体现了动力与统计的结合，是数值预报产品释用的一个主要方法。通过上述独立的诊断和预报以及已经知道的所用数值预报结果的系统性误差，就可以对数值预报结果进行订正，重新画出订正后的主要影响系统和暴雨区实况和预报图。通过这个阶段进一步实现了数值预报与预报员的结合和交互作用。据此可大大提高对主要影响系统和暴雨区预报的认识，增强预报的信心。

（5）在条件具备的地区和时段进行中尺度分析，尽可能确定主要影响天气系统和相关暴雨区中的高影响地点和时间，使暴雨预报向精细化方向发展。这对超短时预报尤其重要。就目前的条件而言，要利用好 5 种资料：1）卫星资料。尤其是同步卫星的资料，目前我国的双星同步卫星观测对于追踪中尺度强对流系统提供很好的条件。对于主要影响系统中的强暴雨区的判别也提供了一定的依据。卫星云图的中尺度系统识别技术和定量化信息的提取对暴雨预报是十分重要的。2）降水资料，我国有比较稠密的降水观测网，尤其是东部地区，并且有每小时观测。自动台站网的建设进一步提供了大范围地区连续的降水观测资料。利用这些降水资料可以进行雨团分析和单站降水时间序列分析，它们对于识别中尺度系统（雨团）及其移动和过境时间是十分有用的。过去许多中尺度降水系统的演变规律大都是依据雨团的分析得到的。3）雷达资料。我国已建立了覆盖比较完整的先进天气雷达网，其中绝大多数为多普勒雷达和数字化雷达，并且全国基本实现了雷达回波拼图。雷达资料在监测中尺度系统上是一个关键的工具，尤其是对12小时以内的超短时预报更为关键。把雷达、卫星和自动气象站网观测（如可能包括部分风廓线仪和GPS观测）组合在一起是实现全国或区域中尺度观测的现实途径。它们是互为补充的，高空观测在相当长的时间内不可能从业务上实现中尺度观测。根据THOPEX观测计划，主要在天气的敏感区用专门的落仪探空实现适应性观测。但目前还没有一个国家付诸实现，因而目前主要是选择一些关键探空站进行分析，这种分析对于确定暴雨的爆发时间、强度与持续时间是有帮助的。4）区域天气图的地面中尺度分析。过去这方面的工作表明，它对判别造成暴雨的中尺度天气系统是十分有用的。中央和省级的台站应进行和维持这种中尺度分析。这对预报员从感性上加深认识暴雨天气系统是十分有用的。目前绝大多数图表都是数值预报模式自动生成，但区域中尺度图应成为预报员的一种主要分析图。5）其他特殊观测资料的应用。这包括风廓线仪、GPS系统、边界层塔、微波辐射仪、高空商用飞机等观测。这些资料可以有选择的与常规的定时定点观测资料共同使用，目前对这些资料如何用于暴雨分析和预报尚在研究阶段。随着研究和应用的扩展，也必将会发挥更大的作用。因为这些资料在观测时间、空间和要素上是常规观测所不具备的。

（6）综合上述5个方面的分析，预报员首先应形成不断明确的预报思路，然后画出要求时限的暴雨预报图。图中包括主要影响天气系统及其演变状况，相关暴雨区的位置与移动，强暴雨的发生地点与时间，可能降水量；还应注明暴雨可能持续时间以及消失时间等。这种综合预报图对于梳理预报员的思路，进行预报决策和天气会商时的清楚表述是十分有用的。它在一定程度上，促使预报员尽可能分析所获得的信息，并开动自己的脑筋进行思考和综合与判断，这是提供一个预报员预报能力的有效途径，也是一个预报员进行个人经验与教训总结的有效方式。由于目前一个预报员在预报时所面临的资料与信息非常多，没有足够的时间进行全面、详细的分析与消化，因而必须抓住主线和重点，必要时为自己制定一个行之有效的分析流程。久而久之，就会越来越快捷和有效，对暴雨形成具有深邃的洞察力和有较高信心的决策能力。

6.3.2 中尺度天气的可预报性与暴雨的超短时预报

在讨论暴雨预报之前，有必要简略地、一般性地说明中尺度系统的可预报性。许多的研究已证明天气尺度系统有一定的预报时间界限，这个界限最长是10天～2周，这是由于不同尺度的波动相互作用引起的。理论和数值模拟研究表明，大气作为一种乱流系统，在三维空间能量由小尺度到大尺度的转换比二维乱流空间（空间尺度越大，越接近二维系统）要快得多，因而天气系统的状况越接近三维乱流系统，其固有的可预报性越低，因为中尺度系统的空间尺度是从α中尺度到小尺度，前者大致可看作二维乱流，而后者应可看作是三维乱流，因而中尺度系统在较小尺度一端（如β中尺度，γ中尺度）的可预报性比较大尺度（如α中尺度）有更低的可预报性。所以对于中尺度天气系统的预报总体上可预报性是低的，不乐观的。研究进一步指出，小尺度运动中不可避免的或初始的不确定性，将向中尺度传播并能比天气尺度更早地达到中尺度，从而使中尺度系统具有更低的可预报性。因而增加观测密度，从而减少小尺度的不确定性是提高中尺度可预报性的一个关键。但由于这种高密度观测费用极高，从业务上是很难实现的，即使能够实现，也不能保证中尺度天气预报会有明显的提高。上面的分析是否说明中尺度天气的预报是不可能呢？根据近20年的相关研究，对于某些重要的中尺度现象的预报并不是完全没有可能。其原因有两个：1）观测到的大气运动波谱由于是根据时空平均得到，只代表一种大气结构的统计状况，而许多中尺度事件是高度间断性出现的，它们并不一定符合三维乱流的理想谱，某些中尺度天气系统如锋面和热带气旋可具有特有的动力结构，它们可阻止能量向较大尺度和较小尺度的转换，对这种具有能量转换比较闭合的特性，中尺度系统可能比原认为的乱流系统具有更高的可预报性。因而提高中尺度天气可预报性的一个途径是从动力上研究和寻找中尺度系统发生发展的规律和特征以确定它们的可预报上限。2）影响大气中尺度系统演变和特征的第二个重要因子是边界强迫作用。许多中尺度天气事件和现象（如山脉波，海陆风，对流，地形雨，湖生雪暴，沿岸锋，地形性浅层冷空气堆）都与下垫面的不均匀性有关，它们包括地形、植被覆盖与地表特征（反照率、热容、水汽源等）。只要在数值模式中把地面不均匀包括进去，就有可能增加由它们强迫产生的中尺度系统的可预报性。因而高分辨的具有不均匀下垫面特征的数值模式（主要是区域数值模式）的应用十分必要。由上可见，中尺度天气系统的发展可分为两类：一类是地面不均匀性强迫产生的，另一类是大尺度流场的内部影响所致，这一类除锋面、急流等系统外（由大尺度气流的切变与形变产生），还包括大尺度气流产生的不稳定区，如在大尺度对流不稳定区发展的孤立雷暴和突发性暴雨。应该指出，即使大尺度不稳定区有较明显的可预报性，这种个别的突发现象的可预报性也可能很低，甚至完全不能预报。中尺度天气预报具有较高可预报性的条件是：(1) 预报的中尺度现象主要由大尺度气流与已知的地表不均匀性之间的相互作用产生和演变而来；(2) 天气尺度预报比较准确，能够提供较准确的大尺度气流和天气尺度影响系统预报，根据这种好的预报至少可以确定中尺度系统和暴雨发生的潜在地区和时间，这是一种很有用的预报指导；(3) 具有足够的大尺度气流在地表不均匀性强迫下产生变化导致中尺度系统生成和演变的知识。由于天气尺度预报目前在1～3天时期内仍存在显著误差，为了使中尺度天气预报具有一定技巧，必须首先改进全球天气尺度的数值预报，这是中尺度天气预报提高可预报性的必要前提。

现在我们再讨论超短时预报（0～12小时预报）。随着专门的中尺度观测网的建立，不少国家都建立试验性或正式的超短期预报，综合利用各种资料来源和数值预报产品进行0～12 h的暴雨和强对流天气预报。对于更短的几小时预报又专门称为临近预报。这种预报正式被定义为“综合利用外推技术和数值预报技术，进行空间分辨率达2.5 km，预报时效可达6小时的预报”。根据国内外一些部门较客观的验证，这种预报已初步取得了效果。但是这种预报的水平还不高，对于不少突发性、局地的强烈天气或暴雨几乎还难以预报出来。主要的问题是这种预报基本上依据外推法。一旦超出有效外推期（1～3 h），预报能力非常有限，也就是说，用外推法要作出3～6 h或3～12 h的预报是比较困难的。即使有很详细的、及时的雷达、卫星和其他观测资料，有经验的预报员去做这种预报也常会失败，其中一个主要的困难是，要预报的对象时空尺度很小，涉及的因子复杂。对此必须研究新的预报方法。这包括高分辨的全球和区域中尺度数值模式和云模式以及其他实际有效的方法，如人工智能方法和统计—动力方法。

制作暴雨短时和临近预报时，首先考虑出现暴雨和强对流天气的发生条件，在此基础上确定其落区或潜在发生区，即估算暴雨可能出现的区域范围。然后分析暴雨的可能触发机制，以便确定强对流天气出现的时间和地点。北京气象局的实践表明，能否有效制作暴雨天气预警信息产品，取决于对这类突发性天气动力和热力状态的监测及其规律的了解等诸多因素。短时临近预报中最重要的资料来源是天气雷达，同时还要采用多种资料的快速更新同化技术、线性外推技术等，利用更新周期短的资料迅速对强对流天气本身的位置和移动作出外推预报。但由于与中尺度天气相联系的暴雨中尺度系统，时空尺度很小，不确定因素多，突发性强，其发展常是非线性过程，而外推的方法是线性的，其有效外推时间一般不超过 2 h，因此，中国气象局北京城市气象研究所与 NCAR 开展科研合作，在借鉴 NCAR 的自动临近预报和预警系统（ANC）系统核心技术的基础上进行调整和改进，在此继承上正在发展适合于京津地区特点的对流天气短时临近预报技术，目前已经取得了重要科研进展，多项临近预报技术已经进行了业务转化试验。

应该指出，临近预报或超短时预报是一个资料和信息不断输入与分析结果不断更新的连续学习过程。因而人工智能的概念和方法应用是非常有用的，技巧的提高主要依据三个方面：1）资料分析的频次要足够高，尽可能及早地更新各种监测资料，应不长于 1 小时间隔；2）根据所有的资料源，进行综合分析，并绘出实况和预报综合图；3）根据预报事件的出现和不出现情况评估预报的准确率，并进行临近预报的事后检验。

前面已经提到超短时预报的主要方法是外推技术。目前使用的大多数是线性外推技术。这个方法的原理是根据现有观测到的和诊断得到的大气状况线性趋势进行外延。图 6.5a 是外推法的图示。可以看到随着时间的增加，误差越来越大，因而存在一个有效的外推期上限（图 6.5b），这表明，对于某种中尺度天气现象通过大量的个例分析完全可以得到一个平均的外推期上限，这对临近预报有很高的参考价值。表 6.1 是不同天气现象外推期上限一览表。可看到绝大多数现象为几小时。其中降水为几小时，突发性暴雨/洪水只有 1 至几小时。表中也给出了非线性预报的能力，目前普遍比线性外推差。

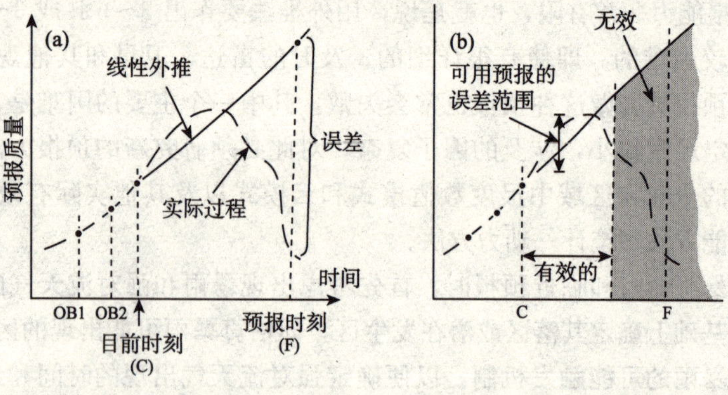

图 6.5（a）　由观测序列（OB1，OB2 和目前）进行的线性外推（实直线）和天气现象的实际发展过程（粗虚线）。在预报时刻外推预报的误差由两者差值给出（见 F 点）；（b）在允许最大预报误差下确定有效外推期，它依赖所预报的天气现象，并因个例不同而不同（Ray，1986）

表 6.1 不同天气现象线性外推时间长度一览表（Ray，1986）

天气事件	线性外推的时间长度	非线性预报能力
下击暴流	1～几分钟	很有限
龙卷		现在很有限
孤立雷暴	5～20 分钟	很有限
强雷暴	10 分钟～1 小时	很有限
有组织的中尺度雷暴系统	～1～2 小时	有一些
造成突发性洪水的暴雨	～1～几小时	很有限
地形性强风	～1～几小时	有一些
湖生雪暴	几小时	很有限
暴雪/暴风雪	几小时	有一些
霜冻	几小时	有一些
低能见度	几小时	有一些
空气污染事件	几小时	有一些
风	几小时	有一些
降水	几小时	有一些
台风/飓风	很多小时	尚好
锋面过境	很多小时	尚好一好

6.3.3 暴雨中、短期预报方法和它的检验

在我国 1～2 d（24～48 h）的预报被称为短期预报，3～5 d 的预报被称为中期预报。国际上中期天气预报可达到 7 d。

目前暴雨的短期预报主要是根据各种方法的综合结果由预报员作出的。暴雨预报方法虽然不少，但总的可以划分为主观预报和数值预报方法两类（图 6.6）（丁一汇，1994）。主观预报方法包括外推（线性与非线性）、气候概率、决策树（类似于预报流程）、模式产品应用和模式认辩等。这些方法主要预测暴雨发生的趋势。具体的落区和落时要由数值模式，物理模式和诊断分析作出，因而暴雨概念或物理模式的应用是很重要的。由主观预报方法得到的结果须与客观的数值预报方法相结合最后作出暴雨预报。近年来也研制了暴雨预报专家系统，取得了一定效果。有人曾经对各种方法对短期中尺度天气预报的贡献做过一般性的估算，这对暴雨的短期预报也有参考价值。

图 6.7 是各种方法对预报过程重要性的比较图（Ray，1986），例如线性外推在 1 小时之后并不完全为零，1 小时之后，它对临近预报“知识”的贡献仍占二分之一左右。注意数值预报对临近预报的重要性很小（几小时之内），这是由于数值预报需要一定的启动和调整时间，一般 6 小时之后才能有效。近年来使用的热启动可以缩短调整时间。数值预报在 12～24 小时期间起主要作用，尤其是中尺度数值模式预报在 24 小时的大部分时间内要比大尺度数值模式预报好，但 1 天之后，贡献低于大尺度模式，所以大尺度数值预报模式

在1天之后成为短期和中期天气预报的主要依据。目前的研究和业务应用是尽可能增加中尺度模式的时效和大尺度（全球）模式在较短时期（24小时以下）的预报能力。“气象知识”的曲线代表预报员知识输入的价值，一般以物理模式的形式实现。注意在4～8小时天气预报存在着一个缝隙，它代表短期天气预报的最低技巧。这也是外推法与数值模式之间的空白区。在这种情况下，气候学知识可以填补相当大部分的预报知识，因而建立重要天气过程的气候知识库可使预报技巧始终保持在一不变的水平之上，这也是在预报缝隙区避免纯主观随机猜测预报的一个有效办法。另外还可以注意到，对于气象知识曲线其低值区与预报缝隙区大致一致。这表明我们对中尺度天气过程和动力机制缺乏详细的科学的认识，它对于4～8小时（相当于β中尺度天气系统）缝隙区预报贡献并不很大。尽管如此，在这个低预报能力区，它仍比数值模式和线性外推法有更高的能力，可以对这个低预报技巧区有较大的改进。这表明中尺度天气动力学以及由此得到的物理或概念模式对于短期预报的重要性。通过这种物理模式的应用也可改进气候学知识，提高气候学知识潜在应用的价值。还应该指出，与气候学和天气动力学知识相结合的实时深入的诊断分析对于预报也是不可缺乏的。尤其是在没有明显的天气系统（或暴雨事件）发生时，通过在晴天或好天气时段的深入诊断分析有可能发现坏天气或暴雨事件来临的征兆。这种提前的天气转折性预报实际上对于天气预报更为重要和更为有用。由于在有严重天气或暴雨发生时段预报员不可能有太多时间和机会进行详细的诊断分析，上述深入的诊断分析主要在好天气时段或暴雨间歇期进行。

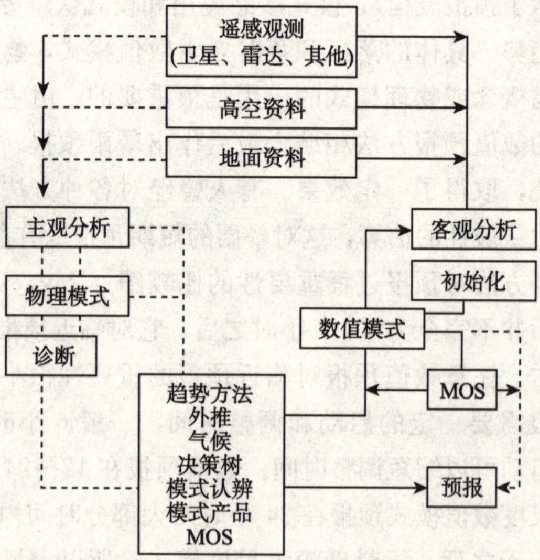

图6.6 主观预报（左）与数值预报流程（Ray，1986）

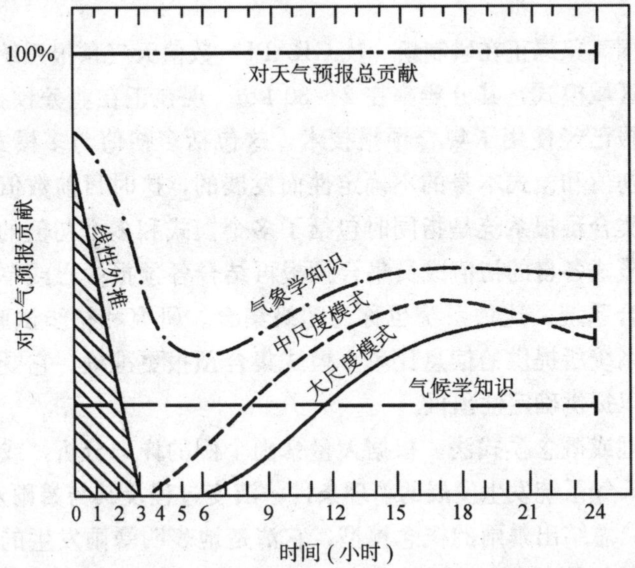

图 6.7 各种方法对预报过程重要性的比较图。
它们表示为时间的函数，纵坐标代表对天气预报的贡献（Ray，1986）

我国暴雨短期预报主要预报使用 6 种方法：

(1) 全球和区域数值预报。在国际上目前可使用的数值预报产品主要来自欧洲中期天气预报中心（EC），日本气象厅和德国，EC 的数值预报可以提供直到 7 天的有用预报结果，因而是大形势预报和中期降水以及暴雨预报的主要依据。日本和德国的数值预报对于暴雨预报有直接的参考价值。我国的全球数值预报模式（T213L31）可以提供 5 d 的预报结果，它对形势预报和降水/暴雨预报可以提供有用的指导和参考。另外国家气象中心使用的区域模式（HALFS 与 MM5 模式）对于暴雨也有参考价值。国家气象中心对于上述模式曾进行过检验和比较（矫梅燕等，2004），概括起来，有下列三点初步的结果：1）T213 的形势预报较 EC 与日本的形势预报尚有一定差距，尤其是与 EC 中期预报相比，性能还不够稳定，偏差还较大，对部分极端天气形势的预报能力不高；2）对于降水预报，T213 对于我国东部的大范围强降水的量级预报较好，日本模式各时效的晴雨预报或降水落区预报较好，德国模式 60 h 降水预报的中心位置和雨带有较高的参考价值。因而对于降水和暴雨预报综合使用上述三种预报结果可能会提高预报准确性；3）对于中、小雨的预报我国和日本的模式可信度较大，但暴雨以上漏报较多。暴雨面积有明显偏差（我国的模式明显偏大，日本模式明显偏小）。德国的模式中小雨预报不及日本，但暴雨与大暴雨的预报明显高于日本，其中 60 小时的大暴雨预报明显好于日本。

目前中国气象局正在研制新一代 GRAPES 数值天气预报系统，它包括全球和高分辨区域模式，其分辨率在 2～30 km。现在正在业务预报的试验中。数值天气预报已经使用了集合预报技术，这包括多初值与多模式集合方法。它们是基于初值和模式本身的不确定性而发展的，这时目前数值预报的一个重大进展。集合预报系统是指同时包括了多个模式和多个初值的结果，也就是基于每个模式各自的初值成员集合预报再结合各预报中心或单位的模式建立多模式集合系统。这种系统也称为超级集合。研究和初步试验结果表明，多模式集合系统所提供的信息比单个模式集合预报更准确，它既可提供概率预报，又可以提供确定性预报。

(2) 物理或概念模式法。根据大量暴雨个例的详细分析，或用综合法得到某类暴雨天气系统发生发展的物理条件，演变过程及其与暴雨发生的关系。在此基础上，总结出暴雨的概念模型，它清楚地表明暴雨发生的物理条件和演变过程及其与暴雨发生的关系。

(3) 物理量的落区预报方法（陶诗言等，1980）。夏季暴雨是出现在高温、潮湿，层结不稳定，并有大尺度上升运动的区域。如果未来预报区域内满足这三个条件，就预报在该区域有暴雨出现的可能性。这一步预报称作暴雨落区预报。可以用各种指标或指数来表征上面三个暴雨发生条件，如把这些指标计算结果填在一张图上，它们的等值线共同包围区一般被看做未来暴雨的落区。一般由落区预报所确定的范围包括一、两个省的面积，而暴雨真正出现的区域却比较小。第二步就须预报在这个区域中哪些部位会出现暴雨，什么时候出现。这一步预报称作暴雨的落点、落时预报（所谓精细预报）。落点、落时预报比落区预报困难得多。预报员在做初落区预报后，就把注意力集中在这个区域，仔细分析每 3 小时一次的天气图，抓住中小系统的活动，注意地形对暴雨的作用；同时雷达观测注意力也应集中在该地区，抓住对流单体生成起源的位置，追踪对流性回波团的动向，综合上述分析最后发布未来短时间内（3～6 小时）雷雨的落点、落时预报。

(4) 数值预报产品的释用——MOS，PP 和配料法的应用。利用统计方法可以建立数值预报产品与局地区域预报量之间的统计关系，这就是数值预报产品的释用。过去 MOS（模式产品输出）和 PP（完全预报法）是两个主要的方法，它们在局地或区域天气预报中起着重要的作用。MOS 方法目前仍是降水和暴雨预报的一个重要方法。近年来，数值预报产品释用中，发展了配料法，它是针对中小尺度天气系统的一种预报方法，可用于暴雨等天气预报。配料法认为造成暴雨和强对流主要由三个要素（或成分），即抬升、不稳定层结、水汽决定。当它们同时存在时，才会造成深对流，形成暴雨，缺少其中任何一个，可以产生一些重要天气现象，但不是深厚的湿对流，因此此方法强调了对降水事件的发展和强度有重要影响的基本物理量和正确搭配。检验表明，这个方法有一定效果，但仍有空报或漏报产生。

（5）统计预报方法。在暴雨预报的早期发展阶段，统计预报方法是主要的预报方法，即使是在以数值预报为主的今天，统计方法仍然是数值预报的重要辅助方法之一。如前所述，目前统计方法已与数值预报输出产品相结合，直接通过数值预报产品的输入量与预报量之间建立各种统计关系来预报天气。过去单纯的暴雨条件预报方法主要有两个问题，一是样本数常常不够，尤其是对大暴雨，难以建立有统计显著性的预报方程；二是由历史资料建立的统计方程不稳定。因而表现出概括率高，预报准确率低的现象，尤其是对历史上很少出现的小概率极端天气事件，突变或转折事件预报能力很低。目前数值预报产品释用中应用的统计方程在很大程度上（如 MOS 方法）依赖于模式产品的质量，因而最终依赖于数值预报模式的好坏。因而后者的改进对于动力—统计方法的应用效果是十分关键的。

（6）暴雨预报专家系统。这种方法主要是从 1970 年代发展起来。1983 年中国科学院大气物理所首先制作了北京地区暴雨专家系统的模型，四川省气象局也同时制作了暴雨专家系统，这是人工智能方法的一个重要应用。后来这个方法在国内得到了迅速的发展和广泛的应用。专家系统一般由知识库、数据库和控制推理程序等三部分组成，其核心是知识库和推理机。有些专家系统还包括解释与知识获取的部分功能。暴雨预报专家系统的应用表明，它的效果是令人满意的，是目前数值预报的又一补充，尤其是对临近预报更为有效。

中期暴雨预报是更为困难的预报。目前只能给出展望和潜在的暴雨发生区。主要依据是数值中期预报产品（可到 196 h），并辅之以气候背景和其他经验与统计方法的结果。近年来，季节内低频振荡（ISO）的研究表明，分析 ISO 的演变可能为持续性或频发性降水与暴雨的形成提供一种更直接帮助。

独立的暴雨预报效果或技巧的检验是改进暴雨预报的必要途径之一。一般有三类检验，首先是晴雨检验，即只对有雨与无雨进行检验。这是检验的第一步。第二类为量级检验，将降水分为小雨（$0.1\ \mathrm{mm} \leqslant R \leqslant 10\ \mathrm{mm}$）、中雨（$10\ \mathrm{mm} \leqslant R \leqslant 25\ \mathrm{mm}$）、大雨（$25\ \mathrm{mm} \leqslant R \leqslant 50\ \mathrm{mm}$）、暴雨（$50\ \mathrm{mm} \leqslant R \leqslant 100\ \mathrm{mm}$）和大暴雨（$100\ \mathrm{mm} \leqslant R$）五个量级，分别检验模式对这五个量级的预报情况；第三类为累加量级检验，即分别对≥中雨、≥大雨等情况进行检验。检验量主要包括：TS 评分、漏报率、空报率、预报效率、预报偏差和预报技巧。我们给出两个常用检验量的公式如下：

1) *TS* 评分

$$TS=\frac{\text{正确站数}}{\text{正确站数}+\text{漏报站数}+\text{空报站数}}\times 100$$

暴雨预报的 *TS* 值一般在 20 上下，因而总的水平国内外都是不高的。

预报准确率水平检验：*CSI* 指数

$$\text{成功指数 } CSI=\frac{\text{预报正确次数}}{\text{预报正确次数}+\text{漏报次数}+\text{空报次数}}$$

是用来表征预报效果的一种方法。根据我国目前使用的预报评分方法，按两种标准分别计算出各个点的 *CSI*：一种是预报的降水量级与实际降水量级上下差一级就算预报正确，漏报和空报同样跨级评定，这样算出的为 CSI_1；另一种为要求预报与实况必须是同一量级才算预报正确，算出的为 CSI_2。

第7章 历史重大暴雨个例剖析

本章主要对近50年我国历史上十几次著名大暴雨个例作概要的介绍。记住历史上一些重大的典型暴雨个例，对于研究工作者和预报员都是十分必要的，它可以帮助我们从历史的实例中总结出规律性的东西以及多方面的经验教训，这样才能增加对暴雨发生条件和天气—动力过程的深刻认识，尤其是对天气预报员，要善于从历史事件的分析中总结和概括出规律性的结果，以此对未来可能发生的暴雨事件作出有依据的预测。即使在数值预报为主要工具的今天，这也仍然不失其应用的价值，这也是提高预报员水平和素质的一种有效、快捷的途径。毛泽东同志说过："从战争中学习战争"就是这个含义。

从以下给出的例子看，在我国七大江河流域发生的大暴雨的种类和形成过程是多样的。由于具体条件差别很大，预报员的任务是要根据具体的条件作具体的分析，而不能机械的套用，这才能得出正确的结论。但不论一次暴雨过程多么复杂，持续性和突发性大暴雨发生的基本条件都大致相同。这一章个例有些是引自"我国暴雨"（陶诗言等，1980）一书，以及1991，1998，2003年特大暴雨个例研究专著（丁一汇，1993；1998年长江、嫩江流域特大暴雨编写组，2001；矫梅燕等，2004），它们对历史上的一些特大暴雨个例均有很详细的描述，有兴趣的读者可参看原著。

7.1 华北地区的暴雨

7.1.1 1963年8月1—10日海河流域持续性大暴雨（"638"暴雨）

1963年8月上旬在太行山东麓，河北省海河流域出现了有气象记录以来的特大洪水，这次大洪水是为时一星期的持续性强降水所造成（图7.1 a），过程总降水量达到 1329 mm，在太行山的獐么地点记录到 2025 mm 总降水量。并且 8 月 4 日在邢台专区的司仓站 24 小时降水量达到 704 mm。这次暴雨强度大，面积广，影响极其严重，河北大范围地区成一片泽国，津浦铁路长时期中断，这是历史上少见的。“638 暴雨”是出现在稳定的大尺度环流形势之下。图 7.1b 是 1963 年 8 月 1—10 日亚欧 500 hPa 平均环流形势图。亚洲中纬度地区阻塞形势显著，同时，在亚洲副热带范围也盛行经向环流，在日本海和西藏高原各维持一个稳定的高压脊。另外在我国东南沿海也有一个高压区。从华北经华中到云贵维持一条狭长的低压带。这条狭长的低压带处于四周稳定的高压系统包围之中，使得从我国西南部移入暴雨区的高空低涡在进入暴雨区时出现停滞或减速现象，由河套移来的低槽冷锋受东侧下游高压的阻挡也在华北变成准静止，因而有利于造成持久的暴雨。此外 500 hPa 平均流场也表示供应暴雨区水源的水汽输送通道和对流层低层完全一致。这表示有深厚的潮湿空气从中印半岛孟加拉湾进入暴雨区（图 7.1c）。

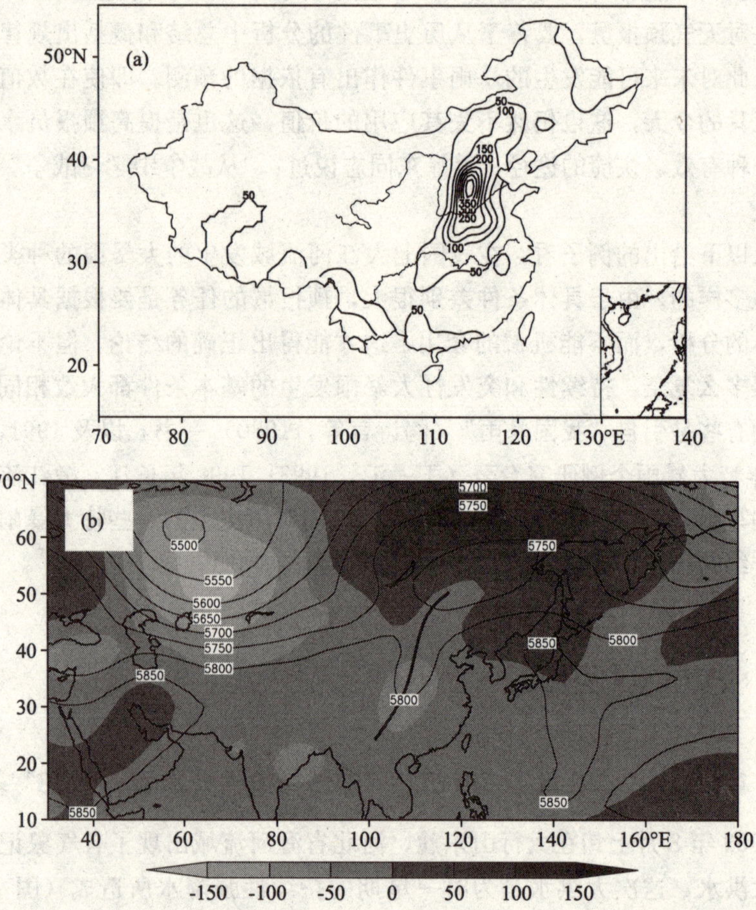

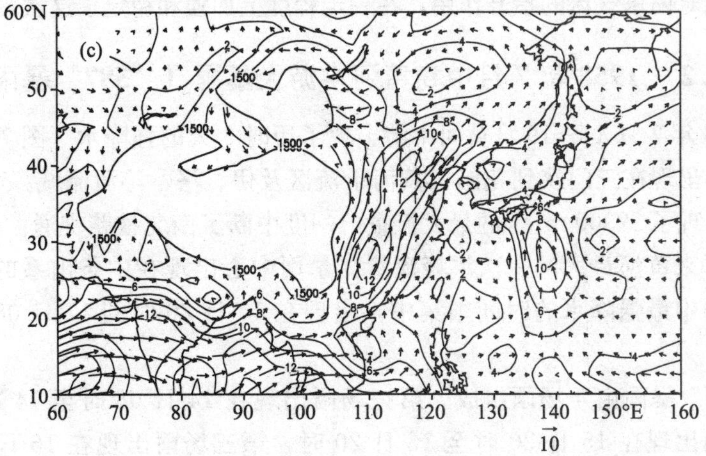

图 7.1　(a) 1963 年 8 月 1—10 日海河流域持续性大暴雨的降水总量（单位：mm），(b) 500 hPa 高度场（等值线）和高度纬偏场（阴影区）（单位：gpm，“G”和“D”分别代表高中心和低中心，粗实线代表槽线位置），(c) 850 hPa 风场（矢量）和风速（等值线）（单位：m/s，粗实线为高于 1500 m 地形）

在“638”暴雨期间，有三个西南低涡沿相似路径从西南移向东北，每当西南涡移到河南省北部和河北省地区，它们与河套移来的变成准静止的低槽冷锋相互作用，在暴雨区形成大尺度湿区、位势不稳定和大尺度上升区，在这个区域内最有利于一次次强对流的中尺度扰动生成。在暴雨过程中，由于日本海高压稳定，同时在贝加尔湖地区有阻塞高压建立，并与日本海高压对峙，在这两高压之间形成了近于南北向的深厚切变线。在此辐合区中不断地有中尺度系统发生发展，它们一次又一次带来暴雨，从而形成长时期的暴雨。共有 14 个中尺度系统出现：6 个辐合中心（C），3 个冷切变线（偏北风与偏东风之间的切变线），5 个东风切变线（东北风与东或东南风之间的切变线）。“638”暴雨的分析表明，在特定的长波形势下，天气尺度系统的停滞，充分的水汽供应以及有利的地形是造成这次持续大暴雨的原因。西南涡北上和西风带高空槽的活动，是引起这次暴雨的主要天气尺度系统。稳定维持的特定大环流形势，是暴雨持续的主要原因。在这种形势下，副热带高压脊边缘强劲的西南气流，日本海高压后部的偏东气流和北方一股股的冷空气，持续交汇于华北地区。贝加尔湖和日本海高压的阻塞作用是这种形势维持的重要条件。

在这种大环流形势下，造成西南涡和西风槽移到河南北部便停滞，同时稳定的西南气流是水汽的主要来源，日本海高压后部的偏东气流也带来一部分水汽。充足的水汽，保证能有持久的大降水量。另外，在华北平原西面的太行山脉对偏东气流的抬升作用，在一定程度上加强和稳定了这次暴雨过程。

7.1.2 1958年7月中旬黄河中游大暴雨（“587”暴雨）

1958年7月14—19日黄河中游出现了历时5天的强降水（图7.2a）。暴雨区集中出现在三门峡到花园口黄河干流区及伊、洛、沁河流域。7月18日花园口出现了22300 m^3/s的最大流量，一度中断了南北铁路交通。这是新中国成立以来黄河最大的一次洪峰流量。暴雨中心出现在中条山系的垣曲站。这次暴雨中最强降水的时间很集中，出现在16日20时到17日08时的12小时内。

“587”暴雨由4场雨组成。第一场雨出现在14日08时至14日20时，第二场雨出现在15日20时至16日20时，第三场雨出现在16日20时至17日08时，这也是降水最强的时段，第四场雨出现在18日08时至19日08时。

4场雨主要由南北向冷锋（准静止锋）的东西摆动造成。第三场降水是这次暴雨中的主要降水，图7.3是这场暴雨时期冷暖空气活动综合图。这条静止锋也是一条露点锋。16日08时等熵面相对气流的分析表明，在暴雨区上空的确有两支气流作用，一支是从东南流入的暖湿空气（图7.2c），是逐渐爬升的，移到暴雨区上空时，已上升到700～500 hPa之间，另一支是来自偏西方向，从300 hPa下沉的干冷空气与上升的暖湿空气在暴雨区上空开始重叠，从而形成不稳定层结，地面强露点锋正好位于此不稳定区内，这为强对流的发生提供了有利条件。

“587”暴雨出现在东半球中纬度长波系统有反位相调整的变化时期。在暴雨前期（7月6—15日），105°E维持一个长波槽，而在日本海和西藏高原西部分别有长波脊控制，这个时期大雨位于京广线以东地区。7月16—17日（图7.2b）亚欧范围长波系统开始出现调整。原在110°E的长波槽变成脊的位置，而日本海和高原西部则分别调整成长波槽的位置。在大形势的调整期间，日本海的高压不断西伸并加强，它阻挡了从西南过来的高空槽向前移动，造成高空槽在河套上空被切断和停滞。在7月16日河套上空是个深槽。但在17日08时这个深槽被切断。以后这个切断低涡在106°E以西停滞并趋于消失。在此期间，500 hPa西藏高压向东移，它与日本海高压之间形成一条狭窄的南北切变线。“587”暴雨最强的时段，正好出现在这条南北向切变线维持期间。在7月18—23日亚欧范围的大形势的调整完成。与图7.2b相比较，中纬度槽脊的位置完全反位相。

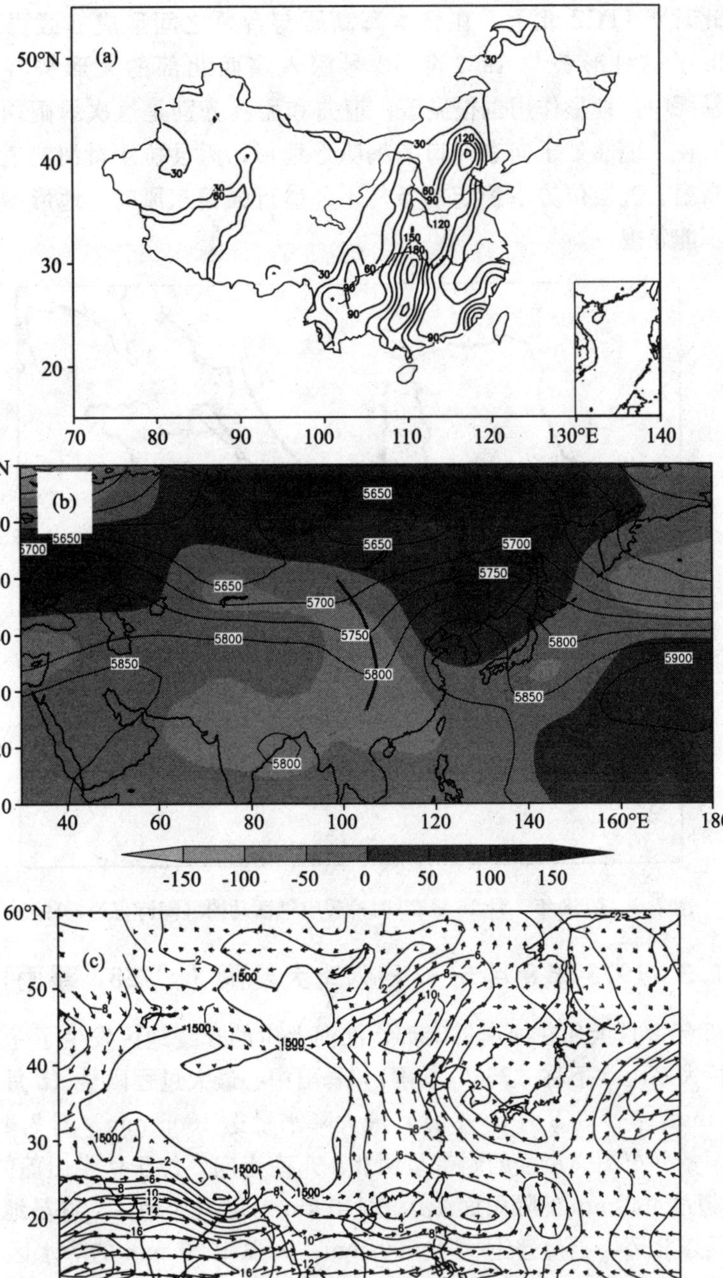

图 7.2 (a) 1958 年 7 月 11—20 日黄河中游大暴雨的降水总量（单位：mm），(b) 500 hPa高度场（等值线）和高度纬偏场（阴影区）（单位：gpm，粗实线代表槽线位置），(c) 850 hPa 风场（矢量）和风速（等值线）（单位：m/s，粗实线为高于 1500 m 地形）

暴雨洪涝

在此时期 ITCZ 北上，在日本海高压与台风之间形成一股强东风气流(图 7.2b)。这种形势与 1956 年 12 号深入陕西北部的大形势特相似。在“587”暴雨中，地形作用也很显著，垣曲和孟县分别是这次暴雨期中最大暴雨中心所在。垣曲处于向东开口的喇叭形地形，孟县位于黄河河道开阔区西端，在高温、气层位势不稳定的条件下，盛行强偏东风时，地形抬升对降水的贡献不能忽视。

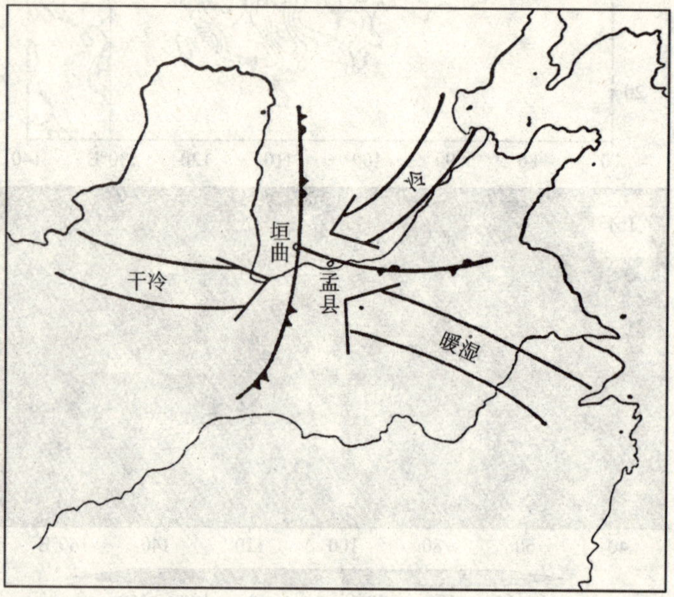

图 7.3　1958 年 7 月 16 日 20 时冷暖空气活动图（陶诗言等，1980）

7.1.3　1975 年 8 月 5—7 日河南大暴雨（“758”暴雨）

1975 年 8 月上旬在河南省南部、淮河上游的丘陵地区发生了一次历史上罕见的特大暴雨（下称“758”暴雨），暴雨中心最大过程雨量（8 月 4—8 日）达 1631 mm，三天（8 月 5—7 日）最大降水量达 1605 mm。图 7.4a 是 5—7 日三天雨量分布图。最强的雨带呈西北—东南走向，位于伏牛山麓的迎风面。4—8 日超过 400 mm 的降雨面积达 19410 km^2。驻马店地区、许昌地区南部和南阳地区东北部，雨量普遍大于 500 mm，大雨 1000 mm 的降水区在京广铁路以西薄山水库西北经板桥水库、石漫滩水库到方城一带。暴雨的降水强度极强，1 天最大降水量为 1005 mm，6 小时最大降水量为 685 mm，1 小时最大降水量为 189.5 mm。1 小时和 6 小时雨强均为我国历史上最高记录。

“758”暴雨由 3 场降水组成。第一场雨出现在 5 日 14 时至 24 时，第二场雨出现在 6 日 12 时至 7 日 04 时，第三场雨出现在 7 日 16 时至 8 日 05 时。在这3场雨中，7日暴雨最大，5日次之，6日最小。从降水的日变化看，雨强上半夜最大，白天比较小。这次特大暴雨，造成河南省西南部地区两个大型水库，不少个中型水库几乎同时垮坝，一时洪水泛滥，人民生命、国家财产遭到重大损失。造成河南这次特大暴雨的主要影响系统是7503号台风深入内陆。这次台风的特点是：（1）台风登陆后并不迅速消失，（2）路径特殊，它在河南境内出现较长时期的停滞，（3）台风伴随的暴雨强度大。

这次台风路径，特别是台风在河南境内停滞少动以及台风在陆上并不迅速消失，是与当时大尺度形势的变化有密切关系。在台风登陆前后，亚欧大陆的长波形势出现几乎反位相的调整。在台风登陆前，110°E上空是长波槽位置，西藏高原西部上空和日本上空是长波脊所在。假如大形势不调整，台风在登陆后将沿长波槽前部迅速转向东行。但就在台风登陆前后，北半球的环流形势出现一次大调整，而且变化最大的区域就在亚洲和西太平洋范围。形势的变化几乎是反位相的。西藏高原西部和日本海上空变成长波槽位置，而在110°E上空建立长波脊（图7.4b）。伴随着西风带大形势的调整，在我国东部大陆上建立一个副高单体。由于大形势作这样的调整，使得台风不能转向东行，而是在河南省境内停滞少动。大形势调整同台风北上在时间上正好相遇，一般是不常见的。这次“758”暴雨就出现在不常遭遇的情况下。

在暴雨过程中中尺度系统（雨团）十分活跃和强烈，并与地形有明显的关系，地形引起的上升速度使得对流发展引起降水，也能够作为中小尺度的强对流系统的触发机制，造成不稳定能量释放。因此在山区的迎风坡暴雨区次数增加，暴雨量增大。我国的几次著名特大暴雨的雨量分布，都是与地形有密切关系，在山地迎风坡上雨量达到最大，背风坡雨量迅速减弱，有时背风坡的雨量仅是迎风面的十分之一。

总之，“758”暴雨下得这样大，是由多方面因素造成的。行星尺度环流条件引起台风能深入内陆，并在河南境内停滞。天气尺度系统的活动，造成有利于中尺度系统生成的环流条件并为暴雨从西太平洋海区输送大量水汽（图7.4c）。中尺度天气系统沿着同一路径向暴雨区汇集，使得在暴雨区出现持久的强对流天气。地形条件对降水起着明显的增幅作用。由于这些有利条件叠合在一起，引起很高的降水效率，才能造成几百年来罕见的一次特大洪水。

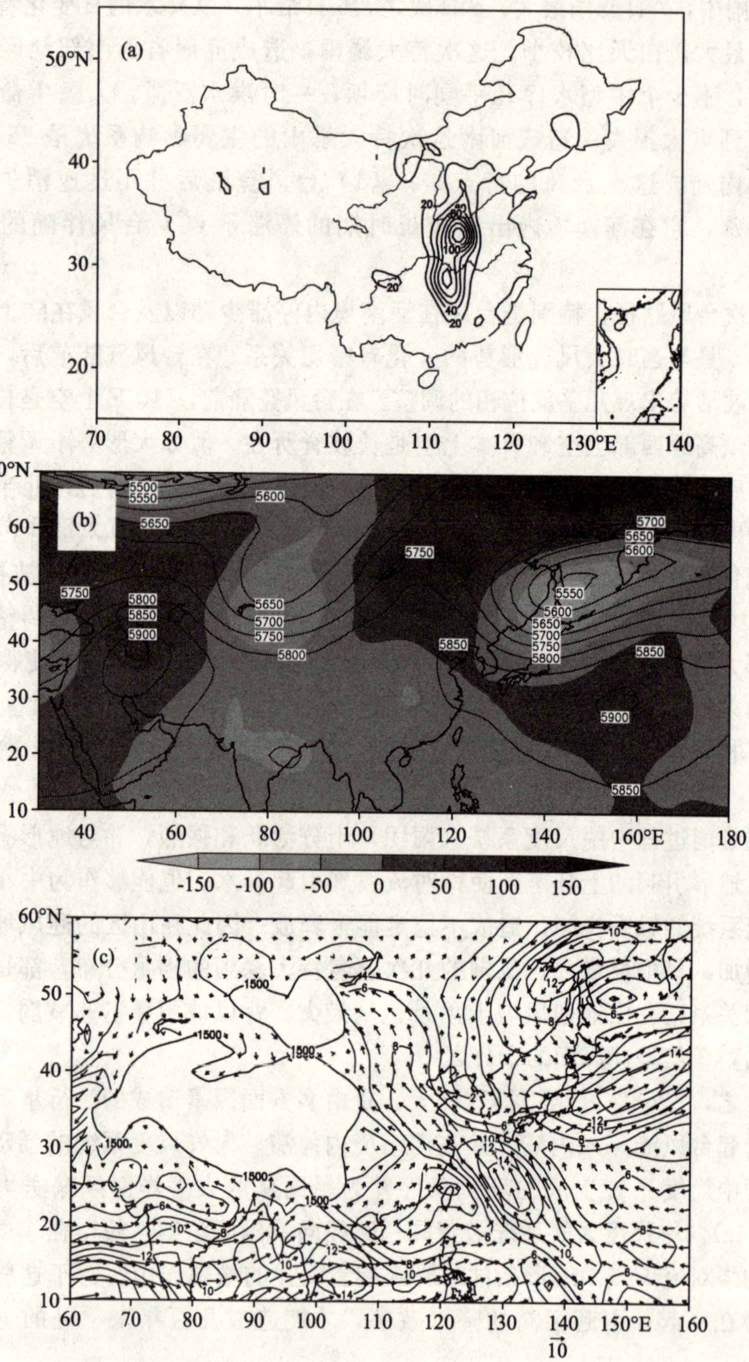

图 7.4 (a) 1975 年 8 月 5—7 日河南大暴雨的降水总量（单位：mm），(b) 500 hPa高度场（等值线）和高度纬偏场（阴影区）（单位：gpm），(c) 850 hPa 风场（矢量）和风速（等值线）（单位：m/s，粗实线为高于 1500 m 地形）

7.2 东北地区的暴雨

7.2.1 1975年7月30—31日辽、吉特大暴雨（757暴雨）

1975年7月30—31日受华北气旋影响，辽、吉二省均出现了特大范围暴雨（图7.5a）。仅辽宁省两天就有75站暴雨，其中19站雨量≥100 mm，16站雨量≥200 mm，熊岳日最大雨量达332 mm。吉林省有14个县市过程雨量大于100 mm，覆盖面积为全省的三分之一，其中通化市最大，达250.9 mm。二省暴雨面积达16.8万km^2，都造成江河泛滥，洪水成灾。

由于东北平原处在大兴安岭和长白山两大山系之间的南北向狭长谷地中，风的力管作用加上高空大槽与夏季副高之间的西南气流，以及极锋急流和副热带急流的引导，很容易把其西面蒙古气旋、西南面的华北气旋和南面的江淮气旋吸引到东北地区来，有时还和原在东北地区的地形低压或槽合并而加深发展。

这次暴雨发生时东亚中、高纬度的高空形势特点是北高南低型。贝加尔湖附近为一个长波脊，阻塞形势明显（图7.5（b））。巴尔喀什湖和鄂霍茨克海为两个深槽。在100°E附近西风气流分支，从巴尔喀什湖附近的长波槽中分裂出短波槽东移，并在115°E处加深，使冷空气到达华北及东北地区。太平洋上副热带高压控制在日本上空，脊线在30°N一带，其西侧的偏南气流把暖湿空气输送到华北和东北地区，并与冷空气交绥，潜热释放，华北气旋发展。副高与短波槽前的暖高叠加成为东亚沿海阻高，则形势稳定少动，产生连续性暴雨天气。除了具有上述特点外，日本西南部的台风随中、低层的东南和西南急流提供热带西太平洋上的水汽，对气旋的发展和暴雨的产生起着很重大的作用（图7.5c）。这次持续性特大范围暴雨有以下几个方面的有利条件：

（1）充沛的水汽输送和辐合

这是暴雨的必要条件，它取决于丰富的水汽源和气流输送的强弱和积聚程度。这次暴雨期间的水汽源有两个，并存在来自西南和东南两支水汽输送带。西南一支来自孟加拉湾洋面，经西南地区和长江中游到达华北、东北地区。而东南一支轴线从日本南部西北太平洋上经黄河北部一直伸向渤海湾，台风成为东南向水汽输送带的一个源。水汽输送带与低空急流相配合。计算各层全风速得出，西南水汽输送带是由槽前西南急流运行，东南水汽输送带是由副热带高压与南侧台风之间的偏东急流所造成。

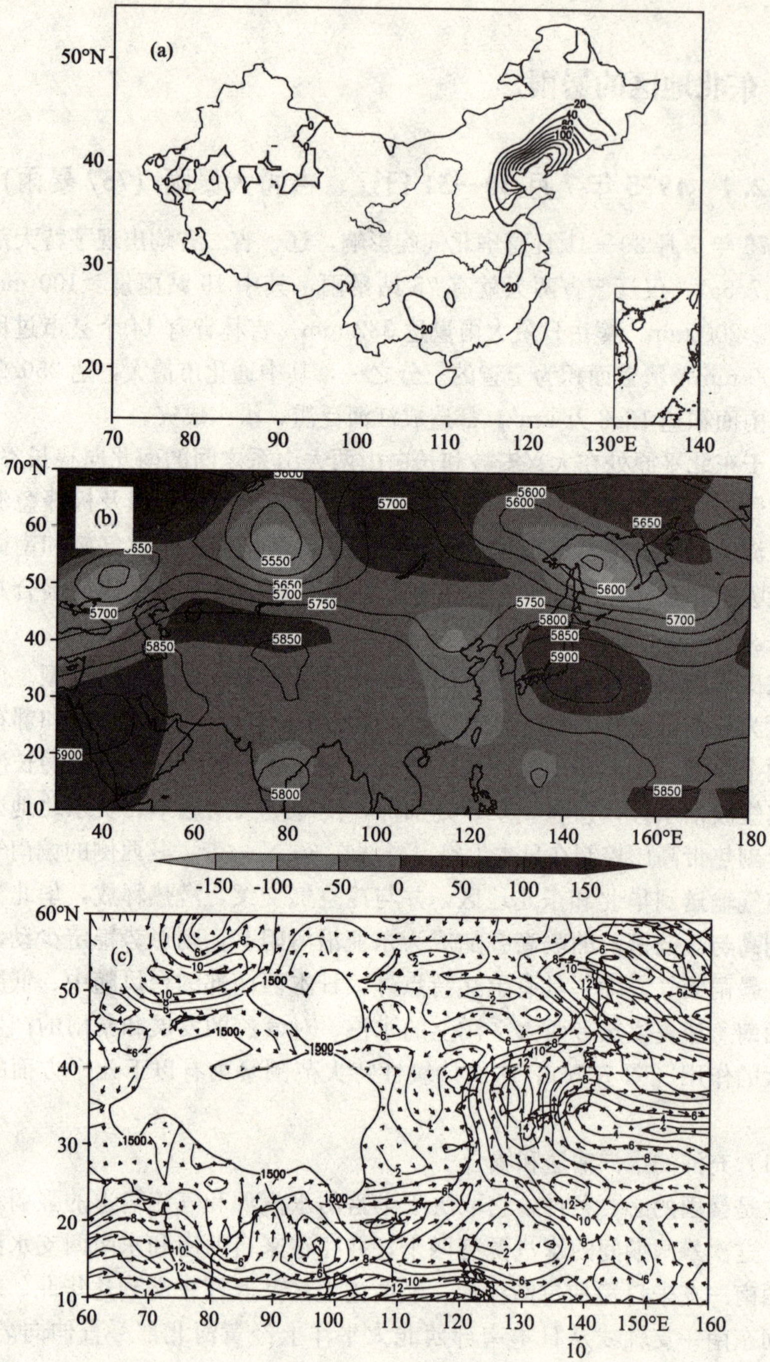

图 7.5　(a) 1975 年 7 月 30—31 日辽宁和吉林特大暴雨的降水总量（单位：mm），(b) 500 hPa 高度场（等值线）和高度纬偏场（阴影区）（单位：gpm），(c) 850 hPa 风场（矢量）和风速（等值线）（单位：m/s，粗实线为高于 1500 m 地形）

（2）冷暖空气的活动及交绥

这次特大暴雨主要是由热带气旋（2号台风）所提供的暖湿气流与东北下来的冷空气交绥而引起的。

（3）上升运动

在“757”暴雨的过程中，强上升运动处于低涡中心和暖切变附近，值得注意的是，暴雨发生在高低空急流的交点附近。高空急流入口区右侧的辐散区及低空急流左前方的辐合区起到了抽气机效应，把大量暖湿空气抽向高层，不但造成位势不稳定，而且为暴雨的发生提供有利上升条件。

（4）持续稳定的大形势

大形势的持续稳定为上述各种宏观物理过程提供了有利背景条件。在日本的副高偏北且稳定，并与缓慢东移的贝加尔湖高压叠加，构成东亚阻塞形势，制约两支水汽输送带和冷暖平流在华北东部、东北南部的交锋对峙，使西风槽、低涡暖切变线滞留，引导台风北上，因此它是造成该区特大暴雨的重要大型环流背景，促进中低纬环流在华北、东北区会合和交绥，诱发持续性特大暴雨天气的产生。

7.2.2 1998年6—8月松花江、嫩江流域持续性大暴雨

1998年6—8月，东北地区中西部和内蒙古东部地区频降大雨、暴雨，三个月的总降雨量一般有350～600 mm、局部达700 mm以上，从而成为1998年我国北方的多雨区（图7.6a）。雨量中心主要位于嫩江中下游一带，500 mm以上的雨区覆盖了大兴安岭东侧和松嫩平原的西半部，这些地区的降雨量比常年偏多8成至1.5倍，普遍超过了1951年以来的最高记录（陈秀凤等，2001）。嫩江、松花江流域的降雨有三个明显的特点，即持续时间长，降雨量大，降雨强度强。1998年嫩江、松花江流域的降雨时间持续长，普遍在35天以上、局部超过55天。降雨日数和大到暴雨的日数也明显偏多。

这次持续性暴雨过程有11次降雨过程组成，大致可分为3个多雨时段，它们的大尺度环流特点表现为：第一雨段6月6—23日，嫩江、松花江流域出现3次降雨过程，这一时段为该地区1998年汛期第一次多雨时段。在此期间，欧亚中高纬度为两脊一槽形势，长波槽位于贝加尔湖以东到我国东北地区，乌拉尔山附近地区和鄂霍茨克海分别为长波脊区，这段时间内环流形势相对稳定，在欧亚中高纬地区形成双阻塞形势。由长波槽流出的冷空气，对该流域内降雨的持续和雨量的加大起到很大作用，而鄂霍茨克海长波脊的稳定使造成暴雨的天气系统移动缓慢甚至停滞，使得雨日持久。第二多雨阶段，

7月6—10日，亚洲中高纬仍为两脊一槽形势，与第一个多雨时段大尺度环流形势相比，共同点是鄂霍茨克海为一阻塞高压（图7.6b)，贝加尔湖附近为一宽广而稳定的长波槽区。不同之处是上游的长波脊比乌山长波脊偏东约25个经度且没有成为阻塞高压，即形成为东阻塞的环流形势，使得上游西风带的天气系统东移受阻；同时也使我国嫩江、松花江流域一直处于贝加尔湖槽前暖湿气流中，槽后的西北气流引导冷空气不断东移南下，与槽前暖湿气流交汇。正是鄂霍茨克海阻塞形势的重复出现和稳定，形成了该流域降雨强度较大的第二个多雨时段（图7.6c)。

7月27日—8月19日，是嫩江、松花江流域第三个多雨时段，这期间大尺度环流形势进行了一次调整，7月27日—8月上旬中前期，亚洲中高纬环流形势基本与前两个多雨时段环流形势差不多，即贝加尔湖附近地区盛行长波槽活动，阻塞高压在鄂霍茨克海附近地区。从8月8日起，环流形势开始发生调整，原贝加尔湖长波槽区调整为高压脊区，东阻塞形势转变为中阻塞形势，这种环流形势从8月中旬初至中旬末持续了整整10天，中阻塞形势的建立和稳定，阻塞和抑制了欧洲及亚洲西部地区的天气系统向东移动，破坏了西风带波动的正常活动，使嫩江、松花江流域处于中阻塞前部的低压槽内，冷空气不断从阻高北侧的北支锋区上南下进入嫩江、松花江流域，从而造成了嫩江、松花江流域的多雨天气。

由上可见，导致嫩江、松花江流域持续稳定降雨的大尺度环流特征，主要是乌拉尔山和鄂霍茨克海的阻塞高压频繁出现并稳定。伴随阻塞高压活动的高空冷涡是嫩江、松花江流域降雨的主要影响系统。水汽输送主要来自西南季风气流（图7.6c)。

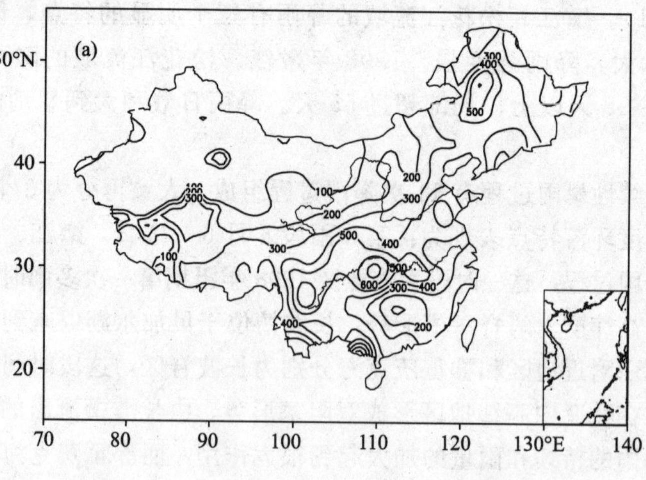

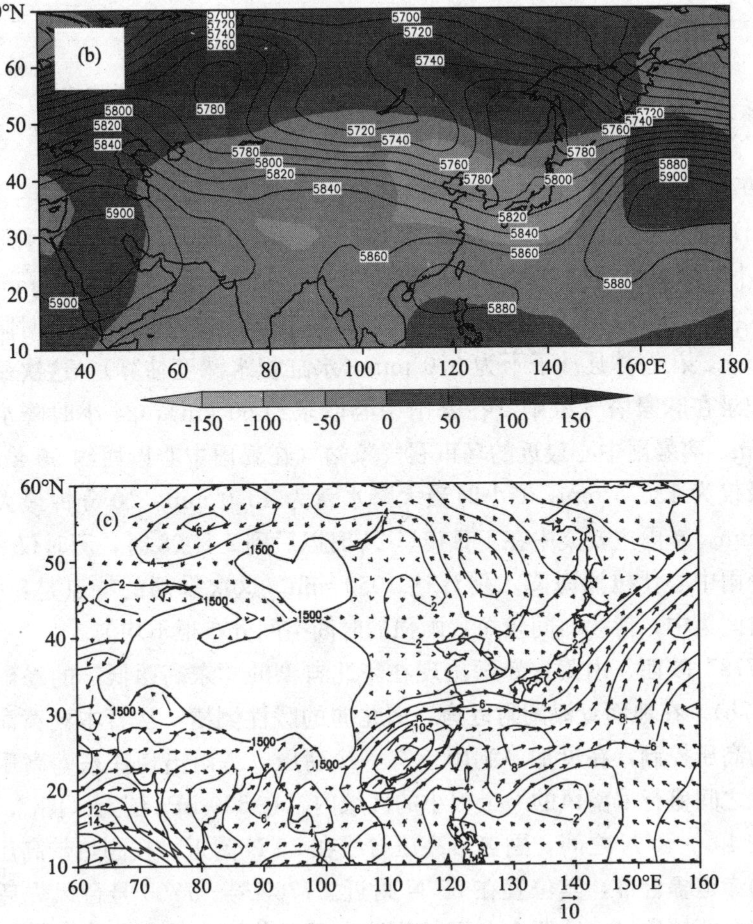

图 7.6 (a) 1998 年 7—8 月松花江－嫩江流域持续性特大暴雨的降水总量（单位：mm），(b) 7 月 15—28 日的 500 hPa 高度场（等值线）和高度纬偏场（阴影区）（单位：gpm），(c) 7 月 15—28 日的 850 hPa 风场（矢量）和风速（等值线）（单位：m/s，粗实线为高于 1500 m 地形）

8 月 10—15 的降雨过程，由于持续时间长，降雨量大，使嫩江形成第三次洪峰，洪峰 14 日 5 时通过江桥，在向东行进的过程中又遇到 7—9 日、10—15 日、18—19 日松花江流域连续性较强降雨，致使 8 月 22 日 12 时洪峰通过哈尔滨时，流量达到 17300 m^3/s，水位高达 120.89 m，超过保证水位（120.30 m）0.59 m，嫩江最高水位达到 149.30 m（齐齐哈尔），超过历史最高水位 0.65 m（1969 年），为百年一遇的特大洪水。

7.3 西北地区的暴雨

7.3.1 1977年8月1日毛乌素沙漠特大暴雨（“778”暴雨）

1977年8月1日到2日陕西榆林地区和内蒙古乌审旗交界的毛乌素沙地地区出现了历史上罕见的特大暴雨（陶诗言等，1980）。1日08时到2日08时24小时降水量超过100 mm的面积约8000 km^2，据调查，500 mm以上的降水区范围约900 km^2。最大降水中心在乌审旗什拉淖海，24小时降水量达1050 mm，在榆林县沙子干为670 mm（水缸积水深度估算），这次暴雨实测最高记录在麻家塔气象哨（在暴雨中心以东约60 km），24小时降水量仅为175 mm。离暴雨中心最近的乌审召气象站（在暴雨中心以西约50 km）的雨量记录仅为136.5 mm，1小时最大降水量为43.0 mm。10分钟最大雨量为20.2 mm。暴雨主要集中在1日夜里21时以后到2日08时，历时仅8小时左右。暴雨中心什拉淖海降水估计达1050 mm。这次暴雨的特点是：强度大，降水时间集中，持续时间较短，雨强的时间空间分布很不均匀。

“778”陕西、内蒙古暴雨出现在华北典型的“东高西低”的暴雨形势下（图7.7b）。在地面青海湖附近为一南北向的暖性倒槽，从日本到黄海、华东沿海为高压控制，在贝加尔湖附近有一冷高压。暴雨出现在东南高压与西南低压区之间盛行偏南风的一个很小的区域内。在500 hPa图上（图7.7a），西风带在40°～50°N之间，副热带高压脊线在35°N附近。在副热带高压南侧有活跃的赤道辐合带，其位置在25°N附近。7705号、7706号台风先后在辐合带的东西两端生成。这两个台风的生成发展，使辐合带在这位置上稳定和维持。这时副热带高压也不能很快南撤或东退。这是北方暴雨发生的有利环流背景。

在这种形势下，来自海上（从东南到西南方向）暖、湿、不稳定气团深入到河套地区，为这次暴雨提供水源（图7.7c）。在暴雨区及其南面的地区在降水前，增湿、增温现象非常显著，感热加热作用增大，而且这种气团是位势不稳定的。

在暴雨出现以前，暴雨区低空（地面到850 hPa）已经存在一条东西走向的切变线。这切变线南侧，偏南气流使大量水汽集中于暴雨区，使湿空气层变厚。但促使暴雨发生的系统，是来自北方的一条高空冷锋。高空冷锋同地面静止锋重叠时，造成强烈的上升运动，这时暴雨发生的直接原因，从图7.7b也可看出，在暴雨区北侧有西北冷空气南下。在低空气流强烈辐合地方，

850 hPa有一中间尺度的低涡形成，它的形成与暴雨的出现几乎是同时发生的，并随着暴雨结束而在原地消失。中间尺度低涡在整个暴雨过程中呈准静止状态。在850 hPa低涡形成时，地面河套低槽加深，槽内切变线两侧风速加大，对流活动加剧，先后有3个中尺度雨团形成东移。最后由于能量和水汽没有持续的供应，暴雨便终止，这时中间尺度低涡也逐渐减弱填塞。

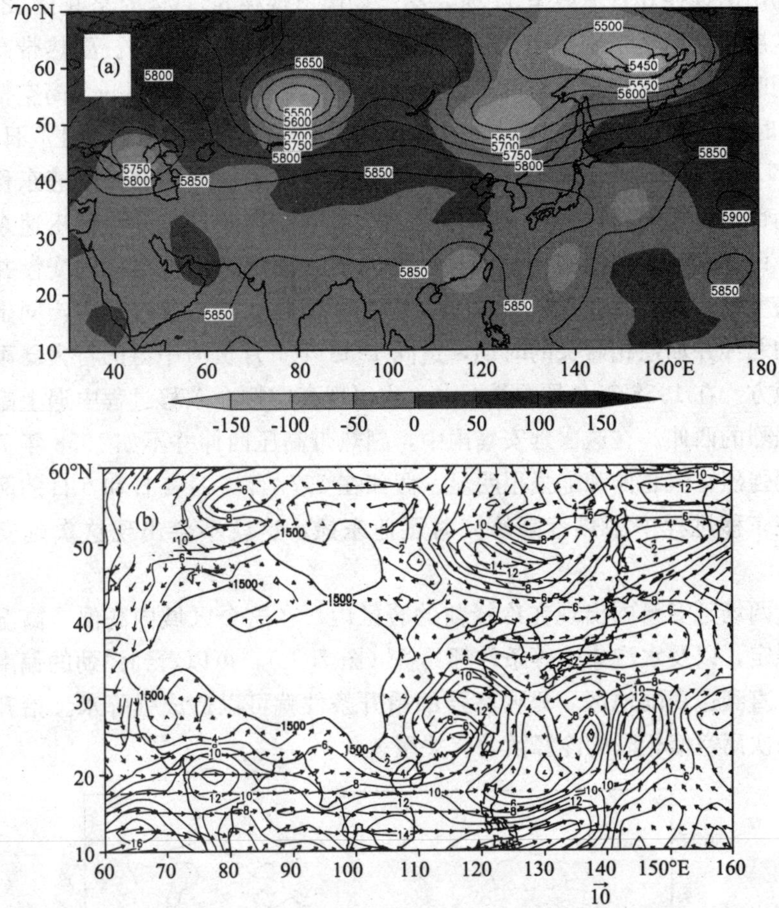

图7.7 (a) 1977年8月1日毛乌素沙漠特大暴雨的500 hPa高度场（等值线）和高度纬偏场（阴影区）（单位：gpm），(b) 850 hPa风场（矢量）和风速（等值线）（单位：m/s，粗实线为高于1500 m地形）

从这次暴雨分析看来，暴雨预报不仅要注意从西边移过来的小槽低涡，从东面移过来的东风扰动，从南面移过来的台风，还要注意北方高空冷锋南下的过程。当高空冷锋南下时，低空切变线加强，在切变线上形成一个准静止的中间尺度低涡，在低涡中有强对流雨团活动，才造成这地区历史上罕见的特大暴雨。

7.3.2 1977年7月5—6日陕西延安大暴雨（“777”暴雨）

1977年7月5日5时到7月6日5时，陕西延安地区出现百年来未见的特大洪水（图7.8a）。延安实测24小时降水量为187 mm。暴雨中心位于安塞县的招安公社，据调查24小时降水量可达400 mm。这次暴雨由两场雨组成。第一场雨出现在5日清晨至17时，第二场雨出现在5日24时至6日08时。

这次暴雨出现在副热带高压向北伸并且强度加强的时期。副热带高压北上的同时从河西走廊相继有两次高空槽东移。在4日20时第一个高空槽移过100°E时（图7.8b），同时85°～90°E之间另有一个高空槽东移。在5日20时（见图7.8b），第二个高空槽又移到100°E，这时第一个槽北部迅速东移并减弱，南部则趋于停滞并消失。同样第二个高空槽在6日也是北部迅速东移并减弱，南部变停滞和消失。延安地区的两场暴雨都是出现在移动变慢并趋消失的高空槽南部。因此这次暴雨是出现在两个高空槽东移过程中，同副热带高压的北伸并加强相碰头的时期，这同1958年7月黄河中游的特大暴雨有类似的地方。在1958年7月的暴雨中，也出现高空槽在东移过程中遇上副热带高压强烈的西伸。在这次延安暴雨中，副热带高压西伸并不如1958年7月那次过程强烈，但北伸和加强很明显。假如在1977年7月4日和5日的两次高空槽在东移过程中副热带高压同时迅速东撤，这就不会出现这次延安特大暴雨。

这两场延安暴雨出现在冷锋前的暖区内，在这个区域内高温、高湿、位势不稳定，以及水汽集中等条件都具备（图7.8c），可以看到强劲的偏南季风气流一直到达暴雨地区。只要有强的抬升条件就可以造成强降水。抬升的机制同两次高空槽相联的冷锋活动有关系。

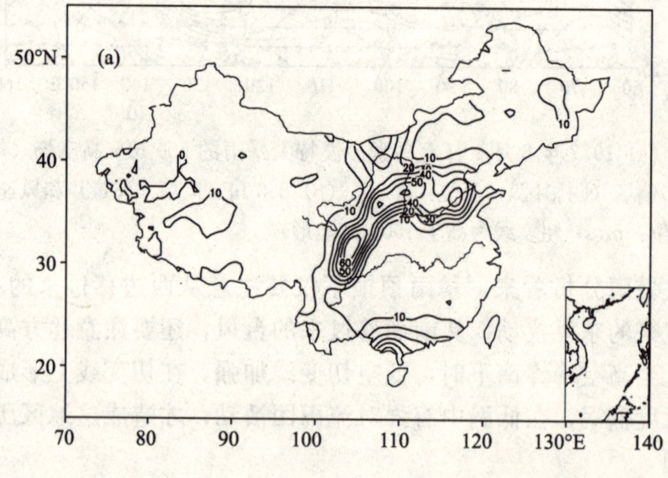

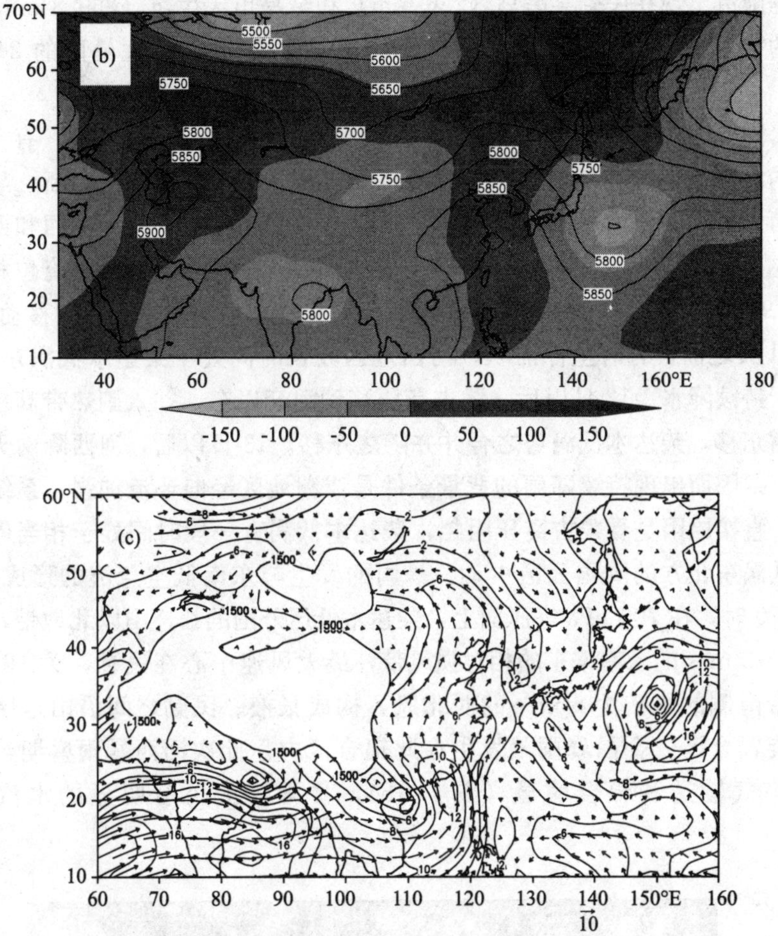

图 7.8 (a) 1977 年 7 月 5—6 日陕西延安大暴雨的降水总量（单位：mm），(b) 500 hPa 高度场（等值线）和高度纬偏场（阴影区）（单位：gpm），(c) 850 hPa 风场（矢量）和风速（等值线）（单位：m/s，粗实线为高于 1500 m 地形）

7.3.3 1987 年 6 月 10—11 日甘肃河西持续性暴雨

1987 年 6 月 10—11 日，甘肃河西，从玉门到民勤的河西走廊地带持续降雨，两天降雨总量都在 30 mm 以上，其中大于 50 mm 的地区约 4 万 km^2，大于 100 mm 的地区在永昌、民勤之间，面积约 1 万 km^2。金昌市环境保护监测站测得的过程总量为 159.4 mm，最大雨量为 129.5 mm（10 日 20 时—11 日 20 时），最大 6 小时雨量为 108 mm（10 日 20 时—11 日 2 时），打破该地区历史上实测最大日雨量（50～60 mm）记录。这次暴雨过程，持续 37 小时。最大过程雨量出现在民勤县昌马（226 mm）和金昌市天生坑（269.8 mm）。天生坑的平均 24 小时雨量已达 175 mm，超过当地可能最大暴雨的 24 小时雨量。

暴雨能够持续两天，与大尺度环流的相对稳定有关。6 月 9 日，有一缓慢移动的深槽到达巴尔喀什湖（图 7.9a）。10 日 08 时，深槽被切断。与此同时，西太平洋副热带高压开始向北发展，我国西北区上空转为偏西和西南气流为主。10 日 20 时，金昌暴雨前夕，蒙古高原与青藏高压东部槽脊位相相反（图 7.9a），由于蒙古高压正在向东南移动，柴达木低涡向东北方向移动受阻，10—11 日之前，有时呈停滞状。河西地区较长时间处于柴达木低涡东北侧，有利于持续降水。12 日以后，蒙古高压移到河套以东，并入副热带高压，新疆低槽东移，柴达木低涡与之合并并随之东移。13 日以后，河西降雨天气彻底结束。因而出现持续降雨的背景条件是亚洲地区经向环流加强，系统移速缓慢，直接原因是受蒙古高压阻挡，柴达木低涡有一段时间处于相当停滞状态，低涡东北方的降雨云区少动。暴雨的发生与东南低空急流的形成有关。10 日 20 时，在 700 hPa 等压面上，柴达木低压外围的祁连山以北地带，形成一支≥10 m/s 的东南偏东的相对强风带，最大风速中心在民勤，为 16 m/s。强风带南侧的张掖为 6 m/s 的西北风，构成张掖、民勤之间沿山地区中尺度涡旋辐合区。金昌暴雨就发生在此辐合区内。此次河西暴雨盛期，偏南暖湿空气输送和辐合明显（图 7.9b），暴雨区上可有明显的水汽通量辐合。

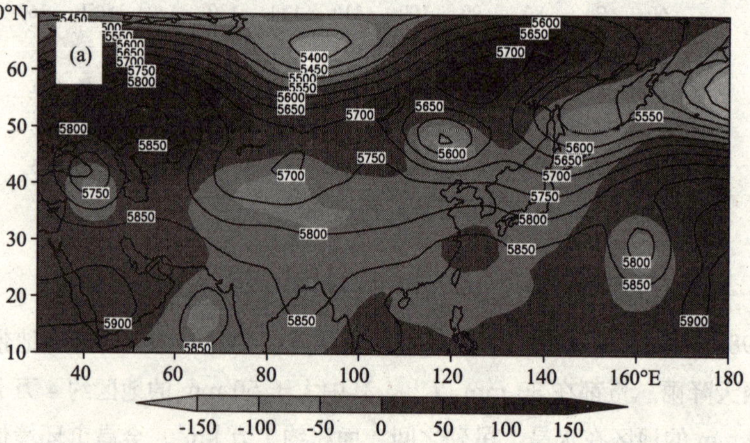

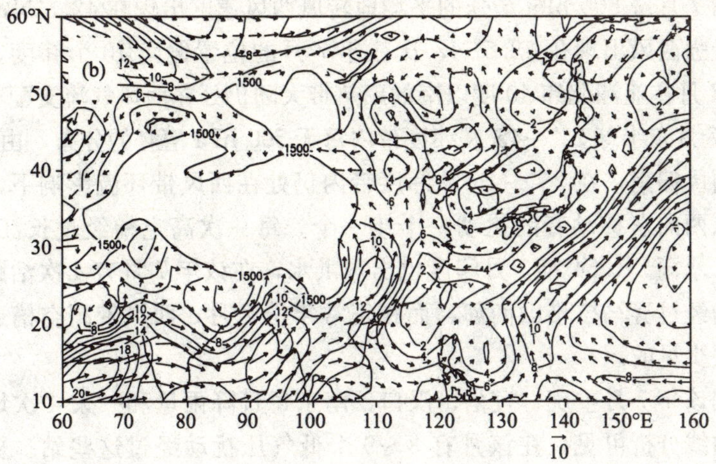

图 7.9 （a）1987 年 6 月 10—11 日甘肃河西持续性暴雨的 500 hPa 高度场（等值线）和高度纬偏场（阴影区）（单位：gpm），（b）850 hPa 风场（矢量）和风速（等值线）（单位：m/s，粗实线为高于 1500 m 地形）

7.4　江淮地区的梅雨暴雨

7.4.1　1954 年长江流域持续性特大暴雨

1954 年 6—7 月江淮流域出现严重的洪水，该年 6 月长江中游出现多次暴雨，这使得能够调节长江水量的洞庭湖、鄱阳湖等大小湖泊都灌满了水。到了该年 7 月，长江流域的梅雨期并不如往年一样在 7 月上旬结束，而是持续到 7 月底，图 7.10a 指出在该年 6—7 月份长江流域的雨量分布。7 月份的雨日超过 20 天。在 7 月上半月长江干流区多次出现暴雨，7 月下半月淮河水系多次出现暴雨，因此造成 7 月总降水量距平百分率达到＋300％～＋500％的量值。

1954 年 6、7 月环流形势很相似，图 7.10b 是 1954 年 6、7 月 500 hPa 月平均等高线图。暴雨环流形势最显著的特征是 1954 年 7 月西太平洋高压的位置，在该月副热带高压脊线位于 20°N 附近，与 6 月的位置一样，而在往年 7 月副高脊线位置位于 28°N 附近。亚洲中纬度的环流形势是属于典型的“梅雨形势”，即在前苏联滨海省上空有一个高压脊，在我国东北南部和朝鲜北部出现一个切断的低气压，从这个低压区有一条槽线伸到长江中游。另外，夏季风明显地影响长江流域（图 7.10c）。

1954 年 7 月 60°～150°E 经度范围内 500 hPa 平均地转风西风风速表明在

多年平均7月份500 hPa最强的平均地转风西风速度出现在42.5°N，但1954年7月最强西风出现在32.5°N，比往年7月的位置偏南10个纬度。这说明1954年7月在亚洲北纬40度以南的副热带大陆仍处在西风气流支配下。根据1954年7月东半球25°～45°N纬度带内每天500 hPa槽脊的分布，由于该年7月亚洲西风偏南，在25°～45°N纬度带内仍处在西风带环流影响下，在该纬度带内从西向东移动着的扰动一个接一个。每一次高空槽经过长江流域时，都带来了暴雨。1954年7月印度也出现洪水，在该年7月有4次活跃的西风带高空槽经过喜马拉雅山南麓，而在正常年份7月，西风带高空槽通过印度北部是很少见的。

根据该年7月重庆、宜昌、汉口、南京每日降雨量和一天4次地面气压的时间曲线分析可见，在该月有8～9个低气压扰动经过这些站。从850和700 hPa分析看，在该年7月在长江流域先后有7次东西向切变线（静止锋）重建。由沿30°纬圈11个站地面24小时变压的时间剖面图也可以看出：先后有7次东西走向负变压区出现，与7次静止锋相对应。在1954年7月长江下游地区曾出现8场强降水过程，这与1954年7月静止锋上8次低气压扰动活动相对应。

造成持久性多雨或少雨的因素，是由于大气环流出现了反常现象。在1954年7月江淮流域洪水时期，北半球出现了非常稳定的环流形势，这就是说，一些主要的高空槽、脊系统是持续地出现在某些特定的地区。这种环流形势从一天到另一天，或者从这星期到下一星期，变化甚小。即使有时环流形势出现暂时的破坏，但在短时间后，又重建原来的形势。在这种情况下，地面上的锋带和气旋路径以及降雨带便有集中和稳定的趋势，因而引起严重的涝灾。

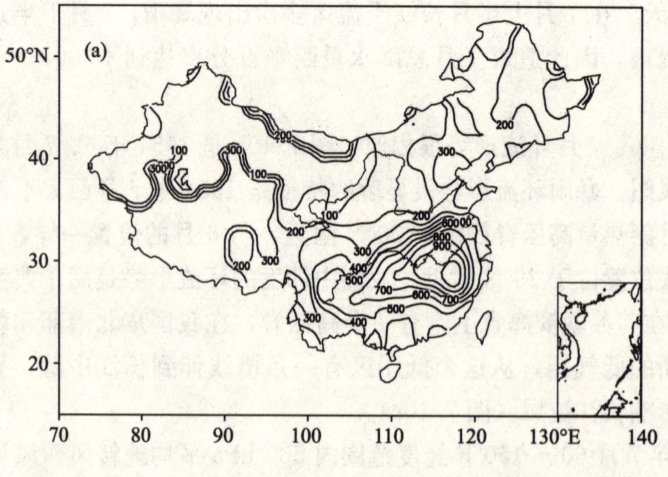

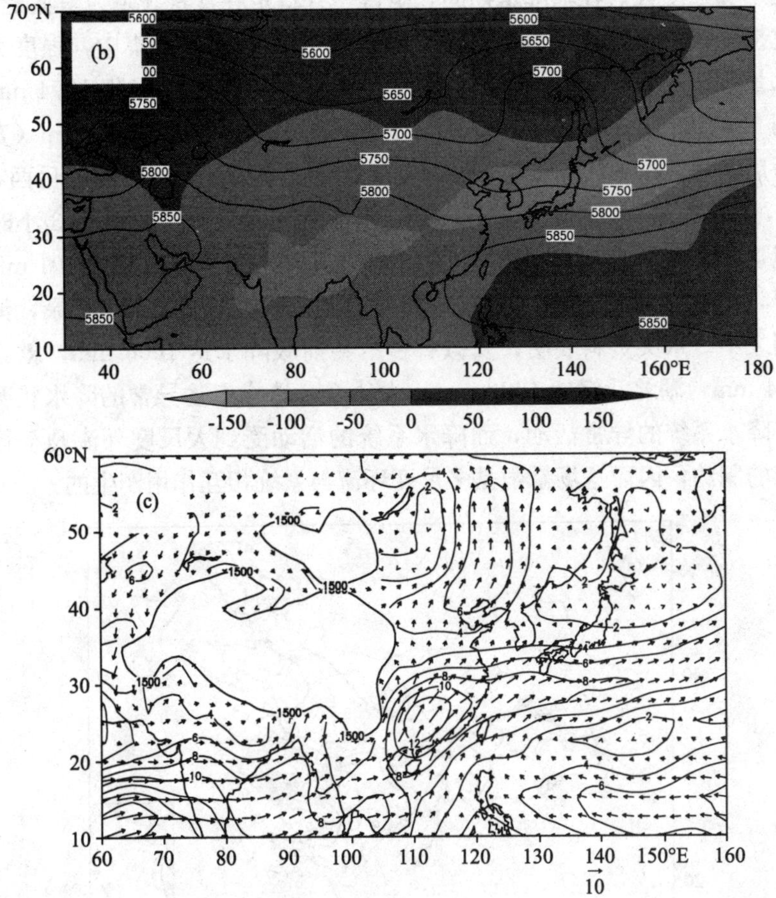

图 7.10 (a) 1954 年 6—7 月长江流域持续性大暴雨的降水总量（单位：mm），(b) 500 hPa 高度场（等值线）和高度纬偏场（阴影区）（单位：gpm），(c) 850 hPa风场（矢量）和风速（等值线）（单位：m/s，粗实线为高于 1500 m 地形）

7.4.2 1991 年江淮流域持续性特大暴雨

1991 年 5—7 月江淮地区特大暴雨是我国近 40 年出现的一次著名大暴雨事件（图 7.11a）。它的雨量之大、持续时间之长、影响之广、灾害之重都成为历史上所少见。这场暴雨是发生在江淮的梅雨季节，它除了具有梅雨降水的一般特点外，还具有 3 个显著的异常特征。一是入梅早。1991 年的梅雨期平均是 5 月 18 日开始的，这比常年提前近一个月。与 1954 年江淮大暴雨相比，也提前了 20 d 左右。二是梅雨期长。根据 1951 年到 1990 年的资料统计，梅雨期平均长度为 21 d。而 1991 年的梅雨期长达 56 d，比 1954 年（50 d）和 1980 年（43 d）的梅雨都长，是近 40 年最长的一个梅雨季。三是雨带稳定，降水集中和强度大。在强降水期间，雨带一直稳定在江淮流域及其附近地区，其南北摆动幅度仅在 1 个纬距左右，其结果是使降水十分集中，强度大。过程降水量等于或大于 1000 mm 的降水量有 20 个站（江苏兴化 1294 mm，安徽岳西 1272 mm，庐江 1243 mm）。24 小时的最大降水量达362 mm（安徽金寨县桥店河，7 月 9 日），12 小时最大降水量达 270 mm（安徽省岳西，7 月 10 日），6 小时最大降水量达 214 mm（淮干蝥子集，7 月 5 日），3 小时最大降水量达 152 mm（江苏兴化，6 月 29 日），1 小时最大降水量达 101 mm（安徽蚌埠，6 月 12 日）。虽然上述记录都没有超过我国暴雨的极值记录，但是属于前列之中。水文资料表明，安徽省金寨县前畈降水达 1606 mm，歙县黄山达 1644 mm，湖北武汉达 1622 mm。为什么会造成上述异常的降水状况，这取决于降水系统的异常活动，而降水系统的活动受到大尺度环流乃至行星尺度环流的制约，因而这场暴雨是多尺度环流与系统相互作用产生的。

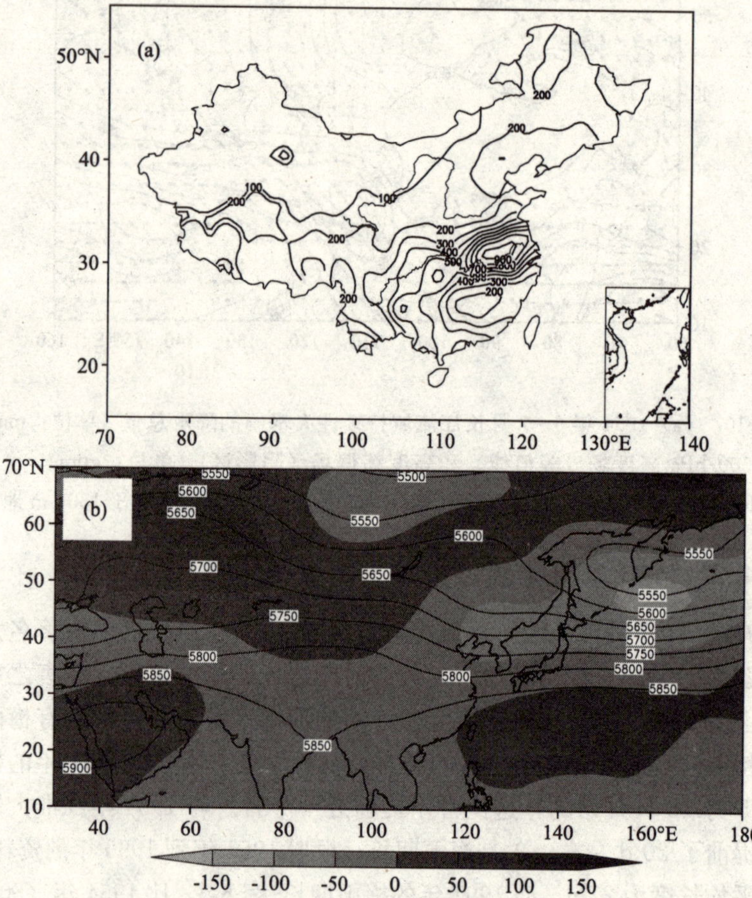

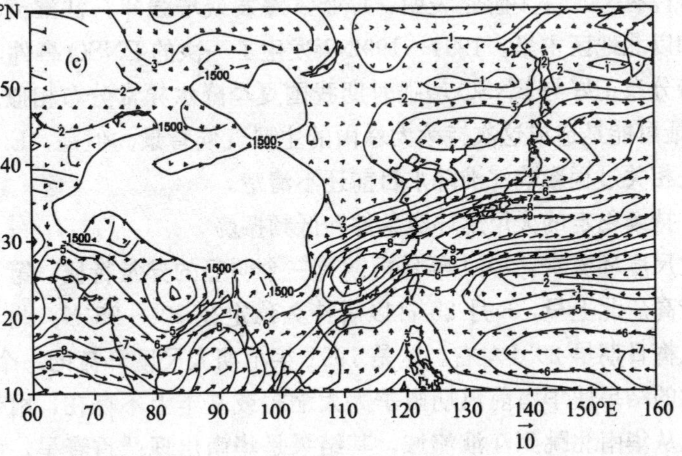

图 7.11 (a) 1991 年 5—7 月江淮流域持续性特大暴雨的降水总量（单位：mm），(b) 500 hPa 高度场（等值线）和高度纬偏场（阴影区）（单位：gpm），(c) 850 hPa 风场（矢量）和风速（等值线）（单位：m/s，粗实线为高于 1500 m 地形）

表 7.1 给出了 1991 年持续性特大暴雨形成过程中不同尺度影响系统的相互作用概括说明。以下将主要讨论 1991 年暴雨是如何通过这种相互作用发生的。

表 7.1 1991 年江淮暴雨时期不同尺度的影响系统及其与暴雨形成的关系一览表

暴雨的影响条件和系统	空间尺度	时间尺度	与暴雨的关系
ENSO 事件（1991—1992 年）和太阳黑子活动高峰年	行星尺度	年际或十年际	ENSO 发生当年，长江流域易涝，且旱涝有 36.7 a 周期，造成暴雨发生的有利气候背景。
中高纬持续异常流型；阻塞高压和冷涡型，造成三次空气活动；副热带高压异常早北上并偏北稳定在 25°N；夏季风三次强的脉动	大尺度或行星尺度	季节或季节内	引起三次冷暖空气的低频振荡活动（10～20 d 周期），并在江淮地区（32°～35°N）交汇，使梅雨锋稳定在这个地区。
9 个 α 中气旋扰动沿梅雨锋发展和移动，强低空急流输送大量水汽并产生中尺度振荡	天气尺度	5 d	α 中尺度低压系统或切变线内形成许多中尺度（β 中尺度）对流系统，这是直接的降水系统
许多 β 中尺度系统和云雨团频繁发生。近于沿同一路径移动到暴雨洪涝区或受地形影响停滞在暴雨区	中尺度	5～12 h	β 中尺度系统频繁发生，并合并以维持 α 中系统，通过凝结加热产生正反馈作用造成强烈的暴雨

(1) 有利的气候背景

根据我国近 500 年旱涝分布变化的分析，1991 年暴雨是在 20 世纪 80 年代长江流域处于多雨期（长江流域多雨，华北和华南少雨型）的气候背景下产生的，这种特征的旱涝分布最显著的周期为 37.8 a，主要与南方涛动指数（SOI）的 36.7 a 周期有关，因而与赤道东太平洋海表温度的变化，尤其是

ENSO事件有关。许多研究表明，ENSO爆发或增强年，江淮流域主涝，而其以南和以北地区主旱。1991—1992年发生了一次的ENSO事件，1991年汛期的旱涝分布正好与ENSO增强时期我国夏季降水异常分布相似。因而ENSO事件最可能是造成这次持续大暴雨的主要气候背景。但是，ENSO事件通过什么遥相关过程影响江淮降水目前还不清楚。

（2）持续稳定的大尺度环流条件和低频振荡

从大尺度环流看，1991年暴雨期有三个明显的异常特征。第一是西太平洋副热带高压北上早，5月25日以后持久稳定在20°～25°N。北上日期平均比常年入梅日期早20 d左右。这是1991年汛期大尺度环流的一个关键系统。提前北跳的结果使华南前汛期雨季大大缩短或基本上不存在，雨带和行星锋区迅速地从华南北跳到江淮流域，其结果是华南出现严重春旱，而江淮地区由于雨期异常偏长，产生了洪涝。这种情况在历史上是很少见的。

副高异常早北跳和稳定原因现在还不清楚，可能与西太平洋－日本的遥相关型有关。大尺度环流的第二个异常特征是欧亚大陆中高纬出现持久的阻塞形势（图7.11b）。尤其是第三阶段梅雨期，鄂霍茨克海的阻塞高压形势异常强大。这时亚洲地区的西风带分支，其中偏南的一支可以持续稳定在30°～40°N，从而导致行星锋区移至比常年更偏南的位置上，降水系统仍可连续地沿此南支西风带移过江淮流域。应该指出，一般情况下，阻塞系统是梅雨期大尺度环流的一个重要特征，但1991年阻塞系统异常稳定和强大，并在东亚地区形成十分明显的偶极型，与1980年的情况十分类似。这种偶极型阻塞系统常常导致华北干旱与江淮多雨。值得注意的是，由阻塞系统引导的冷空气活动以15～20 d低频振荡的形势南侵到江淮流域，并且同时与来自南面的暖湿季风气流相遇，从而造成了三场明显的暴雨。根据冷暖空气轨迹分析和数值试验，冷空气是从西北和东北两个方向南下到江淮流域的。

大尺度环流的第三个特征是发生在5月下旬、6月中下旬和7月上旬的三次季风涌（强偏南风加强），它也是以低频振荡形势出现的。随着每次涌的出现，高温高湿的不稳定热带气团从海上被带到江淮地区，并与南下的强冷空气在梅雨锋区交汇（图7.11c）。根据热带分析，这种空气一部分来自南海，一部分来自孟加拉湾地区，并以后者的贡献为主。水汽收支的计算也证明了这一点。15～20 d低频振荡是一种季节内振荡，由上面分析说明，它不仅存在于季风区，而且也存在于中高纬，因而1991年的异常持续暴雨实际上可以看做是中低纬15～20 d低频振荡在江淮地区相互作用的结果。

上面的分析表明，1991年江淮持续特大暴雨虽然是一个区域性的现象，但其形成原因是十分复杂的，是行星尺度和大尺度环流调整以及中低纬环流相互作用的结果。这种情况大大增加了暴雨，尤其是大范围持续性暴雨预报的困难。

(3) 不断东移的天气尺度低压扰动和稳定的梅雨锋

大尺度环流条件对天气尺度系统的活动、配置与相互作用，起着明显的制约作用。在1991年暴雨的条件下，有三个明显的作用：使天气尺度降水系统频繁地沿30°～35°N地区东移过江淮地区；通过南北冷暖气流的不断输送在江淮地区维持稳定的梅雨锋；产生很强的持久的低空急流，并通过低空急流向暴雨区源源不断输送水汽和热量以触发中尺度系统的发生。其结果使江淮地区具备特别有利的暴雨发生条件（持续的强上升运动，源源不断的水汽供应和位势不稳定不断建立）。在暴雨期间至少有9个主要的气旋性扰动（高空槽和切变线以及低涡）移过暴雨区。卫星云图的分析也表明气旋性扰动云系十分频繁。例如在第二和第三阶段梅雨期各有5和6个高空槽移过江淮地区，平均每2～3 d一次。这些高空槽大多来自高原地区，与1954年的情况很相似。该年7月有8个低压扰动从高原地区东移影响江淮地区，它对应于长江下游出现的8次强降水过程。高空槽的东移可使切变线或梅雨锋重建与维持。1991年暴雨期间，梅雨锋的位置、结构和相关联的降水带都很稳定少变。动力不稳定分析表明，沿梅雨锋前部，存在着湿对称不稳定性，因而有利于中尺度雨带的形成和发展。

1991年暴雨期的低空急流是非常强并且稳定的。大尺度急流的风速在850 hPa多在16 m/s（17次）或20m/s以上（图7.11c）。在第三次暴雨期间曾观测到36 m/s的强风速，这是极少见的。急流的发展和演变与热带和副热带环流密切有关，尤其与东亚季风的异常活动和110°E附近越赤道气流有关。低空急流的存在不但向暴雨区源源输入大量水汽，而且与高空东风急流相耦合构成了一独特的次级环流圈。在东风高空急流入口区的北侧的动量—质量调整有利于上升运动的加强和低层扰动的发展。在暴雨区还观测到中尺度低空急流。这种急流与暴雨区的出现有关。

(4) 频繁的中尺度系统活动

根据1991年特大暴雨期间降水和风场的谱分析，主要有两种周期的中尺度系统。一种周期为24小时左右，另一种周期为4～6 h。虽然这些中尺度系统的尺度不大（30～70 km），所产生的雨强不是很强（10～30 mm/h），生命期也较短（一般在6 h以下），但活动十分频繁，这是一个显著的特点。例如7月1—11日观测到＞10 mm/h的雨团190个左右，平均每天17.3个。在第二阶段梅雨期间，观测到云团（云顶温度＜－60℃）有200个左右。因而频繁的中尺度活动是造成1991年特大暴雨的主要原因。这些中尺度系统（主要是β中尺度）79%生成于更大尺度的辐合系统中（α中尺度低涡，切变线等），并与其有明显的相互作用。它们生成之后或者呈准静止（约39%），或者从西南向东北沿同一路径运动（约47%），从而造成了集中的强降水。

在1991年特大暴雨的中尺度分析中比较清楚地揭示出β中尺度系统的许多特征。这比国内过去的暴雨研究有一定进展。绝大部分β中尺度系统是在低涡切变线或锋面中生成的。以后通过β中尺度系统的合并、加强，又反过来维持α中尺度系统。β中尺度系统的源区主要在武汉、大别山、安徽中部等地。有些还可以追踪到高原东部的低涡切变线中。关于它们的生成物理机制可能与α中尺度系统的周期性振荡和强度变化有关，而后者又与类似周期的低空急流振荡有关。理论分析表明，通过这种不平衡的低空急流（超地转或次地转）振荡可以激发出大尺度重力波，如果其他条件有利，进一步可在α中尺度系统内激发出β中尺度系统。

在梅雨锋区大范围层状云的降水强度一般较小（3～5 mm/h），但如果其中嵌有中尺度对流云团，通过这种混合云内的微物理过程可使降水增强。过去的理论工作和数值试验都证明了这一点。这是江淮梅雨区云系的一个重要特征。在1991年的大暴雨中，对流云云顶并不高，一般只有约10 km，属暖云降水。但通过混合云的降水增幅作用仍可造成强暴雨，这是一个值得注意的问题。

（5）凝结加热和地形作用

对1991年大暴雨进行的各种数值试验大大有助于加深对其成因的了解，尤其是在物理因子和物理机制方面。概括起来，通过数值试验主要研究了4个方面的问题：凝结加热、地形、水汽输送和辐合、地面感热与潜热作用。试验表明，包括潜热加热后，高低空急流加速，低空急流变化尤为明显；500 hPa西风槽加深，并且位置南移，冷平流也更强，因而有利于冷暖空气在江淮地区交汇。潜热加热也使西南涡与切变线得到更显著的发展，易造成集中的暴雨。凝结加热是暴雨反馈作用的主要因子。在一场持续性大暴雨中必须考虑这个因素。在“758“大暴雨中这种凝结加热的反馈作用也十分明显。

地形的作用是明显的，从大尺度方面看，如果没有青藏高原，则不存在大尺度梅雨雨带。从天气尺度看，由于地形的存在使西风槽加强南伸，冷平流更强、更南，因而也有利于冷暖空气的交接。从中小尺度看，局地的集中暴雨与地形的增幅作用密切有关，例如7月6日黄山特大暴雨与地形十分有关。在地形作用下，低层产生一附加的辐合中心，它可以触发β中尺度云团的发生和增强降水。如果把黄山地形减低100 m，则降水量会大大减少。通过以上的讨论，对1991年江淮持续型特大暴雨的成因可概括如下：有利的气候背景（ENSO事件），持续异常的高低纬大尺度环流和3次低频振荡，连续东移的天气尺度低压扰动和稳定的梅雨锋以及很强的低空急流，极其频繁的中尺度对流系统活动，凝结加热的正反馈作用与地形的降水增幅作用。上述各种因子形成一个多尺度的复杂的相互作用的系统，最后导致1991年这场异常的持续性特大暴雨。

7.4.3 1998长江全流域性特大暴雨

1998年6—8月，副热带高压西北侧的暖湿气流与南下的冷空气频繁在我国长江流域交汇，长江流域大部分地区频降大雨、暴雨和大暴雨，局部降特大暴雨。3个月内，长江上游、中游和下游大部分地区的总降水量一般有600～900 mm，沿江及江南部分地区超过1000 mm，降水量较常年同期偏多6成以上（周自江等，2001）（图7.12 a）。从整个区域来看，江南的降水明显多于江北，降水量的分布呈不对称的鞍型场，在天门—岳阳—长沙一线（即113°E经线）的东西两侧分别存在一明显的高值中心，两个中心的降水量均高达1200 mm以上，比这些地区的常年降水量偏多1～1.5倍。

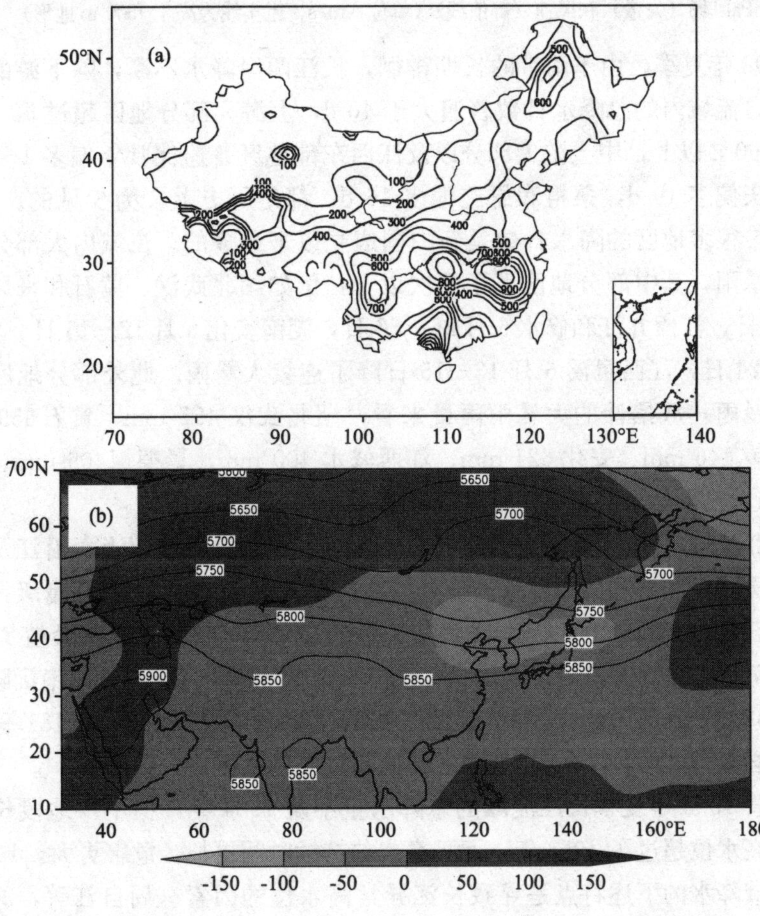

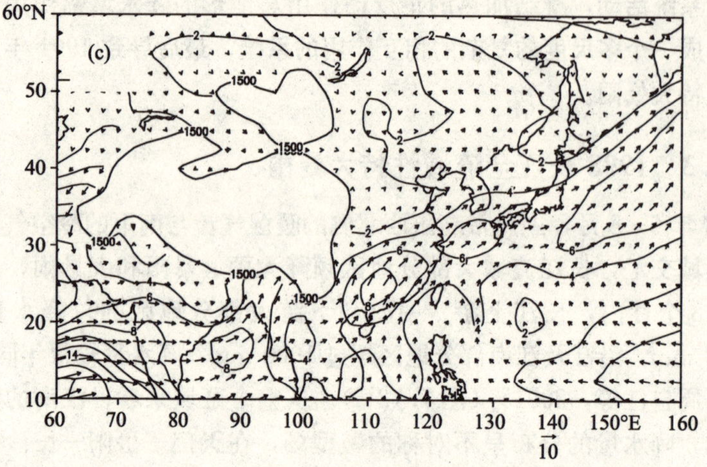

图 7.12 (a) 1998 年 6—8 月长江全流域持续性大暴雨的降水总量（单位：mm），(b) 500 hPa 高度场（等值线）和高度纬偏场（阴影区）（单位：gpm），(c) 850 hPa风场（矢量）和风速（等值线）（单位：m/s，粗实线为高于 1500 m 地形）

1998 年夏季，由于雨带的长期徘徊，长江两岸降水不断，除下游的江淮地区外，流域内的总降水日数普遍大于 40 d，上游大部分地区超过 50 d，局部多达 60 d 以上，中上游大部分以及江西东部地区普遍比常年偏多 1～2 周，其中重庆偏多 19 d，桑植和恩施偏多 16 d，都是历史上较为少见的。此外，川江一带很多地区的降水日数是新中国成立以来最多的。流域内大部分地区下了大暴雨，其中部分地区下了两次以上，例如湖北武汉、黄石和来凤 7 月 21—22 日，江西九江和修水 6 月 25—26 日，湖南安化 6 月 12—13 日、常德 6 月 23—24 日，江西贵溪 6 月 13—15 日降了连续大暴雨。此外部分地区还下了特大暴雨。从累计的大暴雨雨量来看，湖北武汉 457 mm、黄石659 mm，湖南沅陵 446 mm、安化 621 mm、江西修水 400 mm、景德镇409 mm、贵溪 614 mm，几乎是这些地区汛期总雨量的 1/3～1/2。

长江流域 1998 年夏季的最大日降水普遍在暴雨等级值以上，沿江及江南大部、贵州东北部和四川盆地的部分地区超过 100 mm，为大暴雨量级，其中湖北黄石 7 月 22 日 360.4 mm、武汉 7 月 21 日 285.7 mm，湖南桑植 7 月 22 日 291.7 mm 的特大暴雨，以及湖北来凤 7 月 21 日 285.7 mm，湖南沅陵 7 月 23 日 238.8 mm、平江 6 月 16 日 223.9 mm，四川遂宁 8 月 14 日 181.9 mm，安徽滁县 7 月 29 日 172.4 mm 的大暴雨超过或接近历史最高记录。

尽管 1998 年夏季长江流域的总降水量不及 1954 年，但不少地段长江干流的最高水位超过了 1954 年，而且高水位持续时间更长，危害更大。1998 年长江流域降水的下述特点是导致长江异常高水位的因素（周自江等，2001）。

(1) 1997年冬至1998年春长江中下游地区降水异常偏多，导致江河湖库普遍高水位，给主汛期留下了很高底水，这一点较1954年更为突出。(2) 1998年夏季长江中下游地区的暴雨和大暴雨较1954年更为集中，降水强度更大。1954年虽然长江流域的降水总量大，但雨势分布相对比较均衡，长江中下游的梅雨期从6月12日一直延续到7月31日。而1998年长江流域多突发性暴雨和大暴雨，降水主要集中于鄱阳湖地区，暴雨、大暴雨十分频繁，一般都有5～6次，局部地区10 d以上。集中的突发性强降水极易造成大的径流导致长江干流水位迅速抬升和形成洪峰。(3) 1998年夏季强降水带长期基本维持在长江一线，长江上、中、下游轮流反复降水，上游或主流来的洪水受到中下游干流高水位的顶托或又与强降水遭遇，导致水位一再升高，出现特大洪水，这种情况也比1954年更突出。(4) 1998年8月份长江上游地区暴雨频繁，是造成长江干流洪峰不断，高危水位期持续的重要原因。

总之，1998年夏季长江流域的降水强度特别强，尤其是突发性暴雨的强度大而少见。整个流域平均降水量仅次于1954年，列第二位，比常年偏多220 mm。很多地区，特别是长江中上游的降水日数、暴雨日数都是新中国成立以来最多的。

该年的3次梅雨降水都发生在双阻型和副高西伸的背景下（图7.12b）：第一次梅雨期双阻高分别位于乌拉尔山和鄂霍次克海，中高纬的冷空气持续南下和副高西侧的暖湿西南气流汇合，形成了长江流域持续而稳定的降水。这是正常梅雨阶段。第二次梅雨仍然发生在双阻高的背景下，此时西面的阻高较第一次偏东，东阻高位于勒拿河附近，两阻高之见是宽广的低压槽，35°～40°N是一支平直的西风，贝加尔湖西面的低槽内不断有冷空气南下。此时副高在我国东部的脊线位置正好位于20°N附近，来自印度洋和孟加拉湾的水汽和副高西侧的水汽在南海汇合并向北输送到长江流域，为该地的降水提供了充沛的水汽条件（图7.12c）。在此阶段，副热带高压位置发生突变，它在7月17日的突然南落导致了二度梅雨的发生。第三次梅雨期发生在长江中上游，形势与第二次梅雨期相似。

该年江淮梅雨的中断与活跃表现出周期为20 d和30 d的低频振荡特征：随着6月12日印度季风全面爆发，雨带北推到江南北部，并持续2周，以后又推至淮河流域，最后北推到华北，华北雨季开始。即雨带出现三次北推和持续，分别发生在6月12日、6月28日和7月6日。当7月23日印度季风再度加强并活跃后，南海季风明显加强，西南气流持续3周左右，伴随着副高的迅速南退，长江和江南北部的出现二度梅。8月上旬后期雨带移至西南到黄淮地区。张顺利和陶诗言（2001）也指出1998年6月中下旬，来自北方的冷空气与来自孟加拉湾、南海、赤道太平洋的季风涌在华南和长江以南交汇，是造成华南、长江流域持续性降水的主要原因。陶诗言等、张庆云等也指出1998年夏季东亚热带季风涌的活动出现显著的20～30 d低频振荡。水汽是主要来自印度洋和太平洋地区。并且从很大范围向长江暴雨区汇合。

7.4.4 1999年长江中下游特大暴雨

1999年梅雨期在长江中下游发生了一次特大暴雨。主要暴雨区发生在6月下旬到7月初，位于武汉以下的长江中下游地区，尤其是下游地区（图7.13a）。在长江中下游有很明显的正距平，尤其是长江以南地区。这次特大暴雨在太湖流域造成了50年不遇的洪水。实际上这次暴雨过程向东一直延伸到日本地区。在日本也发生了强烈的暴雨。因而这是一次大范围的东北亚地区梅雨暴雨过程（图7.13b）。在长江中下游的梅雨强度是100多年来最强的一次。

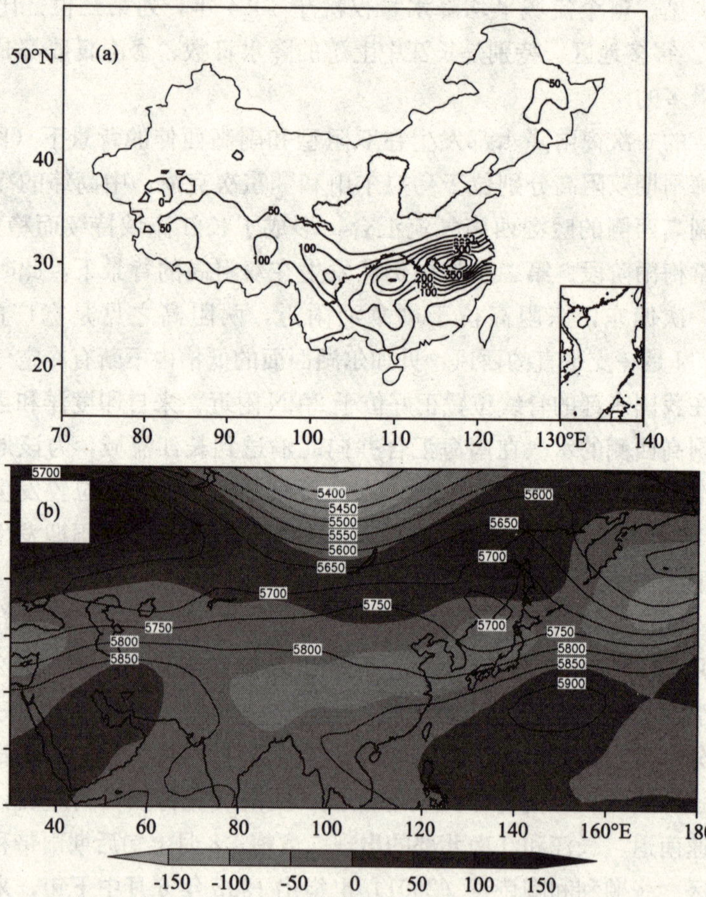

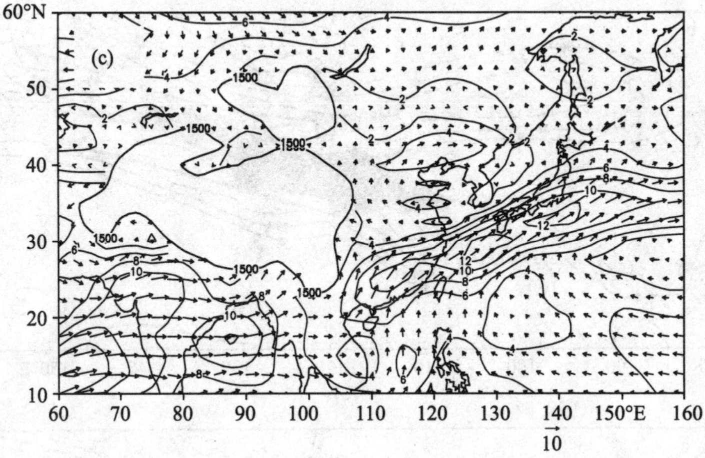

图7.13 (a) 1999年6月22日—7月3日长江中下游特大暴雨的降水总量（单位：mm），(b) 500 hPa高度场（等值线）和高度纬偏场（阴影区）（单位：gpm），(b) 850 hPa风场（矢量）和风速（等值线）（单位：m/s，粗实线为高于1500 m地形）

从这次暴雨的500 hPa形势图看，这是一次非常典型的梅雨降水。降水带始终维持在长江流域，其上有3个低涡东移，其中两个出海后发展成强的高空冷涡和气旋系统（图7.13b），中高纬亚洲地区是双阻形势。副热带高压在暴雨期间稳定西伸，而在暴雨结束时由于梅雨锋低压在沿岸地区迅速发展加强成高空冷涡，使副高迅速东退和减弱，未出现季节性北跳过程。在850 hPa和地面维持一东西的梅雨锋区和切变线（图7.13c），其中有三个低涡沿梅雨锋东移，它们是大暴雨的主要影响系统，在低涡以南有很强的来自热带的季风气流，达到了低空急流的强度。高低空急流在高空急流入口区发生明显的耦合，暴雨区出现在共同的上升运动区（图7.14）。

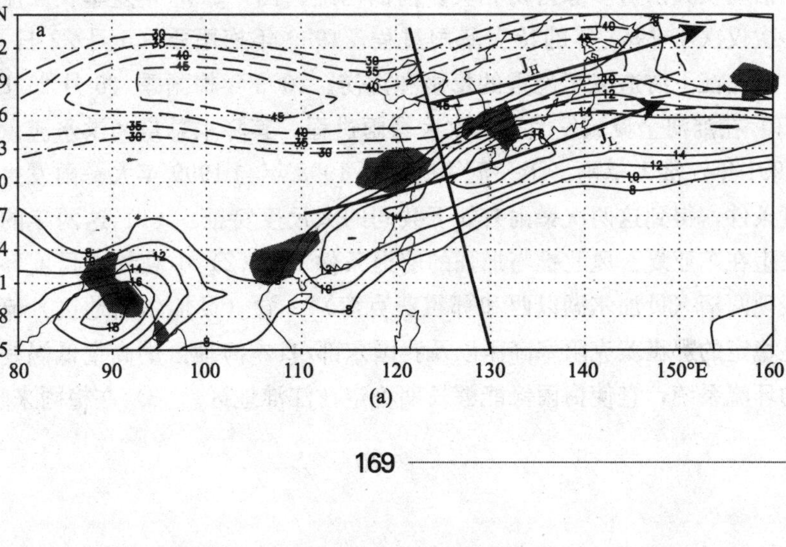

(a)

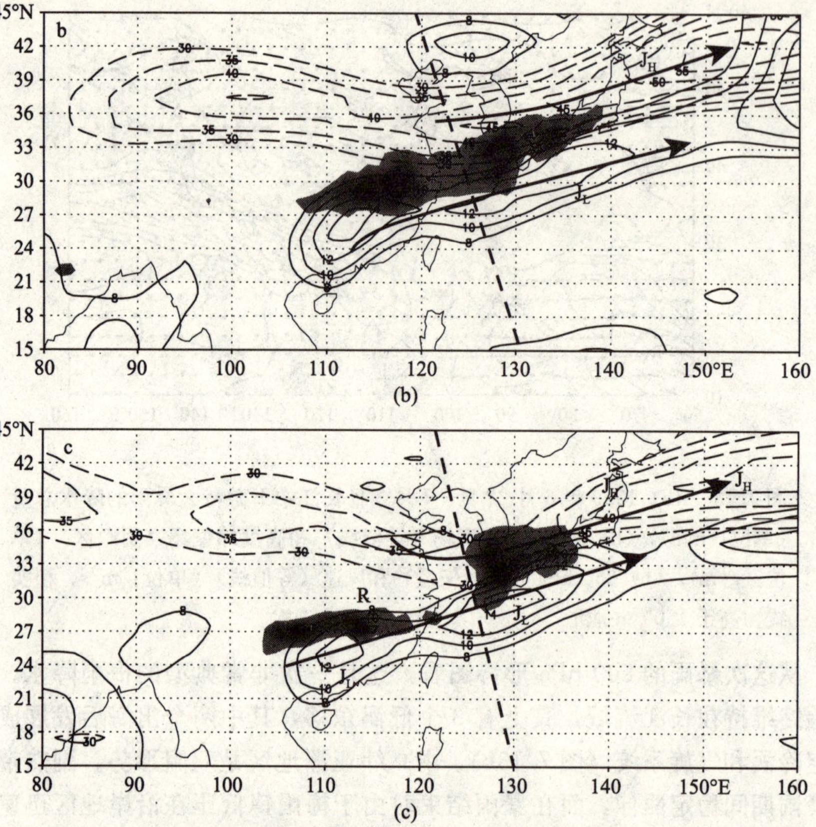

图 7.14　1999 年梅雨暴雨期高低空气流垂直环流的耦合示意图。阴影表示暴雨区，J_H 代表高空急流中心，J_L 代表低空急流中心。

通过上面江淮梅雨特大暴雨个例的分析，可以得到：对于我国的汛期（5—9 月），梅雨的研究和预报是特别重要的，因为大多数严重的旱涝灾害与梅雨活动及其雨量多寡密切相关。前面已经指出，1998 年夏季长江流域发生了一次仅次于 1954 年的特大暴雨过程。1999 年梅雨季（6 月 22 日—7 月 3 日）在长江下游造成了严重的暴雨和洪涝。2003 年梅雨季（6 月 21 日—7 月 22 日）在淮河全流域发生了一次大暴雨过程，其降水总量和洪水流量皆超过了 1991 年江淮大暴雨。丁一汇等研究了 1998 年与 1999 年大暴雨发生时期大尺度条件，得到这两次暴雨有如下共同的大尺度特征：（1）这两年的暴雨都是发生在东亚夏季风北推与加强的前提条件下。（2）中高纬大尺度环流条件都表现两槽（贝加尔湖以西和鄂霍茨克海）一脊（贝加尔湖地区）流型。尤其是稳定的鄂霍茨克阻塞高压以及我国东部/日本海地区的高空低涡是一对重要的环流系统，它使梅雨锋能够长期稳定在江淮地区。（3）在梅雨来临之前，西太平洋副热带高压有明显的西伸和北跳。(4) 低层南风急流以北的偏东冷空气气流对于维持梅雨锋起着重要作用。(5) 在这两次大暴雨中都维持有明显的低空急流，它们对于从热带向梅雨暴雨区的水汽输送是十分重要的。(6) 存在一系列的中尺度扰动（1998、1999 年都至少有 2～3 个中尺度涡旋）沿梅雨锋移动，它们起源于高原东侧，降水主要位于涡旋东南部。(7) 沿梅雨锋，存在着高湿低温空气，而其南北两侧是较干、较暖的空气。温湿条件呈现夹心面包型的分布，另外温度场也表现西冷东暖的纬向分布。(8) 暴雨区的加热主要由凝结过程造成（Q_1 与 Q_2 分布相似，并且对流活动起着关键作用）。梅雨的预报近年来受到了明显的关注。陶诗言等提出了梅雨锋暴雨的天气学模型，强调了副高、中纬度冷空气活动、季风涌与高原东移的中尺度对流系统对梅雨暴雨的共同作用，根据这四个方面条件的变化，可以预报梅雨暴雨的演变。丁一汇与陆尔提出了江淮梅雨的三个天气学模型：

第 1 梅雨（早梅雨）模型：主要出现于春夏之交（5 月中、后期）。此时处于大气环流向夏季风环流转型的初期，冷空气活动仍很强盛，对流活动尚未完全发展起来，降水系统主要来自副热带的西风带。这一时段仍属于春季降水，它具有锋面降水的特征；但若强度较大，按标准可划归梅雨期，一般称其为“早黄梅”或“迎梅雨”。这一时段的梅雨一般不会形成洪涝，但它可使地表蓄水充足、河流水位升高，当后期降水较大时，容易形成洪涝。这一时期应引起重视。1995 年在 5 月和 6 月初也出现了相当长一段时间的早梅雨。

第 2 梅雨（典型梅雨）模型：主要发生在初夏（6 月份），这是典型的梅雨期。此时一般夏季风已建立起来，西南低空急流较强，水汽供应充沛，且具备较好的热力对流条件。降水性质既有锋面降水又有对流降水。气候意义上的梅雨就出现在这一时期，而在近 40 年里，仅出现了两个空梅年份。这一时段的梅雨，无论是气象部门还是普通群众都非常熟知，因而防灾、抗灾的意识很强。如果仅在这一时段出现梅雨，那么受灾的损失将会小很多。

第 3 梅雨（强对流梅雨）模型：主要形成于盛夏（7 月份）。此时环流形势与第 2 阶段的梅雨基本相似，但热力、对流作用更大；如果梅雨环流条件持续性维持，暴雨期也转长。局地性的强对流活动会造成强度很大的暴雨，它来势凶猛，降水集中，并且暴雨过程可重复出现。若这之前已有较大降水，则这一时段的强暴雨无疑是“雪上加霜”，其结果不但可冲淹农作物，冲断公路、铁路，而且还会造成人员伤亡。特大洪涝灾害的形成是与这一时段的暴雨分不开的。这个时段是梅雨预测中的关键。

当然梅雨是一种年际变率较大的天气气候现象，每年入梅早晚、梅期长短及降雨强弱均会有较大差别，但大体上都可纳入上述 3 种梅雨模型或其组合。在今后的梅雨预测中，可根据对大气环流演变过程的预测，参考这3个梅雨模型，分别作出春夏雨季初期、中期和后期的降水预测，这样的预测结果对防灾工作更有指导意义。

7.4.5 2003年6—7月淮河流域持续性大暴雨

这次暴雨主要发生在淮河全流域，其雨量之大，影响范围之广为历史上罕见，淮河流域雨情和水情超过了1991年。2003年6月21日，我国主要降水带从华南、江南南部北跳到淮河流域，并在此地区持续长达30 d之久。6月21日—7月22日，淮河流域共出现了7次强降水过程，降水总量一般有200～500 mm（矫梅燕等，2004），其中安徽北部、江苏中北部达500～700 mm。安徽北部、河南东南部、江苏北部等地降水总量普遍比常年同期偏多1～2倍，局地偏多2～3倍（图7.15b）。

图7.15b为2003年6月21日—7月22日500 hPa平均高度场可以看到，欧亚中高纬地区呈两槽一脊形势。在2003年江淮梅雨到来之前的6月中旬后期，欧亚中高纬地区即已经历了两槽一脊的中阻塞经向环流形势。阻塞高压位于西西伯利亚平原到中西伯利亚地区，阻高两边从乌拉尔山到欧洲及贝加尔湖以东地区分别为两个长波槽区。在中低纬度地区，副高随着0306号台风苏迪罗北上逐日加强西伸北抬，6月22日，副高呈带状控制了我国江南中南部、华南到南海及其以东洋面，直到7月中旬副高除受北方南下的冷空气冲击，位置短时略有所南北摆动外，其余大部时间稳定少动。在这种稳定的大尺度环流形势下，欧洲槽不断有冷空气从阻高底部经巴尔喀什湖、黄河上游和青藏高原东部南下或从贝加尔湖长波槽中分裂冷空气沿中纬度锋区经黄河上游、华北和副高西北侧的暖湿空气频繁地交汇于淮河流域，造成6月22—23日、24—27日、29日至7月3日、4—7日、8—11日、12—13日、21—22日共7次强暴雨天气过程。详细的分析可参看文献（矫梅燕等，2004）。2003年6—7月的淮河暴雨，有四点值得注意：

(1) 这次持续性大暴雨是发生在梅雨时期，但位置位于全淮河流域，而不在长江流域，长江流域降水偏少。

(2) 降水由6～7次连续的冷锋过程造成，它们与副高有明显的相互作用，每一次作用，副高摆动一次，但平均而言始终维持在气候平均位置上，由于副高的面积较大，其相互作用区偏北，所以主要降水区位于淮河流域，而不在长江流域。因而这次雨区预报的关键，不在于副高脊线位置，而在于冷锋与副高的实际作用区。

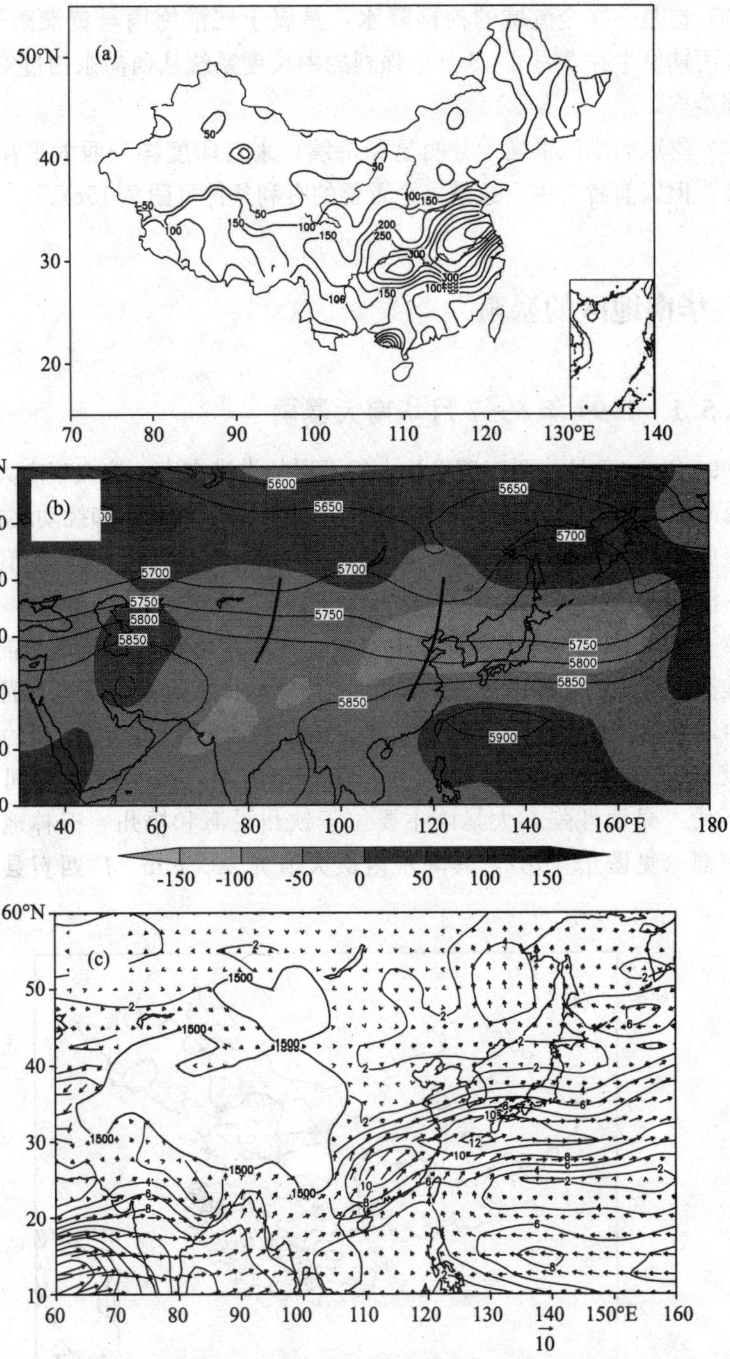

图 7.15 (a) 2003 年 6—7 月淮河流域持续性大暴雨的降水总量（单位：mm），(b) 500 hPa 高度场（等值线）和高度纬偏场（阴影区）（单位：gpm），(c) 850 hPa风场（矢量）和风速（等值线）（单位：m/s，粗实线为高于 1500 m 地形）

(3) 这是一次全流域的梅雨降水，是属于江淮梅雨与黄淮雨季的结合，但主要雨期发生在 7 月 4—8 日由强烈的中尺度系统从西向东扫过安徽省与江苏北部造成。

(4) 季风的水汽输送十分明显和持续，来自印度洋和西太平洋水汽都十分重要，但以前者为主。这是一个重要的有利条件（图 7.15c）。

7.5　华南地区的暴雨

7.5.1　1994 年 6—7 月华南大暴雨

1994 年 6—7 月，两广遭受几十年不遇的洪涝灾害，这次华南大暴雨是由两场暴雨造成。第一场与冷空气有关，第二场是热带云系和扰动北抬造成的。结果造成了 50 年不遇的特大暴雨，详情可参看薛纪善等编写的专刊与史学丽与丁一汇的研究（史学丽，丁一汇，2000）。

第一场暴雨（1994 年 6 月）主要发生在 6 月上旬后期至下旬前期，地点位于桂江、柳江及红水河流域（见图 7.16a），其特点是强度大、范围广、雨量集中，单站的最大日降水量为 523.5 mm（广东廉州，6 月 9 日）。第二场暴雨（1994 年 7 月）主要发生在 7 月下旬前期，降水持续时间长，雨量分布不均，局地性强，大暴雨主要位于钦州沿海和梧州、玉林地区及南宁地区南部（见图 7.16b），其降水量最大值为 303 mm（广西贺县，7 月 23 日）。

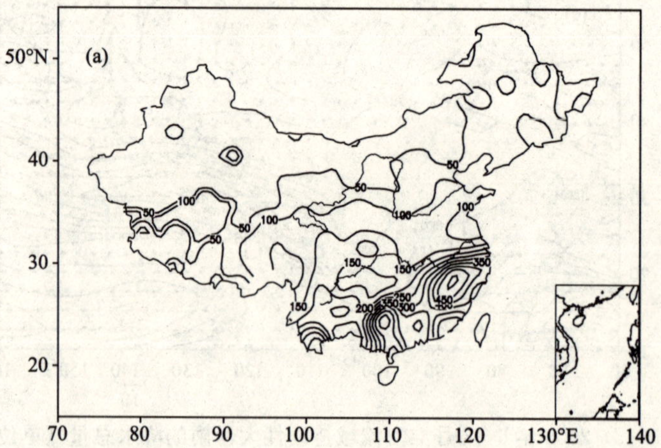

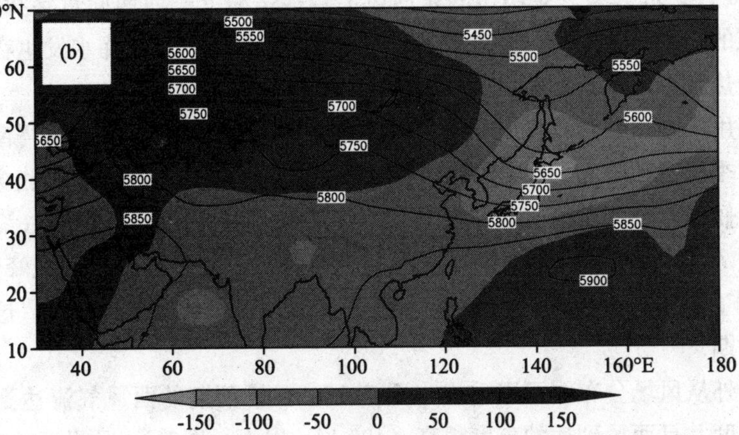

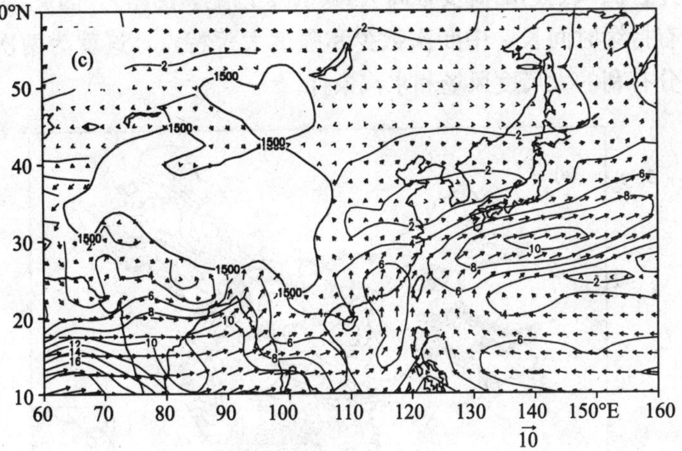

图 7.16 (a) 1994 年 6 月珠江流域持续性大暴雨的降水总量（单位：mm），(b) 500 hPa 高度场（等值线）和高度纬偏场（阴影区）（单位：gpm），(c) 850 hPa 风场（矢量）和风速（等值线）（单位：m/s，粗实线为高于 1500 m 地形）

两次暴雨过程是发生在不同的环流形势下（图 7.16b）。6 月份暴雨期间，500 hPa 高度场高纬的形势为“两槽一脊”，乌拉尔山一带为高压脊，其西侧和贝加尔湖到东亚沿岸一带为槽区，东亚槽区的后部有小部分冷空气南下；在 20°～30°N 的青藏高原东南部有一个南支槽，槽后的偏北风直接吹向华南地区；低纬有印度西南季风和副热带高压西南侧的偏东热带气流汇合于南海地区，然后向北进入华南，这次暴雨发生在副高以北，主要受副热带季风系统影响（图 7.16c）。

第二场暴雨的中高纬形势与 6 月份的正好相反，脊区位于 50°～60°E 和 120°～130°E，其间是低压槽。副热带高压位于 120°E 以东的 30°～35°N 之间，与高纬的高压脊相连，华南地区就处在两个高压脊之间宽广的低压带中。

20°～30°N 之间，有一条明显的东西风汇合线呈东北—西南向贯穿我国南方，在气流的辐合线上产生强烈的降水。副高位于 25°N 以北，降水发生在它的南部，受热带季风系统影响。

采用 850 hPa 和 200 hPa 纬向风速的差值作为季风指数，并求得南海地区平均的季风指数分布。由它的时间演变可见，南海季风区的季风指数除了 5 月第 1 候外，全为正值（西风）区，第一个大值出现在 6 月中旬（第 3 候），随后在 7 月中下旬及 8 月上旬也都有峰值，两次降雨过程都出现在峰值区中。6，7 月直接有一个低值区（但也为正值），对应于季风活动的减弱，这也是暴雨中断期。

另外从风场分布图可以看出（图 7.17c），暴雨期的西风气流达到低空急流的强度并且西风到达的高度很高（400 hPa 以上，图略）。因此 1994 年的南海夏季风有持续时间长，中断次数少和强度大等特点，这就为两次暴雨过程提供了十分有利的大尺度风场和水汽条件。

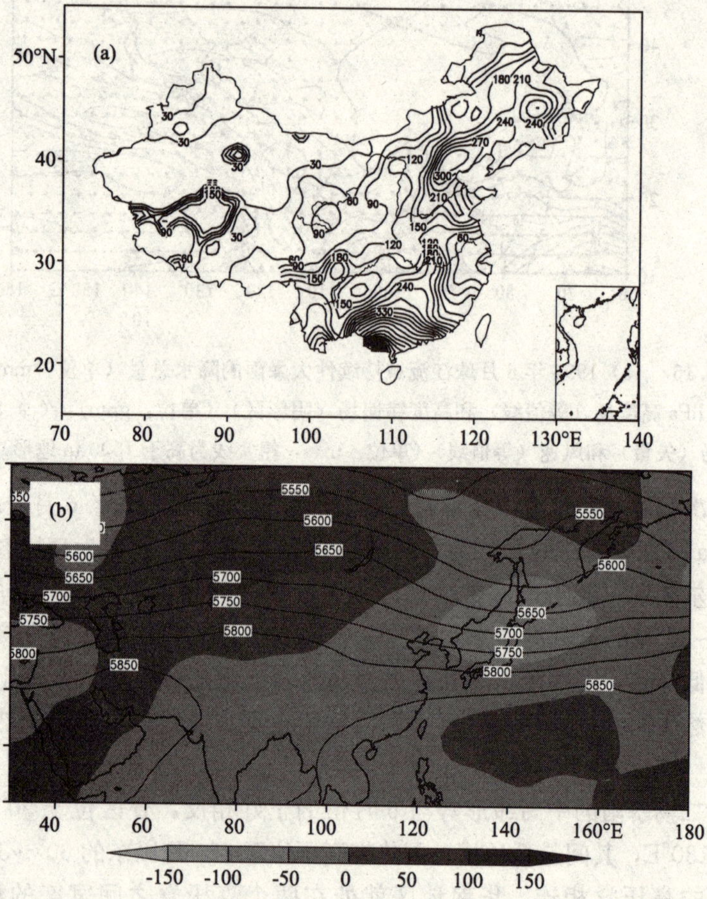

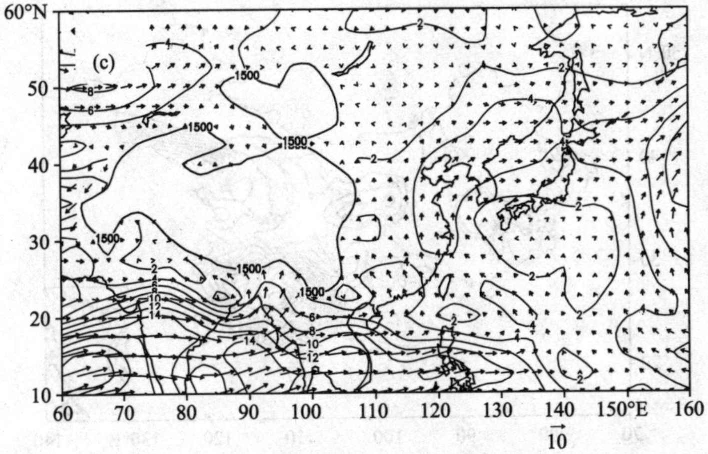

图 7.17 (a) 1994 年 7 月华南连续性大暴雨的降水总量（单位：mm），(b) 500 hPa高度场（等值线）和高度纬偏场（阴影区）（单位：gpm），(c) 850 hPa 风场（矢量）和风速（等值线）(单位：m/s，粗实线为高于 1500 m 地形)

有利的风场对应的水汽条件也很有利，降水区都有明显的水汽输送，并且总是位于水汽辐合区。两次降水过程有两个共同的水汽来源：印度西南季风和 105°E 附近由越赤道气流转变的南海季风。对水汽输送的分析表明，对两次华南地区暴雨过程贡献最大的是直接来自南海季风区的水汽输送。

7.5.2 2005 年 6 月 17—23 日珠江流域持续性大暴雨

2005 年 6 月 17—23 日，华南大部出现强降雨，此次降水过程主要降水区一直呈东北—西南走向。18 日，雨区主要集中在福建、华南北部，随后雨区随时间而南下，并且，在主要雨区的南方诱生出多个对流雨团，导致了广东、广西出现持续性大范围暴雨，其中广东省龙门县的日降水量连续 3 d 均大于 300 mm。最大降水量大到 600 多毫米，破历史记录（廖胜石等，2007）。在广西，6 月 17 日 20 时—22 日 20 时（北京时）累计总雨量超过 250 mm 的有 8 个站，50～249.9 mm 的有 48 个站（图 7.17a）。这次降水过程来势猛，局地强度大，持续时间长，影响范围广，致使漓江、柳江、西江的等主要江河洪水暴发，最终引起北江水位暴涨。6 月 23 日，梧州水文站洪峰流量 53900 m^3/s达百年来最大，造成了华南区域性洪涝、山体滑坡等灾害。

6 月 17—21 日江西中南部发生了一次持续性强暴雨天气过程，过程总雨量＞100 mm 有 50 个县市，＞200 mm 有 13 个县市，＞300 mm 为 6 个县市，＞500 mm 和 400 mm 各有 1 个县市，广昌最大 515 mm。强暴雨主要集中在 17 日 20 时至 19 日 20 时，其中 63 个站点出现暴雨、17 个站点大暴雨，宜黄

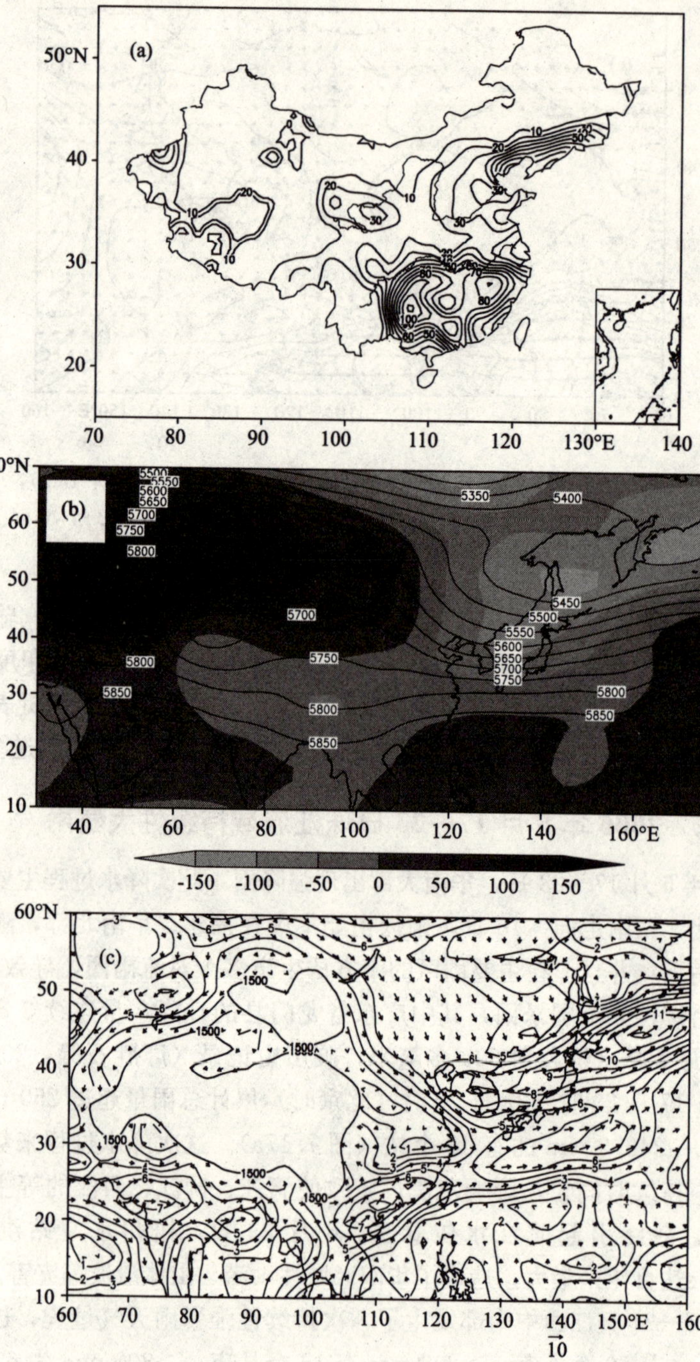

图 7.18 (a) 2005 年 6 月 17 日 20 时—22 日 20 时总雨量（单位：mm）。(b) 500 hPa 高度场（等值线）和高度纬偏场（阴影区）（单位：gpm），(c) 850 hPa 风场（矢量）和风速（等值线）（c，单位：m/s，粗实线为高于 1500 m 地形）

最大达146 mm，致使抚河流域和赣江上中游45个县市发生洪涝和滑坡、泥石流等地质灾害，大片房屋倒塌，交通中断（鹰厦铁路中断10小时），农作物被淹。据不完全统计，受灾人口达359万人，死亡9人，直接经济损失19亿元。

暴雨过程期间，500 hPa欧亚高纬地区呈两槽一脊型（图7.18b），乌拉尔山与亚洲东岸为低压槽，低槽的南北跨度大，槽后西北气流强盛，不断引导地面冷空气南下进入广西，在桂北、桂中一带形成准东西向的静止锋，锋面南北摆动幅度小；副热带高压的脊线在10°～15°N之间维持，比常年偏西偏南，因此可使冷空气能够南下到达华南地区与副高西边缘的北上季风气流汇合和交绥。副高与位于孟加拉湾的季风低压之间形成对流层中低层的西南急流（14～20 m/s），为暴雨过程输送了不稳定能量和充沛水汽；在700 hPa，高原东部到华南呈现多波动形势，不断有南北向的短波槽东移，有利于中低层切变的维持和对流活动的不断生成、发展和增强。有研究表明，这次暴雨由福建和两广的两条主雨带组成。它们分别与西风急流和东风急流入口区右侧上升运动区有密切关系。但也有研究认为两条雨带主要是主雨带南北运动的结果。18—19日主雨带由福建南移，表现出冷锋性质降水。19—20日主雨带向北移动，表现为暖锋或暖切变性质的降水。20—21日雨带在24°N附近基本静止，强云团维持近10小时左右，之后随冷空气再次南下，主雨带又再次南移。但整个过程中，强盛的西南季风对华南地区强对流云系的生成，发展和维持起了主导作用。

7.5.3 2004年7月华南—西南盛夏大暴雨

众所周知，在夏季风处于最活跃的盛夏季节，由于热带和副热带系统季节性地向北推进，东亚地区主要为强盛的西南季风和副高南侧暖湿的东风气流控制。此时，当强冷空气向低纬地区扩展时，冷空气将与季风发生显著的相互作用，并造成大范围强暴雨。然而，一个有意义的问题是，在盛夏大的环流背景下，冷空气为什么能大举南下到达非常低的纬度，并对南方地区的降水产生明显的影响？2004年7月盛夏冷空气的爆发过程及其对我国南方地区降水产生了明显的影响，造成了较长时期暴雨过程。2004年7月我国强降水区主要呈西南－东北向带状分布（图7.19a），其中西南地区强降水的面积最大，强度最强。最强降水中心位于西南地区东部，最大降水量超过了450 mm。从区域平均的逐日降水量来看，7月内西南地区一直有降水发生，并且在5日、10日、14日，19日和30日前后分别出现了5次大范围的降水。为方便讨论，将西南地区站点降水率（即138站中观测到降水的站点比率）

超过70%的这5次降水分别称为过程A、B、C、D、E。显然，在这5次过程中，C和E的降水强度相对较小，持续时间也短，而A、B、D过程的降水强度均超过了该月逐日降水量标准差的两倍，即13 mm，特别B和D过程的强降水时间还持续了3天以上。因此，可定义A、B、D过程为强降水过程，并将对这3次强降水过程作重点分析。

这次盛夏强降水过程是发生在中低纬环流形势多次相互作用下(图7.18b)。7月初在亚洲中高纬地区，两个高空槽分别位于乌拉尔山以东的西西伯利亚和亚洲东岸，贝加尔湖一带为一个阻塞高压控制。4日，乌拉尔山以东的低压槽加深南压，而亚洲东岸的低压槽与3日在浙江沿海登陆并向北方向移动的0407号强热带风暴“蒲公英”打通，亚洲东岸槽迅速加深，通过上游效应，贝加尔湖附近的高压脊得到发展。同时，还可注意到在700 hPa图上我国西南地区有一低涡生成。5日，亚洲东岸低压槽与热带风暴完全合并，而向偏东方向移动的西南涡也并入了亚洲东岸槽，亚洲东部地区低压槽变得非常深厚，槽底伸至20°N附近，槽后冷空气在脊前西北气流的引导下，在我国大部分地区直驱南下，西南地区出现了第一次强烈降水过程。6日，亚洲东岸深槽向北收缩，第二次降水过程结束。

7月9日，贝加尔湖至鄂霍次克海之间的高压脊加强并向东北方向伸展，我国东北地区是一个冷涡，同时西南地区亦有新的低涡生成。在西南涡与东北冷涡之间有一个小高压脊。10日，贝加尔湖地区高压脊加强发展，而西南涡以东的小高压脊减弱东移，西南涡与东北冷涡打通，在我国东北到西南地区形成了一条狭长的低压区。冷空气沿低槽南下，第二次降水过程增强。

与第三次降水过程有关的冷空气活动是横槽转竖槽造成的。13－15日，贝加尔湖以南地区东北－西南向高压脊后有暖平流，暖平流促使高压脊继续加强，脊前的偏北气流也随之加强，不断引导冷空气在高压脊前的横槽内聚集，横槽不断加深。16日后，高压脊后暖平流减弱，高压脊也开始减弱。17日，可见横槽后部有暖平流，前部有明显的冷平流，预示着横槽将转竖。18日，高压脊迅速减弱并向南收缩，横槽转竖，冷空气南压。20日，减弱的高压脊退化为一个小高压并向东移动，之后并入西太平洋副热带高压，副高增强，而原弱高压脊被其后的槽代替，东亚地区经历了一次长波调整过程。100°E以东50°～20°N范围内等高线呈南北向分布，南面暖湿空气也大规模向北挺进(图7.19c)。21日，增强的副高向西向北伸展，西南地区为副高西侧的偏东气流控制。

从以上分析可以看出，西南地区发生于7月中上旬的几次强降水过程，都与中高纬度环流迅速调整并导致冷空气的大规模南下有关。这种大范围冷空气在盛夏连续几次迅速南下的过程过去并不多见。

分析显示，7 月上旬和中旬西南地区出现的 3 次强降水是中纬低槽冷涡分别与登陆北上台风和东移西南涡合并，以及东亚地区横槽向竖槽的迅速转变，从而引发中高纬冷空气大规模向南爆发造成的。进一步研究发现，冷空气活动对降水的影响主要表现在 3 个方面：其一，中高层冷空气的迅速南下常伴有偏南高空急流，而位于急流中心左前方的次级环流上升支为降水的形成提供了有利的动力抬升条件。其二，冷空气向南推进极大地增强了大气的斜压性，有利于斜压扰动的发展。冷空气迅速南下造成的大气扰动可破坏降水区的位势不稳定层结，使对流有效位能得以释放，从而形成大范围的对流活动。另外，中高层干冷空气和低层暖湿空气的平流也是暴雨区位势不稳定得以重建并产生持续性暴雨的重要原因。

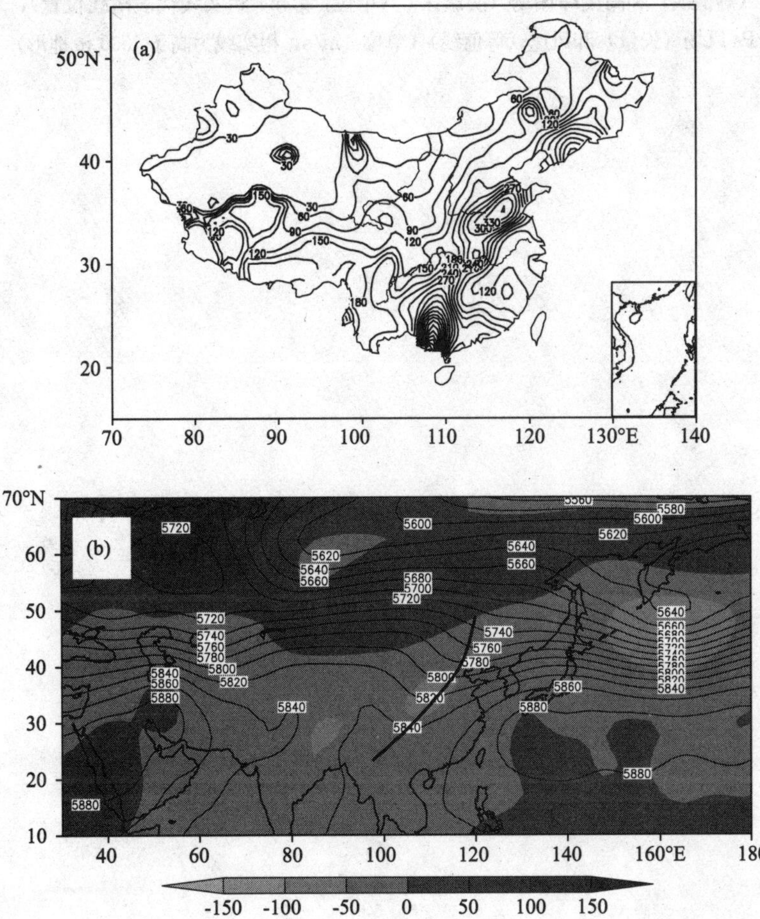

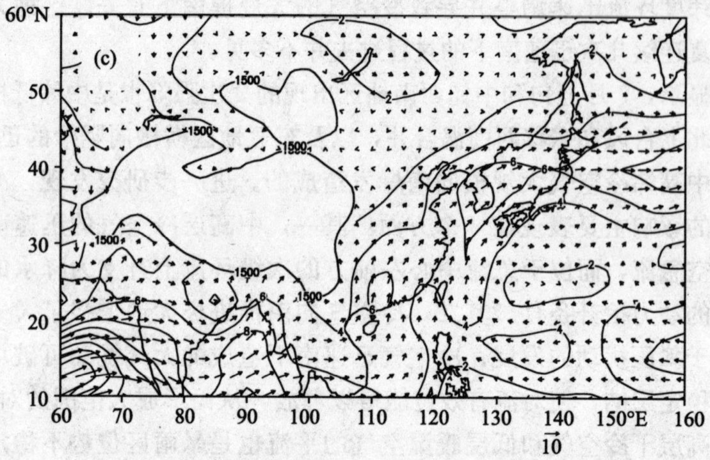

图 7.19 (a) 2004 年 7 月云南大暴雨的降水总量（单位：mm），(b) 500 hPa 高度场（等值线）和高度纬偏场（阴影区）（单位：gpm，粗实线代表槽线位置），(c) 850 hPa 风场（矢量）和风速（等值线）（单位：m/s，粗实线为高于 1500 m 地形）

第8章 洪涝灾害综述

洪水是河湖在较短时间内发生的流量急剧增加、水位明显上升的一种水流自然现象，其形成和特征主要取决于所在流域的气候与下垫面情况等自然地理条件，此外人类活动对洪水的形成过程也有一定的影响。洪水来势凶猛，具有很大的自然破坏力，俗话称“洪水猛兽”、“水火无情”，可见洪水是人类生存的一个重大威胁。

汉字的字形和意义有着密切的关系。在我国最早的象形文字甲骨文中，灾有多种写法，如“”等，其中“”与水的波纹相似，水字写作“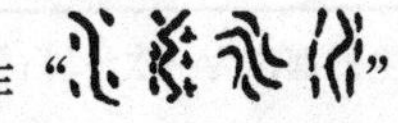”等，灾字与其较为相似，可见灾由水而发生。川字在甲骨文中为“”等，据说文解字解释，川为“贯通流水也”。因此灾可以认为是流水受阻，河流堵塞不通畅，从而成灾。

洪水特别是大江大河的洪水，自古以来就是中华民族的心腹之患，历史上有关水灾的文字记载可以追溯到4000年之前，我国在远古时代就有许多洪灾的传说。相传在三皇五帝时代，洪水灾害就不断发生。“燧人之时，天下多水”（《尸子》）。《吴越春秋》记载：“五帝……有泛滥之忧”，“尧遭洪水，人民泛滥，逐高而居”，“洪水滔滔，天下沉渍；九州阏塞，四渎壅闭”。《淮南子》记载：“禹之时，天下大水，禹令人民聚土积薪，择丘陵而处之”。

至殷商时代，已有契文，有的不仅是传说，并见于文字。商自成汤至盘庚，曾五度因水迁都，即仲丁迁于嚣，河亶甲迁相，祖乙迁于邢（亦作耿），阳甲以后迁于河北，至盘庚乃迁于殷。在以后的文字记载中也有部分记录。如在《通鉴前编》中记为“河亶甲立，是时嚣有河患，遂自嚣迁于相”。又载“祖乙既立，是时相都又有河决之患，乃自相而徙都于耿（亦作邢）”。《史记·殷本纪》中也有“河亶甲居相”及“祖乙迁于邢”等语。《殷本记》的真实性已得到契文的证实。

周以后，文字记录逐渐增多，尤其秦汉以来，水灾记录不绝于史书。据《邓拓文集》第二卷“中国救荒史”（邓拓，1986）统计，周朝867年间大洪水有16次，汉王朝建立后，历朝水灾统计见表8.1。

公元前206年—1949年的2155年中水灾共发生1049次，约两年1次。历史上水灾的统计受种种原因限制，如战乱、社会动荡以及史书记载详略等，故只能为一粗略的结果，但从水灾的频次来看，愈向近代发展，频次就愈高，其趋势比较明显。

表8.1　汉代—民国历朝水灾统计（邓拓，1986）

朝代	起始年份	年数	水灾次数	频次（%）
汉代	前206—公元220	426	76	17.9
魏晋	220—420	200	56	28.0
南北朝	420—581	161	77	47.8
隋唐	581—907	326	120	36.8
五代	907—960	53	11	20.8
宋代	960—1271	311	193	62.1
元代	1271—1368	97	92	94.8
明代	1368—1644	276	196	71.0
清代	1644—1911	267	192	71.9
民国	1911—1949	38	36	94.7

注1. 凡见于记载的水灾，不论灾情轻重及灾区广狭，只要在一年中所发生的都作为一次计算；
注2. 原书统计时间到1936年，现延伸至1949年；
注3. 频次＝水灾次数/年数×100%。

进入近代以后，我国主要江河形势在19世纪50年代前后发生剧烈变化。黄河下游河道在黄淮海平原南北摆动，迁移不定，自东周以来2500多年大的决溢就有26次，故有“百年一改道”之说。1855年黄河在铜瓦厢决口，改道北徙，夺大清河入海，此后河道形势稳定，形成了目前的河道格局，使淮河、海河水系都摆脱了黄河的干扰。尤其淮河结束了长达600多年黄河下游南决乱淮的历史。长江在1860、1870年发生了两次特大洪水，长江中游先后冲开藕池口和松滋口，形成松滋、太平、藕池、调弦四口分流入洞庭湖的局面，使长江中游江湖关系，荆江河段演变发生了很大变化。与此同时各大江大河几乎都发生了历史特大洪水，如黄河1843、1933年洪水，长江1860、1870、1935年洪水，江淮1931年洪水，珠江1915、1949年洪水，海河1917、1939年洪水，松花江1932年洪水，因此该时期水灾特别频繁且严重。据初步统计，这一时期全国平均每年有149个县（市）遭受水灾，多的超过500个县（市），如1931年全国遭受水灾的县（市）达592个，受灾人口超过当时全国人口的四分之一。

1949年以后，经过多年的水利建设，我国的主要江河一般常遇洪水基本得到了控制，常遇水灾频率明显下降，但遇到特大洪水时，洪灾仍十分严重。根据1950—2006年全国洪灾资料初步统计，全国平均每年受灾面积967.02万hm^2，成灾面积542.55万hm^2，平均成灾率56.1%，因水灾直接死亡人口平均4792人。全国历年水灾情况统计详见表8.2。

表8.2　全国历年水灾情况统计（1950—2006年）（张海仑，1997；田以堂，2007）

年份	农田面积（万hm^2）		倒塌房屋	受灾人口	死亡人口
	受灾	成灾	（万间）	（万人）	（人）
1950	655.9	471.0	130.5		1982
1951	417.3	147.6	31.8		7819
1952	279.4	154.7	14.5		4162
1953	718.7	328.5	322.0		3308
1954	1613.1	1130.5	900.9		42447
1955	524.7	306.7	49.2		2718
1956	1437.7	1090.5	465.9		10676
1957	808.3	603.2	371.2		4415
1958	427.9	144.1	77.1		3642
1959	481.3	181.7	42.1		4540
1960	1015.5	497.5	74.7		6033
1961	891.0	535.6	146.3		5074
1962	981.0	631.8	247.7		4350
1963	1407.1	1047.9	1435.3		10441
1964	1493.3	1003.8	246.5		4288
1965	558.7	281.3	95.6		1906
1966	250.8	95.0	26.8		1901
1967	259.9	140.7	10.8		1095
1968	267.0	165.9	63.0		1159
1969	544.3	326.5	164.6		4667
1970	312.9	123.4	25.2		2444
1971	398.9	148.1	30.2		2323
1972	408.3	125.9	22.8		1910
1973	623.5	257.7	72.3		3413
1974	643.1	273.7	120.0		1849
1975	681.7	346.7	754.3		29653

续表

年份	农田面积（万 hm^2）		倒塌房屋（万间）	受灾人口（万人）	死亡人口（人）
	受灾	成灾			
1976	419.7	132.9	81.9		1817
1977	909.5	498.9	50.6		3163
1978	282.0	92.4	28.0		1796
1979	677.5	287.0	48.8		3446
1980	914.6	502.5	138.3		3705
1981	862.5	397.3	155.1		5832
1982	836.1	446.3	341.5		5323
1983	1216.2	574.7	218.9		7238
1984	1063.2	539.5	112.1		3941
1985	1419.7	894.9	142.0		3578
1986	915.5	560.1	150.9		2761
1987	868.6	410.4	92.1		3749
1988	1194.9	612.8	91.0		4094
1989	1132.8	591.7	100.1		3270
1990	1180.4	560.5	96.6		3589
1991	2459.60	1464.40	497.9		5113
1992	942.33	446.40	98.95	17400.00	3012
1993	1638.73	861.04	148.91	19200.00	3499
1994	1885.89	1148.95	349.37	21522.90	5340
1995	1436.67	800.08	245.58	20069.55	3852
1996	2038.81	1182.33	547.70	26693.97	5840
1997	1313.48	651.46	101.06	18067.08	2799
1998	2229.18	1378.50	685.03	18655.17	4150
1999	960.52	538.91	160.50	13013.05	1896
2000	904.50	539.60	112.61	12936.10	1942
2001	713.78	425.34	63.49	11059.35	1605
2002	1238.42	743.90	146.23	15204.43	1819
2003	2036.57	1299.98	245.42	22571.65	1551
2004	778.19	401.71	93.31	10673.21	1282
2005	1496.75	821.67	153.29	20025.65	1660
2006	1052.19	559.24	105.82	13881.90	2276
合计	55120.10	30925.42	11544.37	260974.01	273153
平均	967.02	542.55	202.53	17398.27	4792

注：1950—1990年资料来自于张海仑主编，《中国水旱灾害》，北京：中国水利水电出版社，1997；1991--2006年资料来自于田以堂主编，《中国水旱灾害公报2006》，北京：中国水利水电出版社，2007。

目前，大江大河综合防洪减灾体系还不完善，尤其是蓄滞洪区建设严重滞后，多数江河主要支流和中小河流尚未得到系统治理，主要易涝地区排涝能力严重不足；对山洪灾害缺乏有效的监测和防御措施，许多地区极易产生洪涝灾害。20世纪90年代以来，我国洪涝灾害造成的直接经济损失约占全国各类自然灾害总经济损失的62%，约相当于同期GDP的1.55%，每年因洪水直接造成的人员死亡多达3000余人，洪涝灾害仍然威胁经济社会发展，防洪建设与管理任务仍十分艰巨。

我国位于欧亚大陆东部，太平洋西岸，西南距印度洋很近，地势西高东低，大部处于中高纬地带，受地理位置、地形因素及气候的影响，导致全国大部分地区存在洪水灾害威胁，一年四季水灾皆可发生。

我国洪水灾害的地域分布范围很广，除荒无人烟的高寒山区和戈壁沙漠外，全国各地都存在不同程度的洪水灾害。由于受地面条件及气候等多种因素的影响，灾情的性质和特点在地区上有很大差别。一般来说，山地丘陵区洪灾，由于洪水来势凶猛，历时短暂，破坏力很大，常常导致建筑物被毁，人畜伤亡，但受灾范围一般不大；平原地区洪灾，主要是漫溢或堤防溃决所造成，积涝时间长，灾区范围广。此外，东部地区灾害发生的频率大于西部地区，尤其是从辽东半岛、辽河中下游平原，并沿燕山、太行山、伏牛山、巫山至雪峰山等一系列山脉以东地区以及南岭以南西江中下游，这些地区处于我国主要江河中下游，受西风带、热带气旋等气象因素影响，暴风雨频繁，且强度大，常发生大面积洪涝灾害。

我国洪涝灾害一年四季皆可发生。在冬季，北方地区冰凌洪水引发的灾害主要发生在黄河干流宁蒙以下河段以及松花江哈尔滨以下河段。在封冻和解冻期，大量冰凌阻塞，形成冰塞或冰坝，致使水位壅高，漫溢堤防，形成洪灾。在南方有些地区也可能发生洪灾。如1982年11月下旬，浙江东部沿海地区发生了严重的洪灾，但这种情况较为少见。春季主要是华南前汛期暴雨引发的洪灾，西部地区则会出现融雪洪水造成的洪灾。夏秋季是一年之中发生洪灾最多的季节，并且洪灾范围广，历时长，灾情重，七大江河重大洪涝灾害均发生在这一时期。

1553年（明嘉靖三十二年）为历史上范围很广的一次水灾，雨区横跨长江、淮河、黄河、海河四大流域。该年北方地区雨量丰沛，自5月开始便淫雨连绵，6—8月出现多次强度较大的暴雨。海河诸水系，黄河的伊、洛、沁、汾河以及淮河等多条河流泛滥成灾，如“汾水溢，高数丈”，“伊洛涨溢入城，水深丈余”，沙颍河“河水横溢、势高数丈”等，各地灾情惨重，“民居、官舍、公廨、官厅尽行冲空，荡然无存，漂没人畜不可胜数，百姓逃亡，死者枕藉，无人掩埋，昼夜号泣，哀声四起，惨不忍闻”频见于各地文献，平原地区“平地水深丈余”、“陆地行舟”，甚至发生“大饥，人相食”的现象。

1696年6月29日（清康熙三十二年六月初一）上海及苏北沿海地区发生风暴潮，海水入侵，“平地水深一丈四五尺，庐舍漂没殆尽，民死相枕藉”，仅上海、宝山、崇明、吴淞一带就淹死十万余人。

1843年8月（清道光二十三年七月）黄河中游发生特大洪水。根据文物、洪水淤积物及文献考证，本次洪水为该地区近千年来最大的一次洪水，造成下游决口，夺淮入洪泽湖。两岸居民对1843年洪水灾害记忆极为深刻，并有许多民谣流传至今。如“道光二十三，黄河涨上天，冲了太阳渡，捎走万锦滩”。

1931年气候异常，6—8月三个月内全国大部分地区持续阴雨，期间不断出现大雨和暴雨，“南起百粤，北至关外，大小河川尽告涨溢”，造成全国性的大水灾，受灾区域达16省，其中湘、鄂、赣、浙、皖、苏、鲁、豫8省灾情最为严重。如洞庭湖畔滨湖县（市）“大水入城，水与檐齐”，武汉市区内大部分水深数尺至丈余，以船代步，行驶船只超过2200余艘，江苏里下河地区“民被溺死者已无法统计，水面漂尸如过江之鲫”。据当时国民政府救济水灾委员会统计，被淹农田面积约1067万 hm^2，被淹房屋约900万间，灾民5270万人，约占当时全国人口四分之一，死亡28.4万人，经济损失达22亿银元。

1954年夏季江淮地区梅雨异常，降雨持续时间长，暴雨次数多，强度大，范围广。长江、淮河均发生罕见的流域性特大洪水，许多河段的洪水位突破历年最高记录并同时发生，洪水峰高量大。尽管20世纪50年代初期，各级政府对长江、淮河进行了初步治理，发挥了一定防洪作用，使洪涝灾情大为减轻，但仍造成重大损失。长江流域湘、鄂、赣、皖、苏有123个县市遭受洪涝灾害，受灾农田面积317万 hm^2，受灾人口1888万人，死亡33169人，京广铁路不能正常通车100天。淮河流域豫皖苏受灾农田408万 hm^2，皖苏死亡1930人。

1975年8月上旬受台风影响，淮河上游河南省境内发生了特大暴雨，暴雨中心地区4小时、6小时、24小时和3天雨量超过我国大陆上历次实测暴雨记录，随之产生了罕见的大洪水，其洪水量级之大，已达相同流域面积世界最大记录，致使两座大型水库、两座中型水库、58座小型水库和两个滞蓄洪区垮坝失事，下游7个县城遭到毁灭性灾害，其下游河堤决口，洪水相互窜流，平地水深2～4 m。河南省有29个县市，1100万人口受灾，淹没农田133.33万 hm^2，冲走和水浸粮食近10亿 kg，死伤牲畜44万余头，淹死

26000人。

1991年汛期全国气候异常，江淮地区5月19日入梅，比常年提早20多天，7月13日出梅，比常年略偏晚。由于梅雨期间三次降雨过程一次比一次大，雨势猛，历时长，范围大，致使淮河水系发生1949年以来的大洪水，太湖及长江支流滁河发生有实测记录以来最大洪水，造成江淮和太湖地区严重洪涝灾害，淮河及太湖流域受灾耕地面积590万hm^2，成灾面积412万hm^2，损失粮食74.2亿kg，受灾人口156县市6858万人，死亡人口655人，倒塌房屋214万间，津浦、淮南、淮阜等铁路干线数度运行中断，直接经济损失453亿元。

1998年长江流域洪水是1954年以来又一次全流域性大洪水，其涉及区域之广，量级之大，持续时间之久均属历史罕见，造成中下游湖南、湖北、江西、安徽、江苏5省8411万人受灾，受灾农田面积953.33万hm^2，减产粮食55.9亿kg，倒塌房屋328.8万间，死亡1562人，直接经济损失1345亿元。

1998年6—8月松花江流域气候异常，长时间持续降雨，主要雨区始终徘徊在嫩江流域，造成嫩江右侧支流普遍出现超历史记录的洪水，形成了嫩江、松花江特大洪水，其洪水造成的灾害范围涉及内蒙古、吉林、黑龙江三省区163个县（市、区），受灾人口1767.6万人，死亡112人；受灾农田面积617.7万hm^2，成灾面积438.5万hm^2，绝收面积246.3万hm^2；倒塌和损坏房屋352.26万间，直接经济损失610.4亿元。

2003年淮河流域梅雨期降雨异常偏高，干流最大洪峰流量全线超过1991年大洪水，小于1954年、2007年洪水。该次洪水给河南、安徽、江苏三省造成严重损失，受灾面积384.67万hm^2，其中成灾面积259.13万hm^2，绝收面积112.93万hm^2，受灾人口3730万人，因灾死亡29人，倒塌房屋77万间，直接经济损失286亿元。

2005年6月中下旬，珠江流域的广东大部、广西东部北部先后出现持续强降雨，加上西江暴雨区移动路径与河流走向相一致，发生了流域性大洪水，西江中下游发生特大洪水，部分干支流发生超历史记录的洪水，造成两广地区17个县级以上城镇部分城区进水受淹，农作物受灾面积65.1万hm^2，广东成灾面积12.7万hm^2，广西绝收面积13.2万hm^2，受灾人口1222万人，因灾死亡121人，倒塌房屋23.13万间，两座小（二）型水库垮坝，京九铁路龙川至惠州区间一度中断运行，直接经济损失124.72亿元，其中水利工程直接经济损失21.47亿元。

2007年汛期淮河流域发生了仅次于1954的流域性大洪水，入梅从6月19日开始，至7月26日停止，历时37天，较常年长14天。由于降雨历时长，范围广，总量大，高强度暴雨频发，淮河干支流洪水遭遇恶劣，形成涨势凶猛，干流中游长时间持续高水位，洪水量级大的多峰洪水过程，为1949年以来第二位流域性大洪水。在1991年以来实施的19项治淮骨干工程控制下，2007年淮河流域洪涝灾害损失显著减少。截至7月31日初步统计，淮河流域四省农作物受灾面积249.87万hm^2，成灾面积158.6万hm^2，受灾人口2474万人，倒塌房屋11.53万间，死亡4人，直接经济损失155.2亿元（钱敏，2007）。

第9章 洪涝灾害的定义及标准

9.1 洪涝灾害的定义

当洪水、涝渍威胁到人类安全，影响到社会经济活动并造成损失时，通常就说发生了洪涝灾害。

洪涝灾害是自然界的一种异常现象，一般包括洪灾和涝渍灾，目前中外文献还没有严格的“洪灾”和“涝渍灾”定义，一般把气象学上所说的年（或一定时段）降雨量超过多年同期平均值的现象称之为涝（张海仑，1997）。

我国古代洪涝是不分的，后来人们在河道湖泊的岸边修筑了堤防圩垸等防洪工程，改变了河道的排泄条件，天然来水受到了人为控制，才逐步有了洪涝之分。一般认为河流漫溢或堤防溃决造成的灾害为洪灾；当地降雨过多，长久不能排去的积水灾害为涝灾。“洪”与“涝”是相对的，很难严格区分开来，世界各国均把淹没厉害的水灾称为洪水。虽然洪涝难以区分，但洪水和内涝在水文特性、灾害特点以及防洪治涝对策措施等方面均有明显的区别。一般来说，洪水来势迅猛，河流来水超常，而雨涝来势较缓，强度较弱；洪水可以破坏各种基础设施，淹死伤人畜，对农业和工业生产会造成毁灭性破坏，破坏性强。而涝灾一般只影响农作物，造成农作物的减产；防洪对策措施主要依靠防洪工程措施（包括水库、堤防和蓄滞洪区等），汛期还有一整套临时防汛抢险的办法，而治涝对策措施主要通过开挖沟渠并动用动力设备排除地面积水。

目前通行的说法，洪灾一般是指河流上游的降雨量或降雨强度过大、急骤融冰化雪或水库垮坝等导致的河流突然水位上涨和径流量增大，超过河道正常行水能力，在短时间内排泄不畅，或暴雨引起山洪暴发、河流暴涨漫溢或堤防溃决，形成洪水泛滥造成的灾害。涝灾一般是指本地降雨过多，或受沥水、上游洪水的侵袭，河道排水能力降低、排水动力不足或受大江大河洪水、海潮顶托，不能及时向外排泄，造成地表积水而形成的灾害，多表现为地面受淹，农作物歉收。渍灾主要是指当地地表积水排出后，因地下水位过高，造成土壤含水量过多，土壤长时间空气不畅而形成的灾害，多表现为地下水位过高，土壤水长时间处于饱和状态，导致作物根系活动层水分过多，不利于作物生长，使农作物减收。实际上涝灾和渍灾在大多数地区是相互共存的，如水网圩区、沼泽地带、平原洼地等既易涝又易渍。山区谷地以渍为主，平原坡地则易涝，因此不易把它们截然分清，一般把易涝易渍形成的灾害统称涝渍灾害。

洪涝灾害对农作物的危害形式以冲毁和淹没为主，通常只在受灾当年，甚至当季造成损失。如土壤排水条件良好，洪水消退后一般不再危害农作物。涝渍积水不仅影响到当年农作物的产量，而且常影响到土壤状态。洪涝灾害不仅危害农田和生态环境，还对城镇、工商、交通、水利等各项工程设施和人畜生命财产造成危害。

洪涝灾害可分为直接灾害和次生灾害。

在灾害链中，最早发生的灾害称原生灾害，即直接灾害，洪涝直接灾害主要是由于洪水直接冲击破坏，淹没所造成的危害。如人口伤亡、土地淹没、房屋冲毁、堤防溃决、水库垮塌；交通、电讯、供水、供电、供油（气）中断；工矿企业、商业、学校、卫生、行政、事业单位停课停工停业以及农林牧副渔减产减收等等。

次生灾害是指在某一原发性自然灾害或人为灾害直接作用下，连锁反应所引发的间接灾害。如暴雨、台风引起的建筑物倒塌、山体滑坡，风暴潮等间接造成的灾害都属于次生灾害。次生灾害对灾害本身有放大作用，它使灾害不断扩大延续，如一场大洪灾来临，首先是低洼地区被淹，建筑物浸没、倒塌，然后是交通、通讯中断，接着是疾病流行、生态环境的恶化，而灾后生活生产资料的短缺常常造成大量人口的流徙，增加了社会的动荡不安，甚至严重影响国民经济的发展。

洪水是河流的一种天然属性，不可避免，它在时间和空间上的发生都是随机的，但由此产生的洪涝灾害却是伴随着人类社会才存在的，它与人类社会、经济状况及生态环境等多重因素密切相关，它们之间相互影响和相互作用，人类的生活与生产活动会改变甚至破坏自然界的相对平衡，进而影响灾害的程度。

9.2 洪涝判别标准

我国是一个洪涝灾害频发的国家，洪涝灾害的发生具有明显的季节性和地区性。各流域受自然地理位置、集水面积内地形地貌及不同时期不同尺度天气条件的影响，存在很大的差异，要将七大江河的洪涝灾害进行统一定量划分难度很大。根据各流域水系及其气候条件、自然地理特性、降雨特性、洪水特性和洪水组成，并结合对历史洪水研究的习惯，从各流域水系分区的暴雨量级和笼罩面积、干流主要控制站洪水大小以及主要干支流洪水的形成与遭遇等情况，可将发生洪水分为跨流域洪水、流域性洪水、区域性洪水和局部性洪水。

跨流域洪水一般是指相邻流域多个河流水系内，降雨范围广，持续时间长，主要干支流均发生不同量级的洪水；流域性洪水一般是指本流域内降雨范围广，持续时间长，主要干支流均发生不同量级的洪水；区域性洪水是指降雨范围较广，持续时间较长，致使部分干支流发生较大量级的洪水；局部性洪水是指局部地区发生的短历时强降雨过程而形成的洪水。

目前对跨流域洪水、流域性洪水、区域性洪水和局部性洪水还没有一个全面、准确、量化的定义和判别标准，不过各流域机构已经开始研究本流域的洪水分类定义的分层量化指标体系（水利部水文局，2006）。

七大江河的流域性洪水、区域性洪水和局部性洪水的定义和量化指标，是以七大江河水系分区划分及洪水量级划分标准为基础形成的，与几十年来人们对历史洪水的研究习惯基本一致。

七大江河流域的水系分区一般划分为：

松花江流域：嫩江、第二松花江、松花江三个水系分区。

辽河流域：西辽河、辽河干流、浑太河三个水系分区。

海河流域：滦河、北三河（潮白河、北运河、蓟运河）、永定河、大清河、子牙河（包括黑龙港及运东地区）、漳卫河、徒骇马颊河七个水系分区。

黄河流域：黄河上游干流（头道拐水文站以上）、黄河中游干流（头道拐水文站至花园口水文站）、黄河下游干流（花园口水文站以下）三个水系分区。

淮河流域：淮河上游（正阳关水文站以上）、淮河中游（正阳关水文站至洪泽湖）、淮河下游及里下河、沂沭泗河四个水系分区。

长江流域：长江上游（宜昌水文站以上）、长江中游（宜昌水文站至湖口水文站）、长江下游（湖口水文站以下）三个一级水系分区。长江上游分金沙江、岷沱江、嘉陵江、乌江四个二级水系分区；长江中游分汉江、洞庭湖四水、鄱阳湖五河三个二级水系分区；下游不分二级水系分区。

太湖流域：太湖流域一个水系分区。

珠江流域：西江、北江、东江、珠江三角洲四个水系分区。

依据《水文情报预报规范》（SL250－2000）的规定，七大江河流域洪水量级的判别标准有四个等级，即洪水重现期≥50 年为特大洪水；20～50 年为大洪水；5～20 年为较大洪水；低于 5 年为一般洪水。

根据上述水系分区划分和洪水量级判别标准，以海河流域为例，对流域性洪水、区域性洪水和局部性洪水作进一步定义。

海河流域的水系分区与代表站及其主要支流与代表站见表 9.1。海河流域共分 7 个水系分区。

表 9.1　海河流域各河流代表站

水系分区	水系代表站	河流	支流代表站
	滦县	滦河	三道河子
	潘家口水库	伊逊河	韩家营
		武烈河	承德
		老牛河	下板城
滦河		柳河	李营
		瀑河	宽城
		漱河	蓝旗营
		滦河	大黑汀水库
		青龙河	桃林口
	于桥水库	蓟运河	九王庄闸
	密云水库	潮河	下会
北三河		白河	张家坟
		潮白河	苏庄
		北运河	北关闸
		北运河	土门楼
	官厅水库	桑干河	册田水库
永定河	三家店	洋河	响水堡
		桑干河	石匣里
	新盖房	中易河	安各庄水库
	十方院	漕河	龙门水库
大清河		唐河	西大洋水库
		沙河	王快水库
		磁河	横山岭
	黄壁庄水库	滹沱河	岗南水库
子牙河	艾辛庄	沙河	朱庄水库
		子牙新河	献县
	岳城水库	浊漳河	石梁
	元村	清漳河	匡门口
漳卫南河		卫河	合河
		淇河	新村
		卫运河	南陶
	大道王	马颊河	王铺闸
马颊徒骇河	堡集闸	徒骇河	宫家闸

1. 流域性洪水

海河流域3个（含3个）以上水系同时发生洪水，称为流域性洪水。

海河流域3个（含3个）以上水系同时发生洪水，且有2个（含2个）以上水系的代表站任一水文要素洪水重现期≥50 a，称为流域性特大洪水。

海河流域3个（含3个）以上水系同时发生洪水，且有2个（含2个）以上水系的代表站任一水文要素洪水重现期为20～50 a，称为流域性大洪水。

2. 区域性洪水

海河流域1～2个水系同时发生洪水，称为区域性洪水。

海河流域1～2个水系同时发生洪水，且有1个（含1个）以上水系的代表站任一水文要素洪水重现期≥50 a，称为流域性特大洪水。

海河流域1～2个水系同时发生洪水，且其代表站任一水文要素洪水重现期为20～50 a，称为流域性大洪水。

3. 局部性洪水

洪水只在水系的部分支流发生，称为局部性洪水。

水系范围内局部地区发生洪水，控制站的洪水重现期≥50 a，称为局部性特大洪水。

水系范围内局部地区发生洪水，控制站的洪水重现期为20～50 a，称为局部性大洪水。

需要说明的是，上述关于海河流域洪水标准，是水利部海河水利委员会和水利部水文局的初步研究成果，也是多年防洪工作经验的总结，但尚未经过水利部的审查和批准；我国各大流域水系复杂，洪水特性和分布也存在很大差异，因此各流域的洪水判别标准是不一样的。

跨流域洪水是指相邻流域2个或2个以上水系分区内，连续发生多场大范围降雨过程，发生洪水的水系分区主要干支流均发生不同量级的洪水。跨流域洪水的判别以七大江河水系分区的洪水判别标准为基础。跨流域洪水不设置区域性洪水和局部性洪水的判别标准。

跨流域特大洪水是指相邻流域2个或2个以上水系分区，至少有1个以上水系分区发生的洪水重现期≥50 a，其他水系分区的洪水重现期为20～50 a。

跨流域大洪水是指相邻流域2个或2个以上水系分区，至少有1个以上水系分区发生的洪水重现期为20～50 a，其他水系分区的洪水重现期为5～20 a。

第10章 洪涝的发生与发展规律

我国地域辽阔，各地区形成洪水的气候条件，下垫面地形、地质、地貌等自然地理条件千差万别，影响洪水形成过程的人类活动不尽相同，导致不同地区，不同河流具有各自独特的洪涝发生与发展规律。

我国大陆总的地势西高东低，呈三级阶梯状分布。青藏高原是第一级阶梯，平均海拔高度一般在 4000 m 以上，高山雪峰连绵，湖泊众多，人烟稀少，是我国主要江河的发源地。青藏高原以北、以东至大兴安岭、太行山、巫山和雪峰山为第二级阶梯，其间高原与盆地相间分布，内有内蒙古高原、黄土高原、云贵高原和塔里木盆地、准噶尔盆地、四川盆地等，海拔高度一般为 2000～1000 m，是我国众多河流的主要发源地。第二级阶梯东缘和云贵高原东缘以东至滨海为第三级阶梯，海拔高度一般在 1000～500 m 以下，局部山峰海拔高度可达 2000 m 左右，其间丘陵和平原由西向东交错分布，江河湖泊众多，区内人口稠密、经济发达。自北向南有东北、华北、长江中下游等大平原，东南丘陵和岛屿的沿海地带还分布着一些面积相对较小的河口三角洲，其中珠江三角洲和台湾西部平原较大，海拔大都在 200 m 以下，边缘镶嵌着低山和丘陵。

我国地形地貌类型复杂多样。山地面积约占全国面积的 33%，高原占 26%，丘陵占 10%，盆地占 19%，平原仅占 12%。包括山地、高原和丘陵在内的山丘区面积约占全国国土面积的三分之二，主要分布于西、中部地区，这些地区一般呈“水低地高”；盆地和平原约占国土面积的三分之一，特别是东部平原地区，地势平坦，一般呈“水高地低”，是我国主要江河洪水汇集和排泄入海地区，而其间人口稠密，城市众多，经济发达，历来是洪涝灾害十分严重的地区。

我国的气候类型多样，从南到北地跨赤道带、热带、亚热带、暖温带、温带、寒温带等六个气候带，大部分地区位于暖温带、温带，气候温和，四季分明。我国气候的主要特点是大陆性季风气候，是世界上季风气候最为显著的国家之一，全国有近三分之二的国土面积受季风影响，其中东南季风来自太平洋，影响东部广大地区，西南季风主要源自印度洋和南海，主要影响西南和南部沿海地区。受季风影响，我国大部分地区夏季湿热多雨、雨热同期。西北地区地处大陆腹地，远离海洋，又受山脉高原阻隔，夏季季风难以到达，气候干燥，降水稀少。

10.1 我国主要洪水类型

我国江河众多，可能发生洪水灾害的地区分布广泛。流域面积在1000 km^2以上的河流约5800多条，在山区、丘陵区、平原区、河口区各种洪涝灾害都能出现。按照江河洪水的成因条件，我国洪水通常分为暴雨洪水、山洪泥石流、冰凌洪水、融冰融雪洪水、风暴潮洪水和垮坝（堤）洪水等不同类型，各种类型的洪水都可能造成洪涝灾害，但暴雨洪水发生最为频繁、量级最大、影响范围最广。一般来说，我国七大江河的上游干流及支流水系的山区，常常因暴雨引起山洪并触发山体滑坡和泥石流灾害，其洪水波峰高，来势猛，破坏力强，但历时短和灾区分散，受灾与影响范围有一定局限性；上游干流与支流沿江河两岸，因洪水上涨漫溢，两岸河谷阶地形成淹没灾害；中下游及其支流下游冲积平原区，由于地面高程一般低，洪水灾害最为频繁严重，当发生洪水泛滥或堤防溃决时，会造成大面积土地淹没，且淹没时间长，损失大；河口及沿海地区，受台风和热带气旋风暴潮侵袭十分严重，其来势猛、速度快、强度大、破坏力强，台风和热带气旋所经之处，土地淹没、房屋倒塌和人畜伤亡等，灾害损失严重；沿江河大中城市，常常受上游洪水（外洪）或本地暴雨（内涝）的影响，易发生洪涝灾害，由于城市人口密集、财富集中以及现代城市开发的立体性，其洪灾损失往往相当严重，尤其是东部沿海及江淮中下游地区的大中城市。

10.1.1 暴雨洪水型

我国的灾害性洪水主要由暴雨形成。洪水多发生在夏秋季节，发生的时间自南往北逐渐推迟。大范围暴雨主要由两种天气系统形成：一是西风带系统，包括锋、气旋、切变线、低涡和槽等，影响全国大部分地区。这类暴雨，一般持续时间长、覆盖面广、降水总量大，在大流域内往往形成组合型的暴雨洪水，常可造成大面积严重的洪水灾害。二是低纬度热带天气系统，主要是热带风暴、强热带风暴和台风，常见于东南沿海和华南各省。台风暴雨洪水峰高量大，能在较大范围造成洪水威胁。此外，在干旱或半干旱地区，因强对流作用，也可以形成局地性雷暴雨，常在小流域上形成来势猛、涨落快、峰高量小的洪水，造成小范围的严重灾害。

暴雨洪水为降落到地面上的暴雨，经过产流和汇流在河道中形成的洪水。我国绝大多数河流的洪水都是由暴雨产生的，特别是历年最大洪水，往往是由暴雨形成的，淮河以南的南方河流洪水都是由暴雨形成的；西北干旱半干旱地区河流的最大洪峰主要由暴雨或暴雨与融雪混合形成，但小流域的最大洪水仍为暴雨洪水，即使高寒地区河流有些年份最大洪水可能由融雪形成，但历年最大洪水一般仍由暴雨形成。

按洪水历时长短和影响范围大小，暴雨洪水一般可出现以下 3 种情况：

(1) 长历时大范围洪水。多发生于江淮及其以南地区，由于暴雨强度大、历时长、雨区范围广，往往形成洪峰高、洪量大、多次洪水连续出现、持续时间长的特大洪水。如 1915 年珠江流域大水，西江梧州站洪峰流量高达 54500 m^3/s，30 d 洪量达 856 亿 m^3，为近 200 年以来首位洪水。1931 年长江、淮河大水，江淮地区 30 d 雨量超过 300 mm 雨区范围达 76 万 km^2，宜昌最大洪峰流量 64600 m^3/s，汉口站以上最大 60 d 总入流 3302 亿 m^3；淮河最大 30 d 洪量 493 亿 m^3，中渡站最大洪峰流量达 16200 m^3/s。1954 年长江、淮河大水，5—7 月降雨量 600 mm 以上雨区面积达 148 万 km^2，长江宜昌站最大洪峰流量 66800 m^3/s，汉口站以上 60 d 洪水总入流 3830 亿 m^3；淮河最大 30 d 洪量 531 亿 m^3，中渡站最大洪峰流量 10700 m^3/s。

(2) 中历时区域性洪水。主要发生在中部和东部地区，这类暴雨洪水主要由一两次大暴雨形成，历时一般 3～7 d，雨区范围一般在 10 万～20 万 km^2，形成的洪水洪峰高、洪量较大。如 1870 年 7 月长江上中游暴雨洪水，嘉陵江中下游、长江干流重庆至宜昌河段出现数百年来的最高洪水位，宜昌洪峰流量达 105000 m^3/s，是宜昌河段自 1153 年以来的最大洪水；1958 年 7 月黄河中游连降暴雨，花园口洪峰流量达 22300 m^3/s；1963 年 8 月海河南系特大暴雨，7 d 降雨总量超过 500 mm 的面积 4.38 万 km^2，降水总量 600 亿 m^3，8 月份径流量达 301 亿 m^3；1975 年 8 月淮河流域西南部山区特大暴雨，暴雨中心强度特别大，笼罩面积虽只有 4.3 万 km^2，降水总量却达 201 亿 m^3，形成特大洪水，板桥水库（集水面积 768 km^2）按雨量推算的最大入库流量达 13000 m^3/s，相当于 600 年一遇。

(3) 短历时局地洪水。主要发生在中、西部山丘区，降雨历时一般只有几小时至十几小时，常伴有雷暴或冰雹，雨区范围一般较小。如 1976 年 7 月

5 日发生在甘肃宕昌县化马的暴雨，3 h 降雨 343 mm，雨区范围仅 50 km^2，区内一条集水面积仅 14 km^2的小河产生了 867 m^3/s 的洪峰流量，接近同面积流域洪峰流量的世界纪录。

发生于山丘区的暴雨洪水常形成山洪，虽然山洪的范围通常较小，但具有突发性、涨落快、涨幅大、流速急、冲刷力强的特点，破坏性极强，常造成严重的人员伤亡，危害极大。山洪还常携带大量泥沙和砾石形成泥石流，来势更为迅猛，破坏力更大。我国山丘区中约有三分之二的区域均有发生山洪的记录。泥石流易发地区主要分布在青藏高原及西南山区，华北和东北的部分山区，台湾、海南等地亦有零星分布。

暴雨洪水的特点决定于暴雨，也受流域下垫面条件的影响。暴雨洪水一般有如下特点：

（1）涨落较快

暴雨洪水一般涨落较快，起伏较大，具有很大破坏力，尤其是特大暴雨形成的洪水常可造成严重的洪涝灾害，导致巨大的经济损失，人员伤亡以及对生态环境的破坏。其中较为典型的如 1963 年 8 月海河流域发生的特大暴雨，暴雨中心河北省内邱县獐么站 7 d 降雨量达 2050 mm，为我国大陆 7 d 雨量最大记录，海河南系大清河、子牙河、南运河发生海河流域有记录以来最大洪水，洪灾直接经济损失约 60 亿元。1975 年 8 月淮河上游发生特大暴雨，暴雨中心河南省泌县林庄最大 24 h 雨量 1060.3 mm，3 d 雨量 1605.3 mm，强度之大，超过了我国大陆上历次实测暴雨记录，淮河支流洪汝河、沙颍河发生特大洪水，两座大型水库垮坝，下游 7 个县城遭到毁灭性灾害。1935 年 7 月长江中游发生历时 5 d 的特大暴雨，暴雨中心湖北省五峰 3 d 雨量 1076.7 mm，为长江流域目前历时降雨量最高记录。长江中游南北两侧同时发生特大洪水，致使堤防大量溃决。死亡人口达 14.2 万。

（2）空间分布不均匀性

图 10.1 为我国标准面积（1000 km^2）最大流量地区分布图，由图可见各地最大洪峰流量的地域分布不均匀，差别悬殊。量级最低的西部青海、新疆部分地区每 1000 km^2的最大流量不足 100 m^3/s。量级最高的东部山区及沿海丘陵每 1000 km^2最大流量可以达到 8000 m^3/s 以上，东西之差可达 80 倍以上。此外可从东北小兴安岭，吉林哈达岭向西延伸至阴山，经贺兰山直至四川康定、云南腾冲可以绘出一条每 1000 km^2最大流量为 1000 m^3/s 的等值线，这条线的位置与年最大 24 h 点雨量均值 50 mm 等值线位置接近，此线以东为我国主要暴雨洪水频发区，以西基本为暴雨洪水少发区。

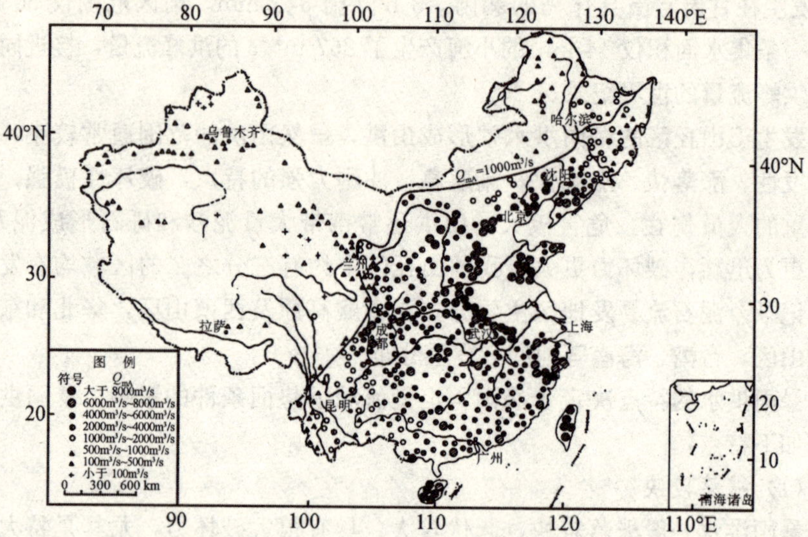

图 10.1　我国标准面积（1000 km²）最大流量地区分布（张海仑，1997）

（3）季节变化明显

暴雨洪水具有明显的季节性。一般是夏秋季洪水频频发生，洪水峰高量大。冬季大多数地区很少发生洪水。发生洪水的季节称为汛期。我国汛期季节变化的一般趋势是随纬度增高而错后，汛期长度随纬度增高而缩短。全国汛期最长的为江南地区，历时长达 5～6 个月，华北地区汛期最短约 1 个月。南方的珠江流域与北方黄河上游、渭河、汉江上游、嘉陵江等河流都有明显双汛期，南方汛期分前汛期和后汛期，北方汛期分伏汛和秋汛。

江南丘陵地区、闽浙赣地区自 3 月下旬即开始进入汛期，是全国入汛最早的地区。4—6 月华南出现前汛期，长江中下游出现梅雨，华南地区开始产生洪水，有时还可形成特大洪水。如 1982 年 5 月北江洪水，1994 年 6 月西江北江洪水。江南梅雨期暴雨持续时间长，雨区分布广，容易造成大范围的洪涝灾害，如果与后期暴雨衔接，前后期洪水遭遇，则会形成特大洪水，如 1954 年和 1998 年长江中下游特大洪水。7、8 两月为汛期全盛期，在此期间各地区洪水频频出现，七大流域特大洪水也都出现在这一季节。如 1915 年珠江特大洪水，1931 年和 1954 年江淮特大洪水，1958 年黄河特大洪水，1963 年海河特大洪水，1988 年辽东特大洪水，1998 年松花江特大洪水。汛期结束最晚的是汉江、嘉陵江流域，迟至 10 月上旬。如 1975 年 10 月嘉陵江洪水，1983 年 10 月和 2003 年 10 月的汉江洪水。

以上只是洪水季节变化的一般规律，而一些特大洪水，往往是天气异常情况下发生的，不仅洪水量级很大，洪水季节也会出现反常情况。例如长江宜昌站，大于 60000 m^3/s 大洪水，90%以上发生在 7 月上旬至 8 月中旬，而 120 多年实测系列中，最大的一次洪水发生在 1896 年 9 月。再如汉江安康大洪水，主要发生在 7 月（伏汛）和 9 月（秋汛），但历史上最大的洪水 1583 年洪水却发生在 6 月 12 日，而 6 月通常是该地区旱季，径流量最小。

（4）年际变化大

我国洪水年际变化比暴雨更大，最大洪峰流量与多年平均值的比较，在一定程度上可以反映出流量变化幅度，全国大中河流代表性河段统计资料表明（张海仑，1997），长江以南地区两者比值为 2～3，较为稳定。淮河、黄河中游比值为 4～8，海河流域、辽河流域最不稳定，比值达 5～10，某些支流甚至更大，如海河流域漳河观台站两者比值达 18.5，中小河流这种倍比数值有的还更大。对比河流历年最大和最小年洪峰流量的比值，可进一步看出洪水年际剧烈变化，北方河流比值一般大于南方河流，海河流域洪水年际变化尤为突出，流域内几条较大河流控制性大水库测站，历年最大和最小年洪峰流量比值为 42～856 倍，一些中小河流年际变化更大，如洛河的临洛关站 1963 年的洪峰流量为 12300 m^3/s，而前一年即 1962 年最大洪峰流量仅为 5.1 m^3/s，两者比值达 2412。洪水年际变化不稳定，常遇洪水与偶尔发生的稀遇洪水，量级悬殊，这给防洪减灾带来很大困难。

（5）具有准周期性

洪水的时间变化过程存在有周期性而又不重复的性质，一般称为准周期的性质，如每年的汛期和非汛期。每条河流都有汛期，但每年的入汛时间、汛期长短都是不同的，如江淮梅雨，季节性很强，一般年份为 6 月中下旬入梅，7 月上中旬出梅，梅雨时间为 20 天左右。但各年梅雨期出现时间相差很大，梅雨开始时间早的为 5 月下旬（1896 年），晚的要到 7 月上旬（1952 年）。前后相差一个月左右，梅雨期平均为 20 多天，有些年份梅雨期只有 3、4 天（2006 年），长的可达 40 多天（1954 年）。

通过长期观测，河流洪水一个时期频频发生，另一个时期则很少发生，这种高频期与低频期呈阶段性的交替变化，如海河流域 1880—1899 年 20 年间发生了 13 次灾害性洪水，1900—1949 年 50 年间发生了 10 次灾害性洪水。20 世纪 50—60 年代又进入洪水频发期，自 1963 年大洪水之后，海河流域又很少出现灾害性洪水，进入低发期。其他河流情况也相类似，只是持续时间有长短区别。

10.1.2 山洪泥石流型

山洪泥石流是指含有大量泥沙、黏土、砾石、岩石等固体物质与雨水、地表水、地下水混合后，使沟谷地带产生移动或流动，并向沟谷坡下缓慢滑动或位移的洪流。与其他洪灾相比，泥石流突然爆发时，来势异常凶猛，造成的水土流失历时较短，具有强大的破坏力，对山区工农业生产、水利、交通、通讯等设施的危害更为严重，对人口密集的城镇和工矿区造成的危害更大。

山洪泥石流的发生除与地形和地质条件有关外，暴雨是诱发的重要因素。凡是山高坡陡，沟壑纵横，植被较差、土层薄，没有高大森林，也没有灌木丛林的山地，当遇有暴雨或大暴雨时，最容易发生泥石流。据福建南平地区调查，在容易发生泥石流的地形和地质条件下，24 h 雨量达 140 mm 以上时，就有可能诱发泥石流。降水越强，出现泥石流的机会越多，灾害也越严重。当 24 h 雨量达 300 mm 以上时，会诱发形成较重和严重的泥石流。在相同暴雨条件下，坡面坡度越陡，表层物质越疏松，植被条件越差，则越容易形成山洪泥石流。

滑坡、崩塌体落入江河形成的巨大涌浪，会击毁对岸建筑设施和农田、道路，推翻或击沉水中船只，造成人身伤亡和经济损失。落入河流中的土石有时形成激流险滩，威胁过往船只、影响或中断航运。落入水库中的崩塌、滑坡体可产生巨大涌浪，翻越大坝冲向下游形成水害。有时，巨大的滑坡、崩塌还可引起轻微的地震（实际上是浅层地表发生的轻微震动，与地震有区别）。

我国的山洪泥石流主要分布在川滇山地、陇南山地、黄土高原南部、华北、西北山地等地区，此外在东北、华东、中南山地以及台湾、海南山地也有零星分布。

我国山洪泥石流灾害发生频繁，造成损失巨大。如 1981 年 7 月辽东半岛一次山洪泥石流造成 664 人死亡，铁路被冲毁，列车被颠覆。2002 年 6 月陕西省佛坪、宁陕发生特大暴雨，形成山洪泥石流，致使 173 人死亡，226 人失踪，1.66 万间房屋毁坏，直接经济损失 19.46 亿元。

山洪泥石流特点为：

（1）突发性强，预测预防难度大。山丘区暴雨常具突发性，降雨强度大，且山丘区坡高谷深起伏大，导致河流产汇流快、流速大。从降雨至山洪灾害形成历时短，一般只有几个小时，甚至更短，很少达到或超过 24 小时，加上山丘区监测站网覆盖率低，给预测预防带来很大困难。

（2）成灾快，破坏性强。泥石流具有强大的冲毁破坏能力。一场大中型泥石流爆发时，其流过路径上的所有设施、农田都会被一扫而光。如 1981 年 7 月成昆铁路利子依达沟爆发山洪泥石流，其流速高达 13.2 m/s，其中包含了大量的巨砾，直径 8 m 以上者达数十块之多，泥石流冲毁铁路桥墩、桥面，

使列车颠覆，300 余人遇难。

（3）季节性强、频率高。山洪泥石流是在暴雨的作用下产生的，因此其发生与暴雨发生在时间上具有高度一致性。我国的暴雨和特大暴雨主要集中在 5—9 月，山洪泥石流也主要集中在 5—9 月，尤其是 6—8 月主汛期更是山洪泥石流的多发期。

10.1.3 冰凌洪水型

河流中因冰凌阻塞和河道内蓄冰、蓄水量的突然释放而产生的洪水，主要发生在西北、华北、东北地区。它是热力、动力、河道形态等因素综合作用下的结果。热力因素包括太阳辐射、气温、水温等，其中气温是热力因素中影响凌汛变化的集中表现。气温的高低是影响河道结冰、封冻、解冻开河的主要因素。动力因素包括流量、水位、流速等，其中流速大小直接影响结冰条件和冰凌的输移、下潜、卡塞等，水位的升降与开河形势关系比较密切。水位平稳使大部分冰凌就地消融，形成“文开河”形势；水位急剧上涨，能使水鼓冰裂，形成“武开河”形势。而水位与流速的变化取决于流量的变化，它们之间具有一定的关系，一般来说，流量大则流速大、水位高。河道形态包括河道的平面位置、走向及河道边界条件等，高纬度河流的气温低于低纬度的气温，由南向北流向的河流则易产生冰凌洪水，河道的弯曲度、缩窄、分叉、比降突变等对凌情都会有影响。此外，人类活动如在河道上修建水库、分蓄滞洪区、引水渠和控导工程等，这些都会改变河道流量分配过程及水温，从而影响冰凌洪水。按冰凌洪水的成因，冰凌洪水又可分为冰塞洪水、冰坝洪水和融冰洪水 3 种。

冰塞洪水一般发生在封冻期。河流封冻后由于冰盖下冰花、碎冰大量堆积形成冰塞，堵塞部分过水断面，致使上游河段水位壅高。当冰塞融解时，河道蓄水下泄，形成洪水过程。冰塞洪水常常淹没两岸滩区土地村庄，严重时可决溢堤防。如 1982 年 1 月黄河中游龙口至河曲河段发生大型冰塞，壅高水位超过历史最高水位 2 米多，给工农业造成严重损失。1961 年冬黄河刘家峡至盐锅峡发生大型冰塞，冰塞体积约为 4000 万 m^3，巨大冰塞造成严重壅水，刘家峡导流洞出口处水位接近千年一遇洪水位，壅水超过下游围堰顶 6.4 m，历时 70 多天，壅水淹没了施工工地、公路、桥梁。

冰坝洪水一般发生在开河期，大量流冰在河道内受阻，冰块上爬下插或挤压堆积，形成横跨断面的坝状冰体。冰坝严重堵塞过水断面，坝的上游水位显著升高，当冰坝突然破坏时，蓄冰和槽蓄水量迅速下泄，形成洪水向下游演进。冰坝的形成和破坏阶段常造成灾害，如黄河内蒙古河段，几乎年年

都有程度不同的凌灾，黄河下游河段1855—1938年间平均3年一次决口。松花江依兰至富锦河段1981年出现冰坝16处，冰坝高6～13 m，江水猛涨，致使佳木斯、依兰、桦县被淹农田1万 hm^2。

融冰洪水，封冻河流主要因热力作用，冰盖逐渐融解，河槽蓄水缓慢下泄而形成的洪水，融冰洪水水势较为平稳，凌峰流量也较小。

冰凌洪水有以下两个特点：

(1) 洪量小，水位高，且水位上涨快，变幅大。冬季河道基流主要靠上游地下径流汇集，开河时释放的槽蓄水量增量又有限，故形成的洪峰流量一般很小。但凌期由于水流冰和冰盖阻力的影响，使水位升高，尤其是形成冰塞冰坝后，过水断面严重受阻，上游水位迅速上涨，如内蒙古巴彦高勒河段，1993年12月6日封河时，由于附近河段产生严重冰塞，其水位高达1054.40 m，超过千年一遇水位0.2 m，致使堤防溃决，淹没面积约80 km^2。1955年黄河下游利津站凌峰冰量不到2000 m^3/s，而水位却比1958年伏汛最大流量10400 m^3/s（1949年以来最大洪水）相应水位还高出1.55 m，造成五庄河段堤防溃决，17.7万人受灾，淹没耕地5.87万 hm^2，80人死亡。

(2) 凌峰流量自上游向下游逐渐增大。封冻河流开河时通常是自上而下先后开通，槽蓄水量也是自上而下逐段释放，凌峰在演进过程中不断汇集水量，凌峰流量逐渐增大。以黄河上游宁蒙河段为例，凌峰流量多年平均值石嘴山站为815 m^3/s，巴彦高勒站为800 m^3/s，三湖河口站为1340 m^3/s，头道拐站为2210 m^3/s。

10.1.4 融雪洪水型

流域内积雪（冰）融化形成的洪水。在高山区雪线以上降雪，形成冰川和永久积雪以及雪线以下季节积雪，当气温回升至0℃以上时积雪融化，若遇大幅度升温，则大面积积雪迅速融化，可形成融雪洪水，若此时有降雨发生，则形成雨雪混合洪水。

我国融雪洪水主要分布在东北和西北高纬度山区，如在新疆北部，有些河流约35%以上的年最大洪水出现在春天融雪期，最大洪峰流量达到年最大洪峰流量的70%以上。在该地区面积广、影响大的融雪洪水主要有1966年、1971年、1977年、1985年、1988年、2005年洪水，也都造成一定的洪灾损失。

融雪洪水有如下特点：

(1) 与暴雨洪水比较，融雪洪水过程涨落比较平缓，是矮胖单峰型，洪水历时长，受气温影响显著，具有明显的日变化，形成锯齿形洪水过程。雨雪混合洪水由春夏强烈降雨和雨催雪化而形成，洪水过程多数陡涨陡落，由

融雪径流和暴雨洪水组成，可产生较大的洪峰流量。

(2) 一般发生在春季。积雪融化日期，平原早于山区，小河早于大河，季节积雪山区早于高山冰雪。

(3) 同一河流，其洪水的洪峰高低、洪量大小及洪水变化过程，与春季气温升高幅度、冬季积雪地区分布、积雪深度等关系密切。急剧升温则积雪融化快，水量集中，从而河道涨水较快、洪峰较高、洪水历时较短；积雪量越大则洪水总量越大。

(4) 较大的融雪洪水往往是以雨雪混合的形式出现。在积雪消融期间，若有降雨则加快融化速度，增加水量，易形成较大洪水。

10.1.5 垮坝（堤）洪水型

水坝、堤防等挡水建筑物或挡水物体突然溃决造成的洪水。垮坝洪水包括堵江堰塞湖溃决、水库垮坝和堤防决口所形成的三类洪水。

(1) 堵江堰塞湖溃决洪水。由于地质或地震原因引起山体滑坡、堵江断流，引起壅水漫坝导致溃决，河槽蓄水突然释放形成的骤发洪水。如1967年6月8日四川雅砻江唐古栋乡山体滑坡，造成高达175～355 m的天然土石坝，截断了江水，经9昼夜蓄满，漫顶溃决，据估算溃坝时洪峰流量达5300 m^3/s，形成的总库容超过6亿m^3，约为实测最大洪量的10倍，并使下游水位陡涨40 m。1985年云南保山市芒宽乡和猛古乡地段，怒江东岸大滑坡，截断怒江水流达45 min，上游积水成湖，后溃决发生洪水。1991年云南云龙县果朗乡滑坡，壅塞沘江断流两小时，后溃决发生大洪水。1996年10月28日云南省中甸县哈巴雪山山体突然滑坡，阻塞金沙江40多分钟，使上游水位上升数十米，下游水位下降30 m，后溃决形成大洪水，并且复流后流向由向北流改变为向北偏西流。

(2) 水库垮坝洪水。我国已建大中小型水库8万余座，遍布全国，为防洪和综合利用水资源发挥了重要作用，但也曾多次发生垮坝事故。其中工程防洪标准偏低，设计洪水值偏小或尚未完工即遭遇大洪水，漫坝失事约占50%以上；工程质量问题，溃坝失事约占40%，水库管理运行不当以及其他原因而造成水库失事的占10%左右（李健生，1999）。垮坝洪水的突出特点是洪峰高、历时短、速度大，往往造成下游毁灭性灾害。如1975年8月淮河流域汝河大型水库板桥水库，最大入库流量达13000 m^3/s，造成大坝溃决，垮坝洪水最大流量约78800 m^3/s，远远超过历年实测最大流量，同时垮坝的大型水库还有石漫滩水库以及两座中型水库和58座小型水库，这场洪水死亡人口达26000人，并造成巨大经济损失（胡明思，骆承政，1998，2002）。

(3) 堤防决口洪水。由于洪水超过堤防设计标准或堤防质量问题，或因人为因素设障，导致壅高水位造成沿江沿河堤防溃决。如 1935 年 7 月汉江中下游发生近百年来最大洪水，远远超过堤防防洪标准，造成沿江堤防大量溃决，有 8 万多人死亡。此外历史上还有人为扒堤决口，以水代兵用洪水作为战争手段的，如 1938 年抗日战争时期黄河花园口黄河大堤被人为决口，造成 89 万人死亡的惨重洪灾。

10.1.6 风暴潮型

风暴潮是由气压、大风等气象因素急剧变化造成的沿海海面或河口水位的异常升降现象，由热带气旋或温带气旋及寒潮大风引起，常使潮位大范围增高并伴随强浪，造成人员伤亡及财产的损失，当风暴增水适逢天文大潮时危害更为严重。我国风暴潮主要是热带气旋带来的。根据 1949 年以来的热带气旋资料统计，多年平均在西太平洋生成的热带气旋为 28 个，影响或在我国登陆的为 7 个。我国是受热带气旋影响最为严重的国家之一。我国北自辽宁、南至广西的沿海地带常受到不同程度的风暴潮袭击，是世界风暴潮多发区之一，并常与江河洪水遭遇，壅高江河水位，加剧洪涝灾害。

风暴潮影响涉及辽宁、河北、天津、山东、江苏、上海、浙江、福建、广东、广西、海南等 11 个沿海省（自治区、直辖市），约 40 多个地级以上城市，153 个县级市区。由于热带风暴的影响，常引起风暴潮，使潮位陡升，伴随大暴雨，造成水灾。如 1980 年第 7 号台风在广东雷州半岛东部岸段登陆，南渡站潮位净升高 5.94 m，是近百年来罕见的特大风暴潮。又如 2005 年第 9 号台风“麦莎”，登陆浙江时，最大风速达 45 m/s；过程累计降水量（约 5 d）50 mm 等雨量线包围面积达 34 万 km^2，我国华东地区及环渤海地区大部都有 50～200 mm，台风暴雨中心浙江永嘉中保降水量达 701 mm，造成重大的经济损失。东南沿海的浙闽台地区，广东省韩江口、珠江口、雷州半岛东部，海南省东北部和广西沿海，台风暴潮最为严重，北方沿海在冬春及秋冬过渡季节，常因寒潮大风引发风暴潮，其中渤海湾、莱州湾和黄河三角洲较为严重。近几年，在我国登陆的超强台风呈增加趋势，给我国沿海地区造成巨大的经济损失和人员伤亡。

10.2 我国主要渍涝灾害类型

涝渍灾害与洪灾都属水灾。涝渍包含涝和渍两部分，涝是雨后农田积水，超过农作物耐淹能力而形成，而渍主要由于地下水位过高，导致土壤水分经

常处于饱水状态，农作物根系活动层水分过多，不利于农作物生长，而形成渍灾。但涝和渍灾害在多数地区是共存的，有时难以截然分开，故而统称为涝渍灾害。

我国的涝渍灾害主要发生在七大江河中下游的广阔平原区：东北地区的三江平原、松嫩平原、辽河平原；黄河流域的巴盟河套平原、关中平原；海河流域中下游平原；淮河流域的淮北平原、滨湖洼地、里下河水网圩区；长江流域的江汉平原、鄱阳湖和洞庭湖滨湖地区、下游沿江平原洼地；太湖流域的湖东湖荡圩区；珠江流域的珠江三角洲等。山区谷地与河谷平原因受地下水影响，很易发生渍害，多分布在各流域的中、上游，如桂、川、赣、湘、豫、陕、晋等省区的丘陵山区。我国涝渍灾害的地区分布见图 10.2。

图 10.2　我国涝渍灾害分布（张海仑，1997）

涝渍灾害主要影响农业，可以用易涝易渍耕地面积来表示受灾的范围，易涝易渍耕地面积为易涝、易渍和既涝又渍面积的总和。各流域易涝易渍耕地面积统计见表 10.1（张海仑，1997）。

表 10.1　各流域 1950—1990 年易涝易渍耕地面积统计（张海仑，1997）

流域（区域）	总耕地面积（万 hm^2）	易涝、易渍耕地面积（万 hm^2）	初步治理面积（万 hm^2）
东北	1902	651	480
黄河	1224	106	65
海河	1136	336	267
淮河	1270	646	529
长江	2147	540	363
太湖	176	66	63
珠江	467	142	95
合计	8322	2487	1862

从表 10.1 可见，以东北及淮河流域易涝易渍耕地最多，长江及海河流域次之。表中初步治理面积为已达到或超过治涝标准 3 年一遇的耕地，在 2487 万 hm^2 易涝易渍耕地中，达到初步治理的 1862 万 hm^2，尚有 600 余万 hm^2 耕地处于涝渍灾害频发的状态。

涝渍灾害的形成与地形、地貌、排水条件有密切的关系，可划分为平原坡地、平原洼地、水网圩区、山区谷地、沼泽地等几种类型，按上述分类综合 1990 年数字见表 10.2（张海仑，1997）。

表 10.2　各流域各种类型易涝易渍耕地面积统计（张海仑，1997）

流域（区域）	各种类型易涝易渍耕地面积（万 hm^2）				
	平原坡地	平原洼地	水网圩区	山区谷地	沼泽地
东北	201.9	270.3	0.0	58.3	120.5
黄河	55.8	47.6	0.0	0.6	1.7
海河	243.3	90.8	0.0	1.5	0.0
淮河	475.3	87.7	65.2	16.0	2.0
长江	144.8	138.2	126.0	130.5	1.0
太湖	25.5	0.0	40.1	0.0	0.0
珠江	0.0	42.5	30.6	68.8	0.0
合计	1147	677	262	276	125
占易涝易渍耕地总面积的百分比（%）	46.1	27.2	10.5	11.1	5.0

10.2.1 平原坡地型

平原坡地主要分布在大江大河中下游的冲积或洪积平原，地域广阔，地势平坦，虽有排水系统和一定的排水能力，但在较大降雨情况下，往往因坡面漫流或洼地积水而形成灾害。

属于平原坡地类型的易涝易渍地区，主要是淮河流域的淮北平原，东北地区的松嫩平原、三江平原与辽河平原，海滦河流域的中下游平原，长江流域的江汉平原等，其余零星分布在长江、黄河及太湖流域。据1950—1990年资料统计，全国平原坡地易涝易渍耕地面积为1147万hm^2，其中淮河流域最多为475万hm^2，珠江流域最少，东北地区和海河流域均超过200万hm^2，分别为201.9万hm^2和243.3万hm^2，长江流域为170.3万hm^2，黄河流域仅为55.8万hm^2。

平原坡地涝渍灾害的灾情很重，41年来全国平原坡地平均每年约有19%的耕地受灾，淮河流域41年来每年有29%的耕地受灾，尤其是1959—1965年间最为严重，平均每年受灾面积219.9万hm^2。

10.2.2 平原洼地型

平原洼地主要分布在沿江、河、湖、海周边的低洼地区，其地貌特点近似于平原坡地，但因受河、湖或海洋高水位的顶托，丧失自排能力或排水受阻，或排水动力不足而形成灾害。

沿江洼地如长江流域的江汉平原，受长江高水位顶托，湖北省平原洼地总面积达127.2万hm^2；沿湖洼地如洪泽湖上游滨湖地区，自三河闸建成以后由于湖泊蓄水而形成洼地；沿河洼地如海河流域的清南清北地区，处于两侧洪水河道堤防的包围之中，易涝耕地亦达64.3万hm^2。

据1950—1990年资料统计，全国平原洼地易涝易渍耕地面积为677万hm^2，东北地区平原洼地涝渍灾情最重，易涝易渍耕地面积270.3万hm^2，约占全国的25%，1979—1990年阶段平均每年受涝面积62.0万hm^2，占全国同期平原洼地受灾面积的50%，占本地区1990年平原洼地易涝易渍面积270.3万hm^2的23%，其中以1985年灾情最重，平原洼地受灾面积135万hm^2，占全区平原洼地易涝易渍面积的50%。长江流域易涝易渍耕地面积为138.2万hm^2，在1979—1990年间，平均每年受灾面积25.3万hm^2，为灾情最严重时期。淮河流域易涝易渍耕地面积87.7万hm^2，在1959—1965年间，平均每年受灾面积47.6万hm^2，约占流域平原洼地易涝易渍面积的54%。海河流域易涝易渍耕地面积90.8万hm^2，1979—1990年间，由于地下水位降低，加上20世纪80年代

偏旱，平均每年受灾面积 3.3 万 hm^2，仅占流域平原洼地易涝面积的 4%。黄河流域、珠江流域易涝易渍耕地面积较小，分别为 47.6 万 hm^2、42.5 万 hm^2。

10.2.3　水网圩区型

在江河下游三角洲或滨湖冲积、沉积平原，由于人类长期开发而形成水网，水网水位全年或汛期超出耕地地面，因此必须筑圩（垸）防御，并依靠人力或动力排除圩内积水。当排水动力不足或遇超标准降雨时，则形成涝渍灾害，如太湖流域的阳澄、淀泖地区，淮河下游的里下河地区，珠江三角洲，长江流域的洞庭湖、鄱阳湖滨湖地区等，均属这一类型。

水网圩区型涝渍灾害主要发生在淮河、长江和珠江流域。据 1950—1990 年资料统计，全国水网圩区易涝易渍耕地面积为 262 万 hm^2，其中长江流域（不包括太湖）为 126 万 hm^2，约占全国的 48%；淮河流域次之，为 65.2 万 hm^2；太湖流域为 40.1 万 hm^2；珠江流域为 30.6 万 hm^2。如以 1979—1990 年阶段代表圩区现状，则全国圩区受灾率（平均每年受灾耕地面积占水网圩区易涝易渍耕地面积的比例）为 23%，淮河、长江、太湖、珠江各流域分别为 33%、20%、17%、23%，仍以淮河流域最重。淮河流域水网圩区易涝耕地 1954 年、1956 年、1962 年、1989 年、1990 年受灾率分别达 67%、74%、57%、78%、74%，灾情严重。

10.2.4　山区谷地型

山区谷地型涝渍灾害分布在丘陵山区的冲谷地带。其特点是山区谷地地势相对低下，遇大雨或长时间淫雨，土壤含水量大，受周围山丘下坡地侧向地下水的侵入，水流不畅，加之日照短，气温偏低而致涝致渍。

10.2.5　沼泽湿地型

沼泽平原地势平缓，河网稀疏，河槽切割浅，滩地宽阔，排水能力低，雨季潜水往往到达地表，当年雨水第二年方能排尽。在沼泽平原进行大范围垦殖，往往因工程浩大，排水标准低和建筑物未能及时配套而在新开垦土地上发生频繁的涝渍灾害。

我国沼泽平原的易涝易渍耕地主要分布在东北地区的三江平原，易涝易渍耕地总面积约 120.5 万 hm^2。黄河、淮河、长江流域亦有零星分布，总计约 4.7 万 hm^2。三江平原 1979—1990 年沼泽地受灾面积共 310.6 万 hm^2，平均每年 25.9 万 hm^2，约占沼泽地易涝易渍耕地面积的 21%，1981 年受灾面积86.5 万 hm^2，1987 年受灾面积 63.5 万 hm^2，受灾率分别为 72%和 53%。

10.3　洪涝灾害成因

由于各地自然环境差异很大，影响不同类型洪涝灾害的自然因素也是多种多样，并且随着社会经济的发展，社会因素对洪涝灾害影响也愈来愈明显。下面将进一步分析影响洪涝灾害的自然因素与社会因素。

10.3.1　山洪泥石流

降雨是诱发山洪泥石流灾害的直接因素和激发条件，其发生与降雨量、降雨强度和降雨历时关系密切。

高强度降雨是引起山洪泥石流灾害最主要原因之一。图10.3为我国年最大24 h点雨量均值等值线，图中50 mm等雨量线与年降雨量400 mm等雨量线走向大致相同，将我国大陆面积分成东西两部分，西半部暴雨发生机会少，东半部多年平均年暴雨日数一般在1 d以上，最高地区达16 d。雨季集中暴雨强度大。100 mm等雨量线从辽东半岛往西沿燕山、太行山、伏牛山、巫山至云贵高原南缘，这条线是我国大面积暴雨与局地暴雨的分界线，100 mm等雨量线以西的暴雨是以短历时局地性暴雨为主，100 mm等雨量线以东是大面积暴雨集中分布地区，150 mm等雨量线分布在浙江以南沿海地区，是我国暴雨最频繁、强度最大地带。研究表明具有相当大的降雨量和降雨强度才能发生山洪泥石流。降雨量和雨强越大，形成泥石流的几率就越高，规模也越大。如湖南以往发生泥石流降雨量为133～560 mm，降雨强度为20～130 mm/h，一般为50 mm/h以上，大型泥石流降雨量最小为230 mm。在相同条件下降雨历时越长降雨量越多，产生的径流量越大，山洪泥石流灾害就越严重。

地形地质因素是发生山洪泥石流的物质基础和潜在条件，影响着山洪泥石流灾害的特性和规模。我国起伏变化的地形为山洪泥石流提供了动力条件。如果山体高、坡度大，则处于高势能、低阻力的水体和土体极不稳定，可以快速起动，高速运动，迅速成灾；如果山体低而缓，则起动、成灾均较慢，或者不成灾。地面起伏不仅为山洪泥石流灾害的发生提供势能条件，同时还为泥石流提供充足的固体物质和滑动条件。

我国地质构造条件复杂，断裂发育，这些断裂规模大，活动性强，西南部一、二级阶梯的过渡带为我国山洪泥石流最为发育地区。

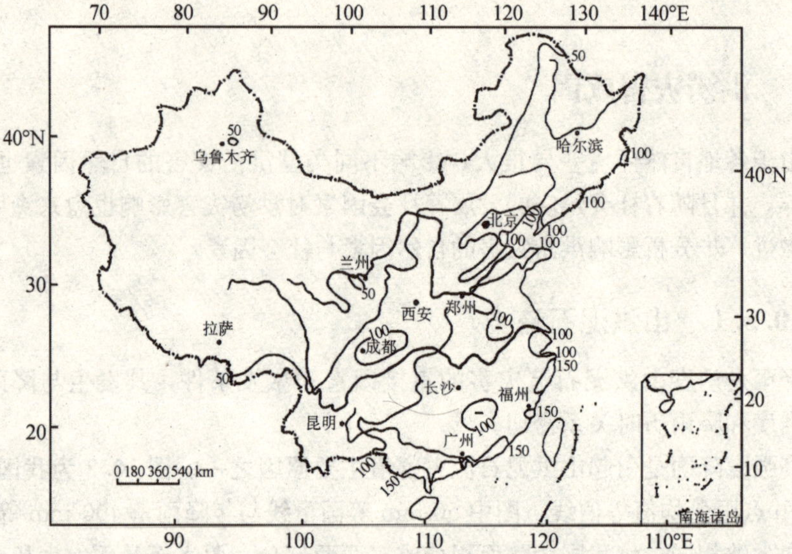

图 10.3　我国年最大 24 h 点雨量（mm）均值等值线（王家祁，2002）

底层岩性不同，风化速度也存在差别，岩性软弱的岩层比岩性坚硬的岩层易遭受破坏，提供松散物质也就越容易，因此对于泥石流的形成也就越有利，不同的岩性组合，可以影响风化作用的强度和速度，软硬相间的岩性组合比岩性均一的岩石更易风化，侵蚀也更强烈，特别有利于泥石流的发育，因此软硬相间的岩石分布地区也是我国泥石流灾害的高发区。

人为不合理的经济活动在天然山洪泥石流生成过程中，有强化和激发作用。人为因素主要有以下两个方面：其一，乱砍滥伐森林，使山坡丧失蓄水固土能力，经受不住暴雨径流的冲刷，出现大面积的斜面重力侵蚀和坡面径流侵蚀，加速泥石流的生成和发育，毁林开荒使大面积的山坡失去了天然覆盖，表面疏松失去团粒结构，一旦遇到高强度暴雨，成片泥土被冲下山汇成泥石流。其二，采石、开山、修路和开矿等使大量岩石松动和移位，造成岩层失稳，加速了重力侵蚀作用，或形成岩体滑动为临空形态，促成泥石流生成发育，此外大量乱弃的矿渣，矿坑采空区造成的塌陷，使山岩松动，这些都给滑坡、泥石流生成提供了有利条件。

10.3.2　外洪

局部地区洪涝灾害除受本地降雨影响外（即内涝），往往受流域周围地区客水（即外洪）的威胁。一般来讲，洪灾是外洪入侵所致，当上游洪水流经该地区，超过河道泄洪能力或堤防防洪能力，导致洪水泛滥成灾。人们通过工程措施来改变不利于防洪的自然条件，为控制或抗御洪水以减免洪涝灾害损失。防洪工程主要有堤防、水库、行蓄洪区等。但由于洪水具有太多不确定性，防洪工程防御标准偏低，超标准洪水时有发生，或因防洪工程措施运用不当，皆难以避免洪灾发生。如水坝、堤防等挡水建筑物的溃决，洪水具有突发性和来势凶猛的特点，对下游威胁很大。

造成垮坝的常见原因包括：①自然力的破坏，如超标准特大洪水，强烈地震及坝岸大滑坡；②大坝设计标准偏低，泄洪设备不足；③坝基处理和施工质量差；④运行管理不当，盲目蓄水或发电、通讯故障；⑤军事破坏等。其中超标准洪水及基础处理问题是垮坝的主要原因。如 1975 年 8 月河南大水，板桥水库入库洪水最大流量达 13000 m^3/s，超过了设计标准，导致水库垮坝，给下游造成毁灭性破坏，这场洪水夺走了数以万计人民生命。1963 年 8 月河北大水，刘家台水库（中型）垮坝，下游 20 km 处洪水最大流量仍达 17000 m^3/s，冲毁村庄 68 个，死亡 948 人。

堤防决口的常见原因包括：①堤防设计标准低，一些江河堤防往往只规定设计防洪水位，而没有校核洪水位；②堤防质量问题；③人为设障，壅高水位，造成漫溢、溃决；④人为扒堤决口。如 1931 年江淮大水，当时堤防标准低、质量差，长江干流自湖北石首至江苏南通沿程堤防共计漫溢溃决 354 处，沿江一片汪洋。淮河干流蚌埠上下 100 km 淮北大堤溃决，造成皖北沉沦。苏北里运河堤防溃决，男女浮尸满街漂流，多如过江之鲫，淹死数万人。

利用河道两岸的湖泊和洼地宣泄和滞蓄洪水，通过牺牲局部来保护全局，这些临时滞蓄洪水的湖泊、洼地逐步就成为行蓄洪区。随着国民经济的发展，许多规划安排的行蓄洪区目前人口稠密，经济发达，与被保护区经济差别甚微。如荆江分洪区 1952 年人口仅 17 万，行洪时只需安置 6 万人，2000 年人口 30.5 万，居民财产 27 亿元（徐仲平，2002）。再如位于海河滞蓄洪区的华北油田，大港油田，其固定资产均高达数十亿元。当遭遇超标准洪水，向行蓄洪区分洪相当困难，一旦分洪，洪灾损失非常严重。此外部分行蓄洪区没有进退水闸，需要临时扒口，区内安全设施较少，使用时难度大，扒口工程量大，运用失控的风险很大。

10.3.3 渍涝

形成涝渍灾害的自然因素主要有天气条件、土壤条件及地形地貌。天气条件是发生涝渍灾害的主要原因。灾害的严重程度往往与降雨强度、持续时间、一次降雨总量和分布范围有关。我国涝渍灾害主要分布于各大流域的中下游平原。这些区域处于季风暴雨区，由于降雨量年际年内分布不均匀，有些时期雨量大、强度高，造成洪涝灾害；有些时候阴雨连绵、低温高湿，造成土壤过湿和地下水位过高引发渍害。

农田渍害与土壤质地、土层结构和水文地质条件有密切关系。土质粒重的土壤，渗透系数小，土壤中的水分难以排出，形成过高的地下水位与浅层滞水，土壤地下水易升不易降则易形成涝渍灾害。

地表径流能否及时宣泄，直接影响涝渍灾害的轻重，地表径流的大小和滞留时间长短与地形地貌关系十分密切。如南方地区，沿江、沿河或滨湖平原、洼地和圩区，地势低洼，受河流洪水顶托，排泄不畅，排降地下水则更为困难，因而易产生涝渍灾害。在东北一些地区，地形复杂，无尾河道众多，为闭流的浅平洼地，形成诸多沼泽，雨后积水排泄不出，则形成涝渍灾害。在黄淮海平原地区，由于黄河经常泛滥，破坏了原有水系，泛溢两岸泥沙堆积成岗，岗地之间则为洼地，排水出路不畅，涝渍灾害容易发生。

涝渍灾害不仅受自然因素影响，人类活动对其也有较大影响。如盲目围垦和过度开发大大增加了涝渍灾害。以东北三江平原为例，1949 年易涝易渍面积为 32.5 万 hm^2，在围垦时，垦区排水标准过低，1965 年增加到 52.1 万 hm^2，至 1990 年高达 221.5 万 hm^2。

在人类活动比较密集地区和城市化地区，由于水资源短缺，常常出现过度开采地下水造成地面沉降状况，涝渍灾害加剧。如江苏苏锡常地区超量开采地下水引起地面沉降，形成了多个沉降中心，累计最大沉降量在 1 m 以上。在 1991 年洪涝灾害中，积水深度、淹没时间都超过邻近地区。

10.3.4　风暴潮

由气压、大风等气象因素急剧变化造成的沿海海平面或河口水位的异常升降现象，称为风暴潮。风暴潮是一种重大的海洋灾害，我国东部濒临渤海、黄海、东海，南部为南海，海岸线长达 18000 km，沿岸带有台风、温带气旋或寒潮大风的袭击，是世界上风暴潮灾害最为严重的国家之一。广东、广西、福建、台湾、浙江、上海是台风风暴潮多发区。其中渤海湾至莱州湾沿岸，江苏省小羊口至浙江北部及温州、台州地区，福建省宁德地区至闽江口，广东省汕头地区至珠江口，以及雷州半岛东部和海南岛东北部均为风暴潮多发区。由台风引发的风暴潮灾害更为严重，如 1922 年 8 月 2 日强台风风暴潮袭击广东汕头地区，造成 7 万余人死亡，为 20 世纪我国遭受损失最为严重的风暴潮。随着经济的发展，近年来风暴潮灾害损失愈来愈严重。1992 年 16 号台风引发的风暴潮，涉及福建、浙江、上海、江苏、山东、河北、天津、辽宁等省市沿海地区，受灾人口达 2000 多万，死亡 193 人，直接经济损失 90 多亿元。2005 年是我国 1949 年以来风暴潮灾害损失最严重的一年，在 7 月 18

日—10月2日期间发生了“海棠（Haitang)”、“麦莎（Matss)”、“泰利（Tailim)”、“卡努（Khanun)”、“达维（Damrey)”、“龙王（Longwang)”、“天鹰（Washi)”、“珊瑚（Sauvu)”、“韦森特（Vicente)”等9次台风风暴潮，共有7284万人受灾，死亡353人，农作物受灾面积484.3万hm^2，直接经济损失750亿元（鄂竟平，2005）。

造成风暴潮灾害的因素有4个方面，即天气系统、海洋系统、地理因素与人类活动。

天气系统主要为热带气旋、温带气旋及寒潮。热带气旋指发生在低纬度海洋上的强大而深厚的气旋性漩涡旋。其中心风力大于12级称为台风。台风是引起沿海地区风暴潮的最主要天气系统之一，每年5—11月西北太平洋台风都有可能在我国登陆，平均每年6～7个，最多可达11个，其中7—9月是台风登陆高峰期，约占全年登陆总数的80％。登陆地点南起海南岛、北至东北皆可发生。

温带气旋为在中高纬度中心气压低于四周的大气旋涡，大多带有锋面，又称为锋面气旋。在沿海地区，某些锋面气旋和局部性低压槽移动可造成大风。如东北低压和黄河气旋入海，常会造成渤海、黄海大风；江淮气旋入海，使渤海、黄海、东海出现大风；东海气旋加深时，东海出现大风；西南低压槽发展时，南海西北部可产生大风。因此温带气旋是造成风暴潮的另一种重要天气系统。

寒潮是指北方冷空气大规模向南侵袭的过程。寒潮主要出现在11月至翌年3月，随着寒潮中心的移动，一般伴有6～8级偏北大风，最大可达12级以上，主要影响渤海、黄海、东海，较强时也影响华南沿海及南海北部。

海洋系统有海洋潮汐与河口潮汐。潮汐是海水在天体（主要为月球与太阳）引潮力作用下产生的周期性涨落运动，其中主要是受月球引力作用。若风暴潮与天文大潮遭遇时，两者叠加造成特大潮位，易造成较大风暴潮灾害。在1949—1997年的150次风暴潮灾害中，有82次发生在天文大潮期，占总数的55％，尤其是造成特大灾害的，基本都是风暴潮与天文大潮遭遇所致。如1981年8月27日—9月1日受14号台风影响，9月1日正值天文大潮，致使上海、浙江沿海出现历史最高潮位，造成严重灾害，死亡48人，20多万hm^2农田受淹，倒塌房屋3万余间。

海洋潮流传至河口引起河口水位的升降，称为河口潮汐。河口潮汐除具有海洋潮汐的一般特性外，因受河口形态、河床变化、河道上游下泄流量等影响，致使潮历时、高低潮间隙及潮差有所不同。当河口天文高潮和风暴潮叠加，又遭遇上游洪水下泄及河口地区暴雨时，即洪、涝、潮三碰头，则会造成河口及受潮流影响的沿江沿河地区特大洪涝灾害。如1965年8月受6513号台风影响，洪水与高潮位相遭遇，福建、浙江、江苏沿海多条河流出现有记录以来最高水位，洪涝灾情严重。

10.4 次生灾害演变

洪涝灾害发生时都会同时或伴随发生一种或多种灾害，持续给人类社会带来危害。在洪涝灾害发生之后，发生的与洪涝灾害相关的连锁性的其他灾害即被称为洪涝灾害的次生灾害。次生灾害与洪涝灾害的规模、程度、历时、损坏与影响等因素有密切关系。一些强度大、灾情重的洪涝灾害，其诱发的一连串灾害也愈严重，有时甚至比原生灾害更为严重。

10.4.1 社会经济影响

农业是国民经济基础，农作物受灾、成灾面积越大，农作物产量越小。重大洪涝灾害造成大量农田被冲毁淹没，农作物减产甚至绝收，农产品加工业、轻工业等缺乏原料或原料成本提高，致使工厂减产、停产，随之则是工人失业。

交通、通讯中断，使信息、运输闭塞或延误，造成大量产品积压变质，原材料供应不足，使生产能力下降。特别是紧急救灾物资受阻，很有可能扩大已有灾害。

重大洪涝灾害使灾区人民生活水平下降，缺乏基本生活保障，会出现大量灾民，使正常的社会秩序被打乱，冲击社会的各个方面。如 1593 年洛河特大水灾后，饥荒连年，使得民众流亡，“大雨漂没，饥荒大乱，……冬大饥，人相食，树皮草根俱尽……”。我国历史上曾多次出现因洪涝灾害而引发的社会动荡，甚至发生改朝换代。新中国成立以后尽管国家投入大量人力、物力，由于措施得力，成效显著，但灾害对社会稳定的潜在威胁还存在，需要引起重视。

俗话说“大灾之后必有大疫”，大水灾之后同样会产生大疫病，洪灾对疫病的流行会产生严重影响。如清朝 1849 年，湖南全省暴发大疫，“上年水灾创伤未复，本年自三月至六月淫雨不止，湘资沅澧继续大水，全省大荒且疫……武陵户口多灭，沅陵饥死者枕藉成列，村舍或空无一人”（《湖南省自然灾害年表》）；“疫情到次年四月方止，死者无算”（《湖南通志》）。1860—1863 年长江中下游洪灾导致连续 4 年暴发大范围疫病，1860 年浙江“嘉兴、湖州两府大疫，死者无算”；江苏无锡“疫气盛行，死亡相藉”；常熟“时疫又兴，死亡相继至七月，十死二三”；吴县“秋冬大疫死者甚众”。1861 年安庆“染疫而死亡者十之八九”，徽州“死于战乱者（时值太平军与清军激战于长江一带）十之二三，而死于瘟疫者十之六七”。1862 年京、鲁、豫、皖、苏、浙、陕、云、贵等省都发生瘟疫，苏、皖两省疫情最重，松江“城中时疫之外，兼以痢疾，十死八九，十室之中仅一二家得免”，苏州、太仓、吴江也是大疫。在安徽的湘军，曾国藩称“大疫遍作，士卒十亡四五”。1863 年浙、苏、湘和陕四省发生瘟疫。1864 年浙、苏及闽、贵疫病仍然在继续。1954 年长江特大洪水灾后，仍然有疾病流行，洞庭湖区疾病死亡人口达 3 万余人。

随着我国社会经济的发展，国力得到极大增强，加上科学技术的进步，防洪减灾预测预报水平有了长足进步，洪涝灾害后造成的疫病人员伤亡等灾情已得到有效控制，大面积瘟疫流行的情况已基本杜绝，但是灾后传染病发病率上升的情况仍不可避免。如 1981 年四川省大水，全省 7—10 月发病率比 1980 年同期上升 73%，有 19 种传染病流行，其中痢疾、伤寒、肝炎、疟疾等发病率明显高于常年。

10.4.2 生态环境影响

洪水灾害不仅带来巨大经济损失，而且对人类赖以生存的环境造成极大破坏。环境恶化对人类社会的影响是长期的，不仅对当前经济、人民生产与生活造成直接损害，还影响到子孙后代的利益。如洪灾每年都会引起水土流失，大量土壤及其养分流失，致使土地贫瘠，同时水流中泥沙含量增加，导致河流功能衰减、湖泊萎缩、耕地沙化，造成的严重后果是难以估量的。

我国 1993 年水土流失面积 163 万 km^2，每年地表土流失量约 50 亿 t，同时带走大量氮、磷、钾等养分，使得大量土地贫瘠、沙化、石漠化而无法耕种。南方山丘区土地常常被洪水冲薄，甚至被石漠化，难以恢复，如四川省万县地区自 20 世纪 50 年代以来，石漠化面积每年扩大 2500 hm^2，贵州省毕节地区石漠化面积达耕地面积的 13%，湖北省秭归、贵州省清镇等县石漠化面积每年增加 300～400 hm^2。

特大暴雨洪水的发生会加重暴雨洪水发生地区的水土流失，如 1969 年 8 月 7 日山西省原平县 3 h 降雨 83.6 mm，剧烈的水土流失毁地 28 hm^2。1981 年四川洪水冲刷坡耕地约 667 万 hm^2，乐至县有约 160 hm^2 坡耕地被冲成基岩裸露的光板山。1993 年汾河下游洪水过后土地严重沙化难以耕种。1996 年太原西山洪水冲刷土壤破坏植被，使生态系统遭到严重恶化。

人口的增长直接导致人均耕地的减少，于是人们就大肆毁林开荒，与林争地，结果是森林覆盖率下降，土壤侵蚀量快速递增，如怒江枯柯河柯街站实测含沙量，1969 年年平均为 1.60 kg/m^3，1973 年猛增至 4.05 kg/m^3，至 1989 年高达 5.37 kg/m^3。

水冲与沙压是洪水对耕地的又一种破坏现象。河道及堤防的漫溢溃决，使大片土地被淹没和冲毁，夹带大量泥沙的洪水还会覆盖土地，甚至掩埋地上建筑物，如 1801 年海河大水永定河漫决，新城“冯家营北引河淤塞，地被沙压者甚众”（《新城县志》）。1886 年滦河大水，滦县马城“冲决尤酷，变膏腴为沙碛，富者立贫，贫者立毙”（《滦县志》）。1963年海河大水，水冲与沙压失耕农田达13万余公顷。黄河每次决溢所产生的灾害都十分严重，夹带大量泥沙的溃决洪水常常覆盖并毁灭沿河两岸大片农田，如1938年黄河人为扒口南泛后，约有100亿t的泥沙带到淮河流域，豫东、皖北及徐淮地区形成了4.5万km^2的“黄泛区”，泛道沿线黄土堆积深浅不一，原先的肥沃土地受到毁灭性破坏，许多房屋和庙宇被埋入黄土之中。安徽北部低产耕地黏粒含量低，沙粒含量高，土粒松散，保水保肥能力差，是大面积的低产区。

洪涝灾害对耕地的破坏还表现在盐碱地的扩大和盐碱化加剧。在地势平坦的平原坡洼地区、水网圩垸地区以及山区谷地、封闭盆地低洼区、已基本脱盐的滨海地区，一旦遇到洪水泛滥，地下水位就抬高，土壤含水量加大，富含盐碱成分的地下水和土壤将被洪水浸渍，碱性物质被分解，随着地下水的不断蒸发，地表盐分被大量累积，使土壤盐碱化，造成农业生产与生活环境严重恶化。如河北省平原地区，明朝1607年“滹滋交溢，先时城内井水甘美，地称肥腴，经水后地皆碱，水皆咸矣”（《武强县志》），清朝1823年大水，“一淹而三年碱卤无收，人多饿死”（《新河县志》）。1949年以来，经过几个不同阶段的流域治理和农田治理，国家投入大量人力和财力，抗灾能力明显改善，但不少问题依然存在。如20世纪60年代，河北平原因洪水盐碱地面积由87余万公顷又增加到150余万公顷。

我国的河流普遍多沙，大洪水常常导致河道堤防溃决，泥沙泛滥淤塞河道，甚至严重破坏河道的功能。黄河是我国洪水泛滥改道最严重的河流，并对海河南系和淮河流域沂沭泗水系及下游平原水系产生严重破坏，导致黄淮海平原地区洪涝灾害加剧，生态环境发生巨大和久远的影响。

黄河善淤、善决、善徙，是举世闻名的“悬河”，自公元前602年—公元1938年的2540年中，重要决口改道有26次，大迁徙有6次，造成黄淮海平原水系紊乱，排泄出路不畅，相间分布的湖泊洼地与沙岗沙岭不断更迭，洪涝灾害频繁发生，而且一旦发生大洪水，即形成大面积洪泛区。如北宋1194年前淮河在江苏省云梯关独流入海，水流畅通。1194年黄河南徙夺淮，至清朝1855年，黄河夺淮入海660年，黄河给淮河留下了2000亿～3000亿m^3的泥沙，淤废了淮河入海故道，堵死了沂沭泗河出路，沙颍河以东平原河道全遭破坏。海河南系在黄河1194年改道夺淮前，一直深受黄河北徙摆动溜夺的影响，隋唐以来又受到南运河的阻隔，水系被严重打乱，严重抑制了河道的行洪能力。直至现在黄淮海平原仍然深受其害，并且将长期难以消除。

洪水泛滥对水环境的污染主要包括病菌、寄生虫、工业废渣废液、化肥、农药等有毒有害物质的蔓延和扩散，它会严重危害人民的生命健康。

此外，洪水还会对航运、交通运输、旅游业、水产业等产生重大的影响。

第11章 洪涝灾害监测和预报

洪涝灾害是当今世界上给人类带来损失最大的自然灾害之一。20世纪90年代以来，我国洪涝灾害造成的直接经济损失约占全国各类自然灾害总经济损失的62%，约相当于同期GDP的1.55%，洪涝灾害仍然威胁经济社会发展，并且随着经济社会的快速发展，洪涝灾害所造成的损失将会愈来愈严重。

为了防治洪水灾害，新中国成立以来我国政府投入大量的人力和物力进行了江河整治，加强防洪工程的建设，基本建成了七大江河的防洪工程体系，大大增强了我国抗御洪水灾害的能力。但是，工程建设是有限度的，我们不可能花巨资无限制地提高工程标准。在发生超标准洪水灾害时，洪水预报和优化调度等非工程措施就成为非常重要的减灾手段，而信息是预报和防汛调度决策的依据。本章着重介绍洪涝灾害的相关信息的监测和洪水预报技术及其发展。

11.1 洪涝灾害的监测

水文要素是洪涝灾害监测信息的重要组成部分。水文要素是表征某一地点或区域在某一时间水文情势的主要物理量，包括降水、蒸发和径流以及水位、流速、流量、水温、含沙量、冰凌和水质等，通常由水文站网通过水文测验加以测定。与洪涝灾害关系密切的水文要素主要有降水、水位、流量、淹没面积、淹没历时和土壤含水量等。

11.1.1 监测要素

(1) 降水

降水指从大气中降落到地面的液态水和固态水，是大气中的水汽凝结降落到地面的过程，它是水循环的重要组成部分。一定时段内降落在某一点、某一面积或某一区域上的总水量称为降水量，单位为 mm。通常用雨量器观测记录。

我国商代的甲骨文就有降雨的定性记载。秦代开始要求各郡县向中央上报雨情，表明当时各地已观测降雨。宋代的秦九韶在 1247 年所著《数书九章》中记有各州郡统一使用的铜制测雨器的描述。西欧 1639 年出现雨量器。我国近代雨量观测始于 1841 年，北京、上海保存有我国最长系列的降水量资料。设置雨量站点收集降水资料是世界各国一直沿用的观测方法。我国东部地区雨量站点分布较密（王家祁，2002）。

（2）水位

水位指河流、湖泊、水库和海洋等水体的自由水面相对于某一固定基面的高程，并按统一规定的高程基准面来计算，单位为 m。基面包括绝对基面、假定基面、测站基面及冻结基面。水位通常用设在水位观测站和水文站的水尺人工记录或自记水位计自动测量。水位是防汛抗旱掌握水文情报和进行水文预报的重要依据。

水位须指明其所用的基面。目前我国统一采用黄海基面，但由于历史的原因，各流域多使用以往的大沽基面、吴淞基面、珠江基面，或使用假定基面、测站基面、冻结基面，因此在使用水位资料时一定要查清其基面。

（3）流量

流量指单位时间内流过某一过流断面（液面以下的横断面）的流体数量。如果流体数量以体积计，则称为体积流量，单位为 m^3/s；如果流体数量以质量计，则称为质量流量，单位为 kg/s。河流、湖泊、水库的流量是衡量水资源量的基本指标之一，可直接测量，也可根据过流断面平均流速和过流断面面积来计算。

（4）洪水淹没面积和历时

洪水淹没面积指发生洪水时，地势低洼地区被洪水浸没在水面以下的受淹范围或区域，单位为 km^2。一般正常水位下的河道、湖泊、水库面积不包括在内。下垫面地形地貌特征是其最基本的影响要素。当淹没范围内的洪水退落到正常水位所历经的时间称为淹没历时，单位为 d。

（5）土壤含水量

土壤含水量指土壤所含水分的数量（包括吸湿水、薄膜水、毛管水和重力水的总量）。土壤含水量通常有两种表示方法：①用含水量与含水分的干土总质量的百分比表示，又称土壤含水率。它表示土壤湿度，是土壤的重要物理指标之一，也是分析土壤力学特性和土壤水、盐运动不可缺少的参数。②

将某一土层所含水量折算成水层厚度，以 mm 表示，水层厚与土层厚之比，相当于两者体积之比。土壤水不仅是水文循环的重要环节，也是影响农作物生长的重要因素。

影响土壤含水量的因素主要有当地降水量和蒸发量，还有土壤性质、作物种类、地下水埋深、灌溉排水条件等因素。土壤含水量的测验站点布设应具有代表性，并要取得足够数量的数据，才具有实际价值。一般取土点应远离建筑物、道路、河流、水库、大型渠道。

耕作层的土壤含水量称为墒，它反映作物在各个生长期土壤水分的供给状况，直接关系到作物的生长和收获。墒情专指农田耕作层土壤所含水分的多寡情况。保墒就是设法减少耕作层土壤水分损耗，使存贮于土壤中的水分尽可能多地被作物吸收利用。

11.1.2 监测方法

11.1.2.1 降水量观测

降水量可用雨量器或雨量计直接观测，也可以通过测雨雷达和利用卫星云图间接测算。

(1) 直接观测方法：即在某一测点水平安装一个具有一定承雨口径的雨量器或雨量计，直接计量降水的时间和数量，并以此代表其控制范围内的降水量，它是使用最为广泛的降水量观测方法。目前，使用最多的为翻斗式雨量计（张建云等，2005；张建云等译，2002）。较大地域范围的降水测定，应根据气候条件和地形等特征，并考虑降水资料的具体用途，相应布设多个测点以组成合理的观测站网。观测内容分为日降水量、一次降水过程降水量和不同历时的降水量即降水强度。当日降雨量观测时间水利部门通常采用当日 08 时至次日 08 时。测记一次降水起讫时间（记至分）即可测得一次降水过程的降水量（降水间隔等于或小于 15 min 看作一次降水）。一日之内对雨量器采用定时分段观测制，或用雨量计自动记录，以测得降水过程。降雪和降雹的水量是指其融化后的水当量。对于较大范围的积雪地区，可沿一定的测雪路线，用积雪采样器直接量取代表点的雪深和密度来测定地区的积雪水当量。

(2) 间接测算途径：通过测雨雷达和利用卫星云图来测算一定区域内面上的降水量。雷达发出的电磁波穿过云雨将衰减，根据接收到的回波强度，反算降雨的强度，因此可用地面实测降雨资料率定雷达测雨公式来测定降水（杨扬等，2000），雷达测雨的有效半径一般为 200～300 km，距离越大，误差越大。卫星云图推算降水是对影像图上反映云顶高低、温度和下垫面反射等特征信息进行分析判断后得出的。卫星遥感测定大面积的积雪覆盖及其雪水量分布变化的技术已开始得到广泛应用。

11.1.2.2　水位观测

我国最早的水位观测可追溯到公元前 251 年的战国时期。秦李冰在岷江上修建了都江堰引水灌溉工程，立三石人于三水中测量水面高低，为了满足引水，要求“竭不至足，盛不没肩”，说明当时不但已建立起观测水位的明确概念，而且还清楚地意识到水位与流量的关系。

水位观测是观测水流情况的基本水文测验项目，其观测时间、每日观测次数，以能掌握一日内水位的变化过程和满足水文情报预报的需要为准，平水时每日观测 1 次或 2 次，洪水时期、防凌时期及冰雪融化期，应增加观测次数，以测取完整的水位变化过程。水位变化频繁，人工观测有困难时，一般用自记水位计，以保证水位记录的完整性。有时在水位观测时，同时测记河床变化、流势、流向、引水、冰情、波浪、水生植物、风向、风力、水面起伏度、水温及对河流、湖泊、水库发生影响的其他现象。

通常水位观测设备有水尺及自记水位计两类。采用基面有两种，一种为绝对基面，一般以国家规定的统一水准基面为标准；另一种为假定基面，即对尚未接测至绝对基面的观测点，采用低于河床最低处作为标准。用水尺直接观测时，一般水尺读数加已知水尺零点高程即得水位。

水尺设置通常应布设在河道顺直、断面比较规则、水流稳定，无分流、斜流、乱石阻塞的地点；并尽量避开不便观测及有大量工业废水和城市污水排入的地点，使观测到的水位资料具有代表性和准确性；为了使水位流量关系稳定，观测水位还应避开水流受变动回水影响及水量变化较大的地点（如大量引水、大坝等）。

自记水位计是能自动记录水位变化过程的仪器，有的还能将所观测的数据以数字的方式远传到室内，使水位观测自动化和远传化。常用的水位计有浮子式、压力式、气泡式、超声波式等类型（张建云等，2005）。

(1) 浮子式水位计：利用浮子跟踪水位升降，以机械方式直接传动记录。用浮子式水位计需有测井设备（包括进水管），适合岸坡稳定、河床冲淤不大的低含沙河段。浮子式水位计在我国应用较广。

(2) 压力式水位计：根据压力与水深成正比关系的静水压力原理，运用压敏元件作传感器的水位计。当传感器固定在水下某一测点时，该测点以上水柱压力高度加上该点高程，即可间接地测出水位。该仪器适用于不便建测井的地区。

(3) 气泡式水位计：将一根上端装有压力传感器和气源的管子插入水中，以恒定流向管子里通入少量空气或惰性气体，压力传感器即可测出管内气体压力，此值与管子末端以上水头成正比，通过记录系统转换成水位。该仪器的压力传感器不直接与水体接触，可不建测井，特别适用于水体污染严重和腐蚀性强的工业废水等场合。国外应用气泡式水位计较普遍。

（4）超声波式水位计：应用声波反射的原理来测量水位，即声波在介质中以一定速度传播，当遇到不同密度的介质分界面时，声波立即发生反射。它分为水介式和气介式两类。水介式是将换能器安装在河底，垂直向水面发射超声波；气介式是将换能器固定在空气中某一高处，向水面发射超声波，两种形式均不需建测井。水介式声速受水温、水压及水中浮悬粒子浓度影响，在测量过程中要对声波校正，才能达到测量精度；气介式要对气温影响进行校正，其优点是不受水中水草、泥沙等影响。

水位计的记录方式有：图形曲线，数据显示或打印，磁带，固态储存等，有的配备了编码器等装置，将记录转化成数据通过有线、无线电或卫星等进行远距离传输存储到数据库中。

我国在20世纪60年代初提出水位自记化要求，至80年代初已有半数以上测站使用日记自记水位计。上世纪末本世纪初开始建设的国家防汛抗旱指挥系统工程，建设和改造的测站已全部达到了自动传感（通过编码器等直接转换为数字信号），长期固态介质存储，自动传输的设计目标，大大提高了水位观测的自动化程度、精度和可靠性。

11.1.2.3 流量测验

天然河道的流量测量常用垂线划分过流断面，测出垂线上的流速和过流断面面积后计算流量。实验室的流量可用直接的体积法或质量法测量，也可用间接的各种流量计。

测流量方法很多，按其工作原理大致分为①流速面积法：有流速仪法、比降面积法、积宽法、浮标法。②水力学法：包括量水建筑物和水工建筑物测流。③化学法，又称溶液法、稀释法、混合法。④物理法：有超声波法、电磁法和光学法。⑤直接法：有容积法和重量法，适用于流量极小的沟涧。

江河、渠道实地流量测验有流速面积法、建筑物法、稀释法等多类方法，可因地因时制宜和经济合理地选择使用。

（1）流速面积法：通过河流横断面上单元面积的流量是该面积与流速的乘积，即分别测量各个部分的流速和面积即可求得流量，其测量包括横断面测量和流速测量两个部分。这是使用最为广泛的测流方法。

河道横断面的测量一般在垂直于流向的横断面上布设一定数量的测深垂线，测定各垂线的起点距，在垂线上测量水深并观测水位。测定起点距可通过缆索、视距、全球定位系统（GPS）定位等方法确定。施测水深可用测深杆、测深锤、铅鱼或回声测深仪。两相邻垂线起点距之差即为部分宽，乘以部分平均水深，即得部分面积，其总和就是河流横断面面积。对于断面稳定不变的河流，实测流量时不必每次都实测断面，可借用已有的断面图。洪水期无法实测面积时，可借用洪水前后实测的断面资料。

水流流速的测量，有流速仪法、浮标法、超声波法、电磁法、比降法等几种方法。

（a）流速仪法：这是国内外施测流速最广泛和最基本的方法，也是评定各种测流方法精度的衡量标准。一般是用测船或缆道悬吊流速仪沿断面的不同垂线直接读取流速仪在不同测深点的流速。

（b）浮标法：当使用流速仪测流有困难时，可使用浮标测流。先在测流河段设置上、中、下三个断面，从上游断面均匀投放浮标，测定浮标流经上下断面的运行历时和经过中断面的位置（定起点距），上下断面间距除以历时即求得浮标流速，再乘以系数，可求得垂线平均流速。涨落急剧的中小河流测量浮标可用水面浮标，小流速情况可用浮杆、双浮标等。

（c）超声波法：在两岸设置发射和接收超声波的装置，其位置的连线斜向水流。超声波斜向上游与斜向下游的传播时间之差与流速成函数关系，据此测量流速。适用于测量频繁但气泡、水草、泥沙影响不大的地方。

（d）电磁法：在河底设置线圈通以电流造成磁场，水流切割磁力线，产生与流速成正比的电动势，据此测量流速。适用于测量频繁的小河或渠道。

（e）比降法：用实测的水面比降，连同断面资料和本站的或借用的糙率资料，用水力学公式计算流速和流量，其精度较差，只在不能使用其他方法时使用，或者作为一种辅助性方法。

用上述方法测得部分面积和部分平均流速，部分面积与部分流速之积作为部分流量，部分流量的总和即为断面流量。

（2）建筑物法：当通过跨河建筑物的流量与上游水头、上下游水位差等存在函数关系时，可在断面上设置标准形式的量水建筑物，观测水位，用水力学公式推算流量。此法精度好，工作方便，但造价较高，一般用于中小河流。河流、渠道上的涵闸，水库的泄水建筑物，抽水站、水电站的过水设备等。用这种方法来测量流量，要在现场用其他方法实测流量，率定其流量系数。

（3）稀释法：即在河段上游投入示踪剂，至下游被河水混匀后总量不变，而其稀释倍数与流量成比例，按示踪剂的量与下游检测的示踪剂浓度资料计算流量。适用于水流紊乱的河段。

我国的流量测验，以流速仪法、浮标法为主。中小河流的量水建筑物应用比较广泛。国际标准化组织、世界气象组织都制定编写了流量测验的标准和指导性文件。

在过去的20多年间，国内不少水文部门在实践中研究开发的适用于缆道或测船的自动或半自动测流系统在实际水文观测中得到了越来越多的应用。国外引进的基于声学多普勒流速仪（ADCP，Acoustic Doppler Current Profile）和全球定位系统（GPS）集成开发的自动测流系统也逐步地在我国泥沙较少的大江大河测流中应用。根据测流条件的不同，可选用走航式、水平式、底座式等不同的ADCP。这些自动测流技术在国家防汛抗旱指挥系统工程建设中得到了较广泛的应用，显著提高了我国测流的自动化水平。

11.1.2.4 淹没面积监测

传统的洪灾淹没面积一般是以县为单位在灾后进行统计的。自从美国于1972年发射了第一颗陆地资源卫星后，利用遥感探测技术实施地面目标的监测成为可能。20世纪90年代以来，遥感空间分辨率已提高到了米级、亚米级的水平，2004年我国新一代资源卫星空间分辨率已达到约5 m。

洪涝灾害淹没面积可从洪灾发生时的遥感影像中，提取洪水水体与基础背景数据库中的本底水体叠加进行监测评估。

11.1.2.5 土壤含水量测验

土壤含水量测验一般分直接测定和间接测定两种方法。

(1) 直接测定。即最普通的烘干称重法，用土钻采取或直接挖取土样，称取湿土质量，然后烘干，称取干土质量，以两次质量之差作为所含水分质量，据以计算土壤含水量。取土层次和深度及取土样数目，可根据土壤剖面具体情况而定。测次的分布，一般每5日取样测验1次，降雨前后要加测，抗旱及灌溉时期有需要时亦可加测。这种方法的优点是设备简单、便宜，缺点是工作量较大，且要扰动土样，在含水量很大时显著影响精度。

(2) 间接测定。它不需要采取土样，而是用仪器设备来测定土壤的电阻值、土壤温度、γ射线强度等物理指标。常用的方法通常有电阻块法、热传导法、中子散射法、γ射线衰减法等。常用的仪器设备主要有利用两探头中间介质（如石膏块）的电阻依其周围土壤的含水量而变化的原理制成的水分仪；利用中子源发射的中子穿透土壤时的能量损失随含水量而变化的原理制成的中子水分仪；利用素烧陶等材料作探头测定土壤水分张力以间接量度含水量的土壤湿度计（或称负压计）等。这类方法的优点是不扰动土壤，能在固定位置进行连续的观测，但事先需对所测物理量与土壤含水率的对应关系进行率定，且设备费用较高。

11.2 洪水预报技术及其发展

11.2.1 水文预报概念

洪水预报是水文预报的重要内容。

水文预报（hydrologic forecasting）就是据已知的信息对未来一定时期内的水文状态做出定性或定量的预测。已知信息广义上指对预报水文状态有影响的一切信息，最常用的是水文与气象要素信息，如降水、蒸发、流量、水位、冰情、气温、含沙量和其他反映污染状态的污染物质含量等观测信息；预报的水文状态变量可是任一水文要素也可是水文特征量，不同的状态量预报要求的已知信息不同、预报方法不同、预见期也不同。目前通常预报的水文要素有流量、水位、冰情和旱情等。

水文预报方法以水文基本规律、水文模型研究为基础，结合生产实际问题的需要，构成具体的预报方法或预报方案，服务于生产实际。一般水文预报研究的重点有两部分。一是共性规律研究，即具有一定普遍性的水文基本规律模拟方法和流域水文模型研究；二是个性问题研究，对反映具体问题的特征、方法进行了解，构成具有解决各种具体实际问题的、具有较高预报精度的预报方案。

新中国成立 50 多年来，我国的水文预报工作从无到有、由点到面迅速发展起来。20 世纪 50—60 年代学习、吸收苏联和美国的洪水预报方法，为我国水文预报工作奠定了基础；70—80 年代，开始对不同区域的降雨径流关系进行研究，同时成功地开展了流域水文模型的研究和应用；90 年代以来，随着计算机在水文预报领域中的推广和水文模拟技术水平的提高，我国在水文预报方法、预报系统建设和新技术应用等方面有了很大的提高。

11.2.2 水文预报方法和模型

由于资料条件和计算工具的限制，在一个相当长的时间里，我国的水文预报方法一直处于经验相关的水平上。上世纪 60 年代，水文预报引进了数学模拟概念，流域水文模型逐步得到应用。我国从上世纪 70 年代开始，一方面积极引进国外应用较多的流域水文模型。另一方面更致力于新的、适合于我国水文条件的流域水文模型的研制，如上世纪 70 年代研制的新安江流域水文模型，在我国（特别是我国南方湿润地区）得到了较广泛的应用。目前，用于我国水文预报作业的方法基本上可以分为实用水文预报方案和流域水文模型两种方法。

11.2.2.1 实用水文预报方案

实用水文预报方案是我国水文预报人员长期实践工作经验的总结，是行之有效的预报方法。它既有一定的理论依据，又有大量实测资料为基础，并能充分结合本河段的特征，具有较高的预报精度。特别是在水位流量关系复杂、水利工程影响较大的河段，实用水文预报方案仍然发挥着很大的作用。实用水文预报方案以图表形式汇编，计算简单，操作方便，运用灵活，并能够随时根据实际发生的情况进行修订。

目前，我国七大流域基本上都有了比较完善的实用水文预报方案。在实用水文预报方案中，一般应用以下方法。

(1) 相应水位（流量）法。上游水位（流量）与下游相应水位（流量）进行相关分析。有时用不同影响因素做参数，以提高预报方案精度，其相关关系如下：

$$Z_{下,t+1} = f(Z_{上,t})$$

$$Z_{下,t+1} = f(Z_{下,t}, Z_{上,t})$$

$$Z_{下,t+1} = f(Z_{上,t}, \sum Q_{区间})$$

$$Z_{下,t+1} = f(Z_{上,t}, \overline{P}_{区间})$$

式中：$Z_{下,t+1}$ 为下游相应水位；$Z_{上,t}$ 为当时上游水位；$Z_{下,t}$ 为下游同时水位；$\Sigma Q_{区间}$ 为区间合成流量；$\overline{P}_{区间}$ 为区间平均雨量。

(2) 合成流量法。上游合成流量与下游流量或洪峰水位建立相关关系，并通过预报下游流量再根据水位流量关系曲线推求水位，其表达式为：

$$Q_{下,t+1} = f(\sum Q_{上,t})$$

$$Z_m = f_1(\sum Q_{上,t})$$

式中：$Q_{下,t+1}$ 为下游预报流量；$\sum Q_{上,t}$ 为上游合成流量；Z_m 为下游洪峰水位。

(3) 水位(流量) 涨差法。利用河道上下游水位或流量的涨落差建立相关关系，其表达式为：

$$Z_t = f(Z_{t-1}, K)$$

$$Z_{t+1} = f(Z_t, \Delta \sum Q_{t-\Delta t})$$

式中：K 为水位变幅的比值；$\triangle \sum Q_{t-\Delta t}$ 为上游合成流量；Δt 时间内的变差。

(4) 多要素合轴相关法。利用流域降雨总量、降雨历时、降雨强度和起涨水位等因素作为参数建立降雨、上游水位和下游水位的相关关系，其表达式为：

$$Z_m = f(\overline{P}, Z_{起}, P_c)$$

$$Z_m = f(\overline{P}, Z_{起}, T)$$

式中：P 为流域平均雨量；Z_m 为洪峰水位；$Z_{起}$ 为起涨水位；P_c 为暴雨中心分布位置；T 为净雨历时。作为例子，图 11.1 给出的是广东北江阳山站的雨洪预报图。

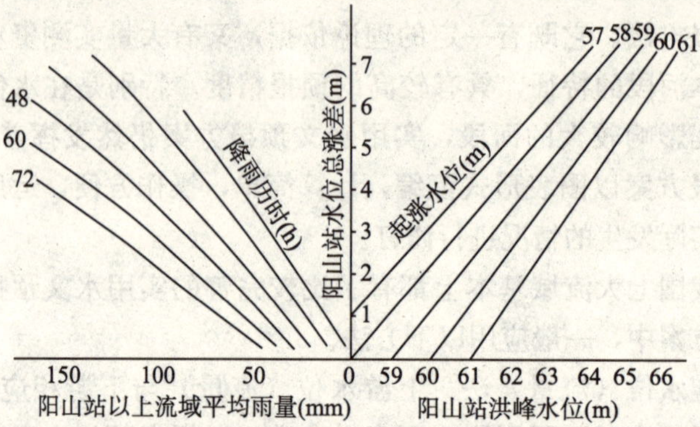

图 11.1　北江阳山站的雨洪预报合轴相关图

（5）降雨径流法。利用前期土壤含水量、涨洪段流量涨势等因素作为参数直接建立降雨与洪峰流量的相关关系，其表达式如下：

$$Q_m = f[(\overline{P} + P_a), \Delta Q]$$

$$Q_m = f(\overline{P}, P_a)$$

式中：Q_m 为洪峰流量；$\overline{P}$ 为流域平均雨量；P_a 为前期土壤含水量；ΔQ 涨洪段流量每小时递增最大值。

在长期的实践中，我们逐步认识到，以经验点据定线的实用水文预报方案，之所以行之有效，靠的是大量的各种各样错综复杂情况下出现的数据，对其进行统计分析和归纳；靠的是大量预报经验积累和运用。但它们毕竟有其局限性。随着计算技术不断飞速发展，特别是数据、图形图像处理、人工智能和专家系统等新一代技术的应用，将赋予这类方法强大的生命力。

11.2.2.2　流域水文模型

我国地域广阔，下垫面条件多样，包括湿润、干旱、半湿润和半干旱各种情况。几十年来，我国水文技术人员在引进、消化、吸收外国水文模型的基础上，研制了一系列适合我国实际情况的流域水文模型。1973 年，河海大学赵人俊教授领导的研究组在编制新安江洪水预报方案时，汇集了当时在产汇流理论方面的研究成果，并结合大流域洪水预报的特点，设计了国内第一个完整的流域水文模型——新安江流域水文模型，以下简称新安江模型。最初研制的是二水源新安江模型，20 世纪 80 年代中期，借鉴山坡水文学的概念和国内外产汇流理论的研究成果，提出了三水源新安江模型。三水源新安模型蒸散发计算采用三层模型；产流计算采用蓄满产流理论；用自由水蓄水库结构将总径流划分为地表径流、壤中流和地下径流三种；流域汇流计算采用线性水库；河道汇流采用马斯京根分段连续演算或滞后演算法。

为了考虑降水和流域下垫面分布不均匀的影响，新安江模型的结构设计为分散性的，分为蒸散发计算、产流计算、分水源计算和汇流计算四个层次结构。每块单元流域的计算流程见图 11.2 所示。

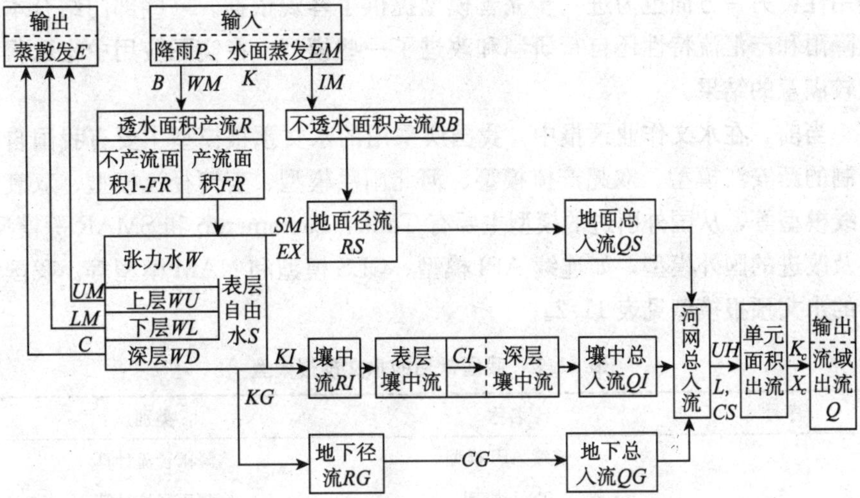

图 11.2　三水源新安江模型流程图

图中方框外为参数，方框内为状态变量。输入为实测降雨量过程 $P(t)$ 和蒸发皿蒸发过程 $EM(t)$；输出为流域出口断面流量过程 $Q(t)$ 和流域实际蒸散发过程 $E(t)$。模型各层次结构的功能、计算采用的方法和相应参数见表 11.1。

表 11.1　新安江模型各层次结构功能、计算采用的方法和相应参数表

层次	（第一层次）	（第二层次）	（第三层次）		（第四层次）	
功能	蒸散发计算	产流计算	水源划分		汇流计算	
			二水源	三水源	坡面汇流	河道汇流
方法	三层模型	蓄满产流	稳定下渗率	自由水蓄水库	单位线或线性水库或滞后演算法	马斯京根或滞后演算法
参数	KC、UM、LM、C	WM、B、IM	FC	SM、EX、KG、KI	UH 或 CS、CI、CG	KE、XE 或 L

从图 11.2 和表 11.1 中可以看出，新安江模型包括流域（或计算单元）降水和蒸发等要素的计算、产流计算、水源划分、流域汇流和河道汇流计算等，限于篇幅，各部分的计算方法不介绍，需要具体了解的读者，可参阅赵人俊教授编写的《流域水文模拟－新安江模型和陕北模型》（1984）和包为民教授主编的《水文预报》（2006）。

在实际应用中，无论API模型或新安江模型，在产流和汇流计算方面都在应用中不断得到改进。例如，针对我国北方干旱和半干旱流域的特点提出了产流区概念：在 $P-R$ 关系中引进降雨强度因子参数以及在非蓄满产流面积上加上超渗产流计算等；在汇流方面已普遍采用根据降雨特性（暴雨强度、暴雨中心分布）不同而选用不同的单位线。这些改进，一方面提高了方案的实用性：另一方面也为进一步完善模型提供了客观依据。一些部门结合本地区降雨和产汇流特性还自行研制和改进了一些模型，在实际应用中也取得了比较满意的结果。

当前，在水文作业预报中，我国所采用的水文预报模型主要有我国自行研制的新安江模型、双超产流模型、河北雨洪模型、姜湾径流模型、双衰减曲线模型等，从国外引进的模型主要有 Tank、Sacramento 和 SMAR 等模型，以及改进的国外模型，如连续 API 模型、CLS 模型和 NAM 模型等。我国常用的水文预报模型见表 11.2。

表 11.2　我国常用的水文预报模型

序号	名称	类别
1	连续 API 模型	降雨径流计算
2	Tank 模型	降雨径流计算
3	新安江模型	降雨径流计算
4	NAM 模型	降雨径流计算
5	陕北模型	降雨径流计算
6	半干旱地区新安江模型	降雨径流计算
7	辽宁模型	降雨径流计算
8	Sacramento 模型	降雨径流计算
9	SMAR 模型	降雨径流计算
10	双超产流模型	降雨径流计算
11	河北雨洪模型、	降雨径流计算
12	姜湾径流模型、	降雨径流计算
13	双衰减曲线模型	降雨径流计算
14	滞后演算法	流域、河道汇流计算
15	马斯京根法	河道汇流计算
16	经验单位线	流域、河道汇流计算
17	Nash 单位线	流域、河道汇流计算
18	涨落差法	河道汇流计算

续表

序号	名称	类别
19	线性扩散波模型	河道汇流计算
20	指数退水方法	退水计算
21	退水曲线方法	退水计算
22	SCI5 模型	产流和汇流计算
23	多输入单输出模型	产流和汇流计算
24	大湖演算法	河湖汇流计算
25	动力波数模型	河道汇流计算
26	水库调洪计算	水库调度计算

在长期的应用中，我们认识到，在湿润地区，只要流域水文模型控制住水量平衡，一般都能取得较好的模拟效果，模型结构的繁简不是主要问题，传统的 API 模型和新安江模型能够适用于我国大部分地区，在实时作业预报中一般都能够取得令人满意的精度和预报效果。在干旱、半干旱地区，除了模型结构本身不能反映客观实际外，最主要的是雨量的时空观测记录与局部产汇流形成的急剧变化的洪水过程很不匹配，成为这类地区水文模拟的一大难题。因此，今后水文模拟技术的进一步发展，应将重点放在干旱、半干旱地区和资料缺乏地区，注意研究这些地区的雨洪特性与径流形成规律。

11.2.3 水文预报系统

随着计算机技术、网络技术的发展，我国水文预报系统的开发和应用也取得了较快的进展。上世纪 80 年代早期，我国开发出了第一代在 VAX 机上运行的实时洪水预报系统。并通过向欧美发达国家学习，经过水文人员多年的不断努力实践与创新，我国在水文预报系统的研究开发方面已具有较高水平，建立的水文预报系统在生产实践中发挥了很好的作用。

目前在我国应用的水文预报系统主要包括以下功能：具有独立的数据库管理系统的支持；为提供监视和预报成果分析用的、形象直观的雨情和水情信息时空分布显示系统；流域水文模型和传统预报方案相结合的预报方案；参数率定和识别；经验性和模型化的实时校正功能；在预见期内根据不同降雨时空分布模拟可能发生洪水预测分析功能以及功能全面、实用性强的人机交互界面。洪水预报系统的组成见图 11.3。

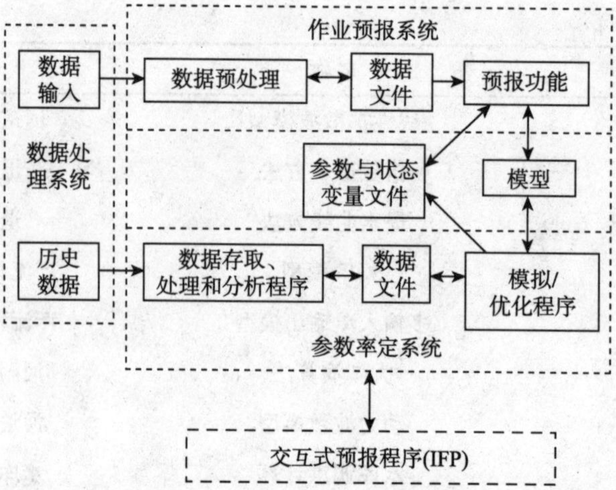

图 11.3　洪水预报系统的组成图

目前运行的洪水预报系统在计算机网络、水文数据库、地理信息系统等支持下运行，具有以下技术特点：

(1) 系统功能全面。突出地表现在以计算机网络为依托的多源信息采集和分析，以数据库及管理为中心，以水文模型和方法库为基础，在图形用户接口（GUI）引导下形成人机交互式洪水预报调度决策支持系统。

(2) 多种水文模型和方法。系统一般都具有降雨径流、河道演算、水库调度、实时校正的数学模型和经验方法，用户可以根据流域的具体情况进行选用，并能够很容易地加入新的模型和方法，很方便地构建研究流域的预报系统。在实时作业预报时，能够实现“多种方法，综合分析，合理选用”的原则。

(3) 强大实用的人机交互式功能。在专家交互处理模式的设计与开发方面不断创新，不仅具有一般的计算机图形界面下的人工交互功能，而且开发了对数学模型计算结果进行交互分析、处理与校正的功能。可以对模型的状态变量、降雨计算、模型参数等输入进行经验交互修正，还可以将输入输出资料进行直观的可视化分析比较。

(4) 双重系统结构。在网络支持下，先后开发了客户机（Client），服务器（Server）结构的预报系统。该结构的系统运行效率高，但每个用户均需要安装预报软件，系统维护复杂，难度大。近几年来，随着 Java 等技术的应用，我国又相继开发了浏览器（Browser）/服务器（Server）结构的预报系统。该结构的系统维护方便，用户端仅需 IE 等浏览器，但系统的效率有时因网络问题较低。此外，系统的安全问题也需要考虑。

(5) 先进的组件技术。系统的核心功能模块采用组件和控件技术开发，增加了系统的通用性和开放性，减少了系统开发量，提高了系统软件的标准化。

11.2.4 新技术应用

我国的水文气象信息监测和洪水预报调度系统从“75·8”河南大水后有了较大发展。特别是近十几年以来，随着科学技术的发展，一些高新技术也被广泛地应用于我国的水文预报中。主要表现有以下几方面取得了较为突出的进展：

(1) 模型参数优化技术。在模型参数率定中，我国广泛采用了Rosenbroke和单纯形法两种纯数学的参数优化方法，结合经验试错法，提高了自动化程度，加快了参数优化速度，节省了大量的人工试错所花费的时间。同时，由目标函数控制，自动调整优化搜索方向，能够更快地找到最优值域。

(2) 降雨洪水联合预测技术。在实时作业预报中，广泛应用了卫星云图和雷达测雨进行降水量定量分析，开展降雨和洪水预测。首先根据气象资料提供洪水预报所需要的分片、定量、等时段系列的雨量预测，然后进行洪水预报，二者紧密相连，有机结合，以提高预报精度和增长预见期。

(3) 交互式预报技术。自从我国引进了美国天气局河流预报系统（NWS-RFS）和交互式预报程序（Interactive Forecast Program，简称为IFP）以来，先后在一系列流域上建立了交互式河流预报原型系统。IFP由作业预报系统（Operational Forecast System，简称为OFS）与GUI结合而成，可为河流预报员提供判断数据或模拟成果正确性所需的信息，并能很方便地将上述判断付诸行动，使预报能反映当前和未来的水文气象条件的最佳估计。

(4) RS和GIS技术。利用RS和GIS技术为水文模拟提供较准确地流域地质、地形、地貌、植被、土壤利用、土壤类型、河流水系等许多下垫面条件的信息，为分布式水文模型、水文气象耦合模型和更有效地利用和管理各种空间分布数据提供工具，解决无资料地区的水文模拟问题。我国应用了由荷兰国际大气观测和地球科学研究所开发的ILWIS系统（Integrated Land and Water Information System）进行实时雨情气象信息的数据分析和图形加工，制作各种不同区域和时段的实时点面雨量图、雨量距平分析图、面平均雨量计算、总雨量计算和未来6 h降水预测。

(5) 信息处理和数据管理技术。水文预报系统中的信息处理和数据管理一般包括信息采集、数据的编辑、检查纠错以及其他数据格式的转换等。系统中都采用数据库来进行管理。系统的数据库由气象数据库、雨情数据库、水情数据库、图形库、工情库等组成。

卫星云图、背景地图、工程图等图形资料以文件形式存放，雨情、水情和天气报告的数据存入数据库中。洪水预报子系统所需的数据从雨情数据库和水情数据库中获得，计算结果可放入水情数据库中供查询和显示应用。

11.2.5　水文预报技术展望

随着人类活动的影响，致使长期观测的水文序列发生了变化，以及西部开发等对水文预报业务需求的增加，无资料地区或资料缺乏地区的水文模拟问题已是我们面临的一个突出问题。因此，要加大 RS、GIS、DEM 等新技术的应用，研究开发基于地理信息的分布式水文模型。

要加强雷达测雨、卫星遥感、地面观测等多源信息的同化分析和应用，提高流域（或计算单元）面降水量的估算精度，进而提高洪水预报的精度；进一步加强水文气象的学科结合，加大定量降水预报（QPF）的研究应用，进一步延长洪水预报的预见期，提高洪水预报的效益和作用。

随着社会经济活动对水文预报的需求增加，加强水质、地下水、旱情等要素的预报预测，逐步建立水质预报分析、地下水动态分析、旱情监测预测分析等业务系统，进一步扩大预报领域，提高水文预报的服务水平。

第12章 洪涝灾害影响与评估

12.1 洪涝灾害影响

洪涝灾害历来是我国最严重的自然灾害之一，长期以来对中华民族的生存和社会发展构成严重的威胁。洪涝灾害的影响是多方面的，主要有以下几方面。

1. 洪涝灾害对国民经济的影响

（1）对农业的影响。洪涝灾害常常造成大面积农田受淹，农作物减产甚至绝收。据1950—2006年资料统计（见表8.2），全国平均每年农田受灾面积967万hm^2，成灾面积542.6万hm^2，其中洪涝灾害严重，农田受灾面积在1400万hm^2以上的洪涝年份有1954年、1956年、1963年、1964年、1985年、1991年、1993—1996年、1998年、2003年、2005年等，1991年全国农田受灾面积达2459.6万hm^2，成灾面积1464.4万hm^2，粮食总产量的增长率为−2.45%。

（2）对交通运输业的影响。交通是国民经济的动脉，随着国民经济发展，铁路、公路运输作用愈发显得重要。但每年洪涝灾害对铁路公路正常运输和行车安全构成很大威胁，其中京广、京九、京沪、陇海等重要铁路干线常处于洪水威胁之下。据统计1980—1995年暴雨洪水引起铁路运行中断2553次，中断时间累计达38799小时，平均每年经济损失达到10亿元。特大洪涝灾害对交通运输的破坏尤为严重，如1954年淮河流域特大洪灾造成京广线铁路中断100 d。1963年海河大水冲毁公路6700 km，京广、石德、石太铁路分别中断27 d、48 d、11 d。

（3）对城市和工业的影响。城市人口密集，财富集中，是一个国家或一个地区的经济文化或政治中心，目前我国工业基本上集中在城市。城市国内生产总值约占全国的75%，利税约占全国的80%，随着社会和经济发展，我国城市化进程将加快，预测2020年城市人口将达到全国人口总数的54%，一旦发生洪涝灾害，其损失将十分巨大。如1931年长江大水，武汉被淹没100 d，78万人受灾，3.26万人死亡。1960年太子河洪水，本溪被淹，死亡1064人，直接经济损失3亿元。1983年安康被淹，死亡870余人，直接经济损失501亿元。1999年太湖流域发生特大洪水，全流域洪灾损失131亿元，其中城市洪灾损失占50%以上。

2. 洪涝灾害对社会的影响

(1) 人口伤亡及迁徙。我国历史上的重大洪涝灾害，受灾人口均数以百万计，造成大量人口伤亡，这给社会生产力带来严重破坏，同时还会发生人口的迁徙，这些都造成社会动荡不安。如1931年洪水，灾情最重的湘、鄂、皖、浙、苏、赣、豫、鲁8省受灾人口5100余万，死亡人数达40万，在各省农村人口中每1000人就有125人外出逃荒。1939年海河大水，受灾人口约900万，死伤人口1.332万人，大量灾民无所栖止，逃荒流移。1949年以后，因灾死亡人数大幅度下降，但人数仍然较多，平均每年约4800多人，20世纪90年代降至3744人，“十五”期间降为1537人。

(2) 疫病。洪涝灾害之后瘟疫流行是常有的事。洪灾造成瘟疫暴发和蔓延，给社会安定产生重大影响。1860年浙江发生洪涝灾害，嘉兴、湖州两府大疫，死者无数，还波及江苏苏南一带，“五、六、七三月疫气盛行，死亡数藉”。随着科技进步，疫病已可得到有效控制，但每次洪灾需为此投入大量人力、资金。

3. 洪涝灾害对生态环境的影响

(1) 对耕地破坏。洪灾对耕地的破坏，一是对水土的冲刷侵蚀，至2000年，全国水土流失面积356万km^2，约占国土面积37%；二是水冲沙压毁坏农田，如黄河每次决口，大量泥沙覆盖沿河两岸富饶耕地，导致农田被毁；三是洪水泛滥后土壤经大水浸渍，地下水位抬高，大量盐分被带到地表，使土壤盐碱化，农作物难以生存。

(2) 对河流水系的破坏。我国河流普遍多沙，洪水决口泛滥，泥沙淤积，对河道功能破坏严重。尤其是黄河，历史上曾多次决口，使海河、淮河水系都受其影响，黄河流经的故道，将湖泊洼地淤积成沙岗、沙岭，从而使黄淮海平原水系紊乱，成为洪涝灾害发生的根源。

(3) 对水环境的污染。洪灾引发水环境污染，一是病菌蔓延，洪水泛滥使垃圾、污水、人畜粪便、动物尸体漂流漫溢，生活用水都会受到病菌污染，严重危害人们身体健康，如在安徽农村的一些重灾区，灾后细菌总数比标准饮用水高100倍，大肠杆菌比标准饮用水高700倍。二是厂矿遭洪水淹没后，一些有毒重金属和其他化学污染物被大量扩散，对水质造成污染。如1981年四川发生洪灾，据绵阳、成都、永川等6个地市统计，被洪水冲走的有毒物质达到60余种，数量达3550 t。

12.2 洪涝灾害评估

洪灾评估是对洪涝灾害造成的损失进行调查统计，评估在不同情况下发生洪涝灾害损失的价值，其目的是充分认识与理解洪涝灾害发生的状况与严重性，为防洪抗灾、救灾、灾后重建及其洪泛区管理与规划提供决策依据。

洪灾评估对象主要是江河两岸、沿河地区、易受洪涝灾害的行蓄洪区、低洼易涝地区以及重点防洪防台风城市等。对这些地区以往所发生的洪涝灾害，造成的人员伤亡及生活设施、财产、农业生产、工矿企业、商业、交通运输、通讯、水利设施的损失价值进行调查统计，从而提供不同阶段的评估类型。

洪涝灾害评估的具体内容主要有以下3方面。①灾害影响的范围和强度。灾害强度可以定性为若干级。如特大、重大、大、中、小等。范围可用面积、数量表达。②经济损失。经济损失是洪灾评估主要内容，它包括直接经济损失和间接经济损失。直接经济损失是洪水原发性灾害直接造成各项动产与不动产损失的总和。主要包括农林牧副渔业损失；工商企业固定资产、流动资产损失及工商业停工、停业而少创造的净产值；交通运输线破坏损失和中断运输造成的损失；供电、通讯、输油（气）、输水设施管线破坏损失和中断电、通讯、油（气）、水造成的损失；城乡居民房屋、财产损失；事业单位房屋、财产损失。间接经济损失主要包括洪水期间由于交通、电力中断，厂房设备受损等造成产品成本增加、产品积压以及合同无法按期完成的违约损失；抗洪抢险，抢运物资，灾民救护、转移、安置、疾病防治等费用；灾后重建恢复各种费用支出等。对间接经济损失的详细分析和精确评估是很困难的，一般是根据典型实例调查结果或经验估计得出间接经济损失占直接经济损失的百分数作为间接经济损失估算的依据。③非经济损失。非经济损失包括受灾人口、伤亡人口、成灾面积、洪灾的政治社会影响、洪灾的生态环境影响。其中政治社会影响包括洪灾对政治稳定、社会治安、对灾区人民心理影响，对灾区投资环境影响，以及对国家国际声誉的影响；洪灾的生态环境影响分为对灾区生活环境和生态平衡的影响。

建立洪涝灾害评估系统，是有效地进行防洪规划、抗灾、减灾以及灾后恢复的重要基础工作，做好评估需要做以下几方面工作。①完善洪灾统计指标。由于以前我国洪灾统计工作存在受灾项目不齐全，统计标准不统一，缺乏量化指标，准确性差的缺点。在进行洪灾评估时首先要确定洪涝灾害所包括的基本内容，制定统一的洪涝灾害调查提纲，确定调查项目、内容、相关因素、影响程度，以及统计计算方法。②开展洪灾风险分析工作。洪灾风险分析是指对洪涝灾害中一些不利因素发生可能性的后果进行分析，制定洪灾风险图或提出各种洪灾模式。如果有了某个地区或城市的洪水风险图或风险模式，就可以预先了解发生洪水的灾害范围、灾害频次、灾害程度，这有利于指导抗灾救灾和研究治理决策，为灾害评估打下基础。

从洪涝灾害孕育、发生和发展的时间演变过程来看，洪涝灾害评估可以分为灾前预评估、灾中实时评估和灾后综合评估三个阶段。各个阶段灾害评估的目的与用途、内容与方法都有所不同。

12.2.1 灾前预评估

灾前预评估是在洪涝灾害尚未发生之前，在自然灾害理论和洪涝灾害发生机理指导下，在进行洪水预测预报的基础上，对洪水发生后可能造成的灾情进行评估。

灾前预评估的目的和用途为：①针对流域或城市防洪工程规划，按指定频率的设计暴雨过程或历史暴雨过程，分析得出可能发生的洪水过程及相应的经济损失、人员伤亡、生态环境状况以及对社会的影响，用来评估防洪规范的社会效益和经济效益；②按流域或城市现有的工程条件，按一定防洪调度方案以及减灾措施，重演历史雨洪过程，或某种可能发生的恶劣暴雨过程，模拟可能发生的灾情后果，以检验调度方案及减灾措施的合理性和可靠性。

灾前预评估可以为防灾减灾的准备工作提供依据，提前制订计划，从而达到减灾目的。

主要内容包括：①洪水预测预报，即在洪水灾害的区划、监测及发生发展的规律研究基础上，对未来洪水可能发生的地区、时间、强度进行预测预报；②洪水灾中损失的宏观预测；③减灾效益的预估。

这一阶段的评估方法为：①建立流域或地区的社会经济数据库、地理信息数据库、洪水预报和洪水演算模型以及数字高程模型；②根据降水、洪水预报分析可能影响地区；③可能影响地区较详细的社会经济资料收集、核实；④根据洪水预报，分析不同可能量级洪水造成的经济损失和影响。

12.2.2 灾中实时评估

灾中实时评估是在洪水灾害发生时，对洪水灾害的灾情快速评估。它是救灾决策和应急抗灾措施制定的基础，有助于防洪部门和地方政府了解可能的灾情后果，及时进行救灾和灾后恢复工作。

评估内容包括应用监测系统，跟踪灾害的发展；准确的成灾地点，洪水强度；灾情特征；洪水灾害损失跟踪评估（已造成的灾害损失、扩大损失）及减灾效益的预估。

评估方法：①对报告发生洪水地区的灾情进行核实和统计分析；②利用遥感技术分析洪水得到的淹没面积、数字高程模型（DEM）和社会经济数据库，分析计算受灾地区的直接经济损失；③根据核实和分析的受影响地区，分析洪涝灾害对水、电、通讯、交通、群众生活等方面可能产生的影响。

12.2.3 灾后综合评估

洪涝灾害灾后综合评估是指洪水过程结束之后，对受灾区域因灾造成的受灾人口、死亡人口、受灾面积、直接经济损失以及洪涝灾害对生态环境和社会经济影响等方面的实地调查评估，它是制定救灾方案灾后援建计划以及防御次生灾害发生的基础，有利于修订防灾计划，有利于修改防灾救灾措施或制定更加符合需要的措施，有利于调整经济建设规划和计划，加强防御未来可能再度发生灾害的可能性。

评估内容主要包括：灾后现场调查、统计损失；次生灾害的影响评估；间接损失估算；灾害对社会与环境影响的评估；对灾前和灾中提供和实施的各种防灾、减灾方案评估。

评估方法：①根据各部门提供的灾情资料，实时灾情报告，遥感实时监测分析进行归类、分类，统计分析已发生洪涝灾害的损失情况，并对各部门灾情资料进行全面核查，综合分析，最终确定；②对可能发生的次生灾害进行分析，提出预防和减缓措施；③灾后救济及恢复重建安排。包括进行搜寻、营救、伤亡处理、应急救援、道路清理、撤离所需的服务；食品、卫生和避难场所的安排；国内外援助的安排。

第13章 我国历史重大洪涝灾害

13.1 我国重大洪涝灾害发生基本规律

洪水是河流的一种天然属性，随着洪水的发生，洪涝灾害是不可避免的。尽管洪水的发生（包括时间和空间）是随机的，但受自然地理环境、气候以及社会经济等因素的制约，洪涝灾害特别是重大洪涝灾害，还是具有一些基本规律。

13.1.1 影响我国洪涝灾害的自然地理环境

洪涝灾害的形成既有自然的原因，又有社会经济原因，而自然地理环境与气候是其发生的前提。探讨洪涝灾害的规律，必须分析我国特定的自然地理环境及其对气候的影响。

1. 自然地理环境概述

自然地理环境是形成气候特点的基本因素。我国的自然地理环境概括起来有以下几个主要特点。

（1）地理纬度跨距大

我国国土大陆部分的纬度为18°～53°N，纵跨30多个纬度。海洋部分还延伸到位于北纬4°附近的曾母暗沙，全境共跨约50个纬度。因此，除部分领土位于北回归线以南的热带地区外，大部分领土位于副热带地区和温带地区。如果划分得更细，则我国南北方向跨越了赤道带、热带、亚热带、暖温带、温带和寒温带6个温度带。

（2）海陆分布对比突出

我国位于世界最大的大陆——亚欧大陆的东南部分，东濒世界最大水域——太平洋，西连亚欧大陆腹地。因此我国西北部属于极为干燥的大陆性气候区，其余大部分国土属于海、陆交相影响的季风区。

（3）大尺度地形地势独特

我国地势西高东低，地形复杂，按高度自西向东可概括为三级阶梯。最高的一级为海拔高程一般在 4000 m 以上的青藏高原，昆仑山、喀喇昆仑山、阿尔金山、祁连山、唐古拉山、冈底斯山和喜马拉雅山都位于该高原上，而高原东南部为横断山脉一部分。喜马拉雅山是世界上最高大的山脉，平均海拔高程 7000 m 左右，其最高峰珠穆朗玛峰海拔 8848 m，为世界第一高峰。从青藏高原越昆仑山、祁连山和横断山脉而下，降至由内蒙古高原、黄土高原、云贵高原和阿尔泰山、天山、秦岭等山脉组成的第二级阶梯，海拔高程一般为 1000～2000 m，其间包括平均高度 1000 m 左右的塔里木盆地和高度低于 1000 m 的准噶尔盆地、四川盆地。新疆吐鲁番盆地中的艾丁湖湖底海拔高程为－155 m，是我国陆地最低点。大兴安岭、太行山、巫山及云贵高原一线以东，直至海滨为第三级阶梯，该级阶梯上丘陵和平原交错分布。大片的低山和丘陵海拔高程多低于 1500 m，仅少数山峰可达 2000 m。自北向南有东北平原、华北平原、长江中下游平原和珠江三角洲，海拔高程都在 50 m 以下。

图 13.1 给出了我国大尺度地势地形的特征。我国除呈三级阶梯状的独特地势外，地形十分复杂。东西走向的山脉往往是气候上的重要分界线。这样的分界线主要有三条：最北一条为天山－阴山－燕山；中间一条为昆仑山－秦岭－大别山；最南一条为南岭。东北－西南走向的山脉多偏于我国东半部，可分为两带：西带包括大兴安岭、太行山及伏牛山以南的山地，直到广西的瑶山，是我国地势的第二级阶梯的边缘；东带则包括长白山、辽东半岛和山东半岛的丘陵区和闽浙山地等。西北－东南走向的山脉多分布于我国西部，自北至南依次有阿尔泰山、祁连山与喜马拉雅山。南北走向山脉分布在我国中部，自北起依次有贺兰山、六盘山和横断山脉。

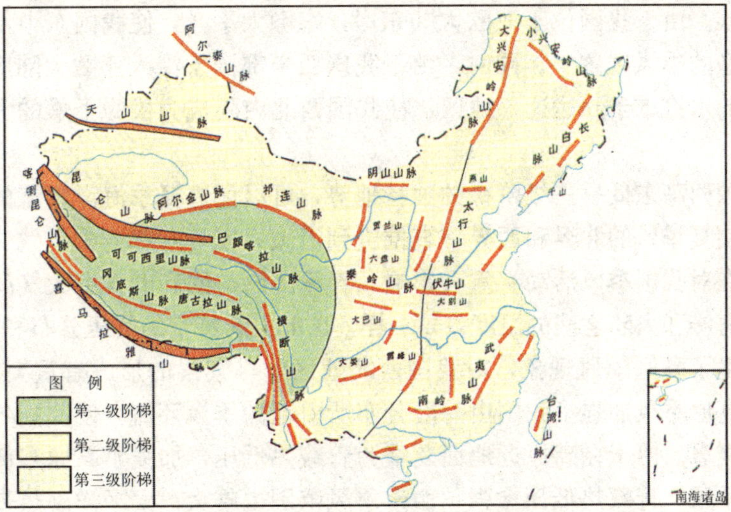

图 13.1　我国地势及主要山系分布（张海仑，1997）

我国江河众多，流域面积在100 km²以上的河流约50000多条，流域面积在1000 km²以上的河流约1500条。因受地势、地形及气候的影响，我国河流的分布很不均匀，绝大多数分布在东部气候湿润多雨的季风区。西北内陆气候干燥少雨，河流较少，并有面积广大的无流区。从大兴安岭西麓起，沿东北一西南向，经阴山、贺兰山、祁连山、巴颜喀拉山、念青唐古拉山、冈底斯山，直到我国西端的国境，为我国外流河与内陆河的分水界。在此线以东以南，都是外流河，分别流入太平洋和印度洋；此线以西以北，除额尔齐斯河经俄罗斯流入北冰洋外，均属内陆河。外流河中，发源于青藏高原的河流都是源远流长、水量很大的大江大河，主要有长江、黄河、澜沧江、怒江、雅鲁藏布江等。发源于内蒙古高原、黄土高原、豫西山地、云贵高原的河流，主要有黑龙江、辽河、海滦河、淮河、珠江、元江等。发源于东部沿海山地的河流，主要有图们江、鸭绿江、钱塘江、瓯江、闽江、韩江等，这些河流一般较短且流域面积小，但水量也较丰富。内陆河可划分为新疆内陆诸河、青海内陆诸河、河西内陆诸河、羌塘内陆诸河和内蒙古内陆诸河五大区域，各区域又可分为若干水系。内陆河的共同特点是径流产生于山区，消失于山前平原。我国的河流水系分布，是决定水旱灾害发生和分布的重要的自然地理环境。

2. 大尺度地形地势及地理位置对气候的影响

如上所述，由于我国地理纬度跨距大，使我国气候从赤道带到寒温带跨越了6个温度带。我国跨越的纬度相当于从北非的毛里塔尼亚西海岸至英国南部，在那里气候从热带沙漠气候、夏干冬雨的地中海气候至常湿温和的西北欧气候。由于我国位于亚欧大陆东岸，东濒太平洋，使我国东半部成为全球最典型的季风区之一。同时，由于我国西半部国土深入亚欧大陆腹地，来自海洋的水汽难于到达这一地区，使我国西北内陆成为极为干燥的大陆性气候区。

我国西高东低呈三级阶梯的独特地势，可以促进夏季海洋气流的西进和北上，使夏季风的北界和西界一直推进到沿大兴安岭和祁连山一线。青藏高原的存在对我国季风活动有重大影响。青藏高原与同高度自由大气间的温度差异同海洋和大陆之间的温度差异一样，也能引起特定的气压分布和气流场，因而产生了高原季风现象，对我国西北地区干旱气候的形成有重要的影响。另外，高原季风加强了我国由海陆分布所引起的季风环流，使我国冬夏季风都十分显著。由于在高原近地面夏季为青藏热低压，加强了高原东侧平原上空的夏季风。青藏热低压愈强，西南季风范围也越大；太平洋副热带高压脊越强，越西伸，西南地区的西南季风也越强，从低纬度海洋上输送来的水汽也越多，到达的纬度也越北。相反，如果没有青藏高原，就不会有青藏热低压，我国西南地区也不会有如目前那样深厚和强大的西南季风，我国东部地区夏季降水条件也会比目前差一些。研究表明假如没有青藏高原存在，西南季风只能到达印度洋南部，我国大部分地区将以偏西风和西北风为主，受下沉气流支配，气候干燥。正是由于距今几千万年以来青藏高原的隆起，诱发西南季风向印缅地区侵袭，产生高原雨季并使夏季风活动范围扩展到我国国土的一半面积（朱抱真，1990）。图 13.2 给出了我国季风区和非季风区的分界线。季风气候的变异性使我国成为全球气候年际变率较大的地区，导致我国旱涝频繁出现而易发生水旱灾害。青藏高原是高耸在大气中的大陆块，其动力作用也非常重要。冬半年东亚沿岸的高空大槽能够经常存在，除海陆热力差异为重要原因外，上游高原大地形的存在，使气流绕行分支和爬越而过的作用也很重要。此外，高原迫使迎风面气流爬坡，使高原四周山坡上出现雨量较多的地带。冬季多偏西偏北气流，高原北坡、西坡出现雨量较多；夏季多西南风或东南风，因此高原东坡、南坡出现雨量较多。高原对于对流层低层气流的屏障作用，使高原北侧南疆和河西一带冬季干冷、夏季干热。青藏高原的动力作用和高原的季风作用，大大改变了由海陆影响所引起的气流分布，进而影响到大气环流，增强了我国季风气候及其影响下的旱涝分布的复杂性。

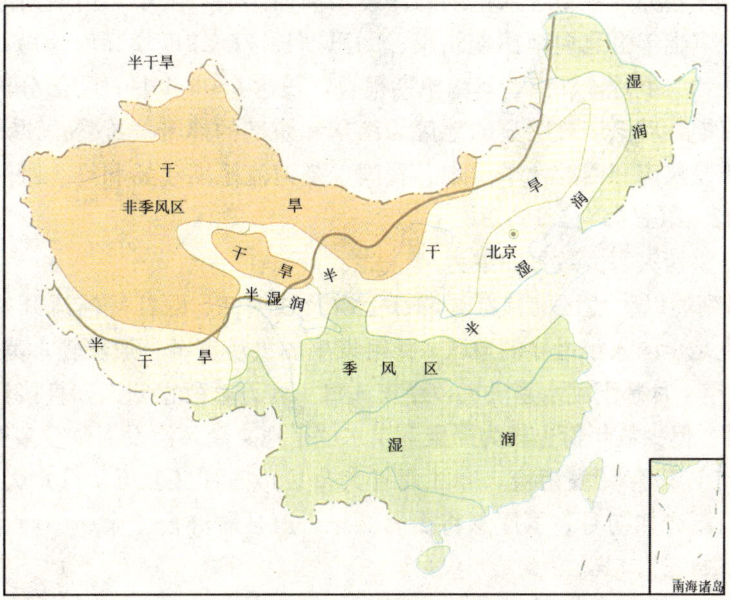

图 13.2　我国干旱与湿润区及季风与非季风区划分（张海仑，1997）

我国地形十分复杂，高原盆地错落，高山河川纵横，使我国气候表现为复杂多样化。高大的山脉往往成为气候的分界线。我国东部三条东西走向的山脉历来被作为划分自然地理区域的分界线：阴山至燕山一线是华北平原的北界；秦岭及其以东的山地成为划分华北与华中的分界线；南岭则是华中与华南的分界线。即使是东北一西南走向或偏于南北走向的山脉也是气候上的重要界线。绵亘于湖南、湖北和河南三省西部的山地就是我国登陆台风西进的一条限界。这些山地以及四川盆地四周和太行山等山地的迎湿风一侧都是我国多暴雨的地带。由于这种十分复杂的地形特征，致使我国频发局地性、区域性水旱灾害。最近40年中，每年都有数省或流域大范围内遭受旱灾或水灾，而且往往是同一年份同一地区发生连季旱涝。因此，在我国特定地理位置条件下，独特的地势和复杂的地形导致我国旱涝灾害频繁出现且具有明显的季节特点和地区分布特点。

13.1.2 重大洪涝灾害发生基本规律

暴雨洪水造成的洪涝灾害和其他类型的洪涝灾害其成因条件不同，各有不同特点，下面重点分析暴雨洪水型重大洪涝灾害的基本特点和规律。

1. 季节分布

季风雨带的季节性位移，导致暴雨洪水发生的季节，在地域上有一定的规律，总体趋势为：①进入汛期随纬度增高而错后，上半年由南向北逐渐进入汛期，下半年由北向南汛期结束；②汛期长度随纬度增高而缩短，华北汛期最短，约一个月，江南、华南汛期很长，长达5～6个月；③部分地区有明显的双汛期，后汛期最明显的地区为南部和东部的热带气旋暴雨洪水，西南地区东部及陕南鄂西的秋季洪水。我国主要河流汛期起始和终止时间分布情况见表13.1（张海仑，1997）。

各月洪涝灾害大致可归纳为：

4月南岭以北地区的赣江、湘江上游及钱塘江、瓯江等河流开始进入汛期，这也是全国入汛最早的地区，此时发生的洪涝灾害一般较轻，范围较小，如1999年4月鄱阳湖水系洪灾，受灾人口128万，死亡6人，直接经济损失3.5亿元。但少数年份也较为严重，洪水“平地丈余，漂没庐舍”多见于文献记载。如1733年“安南府（今江西省大余县）三月（公历4月）大水入城，南门洞只露光如初月，军厅参将衙署倾圮，府县署亦浸丈余……庐舍田亩坏者十之二、三”。

表 13.1　我国主要河流汛期起始和终止时间分布（张海仑，1997）

地区	河流	站名	3月			4月			5月			6月			7月			8月			9月			10月		
			上	中	下	上	中	下	上	中	下	上	中	下	上	中	下	上	中	下	上	中	下	上	中	下
	瓯江	圩仁				---	—	—	—	—	—	—	—	—	---	---	---	---	—	—	—	—	---			
	兰江	兰溪			---	---	—	—	—	—	—	—	—	—	—	---	---	---	---	---						
江南丘陵	赣江	外洲				---	—	—	—	—	—	—	—	—	---	---										
	湘江	湘潭				—	—	—	—	—	—	—	—	—	---	---	---	---	---							
	资水	桃江			---	---	—	—	—	—	—	—	—	—	—	—	---	---	---	---						
	北江	横石						---	—	—	—	—	—	—	---											
	桂江	昭平					---	---	—	—	—	—	—	—	—	---										
	柳江	柳州								---	---	—	—	—	—	—										
珠江	红水河	迁江												—	—	—	—	---	---							
	郁江	南宁													---	---	—	—	—	—	—	---	---	---	---	
	西江	梧州										---	—	—	—	—	—	—	—	---	---					
	嘉陵江	北碚											---	---	—	—	—	—	—	—	—	—	---	---		
	长江	寸滩													—	—	—	—	—	—	---	---				
长江	沱江	李家湾													—	—	—	—	—	—	---					
	岷江	高场													—	—	—	—	—	---	---					
	长江	宜昌													—	—	—	—	—	---	---					
	长江	汉口												---	—	—	—	—	—	—	---	---	---			
	淮河	息县										—	—	—	—	—	—	—	---	---						
淮河	淮河	王家坝									---	—	—	—	—	—	—	—	—							
	北汝河	紫罗山												---	—	—	—	—	—	—	---	---	---	---		
	黄河	兰州													—	—	—	—	---	---	—	—	---			
	渭河	咸阳													---	---	—	—	—	—	—	—	---			
黄河	泾河	张家山													---	—	—	—	—	—	---					
	伊洛河	黑石关													—	—	—	—								
	漳河	观台															—	—	---	---						
海河	滹沱河	黄壁庄														—	—	—								
	滦河	滦县															—	—	—							
松花江	松花江	哈尔滨																	—	—	—	—				
	松花江	佳木斯														---	---	—	—	—	—					

注：---至---或---至—或—至---为汛期，—至—为主汛期。

5—6 月是华南前汛期暴雨集中期，珠江流域的洪水出现第一高峰，江南中北部及浙闽西部常发生洪涝灾害，受灾范围较前一阶段扩大，灾情也趋严重。如 1982 年 5 月北江洪水造成直接经济损失 4.4 亿元，受灾人口 229 万，死亡 493 人。又如 1994 年 6 月西江、北江同时发生大洪水，广东、广西两省区共有 2148 万人受灾，死亡 446 人，直接经济损失高达 284 亿元。1994 年 5 月闽江洪灾 230.8 万人受灾，死亡 126 人，直接经济损失 55.5 亿元。1962、1968、1982 和 1998 年的 6 月都发生过横跨湖南、江西、福建和浙江四省的大范围洪水，灾害十分严重，每次受灾人口均在千万以上，死亡数百人。

7—8 月为我国汛期全盛期。7 月长江流域及长江以北地区大多数河流进入汛期，黄河、海河、辽河、松花江等河流跨越7、8月，尤其是海河流域更明显集中于7月下旬至8月上旬，我国东部地区同时还受热带气旋影响，大洪水频频发生，珠江流域和浙闽地区出现第二次洪水高发期。

这一时期洪涝灾害不仅发生频繁，而且范围广，灾情重。主要江河重大洪涝灾害大都发生在这一时期。20世纪七大江河较为典型的洪涝灾害见表13.2。

表13.2 20世纪七大江河典型洪涝灾害情况

发生时间	发生流域	受灾人口（万人）	死亡人口（人）	直接经济损失（亿元）
1932年8月	松花江	70	20000	
1998年8月	松花江	1767	112	610.4
1930年8月	西辽河	240	万余	
1995年8月	辽河	672.2	128	347.2
1939年7月	海河	900	13300	11.7（银元）
1963年8月	海河	2200	5030	60
1933年8月	黄河中游	364	18000	2.31（银元）
1996年8月	黄河中下游	978	204	88
1921年8月	淮河	766	24890	2.15（银元）
1975年8月	淮河	1558	26399	
1991年7月	淮河	5432		340
1981年7月	长江上游四川	1584	888	20
1935年7月	长江中游	1000	14.2	3.55（银元）
1969年7月	长江中下游	1190	1655	
1996年7月	洞庭湖水系	3325	744	580
1998年7—8月	长江流域	8411	1562	1345
1915年7月	珠江三角洲	378	10余	

上述个例表明，7、8月份我国七大江河都会发生严重的洪涝灾害，若遭遇气候异常，甚至会发生全国性的洪涝灾害，在20世纪比较突出的有1931、1949、1954年。

1931年珠江流域、长江流域、淮河流域、海河流域以及黄河流域、辽河流域、松花江流域的部分支流普遍发生了洪涝灾害，其中江淮流域最为严重，据统计，湘鄂赣浙皖苏鲁豫八省合计受灾人口5127万，占当时全国人口的四分之一，死亡约40万人，直接经济损失22.54亿银元，为20世纪受灾范围最广、灾情最重的一次大洪灾。

1949年七大江河基本上都发生了洪涝灾害，洪灾范围遍及全国20多个省

(直辖市)，灾民4450万人，长江流域中下游死亡人数达5.7万。

1954年发生新中国成立以来范围最广，灾情最重的洪涝灾害，其中以江淮流域最为严重，长江中下游地区受灾人口1888万，死亡3万余人，长江、淮河、海河三大流域受灾农田超过1000万 hm^2，约占当时全国农田的十分之一。

9月洪涝灾害主要发生在东南沿海地区及华西地区（即黄河上游及其支流渭河，长江支流嘉陵江，汉江)，其中嘉陵江，汉江流域有些年份可推迟到10月份，是全国汛期结束最晚的地区。在此期间洪涝灾害范围减小，灾情减轻。如1981年9月黄河上游洪灾，受灾人口30万，直接经济损失0.7亿元。1975年10月嘉陵江洪灾，1983年10月汉江洪灾，其灾害程度也相对较轻。

以上只是洪涝灾害季节变化的一般规律，有些特大洪涝灾害往往在反常情况下发生，如汉江中上游一般4月下旬至5月为桃汛，7—10月上旬为伏汛，介于桃汛和伏汛之间的6月份，径流量较小，很难产生洪涝灾害，但在400多年前的1583年6月，汉江发生了一场异乎寻常的特大洪水，为近千年来最大洪水，该场洪水使沿江千余千米范围的所有城镇均遭受严重灾害，陕南重镇安康遭到毁灭性破坏，洪水过后全城沦为一片废墟，当时全城人口只有2万～3万人，而被洪水淹死的就达5000余人。

2. 年际分布

我国的季风气候年际变化较大，其起止时间及强度差异，直接影响我国各地汛期时间长短和降雨量大小，关系到洪涝灾害的轻重和范围大小。我国有5000多年的文明历史，众多文献中有大量洪涝灾害的文字记载，以近500年洪涝灾害历史资料为依据，可以大略得出洪涝灾害年际分布的一些特点。

图13.3为海河流域、淮河流域、长江流域洞庭湖水系、珠江流域西江水系的洪涝灾害时序分布。由图可见重大洪涝灾害年际分布有两个明显的特点。其一，是阶段性。阶段性是指重大洪涝灾害在时间序列上的分布，即在一个时期频频出现，为高频期，另一个时期则出现较少，为低频期，高频期和低频期呈阶段性交替变化。如长江流域洞庭湖水系在1830—1940年的110年间有54年发生了洪涝灾害，为高频期，平均约2年发生一次洪涝灾害，其中1905—1937年共发生了26次，而在1620—1830年的210年间有43年发生了洪涝灾害，为低频期，平均约5年发生一次，有时10多年不发生洪涝灾害。这种情况不仅发生在南方湿润地区，北方干旱地区也大致如此。海河流域在1510—1580年的70年间有30年发生洪涝灾害，在1850—1900年的50年间有21年发生洪涝灾害，约2.3年发生一次，均为高频期，在两个高频期间隔

的 270 年间有 57 年发生洪涝灾害，约为 5 年发生一次，其中 1580—1650 年的 70 年间只有 7 年发生洪涝灾害，平均 10 年才发生一次。其二，是连续性，即某个流域或地区连续多年发生洪涝灾害。长江流域洞庭湖水系在近 500 年中连续 3 年以上发生洪涝灾害的有 15 次，连续 5 年以上的有 5 次，尤其是 1905—1915 年连续 11 年发生洪涝灾害。海河流域与此类似，在近 500 年中连续 3 年以上发生洪涝灾害的有 14 次，连续 5 年以上的也有 5 次，最多的为 1892—1898 年连续 7 年发生洪涝灾害，造成 60 个以上州县河堤决口，禾稼淹没。

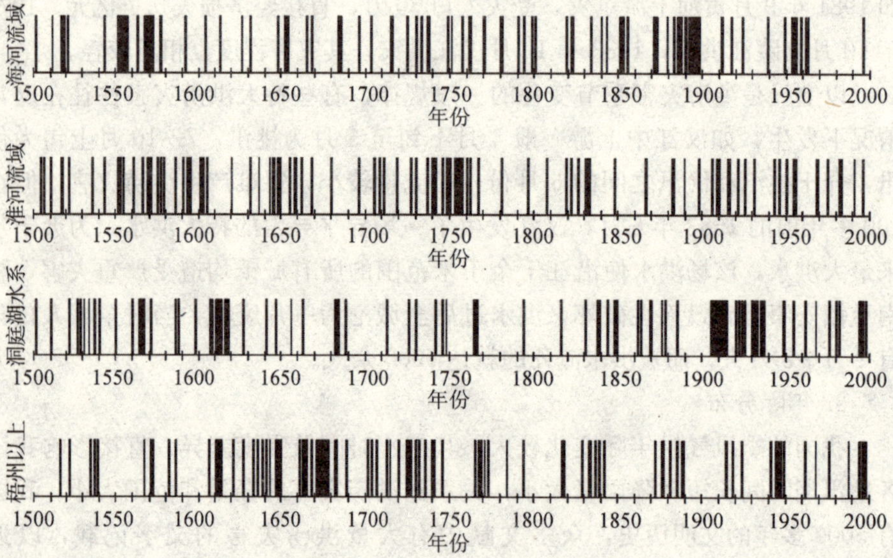

图 13.3　海河流域、淮河流域、洞庭湖水系、西江梧州洪涝灾害时序分布

上述特点不仅在某个区域存在，从全国范围来看，也具有这种特点。在近百年来，就曾出现洪涝灾害频发期，历史上许多著名的特大洪涝灾害大多出现在这一时期，最为典型的如 20 世纪 30 年代及 90 年代。30 年代发生的洪灾有 1930 年辽西洪灾，1931 年全国洪灾，1932 年松花江洪灾，1933 年黄河中游洪灾，1935 年长江中游洪灾，1938 年黄河人为决口，1939 年海河洪灾。20 世纪 60 年代中期以后洪涝灾害发生较少，并一直持续到 80 年代。90 年代又是洪涝灾害的频发期，1991 年长江下游、淮河洪灾，1992 年闽江洪灾，1994 年珠江流域、洞庭湖水系洪灾，1995 年长江中下游洪灾，1996 年海河、黄河中游、洞庭湖水系洪灾，1997 年西江洪灾，1998 年长江、西江、松花江、闽江洪灾，1999 年太湖流域洪灾等。21 世纪初也是洪涝灾害频发期，2003、2005 和 2007 年淮河均发生了流域性的大洪水，2005 年珠江流域西江

干流还发生了重现期超过 50 年一遇的特大洪水。

3. 地区分布

河流的洪涝灾害是特定区域各种自然地理因素综合作用的结果，因此灾情地区分布变化规律也具有明显的区域性。

从大趋势看，我国地形西高东低，总体以西部的青藏高原最高，东部沿海平原最低，地形由西向东呈阶梯状，地理学上将之分为三级阶梯。

第一阶梯为青藏高原，其区域地势高，基本上很少出现暴雨，洪涝灾害随之发生机会亦少，灾情轻。

第二阶梯介于青藏高原与大兴安岭、太行山、巫山、雪峰山之间，其间分布有高原和盆地。第二阶梯东边界构成了我国重要的暴雨带，此外四川盆地两侧和北侧亦是我国大暴雨经常发生地区之一，从而极易引发洪涝灾害。如 1981 年 7 月四川盆地洪灾，1981 年 8 月嘉陵江、汉江上游洪灾，1860 年、1870 年长江上游洪灾，其灾情均十分严重。

第三阶梯为大兴安岭至雪峰山以东地区，分布着广大平原、丘陵和山地，我国大暴雨大多分布于此，发生致洪暴雨多，每年都有或大或小的洪涝灾害，洪涝灾害发生频繁，而且经常发生严重的洪涝灾害。一般来说，洪水量级越大，造成的灾害就越严重。根据全国 6000 多个河段最大洪峰流量分析，洪水量级最高的地区主要分布在这一地区。从辽东半岛、千山山脉东段往西，沿燕山、太行山、伏牛山、大别山所构成的弧形山区迎风山麓以及武陵山区，每 1000 km^2 最大洪峰流量均可达到 6000 m^3/s 以上，最高的伏牛山区可达 15000 m^3/s，可形成重大洪涝灾害。这些地区就曾出现一次洪灾死伤超过万人的灾情，最典型的如 1975 年 8 月淮河洪灾死亡 26000 余人，1930 年 8 月辽西洪灾死亡万余人，1935 年 7 月长江中游洪灾死亡 142000 余人。第三阶梯中的东北平原、黄淮海平原、长江中下游平原和珠江三角洲平原，其总面积约 67.5 万 km^2，集中了全国 1/3 的耕地，40%的人口和 60%的工农业总产值，是我国经济最发达的地区，因此也是防洪重点所在。它们处在七大江河中下游，河道接纳上游山区全部来水，但由于目前河道行洪能力普遍达不到设计标准，来水量与河道泄量之间矛盾突出，加上降雨历时长，范围广，强度大，致使洪涝灾害不断，是我国洪涝灾害的频发地区。该地区洪涝灾害还有如下的一些特点：①受灾范围广，如海河平原一次重大洪灾农田受灾面积动辄 200 万～300 万 hm^2，1963 年 8 月海河洪灾面积达到 670 万 hm^2，江淮平原更是如此。若遇气候异常，其范围几乎遍及整个东部地区，如 1931 年、1949 年、1954 年洪灾范围都涉及十多个省。②历时长，平原地区洪灾以漫溢为主，洪水一旦漫过堤防，流速缓慢，迟迟不能归槽，造成长时间积涝，进一步加剧灾情。一次洪灾历时短则10天或半月，长则可达数月之久。1939年海河洪灾，天津城被淹一个半月，1931年江淮洪灾，淮北大堤溃决，平原地区洪水历时3个月才退尽，武汉被淹浸4个月之久。

每年洪涝灾害集中发生地区或南或北，或东或西，变化不定，依据气候、自然地理等条件将洪灾空间分布分为六个区域：1为东北区，包括松花江及辽河流域；2为华北区，包括海滦河流域、黄河中下游及沂沭泗河；3为西北区，包括黄河上游地区；4为华中、华东区，包括淮河流域、长江中下游及浙闽地区；5为西南区，包括长江上游及西南诸河；6为南方区，包括珠江流域及粤东沿海，见图13.4。

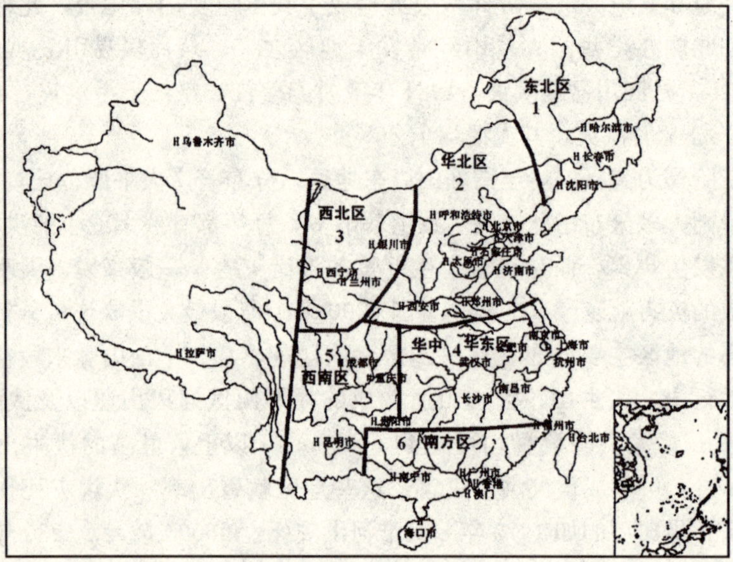

图13.4　洪涝灾害空间分布分区示意图

各区近200年来洪涝灾害情况如表13.3。由表可见，华中、华东区是洪涝灾害最为频繁的地区。这一地区汛期时间长，从4、5月份开始直至9月份均可能发生洪灾。华中、华东区除低山丘陵外，为冲积平原，多湖泊，平原湖区地面高程普遍低于江河洪水位几米至几十米，汛期江湖高水位持续时间长，如洞庭湖区被称为“半年在水下，半年在水上”，生产与生活全部依靠堤防保障，从而极易产生洪涝灾害，一旦堤防溃决，灾情就十分严重。在梅雨季节，受梅雨锋的影响，常常发生连续多次大面积暴雨，一般区域性洪灾，农田受灾面积常在百万公顷以上，如果江淮地区同时发生洪水的话，中下游7省（直辖市）的灾情就更为严重。

表 13.3 1800—1999 年分区洪涝灾害情况

	0	1	2	3	4	5	6	7	8	9
1800	2,4,6	2,4,6	1	5	3,4,6	1,4,5	1,2,3	6	2,4	1,2,4
1810	1,2,4,5	2,5,6	1,4,6	4,6	1,4	1,2,5	2,4	4,6	1,2,6	1,2,4,5,6
1820	1,2,3	2,3,6	1,2,4	2,4	5,6	4	1,4	3,4,5	1,2,4,6	4,6
1830	2,4	1,2,4	2,4,5	2,4	1,2,4	2	5	6	4	2,4,5,6
1840	2,4,5	2,4	4,6	2	1,2,4,6	2	1,2,5	6	2,3,4,5	1,2,4
1850	3,4	2,4,5	2,4,5	2,4,6	2,4	2,6	1,5,6	5	4	4
1860	2,4,5	4	1,2,4,6	2,4,5,6	4,6	4,5	1,4	4,5	2,4	2,4
1870	1,4,5	1,2,4	1,2,4,6	2,5,6	2,6	1,4	4,6	4,6	2,4	1,2,6
1880	4	4,5,6	2,4,5	2,4,5	2,4,6	1,2,4,6	1,2,4	2,4,5	1,2,4,5,6	2,4,5,6
1890	1,2,4,5,6	2	1,2,4	2,4,6	1,2,6	1,2	1,2,4,5	1,2,4	2,4,5	1,4,5
1900	1,4,5	1,2,4	4,6	2,5,6	2,3	2,4,5	4,5,6	4,5	2,4,6	1,2,4
1910	1,2,4,5	1,2,4	2,4,5	1,2,4,6	1,2,4,5,6	1,4,5,6	4,5	1,2,5	1,2,4,5,6	2,4,6
1920	4,5,6	1,2,4,5,6	1,2,4	1,2,4,6	1,2,4,5,6	1,2	4,5,6	4,5	4	1,4
1930	1,4,5	1,2,4,5	1,2,4	2,4,5	1,5	1,4,6	4,5,6	1,2,4	1,2,4,5	2,4
1940	2,6	1,6	4	3,4	2,6	5,6	4,6	4,5,6	4,5	1,2,3,4,5,6
1950	2,4	1	4,5,6	1,2	1,2,4,5	2,4	1,2,4,5,6	1,2,4,6	2,4,5	1,2,6
1960	1,4,5	2,3,4,5,6	1,2,4	1,2,4	1,2,3,4	3,4,5,6	1,2	2,3,4	4,6	2,4
1970	2,4,6	2,6	4	2,4,6	4	4,5,6	3,4,6	2,4	3	1,4
1980	4	1,3,4,6	2,4,6	4	1,4	1,3,6	1	4	1,6	4
1990	4,5	1,4	4	4	4,6	1,4	2,4,6	4,6	1,4,5,6	4

注:1800—1999 年各分区洪涝灾害发生年数统计:1 东北区 82 年,2 华北区 113 年,3 西北区 18 年,4 华中、华东区 156 年,5 西南区 71 年,6 南方区 82 年。

华北区虽地处北方，但洪涝灾害发生次数仅次于华中、华东区，区内黄河以多沙、悬河、善淤、善决、善徙而闻名于世。古人以“黄河斗水，泥居其七”描述黄河多沙状况，黄河下游每年平均约有2亿t泥沙淤积在河道中，河床平均每年以0.04 m的速度淤积抬高，年复一年，黄河成为高出地面的悬河，平均高出地面3～4 m，最高达10 m左右，黄河洪水具有暴涨陡落，来势凶猛的特点，在洪水涨落过程中，河床发生剧烈冲淤变化，河床摆动频繁，直接威胁堤防安全。据不完全统计，自公元前602年—公元1938年的2540年间黄河决溢1590次，改道26次，故有“三年两决口，百年一改道”之说，一旦决口，则形成重大灾害。如1938年决口，共冲毁耕地133万hm^2，受灾人口1250万，死亡89.3万。海河流域是扇形分布河道，大洪水主要来自太行山、燕山的迎风山区，其区间洪水量级大，每1000 km^2洪峰流量可达8000 m^3/s以上，山区与平原几乎直接交接，其间的过渡带很窄，因而形成上下游直接相接的特殊河道，一旦上游发生洪水，下游河道常常宣泄不及，随之产生洪涝灾害。如天津市地处九河下梢，极易受大洪水之灾，自1604—1949年间天津遭受水淹13次，其中1801年洪灾天津城水淹城砖26级（约4 m）。

西北区由于气候干燥，年降水量只有200～600 mm，多年平均暴雨日数约0.5 d，且暴雨多为局地性对流暴雨，其范围较小，中心区面积仅几十至几百平方千米，洪水过程为暴涨暴落，具有很大的破坏性，死亡人口多。如1965年7月甘肃天水洪灾，受灾面积仅580 hm^2，死亡人口却高达200～300人。西北地区重大洪涝灾害在上述六个地区中是最少的。

4. 相似性

一个地区尽管每年洪涝灾害存在或多或少的差异，但由于受气候及自然地理条件制约，造成一些重大洪涝灾害降雨范围、中心位置、降雨强度、降雨历时等致洪暴雨条件及其产生的洪水量级、洪水来源与组成等洪水特征会有一定程度的相似，即类似的洪涝灾害会在同一地区重复出现。如1931、1954年江淮流域均发生严重洪涝灾害，洪灾发生地区基本相同，均为梅雨异常。

江淮梅雨一般为6月中旬入梅，7月上旬出梅，历时20余天。1931、1954年梅雨均来得早，结束得迟，持续时间长达2个月之久，并且降雨主要集中在7月，7月份多次出现大到暴雨，1931年6月28日—7月27日30天雨量超过500 mm，雨区面积为24.4万km^2，暴雨中心雨量987.7 mm，1954年7月1—31日31天雨量超过500 mm雨区面积为20.3万km^2，暴雨中心雨量1265 mm，两者十分相似。海河流域5大水系同时发生严重洪涝灾害次数较少，也很少发生长历时降雨。1801年洪灾与1939年洪灾都是遍及整个流域，降雨历时达30～40 d，其间有3次集中降雨过程，1801年为7月11—17

日、7月23—31日、8月中旬，1939年为7月9—15日、7月23—29日、8月11—13日，每次暴雨发生时间十分相近。根据大量的重大洪涝灾害研究表明，这种现象各大江河普遍存在。如在松花江流域有1932年洪灾与1957年洪灾，其洪水主要来自第二松花江及拉林河，与台风有关，辽东地区有1888年8月洪灾与1960年8月洪灾，发生时间为8月初，降雨受台风影响，受灾地区为太子河、浑河及鸭绿江。黄河上游1904年洪灾与1981年洪灾，两者雨洪特征相类似，只是在时间上有所差别。黄河中游1843年洪灾与1933年洪灾，造成两场洪灾的洪水均来自黄河中游北干流及支流泾河、北洛河、渭河，均造成黄河下游堤防多处决口，其灾害十分严重。长江上游1860年和1870年洪灾是历史上最大的两场洪水，两次洪水来源虽然有些差别，但都是上游洪水与三峡区间洪水发生遭遇，形成宜昌特大洪水，造成洞庭湖区大范围水灾。6月在25°～29°N区间，110°E以东广大地区，即长江中下游洞庭湖水系、鄱阳湖水系以及闽、浙地区，常会出现1～2段连续降雨天气，每段时间约为10 d，雨区范围往往达数十万平方千米，使上述地区发生较为严重的洪涝灾害，其中较为突出的如1962、1968、1982和1998年洪灾，这些相类似的洪涝灾害在上述地区一次又一次不断重复出现。

5. 随机性

根据1800年以来全国洪涝灾害资料统计分析表明，每年我国都会有洪涝灾害发生，何时何地发生何种程度的洪涝灾害则是难以预测的。每次洪涝灾害的发生是随机的。就某个区域而言，发生洪涝灾害频次随时间有一定的变化，既可连续2年、3年，甚至5年以上不断出现洪涝灾害，又可连续多年不出现洪涝灾害。但无论从1年、10年、20年时间长度考察均不存在周期性波动规律。就全国而言，由于造成洪涝灾害的因素多种多样，导致在时间上无论春夏秋冬，在地区上无论东西南北中，均可以发生洪涝灾害。在冬春季节，严寒地区可发生冰凌洪灾，如1955年1月黄河下游，因上游来冰下泄不及，形成冰坝，致使堤防溃决，18万人受灾，死亡80人，淹没农田6万 hm^2。在南方地区隆冬季节也会有暴雨发生，如1982年11月浙江东部暴雨成灾，数十万人受灾，死亡64人，淹没农田4.67余万公顷。夏秋更是洪灾频发季节。在地域上，东部地区是洪涝灾害频发地区，西部内陆河虽干旱少雨，但是仍然会有洪涝灾害。1958年8月新疆天山暴雨洪灾夺取559人的生命，历史名城库车（古龟兹国）被冲毁，灾后不得不另择新址，重建县城。1999年7—8月新疆发生大范围洪涝灾害，有58个县（市）受灾，死亡112人，直接经济损失25亿元。即使青藏高原也时有洪涝灾害发生，2000年8月年楚河发生百年一遇特大洪水，直接经济损失4.12亿元。

洪涝灾害成因之一降雨，它具有一定的季节性。对于具体每一年雨季到达时间迟早、雨量多少、降雨过程及降雨落区等都是不确定的。对于暴雨洪水，其洪水过程与量级取决于降雨的时空分布及雨区下垫面状况，从而导致洪水过程是一个随机过程。洪峰流量、洪量及其组成也都是难以确定的，从而洪涝灾害也为随机的。

13.2 松辽流域历史重大洪涝灾例

松花江干流大洪水多由全流域性连续降雨形成的各支流洪水汇集而成，或由区域性大洪水与其他区域相应时间的一般洪水叠加而成。此外支流嫩江来水特别大时也可形成干流特大洪水。19 世纪以来造成松花江流域较为严重洪涝灾害的主要大洪水见表 13.4。

表 13.4 松花江流域主要致灾大洪水洪峰流量排位情况

发生年份	河流名	控制站名	洪峰流量（m^3/s）	历史排位
1856	第二松花江	丰满	15300	1856 年以来第 2 位
1932	松花江干流	哈尔滨	16200（还原）	1898 年以来第 2 位
1957	松花江干流	哈尔滨	14800（还原）	1898 年以来第 3 位
1960	松花江干流	佳木斯	18400	1910 年以来第 1 位
1995	第二松花江	丰满	24300（还原）	1856 年以来第 1 位
1998	松花江干流	哈尔滨	23500（还原）	1898 年以来第 1 位

辽河流域大洪水分为三种情况，一为辽河干流大洪水，二为浑河、太子河大洪水，三为西辽河大洪水，这三种不同来源地区的大洪水一般很难遭遇和叠加。19 世纪以来造成辽河流域较为严重洪涝灾害的主要大洪水见表 13.5。

表 13.5 辽河流域主要致灾大洪水洪峰流量排位情况

发生年份	河流名	控制站名	洪峰流量（m^3/s）	历史排位
1888	浑河	沈阳	11900	1888 年以来第 2 位
	太子河	辽阳	13900	1888 年以来第 2 位
1930	辽西地区			该地区近百年来第 1 位
1951	辽河	铁岭	14200	1856 年以来第 1 位
1953	辽河	铁岭	11800	1856 年以来第 2 位
1960	浑河	沈阳	8800（还原）	1888 年以来第 3 位
	太子河	辽阳	18100	1888 年以来第 1 位
1962	西辽河	下树林子	12200	1883 年以来第 1 位
1995	浑河	沈阳	13100（还原）	1888 年以来第 1 位
2005	辽河、浑河、太子河			重现期约 20～50 年

本流域典型致灾大洪水简述如下。

13.2.1 1932年8月松花江流域特大洪水

1932年6、7月份，松花江流域阴雨连绵，降雨持续时间长，范围大，暴雨的时程分配集中，部分站的最大日雨量大于或接近7月份的多年平均雨量。哈尔滨、扎兰屯站7月雨量分别为500.7 mm和480.4 mm，接近其年雨量的多年平均值。7月份，哈尔滨雨日达26 d，其他各地雨日也在20 d以上。其间有3次暴雨过程，7月份降雨量在200 mm以上的雨区总面积超过50万 km^2，其中月雨量达300 mm以上的雨区面积超过12万 km^2。

受暴雨影响，7月初，嫩江和松花江干流水位开始起涨。7月末8月初，嫩江洪水与第二松花江、拉林河、蚂蚁河、牡丹江等支流洪水遭遇，水位迅速上涨，形成松花江干流特大洪水。

哈尔滨站7月10日洪水开始起涨，至8月12日达到最高，洪峰水位为9.31 m，比起涨时上升了4.14 m，之后洪水开始消退，但消退过程十分缓慢，每天平均消落3.8 cm，直至11月底才回复到起涨时水位，退水历时长达110 d。

因嫩江、松花江干流多处决口，哈尔滨站实测洪峰流量11500 m^3/s，经还原计算哈尔滨最大流量为16200 m^3/s，居1898年以来第2位。

1932年洪水造成拉林河、蚂蚁河、牡丹江及邻近流域绥芬河皆为1932年以来最大洪水，在松花江及邻近流域干支流普遍发生大洪水，这种情况在历史上是少见的。

1932年洪水使黑龙江省36个市县受灾，受灾耕地面积约190万 hm^2。哈尔滨市濒临松花江，沿江两岸大堤相继溃决20余处，市区居民最集中的道外、道里两区一片汪洋，最大水深5 m以上。全市被淹面积达11 km^2，涌进市区洪水量1260.5万 m^3，有23.8万多人受灾，2万多人丧生，12万人颠沛流离，被淹长达1月之久。市内交通断绝，通往东、西、南、北的各条铁路干线全部中断。吉林、辽宁两省受灾人口达47万。

伪北满铁路遭受严重破坏，据不完全统计，共冲毁铁路近100处，累计长度超过20 km，冲毁桥梁20多座。

13.2.2 1998年8月松花江流域特大洪水

1998年6月中旬—8月中旬松花江流域西北部连续5次降雨过程，嫩江流域右侧区域一直为主要暴雨区。8月中旬以后，主雨区移到松花江干流。嫩江流域降雨历时比常年长一月有余，6—8月流域平均雨量557 mm，是多年均值的1.7倍，部分测站不同时段降雨量均超历史最大值。

受1998年嫩江支流洪水的影响，嫩江干流先后发生3次洪水，且一次比一次大。第一次洪水发生在6月底—7月初，主要在上游地区。

第二次洪水发生在7月底—8月初，洪水主要发生在同盟以下的中下游地区。

第三次洪水发生在8月中旬，为松花江全流域型特大洪水，同盟站8月12日洪峰水位170.69 m，超历史实测最高水位，相应流量12200 m^3/s，为1951年建站以来的最大洪水，下游齐齐哈尔站、富拉尔基站也均出现建站以来的最大洪水。江桥站8月14日洪峰水位142.37m，超保证水位1.97 m，相应流量26400 m^3/s，为1949年建站以来的最大洪水。在上游河堤决口、分洪的情况下，大赉站8月15日洪峰水位131.47 m，相应流量16100 m^3/s，为1949年建站以来的最大洪水。

嫩江洪水进入松花江后，由于河道的调蓄作用，后续洪水在前次洪水的基础上叠加展延，使得松花江干流出现长历时洪水过程。哈尔滨站水位从6月10日开始上涨，7月22日出现第一次洪峰，水位117.63 m，低于警戒水位，相应流量4930 m^3/s，8月2日水位复涨，17日超过历史实测最高水位(1957年，最高水位120.05 m)，8月22日洪峰水位120.89 m，8月19日最大流量为16600 m^3/s，为1898年建站以来的最大洪水，洪水过程超警戒水位的历时为50 d，超历史最高水位的历时为13 d。9月23日降至警戒水位以下。

1998年松花江洪水，峰高量大，历史罕见。嫩江主要支流控制站的洪峰流量为历史实测最大流量的1.6～2.7倍，其中雅鲁河碾子山站、罕达罕河景星站、绰尔河两家子站达200年一遇，霍林河白云胡硕站高达1000年一遇，嫩江江桥站为500年一遇。江桥至大赉区间溃堤跑水严重，但大赉站实测流量仍达80年一遇，还原流量达300年一遇。松花江干流哈尔滨以上区间实测最大洪峰流量均达约50年一遇，还原洪峰均为300年一遇；哈尔滨以下河段实测最大洪峰流量约为15～40年一遇，还原洪峰约为70～140年一遇。

1998年松花江洪水造成灾害范围涉及内蒙古、吉林、黑龙江三省（自治区）163个县（市、区），受灾人口1767.6万人，死亡112人；受灾农田面积617.7万 hm^2，成灾面积438.5万 hm^2，绝收面积246.3万 hm^2；倒塌和损坏房屋352.26万间，直接经济损失610.4亿元。

13.2.3 1888年8月（清光绪十四年七月）辽宁东部特大洪水

1888年辽宁东部暴雨发生在8月7—19日期间（农历六月末至七月十二日），前后有3次降雨过程（8月7—9日、12—14日、16—18日），其暴雨的特点是持续时间较长，淫雨和暴雨相间，降雨强度大。在各地历史文献中，多处出现“大雨连绵、奔腾暴注”，“大雨滂沱”，“雨狂流急”，“大雨倾盆”等文字描述。

暴雨笼罩面积较大，大雨区主要位于浑河、太子河、辽河下游、辽东半岛诸河、鸭绿江中下游及第二松花江支流辉发河水系，笼罩面积约11万 km^2。暴雨中心位于鸭绿江下游的瑷河、蒲石河和大洋河一带。暴雨的分布与1960年8月暴雨相似。

1888年8月7日辽宁东部各河先后开始涨水，洪水过程为多峰型，主峰大多出现在8月11日和14日，从起涨到峰顶历时达7天之久，涨洪历时超过其他大洪水年。

1888年洪水洪峰流量很大，是一场很稀遇的洪水，在辽东地区多为1888年以来首位大洪水，如大洋河沙里寨站洪峰流量为15600 m^3/s，鸭绿江荒沟站44800 m^3/s，浑江沙尖子站24400 m^3/s，浑河大伙房站10100 m^3/s。太子河水系为近百年来第2～3位大洪水，吉林省辉发河为1888年以来第2位大洪水。

1888年洪水致灾范围大，灾情重，不仅鸭绿江中下游干流、浑江、太子河上游洪水暴涨，泛滥成灾，而且大凌河、辽东沿海诸河也“泛滥汪洋”，使“沿海一带被灾尤甚”。辽宁省有30余县市受灾，10余座城镇平地水深数尺至二三丈不等，房屋冲倒，城墙倒塌。

据中朝两国有关文献资料统计，我国侧受灾耕地为21.3万 hm^2，其中12.3万 hm^2 收获在三成以下，赈灾人口52万余人，淹毙785人。朝鲜侧漂颓2300余户，死300余人。

13.2.4 1930年8月辽宁西部特大洪水

1930年暴雨集中在8月上旬，暴雨过程从8月2日开始至7日结束，历时6天左右。在辽西地区暴雨集中在8月3、4两日。

暴雨区的位置主要在辽东湾西岸努鲁儿虎山山前地区。雨带呈西南一东北向带状分布。根据调查资料分析，中心在义县附近，最大点雨量估计在2000 mm以上。次雨量在1500 mm以上笼罩面积496 km^2；1000 mm以上笼罩面积3210 km^2；500 mm以上笼罩面积18000 km^2。

时段最大雨量大致为2小时350～400 mm，4小时600～650 mm，12小时650～760 mm，24小时1000～1300 mm，次雨量1700～2500 mm。

24小时超过1000 mm的雨量在我国大陆出现的机会极少，只记录到一次，即1975年8月7日河南省林庄暴雨，雨量为1060.3 mm。

绕阳河、大小凌河、渤海沿岸诸河等水系，均发生了近百年来特大洪水。大凌河支流西河复兴堡河段集水面积 2862 km^2，洪峰流量 16200 m^3/s，小凌河锦州河段集水面积 3100 km^2，洪峰流量 11700 m^3/s，流量之大，在历史上罕见。由于暴雨呈西南一东北向带状分布，上述诸河的中上游洪水，相对较小，一般约 60 年一遇。东辽河及河北省的青龙河上游为迄今最大洪水，青龙河下游为 1790 年以来第 3 位洪水。

1930 年辽宁西部洪水的灾区范围较广，自河北省的滦河流域至辽宁省辽河干流以西地区，以及吉林省西部部分地区均遭受不同程度水灾，受灾最重的是辽西地区。

据文献记载，“西起绥中、锦县、义县，北镇、盘山、黑山、彰武，东迄新民、辽中、台安，长六七百里，宽二三百里，一片汪洋，尽成泽国，淹毙之人民万余口，冲倒之房屋数万间，被水围困无衣无食之难民不下四五十万……奇灾浩劫，诚为近百年所未有”。北宁铁路自河北省昌黎至辽宁省新民区间全线中断。

据不完全统计，当时死亡人口达万余人，倒塌房屋 10 多万间，毁地面积 17.33 多万 hm^2。1931 年年初调查受灾人口达 240 余万人。

13.2.5　2005 年 8 月辽河干流大洪水

2005 年 8 月 12—14 日，海河流域北系、滦河、辽河干流、大小凌河和第二松花江上中游先后普降大到暴雨，局部地区降大暴雨。

辽河流域强降水主要发生在辽河干流及其以东地区，辽河支流清河、柴河及干流福德店至铁岭区间，浑河、太子河降大到暴雨，局部地区降大暴雨。降雨量大于 50 mm 的笼罩面积为 4.4 万 km^2，大于 100 mm 的笼罩面积为 1.9 万 km^2。最大点雨量为太子河东沟站 334 mm。

受强降雨影响，辽河支流清河、柴河、浑河及太子河发生较大洪水。

辽河支流清河清河水库 8 月 13 日 8 时最大入库流量为 2600 m^3/s，列 1951 年有实测记录以来第五位（历史最大流量：6450 m^3/s，1951 年）；柴河水库 13 日 16 时最大入库流量为 1780 m^3/s，列 1953 年有实测记录以来第一位（历史最大流量：1610 m^3/s，1953 年）。清河、柴河洪水经水库调蓄后为一般洪水，汇入辽河干流后，辽河干流铁岭水文站 14 日 14 时洪峰流量为 2300 m^3/s。

浑河大伙房水库 13 日 19 时最大入库流量为 6040 m^3/s，列 1951 年以来实测第三位（历史最大入库流量：10700 m^3/s，1995 年）；沈阳水文站 14 日 3 时 48 分洪峰流量为 3690 m^3/s，列 1949 年以来实测第二位（历史最大流量：

5010 m^3/s，1995 年）。

太子河观音阁水库 8 月 13 日 14 时最大入库流量为 6130 m^3/s，列 1995 年建库以来第二位（历史最大入库流量：9600 m^3/s，1995 年）。

这次灾害共造成沈阳、抚顺、本溪、铁岭、阜新、朝阳、葫芦岛等 7 个地区、134 万人受灾，房屋倒塌 2.06 万间，死亡和失踪 44 人，农作物受灾面积 19.1 万 hm^2，成灾面积 11.4 万 hm^2，直接经济损失 77.6 亿元，其中水利设施经济损失 6.6 亿元。

13.3 海河流域历史重大洪涝灾例

海河流域洪水分为南系洪水和北系洪水，一般来说南系与北系同时发生大洪水的机会不多，而相邻几条大支流同时发生大洪水的情况较多，但如果发生大范围长历时连续暴雨，那么也会发生流域性大洪水。19 世纪以来造成海河流域较为严重洪涝灾害的主要大洪水见表 13.6。

表 13.6 海河流域主要致灾大洪水洪峰流量排位情况

发生年份	河流名	控制站名	洪峰流量（m^3/s）	历史排位
1801	全流域			永定河近 500 年来第 1 位 大清河重现期约 100～200 a 潮白河重现期约 100 a
1862	滦河	滦县	35000	1883 年以来第 1 位
1917	全流域			大清河、子牙河部分支流 重现期约 50～100 a
1924	北系			潮白河、永定河、大清河 重现期约 20～30 a
1939	全流域			潮白河、大清河部分支流 重现期约 100 a
1956	南系	漳河观台	9200	重现期约 100 a
1962	滦河	滦县	34000	1883 年以来第 2 位
1963	南系			有水文观测记录以来最大
1996	南系	滹沱河黄壁庄	18300（还原）	重现期约 100 a

本流域典型致灾大洪水简述如下。

13.3.1 1801年7月（清嘉庆六年六月）海河流域特大洪水

1801年气候异常，自7月上旬至8月中旬持续长时间降雨，据北京故宫文献《晴雨录》记载，自6月27日至9月4日70天中雨日达51 d，其中7月5日至8月3日30天内雨日达29 d。平谷、昌平、定兴、保定、新乐、正定等州县均记载“大雨四十余日不止”，“大雨迎日”等。

1801年降雨以7月中旬暴雨强度最大，时间也比较集中。其雨区范围较广，北起滦河流域南至漳卫河，西自太行山深山区和背风山区，东到广大的平原地区，这种连贯海河南北水系，太行山迎风山区与背风山区同时长历时被大雨所笼罩较为罕见。暴雨中心区主要位于永定河、大清河。

1801年7月中下旬海河流域接连发生两次全流域性的大洪水。第一次洪水发生在7月中旬，第二次发生在7月23—30日。

有16个河段调查到了1801年的大洪水，主要在永定河、大清河及滹沱河，其中可定量有8个河段，拒马河紫荆关洪峰流量9400 m^3/s，千河口洪峰流量18500 m^3/s，永定河卢沟桥洪峰流量9600 m^3/s，均为调查期内最大洪水，滹沱河干流洪水仅次于1794年洪水，其支流冶河则相当于1794洪水。

1801年海河五大水系均发生洪水，永定河、大清河北支位于暴雨中心地区，洪峰流量特别大，均居调查洪水首位，大清河南支及滹沱河则居第2、3、4位不等，滏阳河洪水相对较小，漳卫河近乎一般洪水。

1801年海河五大水系均发生漫溢溃口，洪涝灾害十分严重致灾范围极广，当时海滦河流域府、厅、州、县共210个，受灾州县达170多个，占全部州县的81%，其中绝产七成以上92个州县，绝产九、十成的62个州县。天津城四郊水势滔天，洪水漫溢东、西、北三面，崩溃数丈至十数丈，高水持续21 d之久。据记载“天津水淹城砖二十六级”，为明永乐二年（1404年）建城以来最高之洪水位。北部平原一片汪洋，平地水深六七尺至丈余。当时清政府用于赈灾银两达一百五十万两。

13.3.2 1939年7、8月海河流域特大洪水

1939年7—8月间，海河流域降雨丰沛，雨日多达30～40 d，期间主要暴雨过程有3次。第1次降雨发生在7月9—15日，暴雨区沿太行山迎风坡及燕山西部呈南北向分布，南北分别有暴雨中心，昌平7月9—12日4天降雨量为280.9 mm、石家庄325.2 mm，大清河水系亦在暴雨中心区，但该年无实测降雨资料。第2次降雨发生在7月23—29日，本次降雨强度最大，暴雨区主要在潮白、北运、永定、大清诸河中下游一带，昌平3天雨量为365 mm，

5天雨量515.5 mm。第3次降雨发生在8月11—13日，本次暴雨量级、笼罩范围比前两次小，暴雨中心昌平3 d雨量140.8 mm。

7、8两月北京昌平、三家庙一带，始终处于暴雨中心区，7、8两月总雨量昌平为1137.2 mm、三家店1081.4 mm。此外，根据调查洪水资料绘制的洪峰流量模系数值图可以看出，大清河南系也是一个暴雨中心区，海河南系中心区则位于滏阳河上游地区。

1939年洪水是全流域性大洪水，海河5大水系及滦河流域普遍发生较大洪水，7月上旬普遍涨水，7月中旬漳卫、子牙以及大清河南支出现最大洪峰，7月下旬大清河北支、永定、潮白诸河洪水更大。25日永定河卢沟桥最大洪峰流量为4390 m^3/s，冲倒卢沟桥石栏杆，永定河下游多处溃决；26日潮白河苏庄闸被冲毁；27日北运河通县最大洪峰流量为1670 m^3/s，下游右堤溃决。7月底大清河洪水漫越京广铁路，千里堤溃决，8月初大量洪水汇集于天津市西南的东淀、文安洼、贾口洼，积水连成一片，威迫天津市，8月4日洪水在杨柳青附近漫过津浦铁路，直驱天津市郊，8月19日天津市区南围堤决，20日市内围堤失守，洪水进入市区，市内70%～80%的地区被淹，水深1～2 m，最深处2.4 m。

潮白、北运、大清南支诸河洪水量级很大，白河尖岩村最大洪峰流量11200 m^3/s，唐河中唐梅最大洪峰流量11700 m^3/s，均为百年一遇洪水。永定、子牙、南运等河洪水重现期为20～40 a。7、8两月洪水总量达304亿 m^3，仅次于1963年。

由于1939年洪水涨落次数频繁，峰高量大，五大支流下游河道决口79处，扒口分洪7处，造成广大平原区严重洪涝灾害，洪水淹没面积达494 km^2，受灾农田面积346.7万 hm^2，灾民近900万人，死伤人口约1.33万人。冲毁京山、京汉、津浦、京包、京古（古北口）、同蒲、石太、新开（新乡至开封）等8条铁路160 km，铁路桥梁49座。天津灾情最为惨重，市区受淹浸长达1个半月，受灾人口80万人，受淹15.8万户，倒房1.4万户，经济损失约6亿元（当时币制）。晋、冀、鲁、豫4省及天津市经济损失合计约11.69亿元。

13.3.3 1963年8月海河流域特大洪水

1963年8月海河暴雨从8月1日开始，至10日终止，历时10 d，其中95%以上的雨量集中在8月2—8日。8月1—2日暴雨区位于淮河流域，3日暴雨区移入海河流域，此后雨区向北扩展，暴雨中心也向北移动，其路径为8月3日在邯郸（日雨量466 mm），4日在獐么（日雨量865 mm），5日在黄北坪（日雨量500 mm），6日在正定（290.0 mm），7日在司仓（日雨量

704 mm)，8 日在来广营（日雨量 464 mm）。在 3—8 日期间，太行山东麓每天均有一片面积达 5 万～8 万 km^{2}的暴雨区，这种长期维持大范围、高强度的暴雨在海河流域是极为少见的。

本次暴雨的分布大致与太行山平行，形成一条南北长 520 km，东西宽 120 km，雨量超过 400 mm 的降雨带。南北各有一个特大暴雨中心，南部为獐么，7 天雨量 2050 mm，北部为司仓，7 天雨量 1303 mm。

本次暴雨的特点：①强度大。最大 24 小时、1 天、7 天雨量是本地区历史最大值的 2～3 倍，7 天雨量 2050 mm 为大陆实测最大记录（1996 年以前系列）。②持续时间长。海河流域日雨量大于 50 mm 持续时间一般 2～3 d，1963 年 8 月海河暴雨长达 6～7 d，部分测站日雨量连续 5 天超过 100 mm。③范围广。8 月 3—8 日在太行山东麓每天的暴雨面积在 5～8 万 km^2，7 天雨量大于 200 mm 范围则有 10 万 km^2，日雨量大于 50 mm 的雨区面积最大超过 8 万 km^2。

本次暴雨致使南运、子牙、大清三大水系发生了特大洪水，漳卫河涨水最早，各支流有 3 次明显的洪峰，分别出现在 8 月 3 日、6 日和 8 日，以 8 日洪峰为最大。滏阳河于 3 日开始普遍涨水，各支流多出现两次洪峰，分别在 4 日、6 日。大清河因暴雨集中在后期，干支流一般只在 8 日前后出现一次洪峰过程。各河 8 月 10 日以后均开始回落，15—20 日大部落平。由于上游洪水相继漫越京广铁路泻入冀中、冀南平原，造成平地行洪，平原及洼地退水时间很长，一般至 9 月水位才缓缓回落，子牙河献县等站退水延续至 10 月而未尽。

本次洪水洪峰流量大，众多河流出现创记录的特大洪水。海河南系除大清河个别支流、滹沱河、漳河小于 1956 年洪水，其余各河均为实测最大洪水，海河北系各河洪峰不大。滏阳河临洺关站 8 月 6 日洪峰流量 12300 m^3/s，为最大实测记录 1924 年的 2.5 倍，朱庄站 6 日洪峰流量 9500 m^3/s，为最大实测记录 1956 年的 3 倍。大清河北河店站 8 日洪峰流量 4770 m^3/s，南运河称钩湾站尽管上游决口分洪，11 日洪峰流量仍达 3240 m^3/s，它们均为实测以来最大值。

本次洪水历时长，长时段洪量尤为突出。南运、子牙、大清三大水系除大清河北支外，1963 年洪量均超过以往各大水年，滏阳河、卫河及大清河南支为 1956 年的 2～3 倍。南运、子牙水系各站 1 天洪量约占 7 天洪量的 30%，大清河水系则占 40%以上。南运河水系各站 7 天洪量约占 15 天洪量的 70%，而子牙、大清河水系占 90%。下游各洼淀水位都超过历史最高记录，且高水位持续时间大大超过以往大水年。

根据临城、安各庄两座大型水库设计洪水分析成果，临城水库位于獐么暴雨中心下游，1963 年 8 月海河洪水洪峰流量重现期约为 300～500 a，1 天及 3 天、7 天洪量重现期分别大于 1000 a 和 2000 a。安各庄水库位于司仓暴雨中心边缘地带，其洪峰的重现期约为 150～180 a，时段洪量约 100～120 a。

依据以上各方面综合比较，1963 年洪水为海河流域有记录以来的最大洪水。

本次洪水造成的灾害极为严重，冀中、冀南、天津市南部广大地区一片汪洋。根据河北省统计，有 7 个专区共 101 个县（市）遭受洪灾，其中被水淹的县（市）28 个，被水围困县（市）城 33 座，受灾人口约 2200 多万，死亡 5030 人，伤 42700 余人，倒塌房屋 1265 万间，约有 1000 万人失去住所。被淹农田 357.33 多万 hm^2，其中 200 多万 hm^2 因洪灾基本绝收。水利工程设施遭受严重破坏，中型水库 5 座失事，库容 1 万 m^3 以上的小型水库失事 330 座。主要河道决口 2396 处，62%的灌溉工程及 90%的排涝工程被冲毁，支流河道决口 4489 处。邯郸、保定等 4 市 88%的工矿停产，7 个专区 84%的公路被毁。京广、石太、石德、津浦铁路及支线铁路冲毁 822 处，累计长度 116.4 km，干支线中断行车总计 372 d，京广铁路中断 27 d。海河全流域总计淹没农田 440 万 ha，粮食减产 30 亿 kg，倒塌房屋 1450 余万间，直接经济损失约 60 亿元。

13.4 黄河流域历史重大洪涝灾例

黄河上游洪水与中下游洪水相互错开，不会发生遭遇。中游控制站花园口大洪水主要来自河口—三门峡区间（即上大型洪水）或三门峡—花园口区间（即下大型洪水）。19 世纪以来造成黄河流域较为严重洪涝灾害的主要大洪水见表 13.7。

表 13.7 黄河流域主要致灾大洪水洪峰流量排位情况

发生年份	河流名	控制站名	洪峰流量（m^3/s）	历史排位	备注
1843	中游干流	陕县	36000	近千年来第 1 位	上大型洪水
1904	上游干流	兰州	8500	重现期约 160 年	上游洪水
1933	中游干流	陕县	22000	1919 年以来第 1 位	上大型洪水
1958	中游干流	花园口	22300	1919 年以来第 1 位	下大型洪水
1981	上游干流	兰州	7090	1934 年以来第 1 位	上游洪水
1982	中游干流	花园口	15300	1919 年以来第 2 位	下大型洪水
1996	中游干流	花园口以下水位	实测以来最大	中下游洪水	

本流域典型致灾大洪水简述如下。

13.4.1 1933年8月黄河中游特大洪水

1933年8月黄河中游地区在8月5—10日间，分别于6日、9日两次出现大面积暴雨。其雨区范围自黄河上游的大夏河、庄浪河，向东经渭河、泾河、北洛河、延河、无定河至汾河，笼罩面积约10万多km^2，是黄河中游有实测资料以来最大。本次降雨有多个暴雨中心，分别位于渭河上游及支流马连河、北干流西侧支流及汾河中游。该场暴雨强度很大，清涧站4天降雨量为255 mm。无实测雨量地区居民反映“雨像提着桶倒的一样”，“该年下了三天三夜大雨”，“大雨如注，各河暴涨，洪水横流”（《宁县志》）。

1933年洪水在泾河、渭河及黄河干流河口镇至龙门区间都是双峰过程。第一个过程泾河张家山站于8月7日起涨，14日出现洪峰，流量为9200 m^3/s，渭河咸阳站于8月8日起涨，17日出现洪峰，流量为4780 m^3/s，干流龙门站于8月7日起涨，14日出现洪峰，流量为12900 m^3/s。龙门站于9日又出现第2次洪峰，流量为13300 m^3/s，并与渭河洪水相遭遇，在陕县站形成了当年最大洪峰，流量为22000 m^3/s。第二个过程张家山站于10日出现洪峰，流量为7700 m^3/s，渭河咸阳站于11日出现洪峰，流量为6280 m^3/s，干流龙门站于10日出现洪峰，流量为7700 m^3/s，干支流洪水使陕县峰后退水部分流量加大，洪水过程加胖，历时7～8 d。

1933年洪水是自1919年有观测资料以来的最大洪水，暴雨中心区内各中小河流一般为近50～100年以来最大洪水，主要支流渭河咸阳为近百年第3位洪水，泾河张家山为近150年第3位洪水。

1933年8月黄河中游洪水峰高量大，给黄河中下游造成了严重灾害。中游洪水横流，人畜漂没，下游决口50余处。河南省温县、武陟、长垣、兰封、考城5个县南北两岸多处决口，淹及河南、河北、山东、江苏四省30县。据陕西、河南、河北、山东、江苏等省统计，受灾州县达65个，受灾面积超过86万hm^2，受灾人口364万，死亡18000人，冲毁房屋169万间，淹没耕地85.33万hm^2，损失牲畜63600头，财产损失2.31亿银元。

13.4.2 1958年7月黄河三门峡至花园口区间特大洪水

自1958年7月上旬开始，黄河中游降雨较多。7月14—18日，该地区出现了历时5天的强降水，其中16日20时至17日08时为主要降雨时段。雨区位于黄河三花区间的干流区和伊、洛、沁、汾河，淮河流域北汝河、沙河以及汉江的丹江、唐白河地区，呈南北向带状分布。暴雨高值区在黄河三花区间，平均最大3天雨量为119 mm，5天雨量155 mm。本次暴雨有多个中心，北部最大中心在垣曲站，次雨量492.3 mm；南部最大中心为傅店站，次雨量498.8 mm。这次暴雨的重要特征是强度大，时间集中。垣曲和傅店站最大6小时雨量分别为249.0 mm和250.7 mm，均占次雨量50%。

1958年7月的暴雨高值区在黄河三花区间，该区域坡度陡，汇流集中，形成各支流及区间洪水陡涨陡落过程，各河于7月14—15日先后起涨，17—18日沿程依次出现洪峰，从而形成干支流在花园口同时遭遇的不利情况。黄河干流小浪底站14日洪水起涨，洪水过程由多个洪峰组成，17日1时出现最大洪峰，流量为17000 m^3/s，21日落平。南侧支流伊洛河黑石关站7月16日洪水起涨，洪水过程有两个洪峰组成，18日16时出现最大洪峰，流量为8890 m^3/s，23日落平。花园口站7月15日洪水起涨，18日0时出现最大洪峰，流量为22300 m^3/s，22日落平，历时7 d。经河槽调蓄作用，洪峰沿程递减，20日洪峰到达孙口，流量为15900 m^3/s，由于东平湖自然滞洪，21日洪峰到达艾山，流量为12600 m^3/s，25日洪峰到利津，流量为10400 m^3/s。

1958年7月洪水在花园口断面及三花区间均为1919年以来的最大洪水，伊洛河黑石关为1935年以来的第2大洪水，沁河小董站是一般洪水。

1958年洪水，黄河干流下游出现严重水情，兰考县东坝头以下洪水普遍漫滩，大堤偎水，堤根水深4～6 m。这次洪水对黄河下游防洪造成严重威胁，曾出现不同程度险情，横贯黄河的京广铁路桥被洪水冲垮两孔，交通中断14天。东平湖最高水位达44.81 m，个别堤段洪水位超过湖堤顶0.1 m，经大力抢险才保住大堤安全，使洪水灾害主要限制在黄河大堤之间的滩区。据不完全统计，山东、河南两省淹没村庄1708个，受灾74.08万人，淹没耕地20.27万 hm^2，倒塌房屋30万间，京广铁路中断14 d。

13.5 淮河流域历史重大洪涝灾例

淮河干流洪水主要来自淮干上游、淮南山区和伏牛山，大洪水往往由大范围连续性暴雨致使干支流洪水遭遇而形成。19世纪以来造成淮河流域较为严重洪涝灾害的主要大洪水见表13.8。

表 13.8　淮河流域主要致灾大洪水洪峰流量排位情况

发生年份	河流名	控制站名	洪峰流量（m^3/s）	历史排位
1921	全流域	蚌埠	15100	120 天洪量 1866 年以来第 1 位
1931	全流域			重现期约 20～30 年
1954	全流域	蚌埠	11600	实测以来第 1 位
1974	沂河	临沂	13900	1912 年以来第 6 位
	沭河	大官庄	11000	近百年以来第 1 位
1975	洪汝河			部分支流重现期大于 100 年
	沙颍河			部分支流重现期大于 100 年
1991	全流域	吴家渡	7840	实测以来第 4 位
2003	全流域	吴家渡	8470	实测以来第 3 位
2007	全流域			实测以来第 2 位

本流域典型致灾大洪水简述如下。

13.5.1　1954 年 7 月淮河流域特大洪水

1954 年淮河流域 5 月中、下旬即发生了较大暴雨，雨区主要位于淮河干流上游及淮南山区，中心雨量 300～500 mm。6 月上、中、下旬发生了三次暴雨，雨区主要位于史、淠河上游，中心雨量 400～500 mm。7 月份，淮河流域普降暴雨，其间有 5 次大范围的降雨过程，有 4 处暴雨中心，其中史河上游吴店站 7 月雨量 1265.3 mm；淮河王家坝站 923.8 mm，沙颍河支流汾泉河临泉站 1074.9 mm；沱河宿县站 963 mm，7 月份淮河流域的面雨量为 513 mm，为多年同期平均降雨量的 3～5 倍，700 mm 以上雨区笼罩范围 4.3 万 km^2。

1954 年 7 月淮河暴雨接连发生，首先从淮南山区出现，然后向北推进至沙颍河、洪汝河，再折向东移，至淮北地区，致使上游洪水到达中游后，遭遇了干支流及淮北地区的洪水，两支洪峰相叠加，造成了淮河干流特大洪涝灾害。

受 1954 年 5、6 月份降雨影响，淮河干流汛前底水高，7 月初上游各支流洪水同时起涨，汇集于干流，由于干流河槽下泄能力上大下小，到中下游形成峰高量大长时间洪水过程。淮河上游各站最大洪峰流量出现在 7 月中下旬，中下游受湖泊洼地调蓄作用影响，加长了高水位的持续时间，洪峰出现时间推迟到 8 月初，加上淮北地区内水积涝延缓了退水期，至 9 月以后才退尽。

1954 年淮河洪水峰高量大，是新中国成立以来淮河流域最大的一次洪水。20 世纪以来，淮河流域发生了 1921、1931 和 1954 年 3 次全流域性的大洪水，

1954年的洪水位除洪泽湖蒋坝站水位稍低于1921年外，其余均高出1921年甚多，1954年最高洪水位在五河以上高于1931年洪水，在五河以下则低于1931年洪水。

1954年7月淮河流域特大洪水期间，淮北大堤禹山坝决口造成淮北平原颍、涡之间大片洪泛区。安徽省灾情最严重，成灾耕地面积为174.73万hm^2，倒塌房屋168万间，死亡1098人；河南省淹没农田89.47万hm^2，倒塌房屋30万间，冲坏农田水利工程33970处；江苏省淹没农田70.8万hm^2，死亡832人，冲坏桥梁1071座，涵洞156个；山东省灾情较轻。全流域农田成灾面积408.2万hm^2。因水灾安徽、江苏省死亡人数为1930人，相当于1931年的1％。

13.5.2 1975年8月淮河流域洪汝河、沙颍河特大洪水

1975年8月4日起，淮河流域发生了一场局地高强度特大暴雨，雨区主要分布在淮河北侧支流洪汝河、沙颍河水系，雨带呈西北一东南向分布。8月4—8日连续发生大暴雨，并且降雨主要集中在5—7日，暴雨中心洪河林庄站5天雨量1631.1 mm，3天雨量1605.3 mm（占总雨量的98％），24小时雨量1060.3 mm，6小时雨量830.1 mm，4小时雨量641.7 mm。这场暴雨强度之大在国内外实属少见，其中林庄站3 h、12 h和5 d降雨均为国内最大记录。24 h、48 h、3 d雨量均为我国大陆实测最大记录，6小时雨量已达世界最大记录。1975年8月暴雨5天雨量大于200 mm笼罩面积为4.4万km^2。

1975年8月洪水主要发生在淮河支流洪汝河、沙颍河及长江支流唐白河上游。各水系上游于5、6日相继开始涨水，与暴雨过程相应，先后出现两次洪峰，第1次在5—6日，第2次在7—8日，且第2次洪峰峰值特大。洪汝河上中游是本次暴雨的中心区，8月7日24时，洪河石漫滩水库最大入库流量6280 m^3/s，8日0时30分库水位漫过坝顶，溃坝失事，估算最大垮坝流量30000 m^3/s。汝河板桥水库第2次入库洪峰流量13000 m^3/s，8日1时库水位漫过坝顶防浪墙，水库垮坝，估算最大出库流量达78800 m^3/s。汝河宿鸭湖水库8月8日9时30分最大入库流量24500 m^3/s，8日20时库水位达57.66 m，最大下泄流量达6100 m^3/s。洪汝河班台站洪水5日起涨，7日水位急剧上涨，1天涨幅9 m多，13日4时最高洪水位37.39 m，最大洪峰流量1590 m^3/s。班台以上积水时间长达10～15 d，积水深达2～5 m，超保证水位达13 d。沙颍河的暴雨中心在支流澧河及沙河上游，沙颍河支流干江河官寨站8日5时48分最大洪峰流量12100 m^3/s，下游堤防普遍漫决，洪水还窜入洪汝河水系。因洪汝河上游洪水特大，多座大中小型水库相继垮塌，水库下

游堤防溃决，洪水普遍漫溢，沙颍河、洪汝河两河洪水也互相窜流，最大积水面积达到11.2万km^2，至8月底、9月初才全部退至淮河干流。1975年8月洪水使淮河蚌埠以上蒙洼、城东湖等沿淮蓄行洪区相继运行，蚌埠站8月25日最高水位21.06 m，24日最大洪峰流量6900 m^3/s，蚌埠以下洪水影响较小。

1975年8月，暴雨中心区的中小河流，洪水量级极大。汝河上游小支流石河下陈河段集水面积仅11.9 km^2，调查洪峰流量高达618 m^3/s，祖师庙集水面积71.2 km^2，调查洪峰流量2470 m^3/s。板桥水库集水面积768 km^2，推算最大入库流量达13000 m^3/s，澧河支流干江河官寨河段集水面积1124 km^2，实测洪峰流量达12100 m^3/s，其洪水量级之大已达到相同流域面积世界最大记录。

据文献记载洪汝河、沙颍河曾在1593年发生特大洪水，因降雨情况不同以及受水库垮坝影响，两者不能直接比较，但自1593年以来400多年中，还没有发现与"75.8"类似的特大洪水。在沙颍河支流澧河、唐白河支流唐河为近百年最大洪水。

1975年8月特大洪水，造成河南省板桥、石漫滩两座大型水库，竹沟、田岗两座中型水库以及58座小型水库垮坝失事，泥河洼、老王坡两个滞洪区漫溢决口，给下游造成了极其严重的灾难，部分地区造成毁灭性灾害。洪汝河、沙颍河河堤决口2180处，漫决总长810 km，冲毁涵洞416座，护岸47 km。据不完全统计，河南省严重受灾人口1100万人，严重受灾耕地106.67多万hm^2，倒塌房屋560万间，死伤牲畜44万头，损失粮食10亿kg，淹死人口26000人，京广铁路冲毁102 km，中断行车18 d，影响运输48 d。安徽省受灾人口458万人，成灾面积60.8万hm^2，倒塌房屋99万间，损失粮食3亿kg，死亡人口399人，水毁堤防1145 km，其他水利工程600多处，临泉、阜南、界首3县许多地方成了无房、无粮、无物的三无极贫区，水利工程几乎全部毁坏。

13.5.3　1991年7月淮河流域大洪水

1991年汛期淮河流域雨量丰沛，5月中旬入梅，较常年提前一个月，梅雨期有多次暴雨过程，其中以6月中旬、7月上旬两次暴雨过程最强，形成淮河流域本年两次主要洪水过程。6月中旬降雨出现在6月12—14日，该次暴雨强度大，主要暴雨区始终稳定在中游沿淮地区，次雨量在200 mm以上，暴雨中心寿县站次雨量420 mm，7月上旬降雨过程是1991年历时最长，次降雨量最大的一次过程，降雨自6月28日开始，7月11日结束，淮北各支流雨量为200～400 mm，淮南山区和里下河地区均在500 mm以上，局部地区达800 mm以上。淮南山区和里下河地区各有一暴雨中心，分别为史河马宗岭1200 mm，兴化919 mm。

1991年淮河洪水过程为多峰型，两次大的洪峰分别出现于6月中旬与7月中旬。

淮干王家坝洪水自5月22日开始起涨，6月中旬洪水从6月12日上涨，15日水位达29.56 m，超保证水位0.65 m，16日20时出现年最大洪峰流量6280 m^3/s，16日8时洪峰水位29.56 m，为本年最大值。正阳关自6月12日起涨，18日水位达25.74 m，相应鲁台子流量6180 m^3/s，6月30日洪水又一次上涨，7月11日超保证水位，20时洪峰水位26.52 m，相应鲁子台流量7480 m，蚌埠（吴家渡）6月中旬洪水过程从12日开始，18日18时洪峰水位20.64 m，相应流量6480 m^3/s。在7月中旬洪水期间，7月6日水位再次超过警戒水位，14日16时出现本年最高洪峰水位21.98 m，相应流量7840 m^3/s。

里下河地区亦于6月中旬、7月中旬出现两次高水位，7月中旬水位为年最高水位，其中兴化站7月15日水位为3.38 m，建湖站7月15日水位2.77 m。

1991年洪水在淮河中上游及里下河地区各站的最高水位接近或超过1954年。淮干正阳关、蚌埠、临淮关、五河、浮山及洪泽湖蒋坝站水位均为1949年以来第二高水位（仅低于1954年），王家坝、润河集站的最高水位为1949年以来第三高水位。里下河地区兴化、建湖等站水位均为1949年以来最高水位。

1991年淮河洪水造成了巨大的损失，全流域受灾耕地551.67万 hm^2，成灾401.6万 hm^2，受灾人口5432万，死亡572人，倒塌房屋196万间，损失粮食66亿kg，减产粮食108亿kg，津浦，淮南，淮阜等铁路干线几度中断，直接经济损失340亿元。

13.5.4 2003年7月淮河流域大洪水

降雨发生在2003年6月20日—7月21日，其主要特点为强降雨分布范围广，200 mm、300 mm暴雨笼罩面积均大于1991年、1954年。主要雨区集中在淮南山区，北侧支流中下游及苏北地区。降雨历时集中，2003年最大22天雨量相当于1991年30天雨量。

本场降雨由6次降雨过程组成，致洪暴雨主要时段为6月29日—7月5日与7月8—14日。6月29日—7月5日降雨是形成淮河第1次洪水过程的主要降雨，主雨区分布在淮滨至洪泽湖干流、淮北各支流中下游和苏北地区，次雨量在 200 mm 以上，局部地区超过 500 mm，暴雨中心为颍河太和站，次雨量 546 mm。7 月 8—14 日降雨是形成淮河中游第 2 次洪水过程的主要降雨，主雨区分布在大别山区、沿淮中游和高邮湖地区，次雨量均在 200 mm 以上，大别山区则超过 300 mm，暴雨中心在大别山区前畈站，次雨量 416 mm。

最大 30 天降雨，除伏牛山区、淮北各支流上游及个别地区外，淮河流域大部分地区都在 400 mm 以上，其中大别山区和颍河中游地区雨量超过 800 mm，有多个暴雨中心，大别山区前畈站 30 天雨量 946 mm，颍河关集站 879 mm，苏北高沟站 814 mm。

2003 年 6 月下旬—7 月下旬淮河大小支流均发生了多次洪水，干流出现 3 次大的洪水过程，均为多峰型。王家坝站 6 月 29 日水位起涨，30 日超过警戒水位，7 月 2 日超过保证水位，3 日出现当年最高洪水位 29.42 m，最大洪峰流量 6380 m^3/s，正阳关 7 月 2 日超警戒水位，6 日超保证水位，当天最高水位为 26.55 mm，与历史最高水位 1954 年持平。吴家渡（蚌埠）7 月 3 日超警戒水位，6 日出现最高水位 22.05 m，相应流量 8470 m^3/s，经短暂回落后，8 日回涨，王家坝 11 日出现第 2 个洪峰，水位 28.87 m，流量 4560 m^3/s，正阳关 12 日出现年最高水位 26.51 m，超过历史最高水位 1991 年 26.00 m 的 0.51 m。吴家渡 7 月 10 日第 2 个洪峰水位 21.81 m，由于分洪，水位停止上涨。淮河干流控制站第 3 次洪峰出现在 7 月 22—25 日间，王家坝 24 日最高水位 28.64 m，相应流量 4400 m^3/s，正阳关 25 日 10 时最高水位 25.78 m，吴家渡站因受上游提前分洪影响，没有出现明显洪峰，8 月 2 日淮河干流全线退至警戒水位以下。

淮河干流主要控制站本年洪水在 1949 年以来的实测系列中，最高水位除王家坝列第 6 位外，其他站均列第 1 位或第 2 位，洪峰流量各站则分列第 3～8 位。最大 30 天洪量除王家坝列第 4 位，其他站均仅次于 1954 年列第 2 位，王家坝接近 10 年一遇，正阳关接近 20 年一遇，吴家渡大于 20 年一遇，洪泽湖接近 30 年一遇。

2003 年 7 月淮河洪水给河南、安徽、江苏三省造成严重损失，受灾面积 384.67 万 hm^2，其中成灾面积 259.13 万 hm^2，绝收面积 112.93 万 hm^2，受灾人口 3730 万人，因灾死亡 29 人，倒塌房屋 77 万间，直接经济损失 286 亿元。

13.6 长江流域历史重大洪涝灾例

长江流域各支流洪水出现时间不一致，一般为先下游后上游，江南早于江北，上游洪水与中下游洪水错开，但一旦遇到气候异常，上游洪水与中下游洪水相遭遇，则可形成特大洪水。19世纪以来造成长江流域较为严重洪涝灾害的主要大洪水见表13.9。

表13.9 长江流域主要致灾大洪水洪峰流量排位情况

发生年份	河流名	控制站名	洪峰流量（m^3/s）	历史排位
1840	嘉陵江	北碚	52100	1840年以来第3位
	岷江	平羌峡	24900	1840年以来第1位
	沱江	娃娃寺	9500	1840年以来第2位
1849	中下游	汉口	28.90 m（水位）	1849年以来第2位
1860	上游	宜昌	92500	1788年以来第2位
1870	上游	宜昌	105000	1153年以来第1位
1926	洞庭湖水系	湘江湘潭	21900	1906年以来第1位
1931	全流域	汉口	59900	水位28.28m 为1865年以来第3位
1935	中游	汉口	59300	重现期约15 a
	汉江	襄阳	53000	1867年以来第1位
1954	全流域	汉口	76100	1865年以来第1位
1962	鄱阳湖水系	外洲	20800	重现期约30～40 a
1981	川江	寸滩	85700	1788年以来第3位
1983	汉江	安康	31000	1583年以来第3位
1996	洞庭湖水系	沅水桃源	29000	重现期约30 a
		资水桃江	11600	重现期约20 a
1998	全流域	汉口	29.43 m（水位）	1865年以来第2位

本流域典型致灾大洪水简述如下。

13.6.1 1931年8月长江流域特大洪水

1931年雨季来得早，4月份珠江流域的东江、北江和长江流域湘江、赣江上游月雨量均在300 mm以上，比常年同期多5成至1倍。5月份雨区北移，长江中下游，湘、赣水系，钱塘江水系雨量达300～400 mm。自6月下旬开始至7月份，雨带长时间稳定在长江中下游和淮河流域，降雨日数比常年高出1倍左右。雨量与同期平均情况比较，大部分地区比正常年多1～2倍，局部地区高出3～4倍。降雨过程分3个阶段：第一阶段6月28日—7月12日，历时半个月，雨区主要在长江中下游和淮河流域，雨量在200～300 mm，部分地区雨量在400 mm以上，第二阶段7月18—28日，历时11

天，雨区仍停留在长江中下游和淮南山区，雨量在 200 mm 以上，第三阶段 7 月 31 日—8 月 15 日，江淮梅雨基本结束，雨区北移至黄淮之间、汉水水系和海河平原。

该年汛期最大 30 天雨量（6 月 28 日—7 月 27 日）在 300 mm 以上的雨区主要在长江中下游和淮河流域，范围达 76 万 km^2，相应降水总量达 3423 亿 m^3，稍小于 1954 年。

1931 年长江进入汛期的时间早，4 月湘江、赣江即出现年最高洪水位，湘江长沙站 4 月 23 日出现全年最大洪峰，流量为 12500 m^3/s；赣江外洲站 4 月 26 日出现全年最高洪水位 23.38 m。4 月中旬长江中下游干流水位开始迅速上涨，直至 5 月中旬。7 月 5 日以后干支流水位再次迅速上涨，8 月 10 日宜昌站出现最高洪水位 55.02 m，洪峰流量 64600 m^3/s。汉江新城站 8 月 17 日洪峰流量 11600 m^3/s，江堤大量溃决。中游汉口站 8 月 19 日出现最高洪水位 28.28 m，洪峰流量 59900 m^3/s，沿江沿湖多处决口分洪。下游安庆站 9 月 2 日出现最高洪水位 17.07 m，太湖水位也很高，宜兴最高洪水位达 5.10 m。由于长江中下游洪水与川水遭遇，致使长江干流洪水消退缓慢，高水位长时间居高不下，汉口以下各站洪水位超过警戒水位的历时长达 2～3 个月，直到 11 月底方退到起涨水位，整个洪水历时长达 7 个多月。

1931 年洪水是长江流域全流域性的特大洪水，各水系普遍发生大洪水，其中洞庭湖水系城陵矶站（七里山）出湖流量达 57900 m^3/s，为有记录以来最大；岷江高场站洪峰流量达 40800 m^3/s，仅次于 1917 年洪水；其他支流洪峰流量不是很大，一般为 10～20 年一遇。由于 1931 年洪水范围广，各支流连续多次出现洪峰，上下游洪水遭遇，长江干流洪水水位高、洪量大，在上下游大量溃口的情况下，汉口站最高洪水位 28.28 m，低于 1954 年、1998 年洪水，居第 3 位，其 30 天洪量为 1922 亿 m^3，低于 1954 年、1998 年洪水，居第 3 位，60 天洪量为 3302 亿 m^3，仅低于 1954 年而高于 1998 年洪水，居第 2 位。

1931 年洪水持续时间长，洪水来量巨大，长江中下游干支流沿江堤防圩垸大量决口漫溢，荆江大堤沙沟子、一弓堤、朱三弓堤等处决口，自湖北省石首至江苏南通沿程漫溢决口 354 处。

1931 年水灾范围之广为历史罕见，全国有 16 个省 672 个县市受灾。江淮 8 省受灾严重，据 1932 年 12 月《国民政府救济水灾委员会工赈报告》不完全统计，江淮 8 省受灾人口 5270 万余人，占当时人口的四分之一，死亡 28 万人，经济损失为 21.85 亿银元。

1931 年长江流域水灾遍及全流域，其受灾县市有 205 个，淹没农田

339.27 万 hm^2，被淹房屋 180 万间，受灾民众 2855 万人，其中被淹死亡者达 14.5 万人，经济损失 13.45 亿银元。长江流域受灾较重的江汉平原、洞庭湖区、鄱阳湖区、太湖区大部分被淹，沿江沿湖一片汪洋，京汉铁路长期停运，津浦铁路中断行车 54 d。

13.6.2 1954 年 8 月长江流域特大洪水

1954 年长江中下游整个梅雨期长达 60 多天。5—7 月 3 个月内共有 12 次降雨过程，其中 6 月中旬至 7 月中旬 5 次暴雨，强度、范围都比较大，是本年汛期暴雨全盛阶段。

1954 年 4 月份鄱阳湖水系即出现大雨和暴雨，赣江上游月雨量达 500 mm 以上。5 月雨区主要在长江以南，鄱阳湖水系和钱塘江上游雨量在 500 mm 以上，安徽黄山站月雨量达 1037 mm，300 mm 以上雨区范围约 74 万 km^2，相应面积总降水量约 3000 亿 m^3。6 月份主要雨区依然在长江以南，位置比 5 月份稍北移，鄱阳湖、洞庭湖水系雨量 500～700 mm，湖北洪湖县螺山站月雨量 1047 mm，300 mm 以上雨区范围约 71 万 km^2，相应面积总降水量 3200 亿 m^3。7 月份雨区北移，中心在长江干流以北及淮河流域，大别山区和淮河流域雨量 500～900 mm，金寨县吴店站月雨量达 1265 mm，长江南侧除沅江、澧水水系和皖南山区雨量在 500 mm 以上外，一般在 500 mm 以下，300 mm 以上雨区范围达 91 万 km^2，相应面积总降水量达 4280 亿 m^3，为汛期各月中雨量最大的一个月。8 月份主要雨区已在四川盆地、汉水水系，月雨量在 200 mm以上，峨嵋山区达 600 mm。主汛期 5—7 月 3 个月累计雨量在 1200 mm以上的高值区主要分布在洞庭湖水系、鄱阳湖水系和皖南山区、大别山区。其中黄山、大别山、九岭山区局部地区雨量达 1800 mm 以上，最大点雨量黄山站达 2824 mm。

1954 年长江上游地区及汉江雨季提前，6 月下旬至 8 月中旬暴雨频繁，洪峰叠见。在此期间，宜昌连续出现四次超过 50000 m^3/s 的洪峰，峰现时间分别为 7 月 7 日、22 日、30 日和 8 月 7 日，其中 8 月 7 日洪峰流量 66800 m^3/s，为全年最大。

长江中下游汛期比常年提早，两湖地区雨季还较往年延长。4 月长江中游就相继入汛，4、5 月份形成较高底水，加上上游几次洪峰，荆江以下各站于 5、6 月份先后到达或超过警戒水位，至 8 月上旬出现当年最大洪峰。汉口站 4 月 1 日水位为 14.16 m，5 月底迅速涨达 24.20 m，6 月 25 日超过警戒水位，7 月 2 日超过 1949 年最高水位，7 月 18 日突破 1931 年最高水位 28.28 m。当上游干流洪峰向汉口传播时，汉江于 8 月 11 日出现最大洪峰，新城站洪峰流量为 16400 m^3/s。受长江上游及汉江洪水的共同影响，汉口 8 月 14 日出现最大流量 76100 m^3/s，8 月 18 日最高洪水位达到 29.73 m。鄱阳湖水系洪峰出现较早，受鄱阳湖出流影响，长江下游安庆、大通等站最大洪峰出现的时间比汉口提前了约半个月，大通站 8 月 1 日最大洪峰流量为 92600 m^3/s。8 月下旬，长江干支流水位平稳下降，至 9—10 月间先后退至警戒水位以下，各站在警戒水位以上持续时间达 69～135 d，汉口站为 100 d，安庆为 114 d。

1954 年长江中下游洪水与川水发生遭遇，干流出现实测以来最大洪水。

1954 年宜昌以上干流洪峰流量的重现期并不高，屏山、宜昌站约为 15～20 年一遇，宜昌以下明显升高，汉口、大通最高洪水位均超过历史最高值，汉口站超过 1849 年历史最高洪水位 0.62 m，其洪峰流量为 1865 年实测以来最大。

主要支流岷江、嘉陵江、汉江、赣江的洪峰流量都不大，属一般常遇洪水；洞庭湖水系资水、沅江、澧水洪水比较大，但也是约 15 年一遇。

20 世纪长江中下游发生了 1931、1935、1949、1954、1998 年 5 次大洪水，其 30 天、60 天总入流量均以 1954 年为最大。1954 年 30 天洪量宜昌站约为 80 年一遇，城陵矶站约为 180 年一遇，汉口、湖口站约为 200 年一遇。

1954 年洪水在长江中下游湖北、湖南、江西、安徽、江苏五省，有 123 个县市受灾，淹没农田 317 万 hm^2，受灾人口 1888 万人，死亡 3 万余人，京广铁路不能正常通车达 100 d。长江干堤和汉江下游堤防溃口 61 处，扒口 13 处，支堤、民堤溃口无数。湖南洞庭湖区 900 多处圩垸溃决 70%，洪湖地区、东荆河两岸一直到武汉市区一片汪洋，荆江分洪区及其备蓄区全部运用淹没；江西鄱阳湖区五河尾间及湖区周围圩垸大部分溃决；安徽省华阳河地区分洪，无为大堤溃决。同时洪涝淹没使房屋大量倒塌，大部分庄稼绝收，并造成当年重大经济损失，灾后数年才得以完全恢复。

13.6.3 1998 年 8 月长江流域大洪水

1998 年长江流域降雨发展过程可分为四个阶段。第一阶段，6 月 11 日—7 月 3 日，雨带位于长江中下游江南地区，洞庭湖水系、鄱阳湖水系次雨量 300 mm 以上，降雨量 500 mm 以上笼罩面积近 9 万 km^2，暴雨中心江西大岩，次雨量 1342 mm。第二阶段，7 月 4—15 日，雨带推移到长江上游地区及汉江上游地区，次雨量在 100 mm 以上，长江中下游基本无雨。第三阶段，7 月 16—31 日，雨带再次回到长江中下游干流及江南地区，两湖水系降雨量在 300 mm 以上，超过 300 mm 雨区范围为 17 万 km^2，暴雨中心湖南龙山水田次雨量 1001 mm。第四阶段，8 月 1—29 日，雨区在长江上游与中游之间摆动，降雨大于 300 mm 的区域在嘉岷流域、三峡区间及清江、澧水流域，暴雨中心湖南大坪，次雨量 1078 mm。

1998 年 6 月份长江流域进入主汛期，在底水较高的情况下开始迅猛上涨，6 月中下旬至 7 月上旬两湖发生大洪水，尤其是鄱阳湖各条支流洪水频发，抚河、信江、昌江等水系出现超历史记录的最高水位，鄱阳湖出口湖口站 26 日洪峰流量 31900 m^3/s，为实测最大，受两湖来水影响，长江中下游水位急剧上升，加之随后长江上游及三峡区间来水加入，7 月 4 日武穴、九江首次超历史最高水位。随着各站先后出现洪峰之后，中下游各站水位开始慢慢回落。7 月中下旬两湖及沿海地区又发生大洪水，中下游各站水位再次上涨，沙市、石首、螺山、城陵矶、湖口等站水位超历史记录。进入 8 月份，长江上游发生多次洪水，宜昌站超 50000 m^3/s 以上流量的时间长达 24 d 之久，致使中下游各站水位不断上升，8 月中旬各站相继达到年最高水位，沙市至螺山、武穴至九江各站水位创历史新记录。枝城、汉口、黄石、安庆、大通、南京等站水位居历史第二位。9 月上旬后各站回落速度加快，9 月中下旬陆续退至警戒水位以下。

1998 年洪水洪峰水位高，高水位持续时间长，干流沙市至螺山、武穴至九江共 359 km 河段及两湖水位多次超过历史最高水位，幅度达 0.55～1.55 m。中下游各站自 6 月中旬超过警戒水位，至 9 月 25 日全线退至警戒水位以下，时间达 57～94 d 不等，监利至螺山、武穴至九江河段超历史最高水位的时间长达 40 多天。

1998 年洪水洪峰重现期较小，时段最大洪量重现期则随时段加大而增长，如寸滩洪峰流量重现期约为 4 a，15 天洪量重现期小于 20 a，30 天洪量重现期约 50 a，60 天洪量重现期超过 100 a；宜昌站洪峰流量重现期小于 10 a，30 天洪量重现期近 100 a，60 天洪量重现期超过 100 a，汉口总入流 30 天洪量重现期约 30 a，60 天洪量重现期约 50 a。各主要支流控制站的最大洪峰流量重现期均在 30 年以下。

1998 年长江大水造成中下游湖南、湖北、江西、安徽、江苏五省 8411 万人受灾，受灾农田 953.33 万 hm^2，减产粮食 55.9 亿 kg，倒塌房屋 328.8 万间，死亡 1562 人，直接经济损失 1345 亿元。

13.7 太湖流域历史重大洪涝灾例

太湖流域洪水主要来自太湖上游山区以及太湖湖面降雨，山洪泄入太湖后，一旦超过太湖调蓄能力则形成大洪水。此外本区还包括浙闽台地区。20世纪以来造成太湖流域较为严重洪涝灾害的主要大洪水见表 13.10。

表 13.10　太湖流域主要致灾大洪水洪峰水位或洪峰流量排位情况

发生年份	河流名	控制站名	洪峰水位（m）或流量（m^3/s）	历史排位
1931	太湖		4. 40（水位）	实测记录以来第 5 位
1954	太湖		4. 65（水位）	实测记录以来第 3 位
1991	太湖		4. 81（水位）	实测记录以来第 2 位
1993	太湖		4. 51（水位）	实测记录以来第 4 位
1999	太湖		4. 97（水位）	实测记录以来第 1 位
1900	闽江	竹岐	29800	实测记录以来第 3 位
1992	闽江	竹岐	30300	实测记录以来第 2 位
1998	闽江	竹岐	33800	实测记录以来第 1 位

本流域典型致灾大洪水简述如下。

13.7.1　1954 年 7 月太湖流域大洪水

1954 年是太湖流域新中国成立以来的最大降水年。该年梅雨异常，入梅较常年提前一个月，而出梅又延迟近一个月，降雨自 5 月 20 日开始，至 8 月 2 日结束，历时 75 d，期间有多次暴雨过程，每次过程 3～7 d 不等，尽管日雨量不是很大，但降雨总量较大。全流域 30 天雨量为 351.6 mm，60 天雨量为 627.9 mm，5～7 月平均雨量为 890.8 mm。该年降雨空间分布相对均匀，浙西山区、湖西区、杭嘉湖区雨量在 900～1000 mm，其他地区降雨则在 700～900 mm。

1954 年太湖流域洪水特点为汛期早、水位高、高水持续时间长。1954 年 5 月初，太湖流域各水系开始起涨，5 月下旬迅速上涨，部分站超过警戒水位，6 月上旬全流域普遍超过警戒水位。此后持续上涨，于 7 月底—8 月初各站先后出现当年最高洪水位，8 月上旬开始缓慢回落，直至 9 月上旬才回落至警戒水位以下。高水位持续时间长达 100 多天，这是历年极为罕见的。太湖流域大多测站均为设站以来最高洪水位。

1954 年太湖流域高洪水位持续时间长，超警戒水位长达 133 d，超过 4.5 m

水位达 31 d，是历次大洪水持续时间最长的。最高洪水位为 4.65 m，在 20 世纪 90 年代以前，1954 年水位为实测最高值，近 200 年以来，仅小于 1849 年洪水。在 90 年代先后发生 1991 年、1999 年洪水，最高洪水位均超过 1954 年。

1954 年太湖流域农田受淹面积 57.87 万 hm^2，成灾面积 29.27 万 hm^2，损失粮食 5 亿 kg，直接经济损失 6 亿元。其中江苏省受灾面积 26.47 万 hm^2，成灾面积 9.13 万 hm^2，损失粮食 1.6 亿 kg，漫决圩堤 300 处，损坏房屋 2 万间，死亡 232 人，损失 4.34 亿元；浙江省受灾面积 24.4 万 hm^2，成灾面积 15.73 万 hm^2，损失粮食 3 亿 kg，损失 1.5 亿元。

13.7.2 1991 年 7 月太湖流域特大洪水

1991 年汛期（5—9 月）太湖流域降雨日数达 79 d，其间集中降雨过程有 2 场。第一场暴雨发生在 6 月 11—17 日，全流域平均降雨 226 mm，主要暴雨区位于湖西区，降雨量达 300 mm。第二场暴雨发生在 6 月 30 日—7 月 14 日，流域北部降雨在 350 mm 以上，湖西区降雨 255 mm，两场暴雨中心均在湖西金坛一带，这是以往历年降雨中罕见的。7 月下旬以后仅局部地区有零星降雨，8 月 7 日又发生入汛以来最大 1 日降雨，金坛一带依然是暴雨中心，8 月 8 日后全流域降雨基本停止。

1991 年太湖流域 30 天、60 天雨量特别集中，分别达到 506.6 mm 和 696.8 mm，超过历史上大水年 1931、1954 年，90 天雨量则小于 1954 年，大于 1931 年。主要暴雨区位于流域北部苏锡常地区及上游湖西区，流域北部最大 30 天、60 天、90 天雨量分别为 576.9 mm、764.5 mm、918.0 mm，其 30 天、60 天雨量相当于百年一遇，湖西地区 30 天、60 天、90 天分别达 673.6 mm、861.8 mm、1021.3 mm，其中 60 天雨量相当于 200 年一遇。

1991 年汛前水位较高，6 月 12 日水位为 3.45 m，随着第一场暴雨，13 日水位 3.58 m 就突破警戒水位（3.50 m），此后持续上涨，分别于 6 月 23 日、7 月 15 日、8 月 8 日出现三个洪峰，7 月 15 日为主峰，最高水位为 4.79 m，9 月 21 日以后退至警戒水位以下。

1991 年太湖洪水洪峰水位高，有多站突破历史最高水位，并且高水位持续时间长，太湖水位超过 3.5 m 警戒水位长达 101 d，超过 1954 年最高水位 4.65 m 历时长达 13 d。突破历史最高水位的测站集中于湖西区和澄锡虞区，而这两个地区也是暴雨中心区，由于降雨空间分布差别较大，故而不同测站其水位重现期有所不同。西山站水位 4.8 m，重现期为 60 a；无锡水位 4.76 m，重现期为 50 a；平望站水位 4.17 m，重现期为 23 a；苏州站水位

4.29 m，重现期为38 a；嘉兴站水位4.03 m，重现期仅为5 a。

1991年太湖水灾范围广，41个市县中有30个市县不同程度受灾。受灾农田46.46万hm^2，成灾10.56万hm^2，损失粮食9.35亿kg；许多城镇、大中城市大面积进水，最深处达2 m多，工矿企业停产22281家；倒塌房屋11.8万间，人员死亡83人，直接经济损失113亿元。

13.7.3 1999年7月太湖流域特大洪水

太湖流域1999年梅雨期自6月7日入梅至7月29日出梅，历时43 d。其间有3次集中降雨过程，分别为6月7—11日、6月15—17日、6月23日—7月1日，其中6月23日—7月1日降雨过程是造成太湖流域洪涝灾害的主要因素。该年梅雨量达668.5 mm，为常年的3倍。暴雨中心浙江访贤，雨量达1045 mm，雨量由南向北递减，最小点雨量镇江只有325.0 mm，空间分布极不均匀。长兴平原雨量为900～1000 mm，浙西山区雨量为750～900 mm，淀泖、上海地区雨量为700～800 mm，杭嘉湖雨量为600～750 mm，江苏的湖西、澄锡虞和阳澄地区雨量为400～600 mm。

1999年降雨强度较大，全流域最大7天、30天、90天雨量重现期在150～200年之间。该年暴雨期的暴雨中心自上游到下游，上游来水和暴雨中心移动一致形成洪水叠加，又恰逢下游高潮顶托，致使下游地区水位不断提高，造成最高历史水位。

1999年太湖水位由6月7日水位2.97 m开始上涨，11日水位3.53 m，就突破警戒水位（3.50 m），6月23日以后发生长历时强降水，水位迅速上涨，27日水位突破4 m，7月1日突破设计水位，达4.68 m，7月3日突破历史最高记录（1991年4.79 m）达4.83 m，7月8日出现年最高水位4.97 m。在4.97 m以上的高水位一直持续到7月15日，7月21日降至设计水位以下，8月6日水位降到4 m以下。8月中旬水位再次上涨，9月2日出现第二个峰值4.27 m，以后逐日下降，至9月30日，太湖水位降至警戒水位以下。

1999年太湖流域东苕溪、长兴平原、杭嘉湖区、浦西、浦东、淀泖以及太湖周边地区代表站水位普遍接近或超过历史记录。太湖洪水涨幅达2 m，最高水位4.97 m，为20世纪太湖流域实测最大洪水。该年洪水最高水位持续时间长，超警戒水位112 d。超过4.0 m合计60 d，超4.65 m设计水位达21 d，超历史最高水位13 d。

1999年太湖洪水使江苏苏南地区、浙江省杭嘉湖地区和上海市共有49县（市、区），746万人受灾，许多县以上城镇不同程度进水受淹，倒塌房屋3.8万间；受淹农田68.73万hm^2，减产粮食91万t；17552工矿企业停产，公路中断341条次；损坏江堤8138 km，直接经济损失141.25亿元。

13.7.4 1968年6月闽江大洪水

进入6月份，我国江南丘陵地区常会发生大范围的锋面雨，雨区通常为东西向的带状分布，湘、赣、闽三省常常同时发生大洪水，如1968年、1982年、1998年。

1968年6月闽江暴雨期间，东亚大陆中高纬地带，为“西高东低”形势。“东低”主体位于我国东北到朝鲜半岛一带，槽线由低压中心南伸至湘鄂并东移。北部冷空气沿“西高”东侧西北气流频频南下东移，在其东移过程中，使原位于长江流域的锋面南压到闽中、闽北地区。6月14、18日，850 hPa上分别在赣、浙境内，赣州附近相继有低涡形成，并沿切变线东移，诱发地面气旋生成。由于闽中、闽北地区处于副热带高压西北侧，低纬度副热带高压主体位于菲律宾东部洋面上，其西北侧有一“低空急流”带，使南太平洋和我国南海水域上空的水汽，输送到闽中、闽北地区，这是1968年6月闽江暴雨的水汽条件。

1968年6月中旬江南地区普降大范围的锋面雨。降雨自6月14日开始，至19日结束，历时6 d，降雨主要集中在后期。

6月14日闽江大部分地区雨量在30 mm以下，15日降雨强度增大，日雨量在50～100 m，16日雨势稍减，17日降雨强度再次剧增，沙溪、富屯溪、建溪中下游广大地区雨量超过100 mm，暴雨中心主要位于宁化县湖村站，日雨量为252.9 mm，18日雨势稍减，但大部分地区雨量仍超过100 mm，19日降雨基本结束。

本次暴雨雨区呈东西向带状分布，东西长达1000 km，南北宽约150 km，雨区笼罩湘江上游、赣江、闽江以及闽东沿海广大地区，6月14—19日6天次雨量200 mm雨区笼罩面积达11.6万km^2，暴雨中心位于闽江流域，其中心宁化县湖村站最大次雨量为527.3 mm。

1968年6月中旬，闽江干、支流同时发生洪水，上游三大支流沙溪、富屯溪、建溪洪水几乎同时遭遇，使闽江下游出现特大洪水。6月15日前后，各河开始起涨，19日出现洪峰，洪水过程持续7～8 d，呈多峰型，且峰高量大。

闽江干流竹岐站洪水于6月16日12时开始起涨，19日19时出现最大洪峰，之后缓慢回落，整个洪水过程峰型肥胖，历时约8 d。

赣江、抚河及闽东沿海诸河也普遍发生了大洪水。

1968年6月中旬，闽江上游三大支流及干流均发生了洪水。沙溪沙县站洪峰流量 6430 m^3/s，约 30 年一遇，富屯溪洋口站洪峰流量 9300 m^3/s，约 10 年一遇，建溪七里街站洪峰流量 7100 m^3/s，为常遇洪水，干流十里庵站、竹岐站洪峰流量分别为 25000 m^3/s、29400 m^3/s，约 20～30 年一遇。

1968 年 6 月闽江洪水使福建省受灾农田面积 7.67 万 hm^2，其中绝收面积 0.87 万 hm^2，减产粮食 5000 万 kg，倒塌房屋 5454 间，死亡 107 人，失踪 21 人，冲毁大小水利工程 6800 余处（座），水毁公路 197 条，三明、南平两地区大部分公路交通瘫痪，铁路中断行车 15 处，福州至鹰潭铁路一度中断。闽侯县沿江防洪堤大决口 2 处，小决口 96 处。福州市最高洪水位超过防洪堤顶 20～30 cm，经大力抢险，才保住福州市的安全。

江西省受灾农田面积 26.47 万 hm^2，其中绝收面积 9.27 万 hm^2，受灾人口 245 万，死亡 133 人。冲毁桥梁 3937 座，水利工程 21204 处（座），40 处圩堤决口。

13.7.5 1998 年 6 月闽江特大洪水

1998 年 6 月暴雨从 6 月 8 日开始，24 日结束，历时 17 d。其间有 3 次集中降雨过程。第一次暴雨过程 6 月 8—11 日，主雨区位于闽江上游，雨量小，暴雨中心区位于宁化，雨量为 142 mm。第二次暴雨过程 6 月 12—17 日，雨区向东、向南扩展，雨势增强，主雨区在建溪、富屯溪上游，暴雨中心位于坳头，雨量为 823 mm。第三次暴雨过程 6 月 18—24 日，雨区范围进一步扩大到闽江全流域，雨势亦加强，暴雨中心位于止马，雨量为 713 mm，该次降雨主雨区在建溪、富屯溪，12—24 日（13 d）降雨量超过 400 mm，最大暴雨中心坳头站的雨量为 1636 mm。

由于大暴雨稳定而持续在建溪、富屯溪的中上游，且出现多个雨峰，导致各站洪水过程出现多个洪峰。建溪七里街站洪水过程出现了 8 个洪峰，洪水于 13 日 2 时开始上涨。13 日 3 时超过警戒水位。此后，除 19 日 2—8 时外，一直维持高水位，直至 26 日 18 时才回落到警戒水位以下，历时长达 311 h，时间之长为实测记录之首。主峰出现在 22 日 9:30，洪峰水位 108.37 mm，相应流量 21600 m^3/s。富屯溪洋口站洪水过程出现 7 个洪峰，洪水于 14 日 15 时超过警戒水位，直至 27 日 21 时始终维持高水位，历时长达 294 h，亦为实测记录之首。主峰出现在 2 日 23:36，洪峰水位 116.88 m，相应流量 13200 m^3/s。

由于建溪、富屯溪均为多峰型洪水过程，洪水汇入干流后，干流洪水也出现多个洪峰。延福门站洪水过程出现 7 个洪峰，洪水于 12 日上涨，23 日 3:18 出现最高洪水位为 79.51 m。下游控制站竹歧站洪水过程受水口水库调蓄影响，不同于天然状态，但也出现6个洪峰，主峰于23日14:00出现，洪峰水位16.95 m，相应流量33800 m^3/s。

本次洪水峰高量大，富屯溪洋口洪峰流量为13200 m^3/s。重现期为50年一遇。最大1天至15天洪量重现期为50～70 a，建溪七里街站洪峰流量21600 m^3/s，重现期约为150 a。各时段洪量重现期超过230 a。干流竹岐站洪峰流量为33800 m^3/s，重现期约为100 a，各时段洪量重现期为60～100 a。

1998年6月福建省受灾人口597.6万，死亡126人，农田受灾面积65.8万 hm^2，有14个县城进水，倒塌房屋67万间，直接经济损失82.8亿元。

13.8 珠江流域历史重大洪涝灾例

珠江支流西江、北江、东江汛期略有差别，西江、北江洪峰遭遇机会不多，但一旦两江大洪水发生遭遇则形成特大洪水。19世纪以来造成珠江流域较为严重洪涝灾害的主要大洪水见表13.11。

表13.11 珠江流域主要致灾大洪水洪峰流量排位情况

发生年份	河流名	控制站名	洪峰流量（m^3/s）	历史排位
1885	西江、北江			北江支流、西江支流桂江洪峰流量均为1885年以来第1位
1915	全流域	西江梧州	54500	近200年以来第1位
		北江横石	21000	近200年以来第1位
1949	西江	梧州	48900	1915年以来第5位
1959	东江	博罗	12800	重现期约50年
1966	东江	博罗	14300（还原）	重现期约100年
1982	北江	横石	18000	重现期大于50年
1994	全流域	北江横石	17500	重现期约50年
		西江梧州	48200	1915年以来第4位
1998	西江	梧州	52900	1915年以来第3位
2005	全流域	西江梧州	53900	1915年以来第2位
		东江博罗	7790	实测记录以来第4位

本流域典型致灾大洪水简述如下。

13.8.1 1915年7月珠江流域特大洪水

1915年6月下旬至7月上旬，我国南部地区发生了大面积大雨或暴雨，雨区范围包括广东、广西两省区及福建、江西、湖南、云南等省部分地区，面积达50余万平方千米。暴雨中心位于南岭山区和武夷山区，包括北江、桂江、贺江流域以及赣江、湘江中上游、闽江支流沙溪。

这次降水有两次较集中的大暴雨，6月下旬暴雨中心在南岭北侧，造成了洞庭湖水系较大洪水，7月上旬北江和西江中下游降雨强度很大。该年雨区内有16个雨量站，从南宁、梧州、三水、龙州等站实测雨量资料来看，7月雨量较多年平均值高出1倍以上，而且集中在7月上旬，梧州、广州7月1—10日雨量占7月雨量的90%以上。

1915年珠江流域在暴雨区内有8个站的实测水位资料，根据实测资料分析，从6月25日以后，西江支流左江、郁江以及北江即开始缓慢起涨，7月1日以后洪水迅速上涨，7月12日左江龙州站、郁江南宁站、北江三水站都出现了最高洪水位。西江干流梧州站于6月26日开始上涨，水位为8.45 m，7月10日达最高水位27.07 m，15天内上涨18.62 m，7月11日水位开始下降，15日以后因郁江洪峰到达梧州，水位下降明显减缓，15—20日水位仅下降1.22 m，梧州洪水历时长达30余天。

1915年洪水为珠江流域全流域性大洪水，东、西、北江均同时发生大洪水或特大洪水。西江支流洪水稀遇程度不高，但汇入干流以后，由于干支流洪水发生遭遇，洪水稀遇程度明显增高。西江干流梧州站洪峰流量为54500 m^3/s，为近200年来最大的洪水。北江洪水也稀遇，北江横石站洪峰流量为21000 m^3/s，为近200年来最大洪水。东江洪水较小，博罗站最高水位13.25 m，仅为一般洪水。1915年梧州洪水洪峰流量量级大，由于主峰段尖瘦，在20世纪5次大洪水中，其1、3天洪量位于第1位，7天洪量则位于第2位，15天、30天洪量排第3位。

珠江三角洲东江博罗站7月9日出现最高洪水位，洪峰稍先进入三角洲，西江梧州站、北江横石站均在7月10日出现最大洪峰，三江洪水基本上同时在三角洲遭遇，其时又适逢六月初一（7月12日）大潮，使得三角洲地区遭受到前所未有的水灾。

1915年洪水使广西、广东、云南、湖南、江西、福建五省区100余县遭受洪涝灾害，其中两广、湖南和江西最为严重。广西有30余县受水灾，据估算受灾农田面积为26.67万 hm^2，受灾人口约220万，流离失所达40万人，房屋冲塌10余万间。广东省淹没农田68.13万 hm^2，仅珠江三角洲地区18个县市受灾农田43.2万 hm^2，失收30万 hm^2，灾民378万人，死伤10余万人。广州市区淹浸长达一周之久，淹没最大水深达3 m，广三、广汉铁路中断一个多月。湖南、江西均有20余县受灾，部分县城进水，淹毙人口难以计数。

13.8.2 1949年7月西江大洪水

自1949年6月22日开始，西江水系不断出现大雨或暴雨，至30日降雨基本结束，历时9 d。在整个降雨过程中，暴雨比较集中的有两个阶段：6月22—23日和27—30日。

次雨量大于200 mm的雨区主要分布在桂江、柳江、红水河水系，暴雨中心位于柳江上游融江、洛清江及桂江水系，融安、灵川、昭平次雨量均超过500 mm，永福站达582.9 mm。

1949年西江干流洪水峰高量大。梧州站从6月23日开始起涨，至7月16日尚未落平又复起涨。7月5日梧州站出现最高水位25.55 m（珠江基面），相应流量48900 m^3/s。主峰段峰型平缓，流量超过46000 m^3/s的历时持续7 d，流量超过40000 m^3/s的历时11 d。

西江上游干流红水河及支流柳江、郁江、桂江普遍发生大洪水，于6月22日前后开始涨水，柳江和红水河出现双峰过程，各支流在6月30日前后出现年最大洪峰。

20世纪90年代以前，西江梧州站近百年来最大洪水为1915年、1949年，90年代以后西江连续发生1994年、1998年大洪水，且其洪峰流量超过了1949年，1949年洪峰流量退居第4位，但其7天、15天、30天洪量在这4次大洪水中均居第1位。支流洪水洪峰流量重现期均不超过20年一遇。

1949年7月珠江洪水给广东、广西造成严重水灾。广西受灾30余县，灾民230万，淹没农田22.67万 hm^2，其中浔江河段灾情尤为严重，桂平、平南、藤县、苍梧4县受淹农田5.93万 hm^2，梧州受淹达半月之久，主要街道水深5～6 m，全市90%以上的房屋被淹在洪水中。

广东省“各大基围莫不先后崩决”，据估计，淹死人口7万余。珠江三角洲受灾面积16.67万 hm^2，灾民140多万人。

13.8.3 2005年6月珠江流域特大洪水

2005年6月中下旬珠江流域普降大雨或暴雨，6月17—21日，珠江流域的广东大部、广西东部北部先后出现持续5天强降水，主要暴雨区一个位于西江的黔江和浔江，暴雨中心象州站5天雨量611 mm，另一个位于惠州、河源地区，暴雨中心5天雨量惠州龙门站1153 mm，5天雨量200 mm以上笼罩面积6.4万 km^2。与此同时，福建南平、三明和江西抚州地区也连降暴雨或大暴雨，暴雨中心5天雨量三明建宁站793 mm。本次降雨历时长，范围广，地区分布不均匀，暴雨强度大而集中，如东江龙门站最大 6 小时点雨量达 235 mm，超过了 1981 年的历史最大值 203.4 mm。

受降雨影响，加上西江暴雨区移动路径与河流走向相一致，珠江流域发生大洪水，西江中下游发生特大洪水，部分干支流发生超历史记录的洪水，其他河流则为常遇洪水。6 月 12—20 日暴雨区各河相继涨水，并于 19—24 日出现最大洪峰。

西江干流武宣站 6 月 22 日 10 时洪峰水位 62.85 m，洪峰流量 39700 m^3/s，均大于“98.6”洪水；大湟江口站 6 月 16 日 8 时起涨，受上下游溃堤和堤围漫顶的影响，23 日 5 时出现洪峰水位 37.54 m，超过了 1994 年的历史最高水位 0.02 m，列 1951 年以来第一位，洪峰流量 42400 m^3/s；梧州站 6 月 23 日 10 时洪峰水位 26.75 m，超过 1998 年而次于 1915 年，列 1900 年以来第二位，洪峰流量 53900 m^3/s；高要站 6 月 24 日 6 时洪峰水位 12.68 m，洪峰流量 56300 m^3/s，超过了 1998 年的历史最大流量 52600 m^3/s，列 1931 年以来第一位。

受西江、北江来水及潮汐顶托的共同影响，珠江三角洲马口站 6 月 24 日 17 时洪峰水位 8.97 m，洪峰流量 52100 m^3/s，超过了 1994 年的历史最大流量 47000 m^3/s，列 1915 年以来第一位；三水站 6 月 24 日 17 时洪峰水位 9.20 m，洪峰流量 16400 m^3/s，超过了 1994 年的历史最大流量 16200 m^3/s，列 1946 年以来第一位；西江、北江洪水汇入珠江三角洲以后，与天文大潮相遭遇，致使 6 条入海水道部分测站超过历史最高潮位 0.01～0.21 m。

西江支流蒙江太平站 6 月 21 日洪峰水位 43.03 m，洪峰流量 8620 m^3/s，超过 2002 年，均列 1953 年以来第一位。东江支流利江新源站 6 月 23 日洪峰水位 85.31 m，超过 1983 年，列 1976 年以来第一位；新丰江顺天站 6 月 23 日洪峰水位 117.78 m，超过 1974 年，列 1957 年以来第一位。

2005 年 6 月珠江洪水造成广西境内西江沿江地区严重洪涝灾害。桂林、梧州等 9 个县城一度进水受淹。长塘水库（小二型）坝体过水垮坝。广西 68 个县共 776.1 万人受灾，农作物受灾面积 43.4 万 hm^2，绝收面积 13.2 万 hm^2，因灾死亡 56 人，倒塌房屋 17.72 万间，直接经济损失 77 亿元，其中水利工程直接经济损失 11.0 亿元。广东有 8 个县城一度进水受淹，部分地区发生了较严重的洪涝灾害。水流礤水库（小二型）溢顶垮坝。京九铁路龙川至惠州区间一度中断。广东农作物受灾面积 21.7 万 hm^2，成灾 12.7 万 hm^2，受灾人口 445.97 万人，因灾死亡 65 人，倒塌房屋 5.41 万间，直接经济损失 47.72 亿元，其中水利工程直接经济损失 10.47 亿元。

13.9 风暴潮、山洪历史灾例

13.9.1 1965年8月浙闽沿海地区风暴潮

1965年8月6513号台风暴雨在闽东浙南地区从8月18日傍晚开始，到21日晨结束，暴雨集中在19、20日两天，尤其19日雨量很大。19日暴雨中心分布在交溪上游、水北溪一带（福建省福鼎县南溪站438.1 mm）和飞云江中游（浙江省文成县玉壶站436.5 mm）。20日2时台风在福建省福清县登陆后转向北上，并转弱成为低气压，20日雨量在闽江竹岐以下较大，一般为50～80 mm，暴雨中心在福州附近的古岭站，雨量123.3 mm。21日降雨过程基本结束。

该次暴雨笼罩范围较大，雨区沿浙闽沿海呈带状分布。19日50 mm等雨量线笼罩面积92710 km^2，相应总降水量113亿 m^3，200 mm以上特大暴雨雨区主要分布在交溪中上游、水北溪、鳌江、飞云江、瓯江中下游及岱江中下游。19—20日两天100 mm等雨量线笼罩面积82040 km^2，相应总降水量145亿 m^3，有多个400 mm以上暴雨中心，最大点雨量宝鉴宅483.5 mm。

这场暴雨时程分配集中，最大24小时雨量占最大48小时雨量的90%以上，12小时雨量占24小时雨量的70%～80%。

6513号强台风暴雨造成闽东浙南沿海中小河流洪水，其中位于暴雨中心地带的交溪、水北溪、瓯江下游支流楠溪、灵江上游永安溪于8月19或20日发生了近40余年来最大洪水。

交溪上游东溪上白石于8月20日1:30出现最大流量9000 m^3/s，干流白塔站20日3:24出现了以东溪来水为主的最大流量11700 m^3/s，洪水传播至下游河口潮区时，适逢下弦日高潮，赛岐潮水站高潮位达10.80 m，超过警戒水位1.3 m，仅低于有观测记录以来1962年9月6日的高潮位10.89 m。东溪上白石站、穆阳溪洋坪村、干流白塔站发生的洪水都是有观测记录以来最大，造成福安山城一片汪洋，损失严重，其下游濒海赛岐地区也沦为泽国。这次洪水来势迅猛，交溪白塔站19日14时起涨，水位为20.53 m，到20日3时24分出现洪峰水位34.88 m，超过警戒水位8.88 m，短短13小时水位涨差达14.35 m，5天洪水总量为6.10亿 m^3。

水北溪高滩站19日5时起涨，23:36出现洪峰水位。由于流域小，坡陡流急，经滨海的福鼎县城时，适逢8月20日下弦高潮位，受沙埋港潮水顶托壅高，城关洪水泛滥，为近40余年来未有。

浙江省瓯江控制站石柱（集水面积 1263 km^2）8 月 19 日 20 时洪水起涨，20 日 12:45 洪峰流量达 9430 m^3/s，为近 40 余年来最大洪水，从起涨到峰顶历时 16 时 45 分，水位上涨了 10.34 m。

椒江流域灵江上游永安溪及支流朱溪发生了近 40 余年来最大洪峰，永安溪控制站柏枝岙集水面积 2475 km^2，洪水于 20 日 7 时起涨，18:30 达到峰顶，历时 11.5 小时，水位上涨 9.66 m，洪峰流量 7840 m^3/s。朱溪下回头站集水面积 253 km^2，洪峰流量 1800 m^3/s。

13.9.2 2006 年 8 月闽浙风暴潮

2006 年 8 月受 8 号超强台风“桑美”的影响，8 月 10—11 日浙南、闽北、赣北、鄂东和湘东部分地区普遍出现大到暴雨天气。8 月 10 日大暴雨集中在浙江温州市和福建宁德市，日雨量浙江苍南埭头 289 mm，福建福鼎沙埕为 276 mm。8 月 11 日暴雨中心移至江西中部和湖南中东部，日雨量江西临川娄家村为 203 mm，湖南新邵为 111 mm。2 天累积最大点雨量分别为浙江苍南昌禅 606 mm，福建福鼎管阳 314 mm。2 天降水笼罩面积（包括台湾），大于 25 mm 的为 30.42 万 km^2，大于 50 mm 的为 9.83 万 km^2，大于 100 mm 的为 2.35 万 km^2，大于 200 mm 的为 0.48 万 km^2，2 天降水总量达 155 亿 m^3。

特大暴雨区主要集中在温州市苍南、平阳和瑞安。最大 1 小时雨量苍南县鹤顶山站 266 mm，坝下站达 135 mm，灵溪站达 127 mm，均为历史最大值；昌禅站最大 3、6 小时降雨量分别为 269 mm、435 mm，均超历史实测记录。

由短历时强降雨引起的山洪迅速爆发，致使浙闽沿海的水库、河网水位迅速升高，沿海潮位站迅速增水。浙江鳌江南港发生实测仅次于 2005 年的第 2 位大洪水，福建交溪发生较大洪水，闽江支流建溪、富屯溪发生超警或超保洪水，沿海潮位站超警 3.7～4.0 m。虽然台风登陆时潮水还未起涨，但风暴使鳌江站最大增水达 3.57 m，破浙江省沿海潮位站增水最大记录，苍南县江南、马站、藻溪三大平原全部受淹，最深处水深超过 3 m。

受“桑美”超强台风的袭击，温州、宁德、丽水、建阳等地破坏巨大，灾害损失严重，尤其是苍南、平阳和福鼎大量房屋倒塌，庆元发生严重山洪与泥石流灾害。据统计，浙江省有 23 个县（市、区）的 377 个乡镇 345.57 万人受灾，3.85 万间房屋倒塌，因灾死亡 193 人，失踪 10 人，直接经济损失超过 127 亿元。

福建省境内有 500 多处水利工程被毁，8 万多间房屋倒塌，263 人死亡、100 人失踪，其中沙埕港海难 228 人死亡、96 人失踪，海难者中有 64 人身份无法确认，经济损失超过32亿元。

13.9.3 2005年6月黑龙江宁安市沙兰镇特大山洪灾害

被当地人称为“沙兰坑”的沙兰镇位于黑龙江省宁安市西南部丘陵浅山区，牡丹江支流沙兰河由西向东穿过镇中心，沙兰河上游和盛水库至沙兰镇距离14 km，落差84 m，河道平均比降为6‰，镇中心小学处在沙兰河拐弯的低洼处。继1989年大暴雨致使学校进水0.1～1 m深后，2005年6月10日沙兰镇发生了重现期为200年的特大山洪灾害。

从2005年6月10日12:50开始，沙兰河突降特大暴雨，降雨持续约3 h。经水文部门现场暴雨洪水调查分析，暴雨中心位于和盛水库至沙兰镇区间（区间面积70 km^2），3小时最大点降雨量王家村调查值达到200 mm，沙兰河面平均降雨量达123.2 mm。

沙兰镇位于沙兰河的低洼拐弯区，受短历时特大暴雨及河道大比降的影响，降雨迅速汇集成为洪水，沿沙兰河往下游直冲，14:15洪水到达沙兰镇，夹杂着大量泥沙、树枝和杂物的下泄洪水迅猛暴涨漫溢出槽，首先冲入沙兰镇中心小学，仅几分钟时间教室水深就高达2.2 m（15:20）。镇中心小学下游20 m处的中心桥严重阻水，洪水到达时洪峰流量达850 m^3/s，是桥洞最大过流能力250 m^3/s的3.4倍，最后不堪重负而倒塌。这次洪水历时约6 h，总水量为900万 m^3，洪水重现期超过200 a。

这次突发性局地特大山洪灾害造成镇直及镇所在地治安、永明、新富、长安、进荣、青山、永跃等7个村屯同时受灾，人员伤亡和财产损失极其惨重，沙兰镇有117人遇难，其中学生105人，村民12人；受灾户3000多户，严重受灾户982户；受灾居民13899人，严重受灾居民4164人；损坏房屋1152间，倒塌房屋324间。进水严重的房屋，室内所有生活用品全部被淹或被冲走。沙兰镇供电、供水及通讯设施全部瘫痪，受灾村屯主次干道及进水住户庭院、屋内全部被淤泥堵塞，淤泥最深处超过0.5 m。受灾农田面积5667 hm^2，其中减产5成以下的面积2133 hm^2，绝收面积1000 hm^2，需毁种补种的面积3133 hm^2。财产损失超过2亿元。

主要参考文献*

1998年长江、嫩江流域特大暴雨编写组.2001.1998年长江、嫩江特大暴雨的成因及预报应用研究.北京：气象出版社，478

鲍名.2007.近50年我国持续型暴雨的统计分析及其大尺度环流背景.大气科学，**31**：779-792

陈桦，丁一汇，何金海.2007.夏季热带东风急流的结构变化及其与亚非季风区降水的关系.大气科学，**31**：926-936

陈久康，丁治英，1996，高低空急流与台风环流耦合下的中尺度暴雨系统.见种尺度天气和动力学研究，丁一汇主编，北京：气象出版社，171-179

陈淑明.1996.长江中上游地区暴雨日变化特征，见暴雨天气气候特征研究，北京：气象出版社，22-27

陈秀凤，毕宝贵，林建.2001.1998年嫩江、松花江流域降雨过程分析，见1998年长江、嫩江流域特大暴雨的成因及预报应用研究.北京：气象出版社，21-27

陈艳，丁一汇.2006.2004年7月冷空气活动及其对西南地区强降水的影响.气象学报，**64**：743-759

邓拓.1986.邓拓文集（第二卷）.北京：北京出版社，1-596

丁一汇（主编）.1993.1991年江淮特大暴雨研究.北京：气象出版社，1-255

丁一汇，村上胜人.1994.东亚季风.北京：气象出版社，74-92

丁一汇，蔡则怡，李吉顺.1978.1975年8月上旬河南特大暴雨的研究（Part 1—Part 3）中国科学院大气物理所暴雨和强对流专刊.北京：科学出版社

丁一汇，李维京.2007.中国灾害大典综合卷，北京：气象出版社（将出版）

丁一汇，沈新勇.2006.大气中位涡的意义和应用，国家气象中心高等天气学讲座讲义，76

丁一汇，王遵娅.2007.中国雨季的气候学特征，将投Meteorology and Atmospheric Physics

丁一汇，吴晓曦，马淑芬.1997.1991年江淮暴雨期地气通量与混合层结构的研究.气象学报，**55**：257-270

丁一汇，章名立，蔡则始，李吉顺.1981.暴雨和强对流天气发生条件的比较研究.大气科学，**5**：388-397

丁一汇.1989.天气的力学中的诊断分析方法.北京：科学出版社，293

丁一汇.1994.暴雨和中尺度气象学问题.气象学报，**52**：274-283

丁一汇.2005.高等天气学.北京：气象出版社，1-585

鄂竟平．2005．2005年全国防台风工作会议上的讲话．中国防汛抗旱，(4)：1-8
范宝俊主编．1998．中国自然灾害与灾害管理．哈尔滨：黑龙江教育出版社，153-156
冯炎主编．1993．中国江河防洪丛书·海河卷．北京：中国水利水电出版社，75-105
高庆华，苏桂武，张业成等．2003．中国自然灾害与全球变化．秦大河主编：全球变化热门话题丛书，北京：气象出版社，1-141
国家防汛抗旱总指挥部办公室．全国洪涝灾情．中国防汛抗旱
国家防汛抗旱总指挥部办公室．水利部南京水文水资源研究所．1997．中国水旱灾害．北京：中国水利水电出版社，1-569
国家气候中心．1998．98中国大洪水与气候异常．北京：气象出版社，1-139
何敏．1984．我国主要秋雨区的分布及长期预报．气象，**10**（9）：10-13
胡明思，骆承政主编．1988，1992．中国历史大洪水．北京：中国书店出版社，1-521，1-725
华北暴雨编写组．1992．华北暴雨．北京：气象出版社，1-182
华南前汛期暴雨编写组（黄士松主编）．1986．华南前汛期暴雨．广州：广东科技出版社，244
黄安雨，高坤．1982，对流层高低空急流辐合作用的动力学分析．杭州大学学报（自然科学版），(3)：356-364
蒋建莹，江吉喜，布亚林，刘年庆．2007．华南季风低压暴雨及其结构分析．气象学报，**65**：537-548
矫梅燕，姚学祥，周宾，杨克明等著．2004．2003年淮河大水天气分析与研究．北京：气象出版社，15-37
李纪人，黄诗峰编著．2003．"3S"技术水利应用指南．北京：中国水利水电出版社，9-12
李健生主编．1999．中国江河防洪丛书·总论卷．北京：中国水利水电出版社，1-121
骆承政，乐嘉祥主编．1996．中国大洪水——灾害性洪水述要．北京：中国书店出版社，1-357
欧炎伦，吴浩云主编．2001．1999年太湖流域洪水．北京：中国水利水电出版社，21-73，154-166
钱敏．2008．2007年淮河洪水和防汛调度．水利水电技术，**39**（1）：12-15
水利部水文局．2006．洪水定义及量化指标研究报告，15-19
水利部水文局编著．1991、1998、1999、2003、2005年水情年报
水利部水文司．1997．中国水文志．北京：中国水利水电出版社：184-195
水文科学编辑委员会．1987．中国大百科全书·水文科学．北京：中国大百科全书出版社：726-727
孙继昌，刘明主编．2002．1998年松花江暴雨洪水．北京：中国水利水电出版社，1-90
孙继昌，王俊主编．2002．1998年长江暴雨洪水．北京：中国水利水电出版社，1-128
孙继昌，谢志强主编．2001．1998年珠江、闽江暴雨洪水．北京：中国水利水电出版社，6-48，71-104

陶诗言等．1980. 中国之暴雨．北京：科学出版社．1-225
田以堂主编．2007. 中国水旱灾害公报 2006. 北京：中国水利水电出版社，32-33
万庆等．1999. 洪水灾害系统分析与评估．北京：科学出版社，1-34
王家祁．2002. 中国暴雨．北京：中国水利水电出版社，347-375
夏明方，康沛竹．2001. 20 世纪中国灾变图史（上）．福州：福建教育出版社，360
夏明方，康沛竹．2001. 20 世纪中国灾变图史（下）．福州：福建教育出版社，294
向立云，程晓陶等译．1993. 自然灾害风险评价与减灾政策．北京：地震出版社，124-134
徐乾清主编．2006. 中国水利百科全书（第二版）．北京：中国水利水电出版社，236-242
徐仲平．2002. 荆江分洪区的建设与发展．中国水利，(9)：105-106
杨扬，张建云，戚建国等．2000. 雷达测雨及其在水文中应用的回顾与展望．水科学进展，**11** (1)：92-98
张海仑主编．1997. 中国水旱灾害．北京：中国水利水电出版社，51-181，231-275
张建云，李纪生等译．2002. 水文学手册．北京：科学出版社，1069-1086
张建云，唐镇松，姚永熙．2005. 水文自动测报系统应用技术．北京：中国水利水电出版社，187-192
张建云主编．2006. 2003 年淮河暴雨洪水．北京：中国水利水电出版社，29-171
赵承普主编．1996. 中国江河防洪丛书·淮河卷．北京：中国水利水电出版社，85-92
周美立．1998. 相似工程学．北京：机械工业出版社：1-30
朱抱真．1990. 青藏高原对我国气候的影响，中国科学技术蓝皮书第 5 号·气候，北京：科学技术文献出版社，90-105
《中国水利年鉴》编纂委员会．2004. 中国水利年鉴（2004）．北京：中国水利水电出版社：182-183
Ninomiya K. 2004. Large and mesoscale features of Meiyu-Baiu front associated with intense rainfalls. East Asian Monsoon，Ed. by Chang C P，World Scientific Series on Meteorology of East Asia. World Scientific，Singafore Vol. 2，404-435

* 由于篇幅所限，这里只列出文中部分引用文献，敬请谅解。